I0064735

Training Mathematik

Band 2

Analysis

Von

Dr. Gert Heinrich

und

Dipl.-Math. Thomas Severin

R. Oldenbourg Verlag München Wien

Für

Anja, Susanne,

Felicitas, Sabine und Tim

Die Deutsche Bibliothek - CIP-Einheitsaufnahme

Heinrich, Gert:
Training Mathematik / von Gert Heinrich und Thomas Severin.
- München ; Wien : Oldenbourg.
NE: Severin, Thomas:

Bd. 2. Analysis. - 1997
   ISBN 3-486-23892-2

© 1997 R. Oldenbourg Verlag
Rosenheimer Straße 145, D-81671 München
Telefon: (089) 45051-0, Internet: http://www.oldenbourg.de

Das Werk einschließlich aller Abbildungen ist urheberrechtlich geschützt. Jede Verwertung außerhalb der Grenzen des Urheberrechtsgesetzes ist ohne Zustimmung des Verlages unzulässig und strafbar. Das gilt insbesondere für Vervielfältigungen, Übersetzungen, Mikroverfilmungen und die Einspeicherung und Bearbeitung in elektronischen Systemen.

Gedruckt auf säure- und chlorfreiem Papier
Gesamtherstellung: R. Oldenbourg Graphische Betriebe GmbH, München

ISBN 3-486-23892-2

Vorwort

Während unserer Lehrtätigkeiten (Universität, Berufsakademie, Volkshochschulen) im Fach Mathematik mußten wir, besonders in den letzten Jahren, immer deutlicher feststellen, daß ein hoher Prozentsatz der Schüler die erforderlichen Studienvoraussetzungen im Fach Mathematik nicht oder nur sehr unvollständig besitzt.

Diese vierteilige Buchreihe (Grundlagen, Analysis, Lineare Algebra und Analytische Geometrie sowie Stochastik) soll Schülern und Studenten helfen, die Grundkenntnisse der elementaren Mathematik zu erlernen und durch Üben zu festigen.

Die gesamte Buchreihe ist so aufgebaut, daß zu Beginn eines jeden Kapitels die jeweilige Theorie kurz dargeboten wird. An einer Vielzahl von Beispielen werden Anwendungsmöglichkeiten gezeigt. Diese Beispiele decken den theoretisch behandelten Stoff vollständig ab. Auf die Beweise zu den Sätzen wird bewußt verzichtet, da es sich bei diesem Buch um eine **Beispiel- und Aufgabensammlung** handelt und nicht um ein Lehrbuch im herkömmlichen Sinne. Das Kernstück bilden dann **Übungsaufgaben**. Sämtliche Aufgaben sind mit **vollständigem Lösungsweg** versehen.

Im hier vorliegenden **Band 2, Analysis** werden die Kernthemen der Analysis vorgestellt. Diese spielen eine zentrale Rolle, sowohl im Mathematik-Abitur, als auch im Grundstudium der verschiedensten Studienrichtungen. Behandelt werden Beweismethoden, Summen, Produkte, Folgen und Grenzwerte, Funktionen, Stetigkeit und Differenzierbarkeit, Kurvendiskussion, Integration und Approximationsmethoden.

Für die kritische Durchsicht des Manuskripts bedanken wir uns bei den Herren cand. math. Martin Severin und Roland Ehni, sowie bei Frau Susanne Heinrich für das unermüdliche Korrekturlesen. Unser Dank gilt auch Herrn Dipl. Volkswirt Martin Weigert vom Oldenbourg-Verlag für die angenehme Zusammenarbeit und weitestgehende Freiheit bei der Gestaltung dieses Buches.

Für Hinweise auf Fehler und Verbesserungsvorschläge sind wir jedem Leser dankbar.

Fellbach, Rechberghausen   Gert Heinrich
                                                           Thomas Severin

Inhaltsverzeichnis

Kapitel 1

Beweismethoden

In der Mathematik ist es unumgänglich, aus gegebenen Voraussetzungen aufgestellte Behauptungen zu beweisen, um dann daraus gültige Sachverhalte zu formulieren. Deshalb werden in diesem Kapitel gängige Beweismethoden vorgestellt.

Gezeigt werden soll, daß aus einer Voraussetzung (einer Aussage A) eine Behauptung (eine Aussage B) folgt. Mathematisch nennt man diese Verknüpfung eine **Implikation**.
Die Schreibweise dazu ist: $A \implies B$.
Sprechweisen hierfür sind: Aus A folgt B, A impliziert B, A ist hinreichend für B oder B ist notwendig für A.

Der Nachweis $A \implies B$ kann auf unterschiedlichen Wegen geführt werden. Die wichtigsten Beweismethoden sind:

- der direkte Beweis,

- der indirekte Beweis,

- der Widerspruchsbeweis und

- die vollständige Induktion.

Diese Beweistechniken werden im folgenden vorgestellt. Hauptaugenmerk wird dabei auf die vollständige Induktion gelegt.

1.1   Der direkte Beweis

Mittels bereits bekannter Aussagen, Folgerungen oder Sachverhalte wird ausgehend von der Voraussetzung A die Behauptung B hergeleitet.

Beispiel 1.1.1
Zeigen Sie, daß für alle $a, b, c \in \mathbb{R}$ gilt:
$$(a + b - c)^3 = a^3 + 3a^2b - 3a^2c + 3ab^2 - 6abc + 3ac^2 + b^3 - 3b^2c + 3bc^2 - c^3.$$

Lösung:
Die Lösung folgt durch Ausmultiplizieren.
$$(a + b - c)^3 = ((a + b - c)(a + b - c)) \cdot (a + b - c)$$
$$= \left(a^2 + ab - ac + ab + b^2 - bc - ac - bc + c^2\right) \cdot (a + b - c)$$
$$= a^3 + a^2b - a^2c + a^2b + ab^2 - abc - a^2c - abc + ac^2$$
$$+ a^2b + ab^2 - abc + ab^2 + b^3 - b^2c - abc - b^2c + bc^2$$
$$- a^2c - abc + ac^2 - abc - b^2c + bc^2 + ac^2 + bc^2 - c^3$$
$$= a^3 + 3a^2b - 3a^2c + 3ab^2 - 6abc + 3ac^2 + b^3 - 3b^2c + 3bc^2 - c^3.$$
Damit ist die Behauptung gezeigt.

Beispiel 1.1.2
Zeigen Sie, daß für alle $n \in \mathbb{N}$ gilt:
$$\frac{2n + 1}{n + 3} < \frac{3n + 2}{n + 2}.$$

Lösung:
Für alle $n \in \mathbb{N}$ gelten folgende drei Ungleichungen:
$$2n^2 < 3n^2$$
$$5n < 11n \quad \text{und}$$
$$2 < 6.$$

Addiert man diese Ungleichungen, so folgt:

$$2n^2 + 5n + 2 < 3n^2 + 11n + 6$$

$$(2n+1)(n+2) < (3n+2)(n+3) \quad | : (n+2) \, | : (n+3)$$

$$\frac{2n+1}{n+3} < \frac{3n+2}{n+2}.$$

Damit ist die Behauptung gezeigt.

1.2 Der indirekte Beweis

Beim indirekten Beweis wird gezeigt, daß aus der Negation (Verneinung, Gegenteil) der Aussage B die Negation der Aussage A folgt. Der Hintergrund für diesen Schluß ist die aus der Aussagenlogik bekannte Kontraposition:

$$A \Longrightarrow B \Longleftrightarrow \neg B \Longrightarrow \neg A.$$

Beispiel 1.2.1
Zeigen Sie:

$$a, b > 0 \Longrightarrow \frac{2}{\frac{1}{a} + \frac{1}{b}} \leq \sqrt{ab}.$$

Beweis:
Angenommen es gelte $\frac{2}{\frac{1}{a} + \frac{1}{b}} > \sqrt{ab}$. Es folgt dann:

$$\frac{2ab}{a+b} > \sqrt{ab} \qquad | \cdot (a+b)$$

$$2ab > \sqrt{ab} \cdot (a+b) \quad | : \sqrt{ab}$$

$$2\sqrt{ab} > a+b \qquad | - 2\sqrt{ab}$$

$$0 > a - 2\sqrt{ab} + b$$

$$0 > \left(\sqrt{a} - \sqrt{b}\right)^2.$$

Da Quadrate niemals negativ sind, ist die letzte Ungleichung auch für alle $a, b > 0$ falsch.

Damit ist die getroffene Annahme falsch und Behauptung gezeigt.

1.3 Der Widerspruchsbeweis

Beim Widerspruchsbeweis erzeugt man, ausgehend von den beiden Aussagen A und $\neg B$, einen Widerspruch zu einer bereits bekannten, wahren Aussage.

Beispiel 1.3.1
Zeigen Sie: $\sqrt{2} \notin \mathbb{Q}$.

Beweis:
Annahme: $\sqrt{2} \in \mathbb{Q}$.

$\Longrightarrow \sqrt{2} = \dfrac{p}{q}$, wobei $\dfrac{p}{q}$ ein gekürzter Bruch ist, also $p, q \in \mathbb{Z}, q \neq 0$ teilerfremd sind.

$$\sqrt{2} = \frac{p}{q} \Longrightarrow 2 = \frac{p^2}{q^2} \Longrightarrow p^2 = 2q^2$$

$\Longrightarrow 2$ ist ein Teiler von $p^2 \Longrightarrow 2$ ist ein Teiler von p.

Also gilt $p = 2\tilde{p}$.

Damit folgt aber:

$$p^2 = 2q^2 \Longrightarrow (2\tilde{p})^2 = 2q^2 \Longrightarrow 4\tilde{p}^2 = 2q^2 \Longrightarrow q^2 = 2\tilde{p}^2$$

$\Longrightarrow 2$ ist ein Teiler von $q^2 \Longrightarrow 2$ ist ein Teiler von q.

Insgesamt ist jetzt aber 2 ein Teiler von p und q. Also sind p und q nicht teilerfremd. Durch diesen Widerspruch ist die Behauptung gezeigt.

1.4 Vollständige Induktion

Die vollständige Induktion ist die wichtigste Methode, um Aussagen über natürliche Zahlen oder Aussagen, die in irgendeiner Weise die natürlichen Zahlen beinhalten, zu beweisen. Dabei werden Aussagen bewiesen, die von einer kleinsten natürlichen Zahl k ab für alle natürlichen Zahlen $n, n > k$ gültig sind.

Die Beweisführung erfolgt in zwei Schritten:

1.) **Induktionsanfang:**
   Die Behauptung wird für $n = k$ bewiesen.

2.) **Induktionsschritt:**

Unter der Voraussetzung, daß die Aussage für ein festes $n \in \mathbb{N}$, $n \geq k$
gilt, wird die Richtigkeit der Aussage für den Nachfolger $n + 1$ gezeigt.

Die Zahl k ist somit eine Startzahl für die Induktion. Sukzessives, unendlich
oftes Anwenden des Induktionsschritts zieht die Gültigkeit der Aussage für
$k + 1, k + 2, k + 3, \ldots$, also für alle folgenden natürlichen Zahlen nach sich.

Beispiel 1.4.1

Zeigen Sie, daß für alle $n \in \mathbb{N}$ gilt: $2^n > n$.

Induktionsanfang:

Für $n = 1$ gilt:

$2^1 > 1$, also $2 > 1$.

Induktionsschritt:

Es gelte $2^n > n$ für ein beliebiges, aber festes $n \in \mathbb{N}$.

$$2^n > n \qquad \qquad | \cdot 2$$

$$2^{n+1} > 2n$$

$$2^{n+1} > n + n > n + 1.$$

Damit ist die Behauptung gezeigt.

Mithilfe der vollständigen Induktion werden häufig geschlossene Formeln
über Summen, die aus einer unter Umständen großen Anzahl von Summanden bestehen, hergeleitet. Um solche Summen nicht mit der Pünktchenschreibweise darstellen zu müssen, wird im nächsten Kapitel eine elegantere
Schreibweise erklärt:

$$a_m + a_{m+1} + a_{m+2} \ldots + a_{n-1} + a_n = \sum_{i=m}^{n} a_i.$$

Im nächsten Kapitel wird auch das Rechnen mit solchen Summen gezeigt.
Im folgenden Beispiel und in einigen Aufgaben werden Aussagen über solche
Summen mithilfe der vollständigen Induktion bewiesen. Dabei ist stets zur
Pünktchenschreibweise auch die elegantere Schreibweise mit dem Summen-
symbol angegeben. Gerechnet wird mit diesem Symbol noch nicht, um nicht
auf die Inhalte des nächsten Kapitels vorzugreifen.

Beispiel 1.4.2

Zeigen Sie, daß für alle $n \in \mathbb{N}$ gilt:

$$\sum_{k=1}^{n} k = 1 + 2 + 3 + \ldots + n = \frac{n}{2} \cdot (n+1).$$

Beweis:

Induktionsanfang:

Für $n = 1$ gilt:

$$1 = \frac{1}{2} \cdot (1+1) = 1.$$

Induktionsschritt:

Es gelte $1 + 2 + 3 + \ldots + n = \frac{n}{2} \cdot (n+1)$ für ein beliebiges, aber festes $n \in \mathbb{N}$.

$$1 + 2 + 3 + \ldots + n = \frac{n}{2} \cdot (n+1) \qquad\qquad \mid + (n+1)$$

$$1 + 2 + 3 + \ldots + n + (n+1) = \frac{n}{2} \cdot (n+1) + (n+1)$$

$$1 + 2 + 3 + \ldots + n + (n+1) = (n+1) \cdot \left(\frac{n}{2} + 1\right)$$

$$1 + 2 + 3 + \ldots + n + (n+1) = (n+1) \cdot \left(\frac{n+2}{2}\right)$$

$$1 + 2 + 3 + \ldots + n + (n+1) = \frac{n+1}{2} \cdot ((n+1) + 1).$$

Damit ist die Behauptung gezeigt.

Beispiel 1.4.3

Zeigen Sie, daß 6 stets ein Teiler von $n^3 - n$ für $n \in \mathbb{N}$, $n \geq 2$ ist.

Induktionsanfang:

Für $n = 2$ gilt:

$2^3 - 2 = 8 - 2 = 6$. 6 ist ein Teiler von 6.

Induktionsschritt:

Es gelte: 6 ist ein Teiler von $n^3 - n$ für ein beliebiges, aber festes $n \geq 2$.

$$(n+1)^3 - (n+1) = n^3 + 3n^2 + 3n + 1 - n - 1 = \left(n^3 - n\right) + \left(3n^2 + 3n\right)$$

$$= \left(n^3 - n\right) + 3n(n+1).$$

Da $n^3 - n$ nach Voraussetzung durch 6 teilbar ist, und da genau eine der aufeinanderfolgenden Zahlen n und $n + 1$ durch 2 teilbar ist, ist auch der zweite Summand durch $2 \cdot 3 = 6$ teilbar.

Damit ist die Behauptung gezeigt.

1.5 Aufgaben zu Kapitel 1

Aufgabe 1.5.1

Zeigen Sie mithilfe der direkten Beweismethode, daß für alle $n \in \mathbb{N}$ gilt:

$$\frac{3n+11}{n+4} < \frac{3n+8}{n+1}.$$

Lösung:

Wegen $14n < 20n$ und $11 < 32$ für alle $n \in \mathbb{N}$, gilt:

$$3n^2 + 14n + 11 < 3n^2 + 20n + 32$$

$$(3n+11)(n+1) < (3n+8)(n+4) \quad | : (n+1) \, | : (n+4)$$

$$\frac{3n+11}{n+4} < \frac{3n+8}{n+1}.$$

Damit ist die Behauptung gezeigt.

Aufgabe 1.5.2

Zeigen Sie, daß für alle $a, b, c > 0$ gilt:

$$\frac{1}{a+b} + \frac{1}{b+c} + \frac{1}{a+c} > \frac{3}{a+b+c}.$$

Verwenden Sie hierzu die direkte Beweismethode.

Lösung:

Wegen $c > 0$ gilt:

$a + b < a + b + c$, also $\dfrac{1}{a+b} > \dfrac{1}{a+b+c}$.

Wegen $b > 0$ gilt:

$a + c < a + b + c$, also $\dfrac{1}{a+c} > \dfrac{1}{a+b+c}$.

Wegen $a > 0$ gilt:

$b + c < a + b + c$, also $\dfrac{1}{b+c} > \dfrac{1}{a+b+c}$.

Addiert man diese drei Ungleichungen, so folgt:

$$\frac{1}{a+b} + \frac{1}{a+c} + \frac{1}{b+c} > \frac{1}{a+b+c} + \frac{1}{a+b+c} + \frac{1}{a+b+c}$$

$$\implies \frac{1}{a+b} + \frac{1}{a+c} + \frac{1}{b+c} > \frac{3}{a+b+c}.$$

Damit ist die Behauptung gezeigt.

Aufgabe 1.5.3

Zeigen Sie, daß für alle $a, b, c, d > 0$ mit $abcd = 1$ gilt:

$$a^2 + b^2 + c^2 + d^2 + ab + bc + cd + ad + ac + bd \geq 10.$$

Führen Sie einen direkten Beweis durch.

Lösung:

$(a-b)^2 = a^2 - 2ab + b^2 \geq 0 \implies a^2 + b^2 \geq 2ab.$

$(c-d)^2 = c^2 - 2cd + d^2 \geq 0 \implies c^2 + d^2 \geq 2cd.$

Aus beiden Ungleichungen folgt:

$$a^2+b^2+c^2+d^2+ab+bc+cd+ad+ac+bd \geq (3ab+3cd)+(ad+bc)+(ac+bd).$$

Weiter gilt für alle $x, y > 0$:

$$\left(\sqrt{x} - \sqrt{y}\right)^2 = x - 2\sqrt{xy} + y \geq 0 \implies x + y \geq 2\sqrt{xy}.$$

Setzt man hier für x und y verschiedene Kombinationen ein, so folgt:

$ab + cd \geq 2\sqrt{abcd} = 2,$

$ad + bc \geq 2\sqrt{abcd} = 2$ und

$ac + bd \geq 2\sqrt{abcd} = 2$, da $abcd = 1$ vorausgesetzt ist.

Damit gilt aber insgesamt

$$a^2+b^2+c^2+d^2+ab+bc+cd+ad+ac+bd \geq 3(ab+cd)+(ad+bc)+(ac+bd) \geq 10.$$

Damit ist die Behauptung gezeigt.

Aufgabe 1.5.4

Zeigen Sie mithilfe der vollständigen Induktion, daß für alle $n \in \mathbb{N}$, $n > 5$ gilt: $2^n > n^2$.

Lösung:

Induktionsanfang:

Für $n = 5$ gilt:

$2^5 > 5^2$, also $32 > 25$.

Induktionsschritt:

Es gelte $2^n > n^2$ für ein beliebiges, aber festes $n \in \mathbb{N}$, $n \geq 5$.

$$2^n > n^2 \qquad | \cdot 2$$
$$2^{n+1} > 2n^2$$
$$2^{n+1} > n^2 + n^2.$$

Da $n^2 > 2n + 1$ wegen $n^2 - 2n + 1 > 2$ und $(n-1)^2 > 2$ für $n \geq 4$, also auch für $n \geq 5$ gilt, folgt:

$$2^{n+1} > n^2 + n^2 > n^2 + 2n + 1$$
$$2^{n+1} > (n+1)^2.$$

Damit ist die Behauptung gezeigt.

Aufgabe 1.5.5

Zeigen Sie durch vollständige Induktion, daß für alle $n \in \mathbb{N}$, $n \geq 2$ gilt: $3^n > 3n$.

Lösung:

Induktionsanfang:

Für $n = 2$ gilt:

$3^2 > 3 \cdot 2$, also $9 > 6$.

Induktionsschritt:

Es gelte $3^n > 3n$ für ein beliebiges, aber festes $n \in \mathbb{N}$, $n \geq 2$.

$3^{n+1} = 3^n \cdot 3 > 3n \cdot 3 = 9n = 3n + 6n > 3n + 3 = 3(n+1).$

Damit ist die Behauptung gezeigt.

Aufgabe 1.5.6

Zeigen Sie , daß die Bernoulli'sche Ungleichung (Jakob Bernoulli, 1654-1705)

$$(1 + x)^n > 1 + nx$$

für alle $n \in \mathbb{N}$, $n \geq 2$ und alle $x \in \mathbb{R}$, $x > -1$, $x \neq 0$ gilt.
Verwenden Sie hierzu die Methode der vollständigen Induktion.

Lösung:
Induktionsanfang:

Für $n = 2$ gilt:

$(1 + x)^2 = 1 + 2x + x^2 > 1 + 2x$, da $x^2 > 0$.

Induktionsschritt:

Es gelte $(1 + x)^n > 1 + nx$ für ein beliebiges, aber festes $n \in \mathbb{N}$, $n \geq 2$

und alle $x \in \mathbb{R}$, $x > -1$, $x \neq 0$.

$$(1 + x)^{n+1} = (1 + x)^n \cdot (1 + x) > (1 + nx)(1 + x)$$

$$(1 + x)^{n+1} > 1 + (n + 1)x + nx^2$$

$$(1 + x)^{n+1} > 1 + (n + 1)x, \text{ da } nx^2 > 0.$$

Damit ist die Behauptung gezeigt.

Aufgabe 1.5.7

Zeigen Sie mithilfe der vollständigen Induktion, daß für alle $n \in \mathbb{N}$ gilt:

$$\sum_{k=1}^{n} k^2 = 1^2 + 2^2 + 3^2 + \ldots + n^2 = \frac{n(n + 1)(2n + 1)}{6}.$$

Lösung:
Induktionsanfang:

Für $n = 1$ gilt:
$$1^2 = 1 = \frac{1 \cdot 2 \cdot 3}{6} = 1.$$

Induktionsschritt:

Es gelte $1^2 + 2^2 + 3^2 + \ldots + n^2 = \dfrac{n(n+1)(2n+1)}{6}$ für ein beliebiges, aber festes $n \in \mathbb{N}$.

$$1^2 + 2^2 + 3^2 + \ldots + n^2 = \frac{n(n+1)(2n+1)}{6} \quad \mid + (n+1)^2$$

$$1^2 + 2^2 + 3^2 + \ldots + n^2 + (n+1)^2 = \frac{n(n+1)(2n+1)}{6} + (n+1)^2$$

$$1^2 + 2^2 + 3^2 + \ldots + n^2 + (n+1)^2 = \frac{n+1}{6} \cdot (n(2n+1) + 6(n+1))$$

$$1^2 + 2^2 + 3^2 + \ldots + n^2 + (n+1)^2 = \frac{n+1}{6} \cdot (2n^2 + 7n + 6)$$

$$1^2 + 2^2 + 3^2 + \ldots + n^2 + (n+1)^2 = \frac{n+1}{6} \cdot (n+2)(2n+3))$$

$$1^2 + 2^2 + 3^2 + \ldots + n^2 + (n+1)^2 = \frac{(n+1)((n+1)+1)(2(n+1)+1)}{6}.$$

Damit ist die Behauptung gezeigt.

Aufgabe 1.5.8

Zeigen Sie mithilfe der vollständigen Induktion, daß für alle $n \in \mathbb{N}$ gilt:

$$\sum_{k=1}^{n} k^3 = 1^3 + 2^3 + 3^3 + \ldots + n^3 = \frac{n^2(n+1)^2}{4}.$$

Lösung:

Induktionsanfang:

Für $n = 1$ gilt:

$$1^3 = 1 = \frac{1^2 \cdot 2^2}{4} = \frac{4}{4} = 1.$$

Induktionsschritt:

Es gelte $1^3 + 2^3 + 3^3 + \ldots + n^3 = \dfrac{n^2(n+1)^2}{4}$ für ein beliebiges, aber festes $n \in \mathbb{N}$.

$$1^3 + 2^3 + 3^3 + \ldots + n^3 = \frac{n^2(n+1)^2}{4} \quad \mid + (n+1)^3$$

$$1^3 + 2^3 + 3^3 + \ldots + n^3 + (n+1)^3 = \frac{n^2(n+1)^2}{4} + (n+1)^3$$

$$1^3 + 2^3 + 3^3 + \ldots + n^3 + (n+1)^3 = (n+1)^2 \cdot \left(\frac{n^2}{4} + (n+1) \right)$$

$$1^3 + 2^3 + 3^3 + \ldots + n^3 + (n+1)^3 = (n+1)^2 \cdot \frac{n^2 + 4n + 4}{4}$$

$$1^3 + 2^3 + 3^3 + \ldots + n^3 + (n+1)^3 = \frac{(n+1)^2(n+2)^2}{4}$$

$$1^3 + 2^3 + 3^3 + \ldots + n^3 + (n+1)^3 = \frac{(n+1)^2((n+1)+1)^2}{4}.$$

Damit ist die Behauptung gezeigt.

Aufgabe 1.5.9
Zeigen Sie, daß für alle $n \in \mathbb{N}$ gilt:

$$1^3 + 2^3 + 3^3 + \ldots + n^3 = (1 + 2 + 3 + \ldots + n)^2.$$

Verwenden Sie hierzu die direkte Beweismethode und nutzen Sie die Ergebnisse der vorangegangenen Aufgaben.

Lösung:
Aus den beiden schon bewiesenen Zusammenhängen

$$1 + 2 + 3 + \ldots + n = \frac{n}{2} \cdot (n+1) \text{ und}$$

$$1^3 + 2^3 + 3^3 + \ldots + n^3 = \frac{n^2(n+1)^2}{4} \text{ folgt:}$$

$$(1 + 2 + 3 + \ldots + n)^2 = \left(\frac{n}{2} \cdot (n+1) \right)^2 = \frac{n^2(n+1)^2}{4}.$$

Damit ist die Behauptung gezeigt.

Aufgabe 1.5.10
Zeigen Sie mithilfe der vollständigen Induktion, daß für alle $n \in \mathbb{N}$ gilt:

$$\sum_{k=1}^{n}(2k - 1) = 1 + 3 + 5 + \ldots + (2n - 1) = n^2.$$

Lösung:
Induktionsanfang:

Für $n = 1$ gilt:

$$1 = 1^2 = 1.$$

Induktionsschritt:

Es gelte $1 + 3 + 5 + \ldots + (2n - 1) = n^2$ für ein beliebiges, aber festes $n \in \mathbb{N}$.

$$1 + 3 + 5 + \ldots + (2n - 1) = n^2 \qquad | + (2n + 1)$$

$$1 + 3 + 5 + \ldots + (2n - 1) + (2n + 1) = n^2 + (2n + 1)$$

$$1 + 3 + 5 + \ldots + (2n - 1) + (2n + 1) = (n + 1)^2$$

Damit ist die Behauptung gezeigt.

Aufgabe 1.5.11

Zeigen Sie mithilfe der vollständigen Induktion, daß für alle $n \in \mathbb{N}$ gilt:

$$\sum_{k=1}^{n} k(k + 1) = 1 \cdot 2 + 2 \cdot 3 + \ldots + n(n + 1) = \frac{1}{3}n(n + 1)(n + 2).$$

Lösung:

Induktionsanfang:

Für $n = 1$ gilt:

$$1 \cdot 2 = 2 = \frac{1}{3} \cdot 1 \cdot 2 \cdot 3 = 2.$$

Induktionsschritt:

Es gelte $1 \cdot 2 + 2 \cdot 3 + \ldots + n(n + 1) = \frac{1}{3}n(n + 1)(n + 2)$ für ein beliebiges, aber festes $n \in \mathbb{N}$.

$$1 \cdot 2 + 2 \cdot 3 + \ldots + n(n + 1) = \frac{1}{3}n(n + 1)(n + 2) \quad | + (n + 1)(n + 2)$$

$$1 \cdot 2 + 2 \cdot 3 + \ldots + (n + 1)(n + 2) = \frac{1}{3}n(n + 1)(n + 2) + (n + 1)(n + 2)$$

$$1 \cdot 2 + 2 \cdot 3 + \ldots + (n + 1)(n + 2) = (n + 1)(n + 2) \cdot \left(\frac{n}{3} + 1 \right)$$

$$1 \cdot 2 + 2 \cdot 3 + \ldots + (n + 1)(n + 2) = (n + 1)(n + 2) \cdot \frac{n + 3}{3}$$

$$1 \cdot 2 + 2 \cdot 3 + \ldots + (n + 1)(n + 2) = \frac{1}{3}(n + 1)((n + 1) + 1)((n + 1) + 2).$$

Damit ist die Behauptung gezeigt.

Aufgabe 1.5.12

Zeigen Sie mithilfe der vollständigen Induktion, daß für alle $n \in \mathbb{N}$ gilt:

$$\sum_{k=1}^{n} \frac{1}{k(k+1)} = \frac{1}{1 \cdot 2} + \frac{1}{2 \cdot 3} + \ldots + \frac{1}{n(n+1)} = \frac{n}{n+1}.$$

Lösung:

Induktionsanfang:

Für $n = 1$ gilt:

$$\frac{1}{1 \cdot 2} = \frac{1}{2} = \frac{1}{1+1} = \frac{1}{2}.$$

Induktionsschritt:

Es gelte $\dfrac{1}{1 \cdot 2} + \dfrac{1}{2 \cdot 3} + \ldots + \dfrac{1}{n(n+1)} = \dfrac{n}{n+1}$ für ein beliebiges, aber festes $n \in \mathbb{N}$.

$$\frac{1}{1 \cdot 2} + \frac{1}{2 \cdot 3} + \ldots + \frac{1}{n(n+1)} = \frac{n}{n+1} \quad \Big| + \frac{1}{(n+1)(n+2)}$$

$$\frac{1}{1 \cdot 2} + \frac{1}{2 \cdot 3} + \ldots + \frac{1}{(n+1)(n+2)} = \frac{n}{n+1} + \frac{1}{(n+1)(n+2)}$$

$$\frac{1}{1 \cdot 2} + \frac{1}{2 \cdot 3} + \ldots + \frac{1}{(n+1)(n+2)} = \frac{1}{n+1} \cdot \left(n + \frac{1}{n+2} \right)$$

$$\frac{1}{1 \cdot 2} + \frac{1}{2 \cdot 3} + \ldots + \frac{1}{(n+1)(n+2)} = \frac{1}{n+1} \cdot \frac{n^2 + 2n + 1}{n+2}$$

$$\frac{1}{1 \cdot 2} + \frac{1}{2 \cdot 3} + \ldots + \frac{1}{(n+1)(n+2)} = \frac{1}{n+1} \cdot \frac{(n+1)^2}{n+2}$$

$$\frac{1}{1 \cdot 2} + \frac{1}{2 \cdot 3} + \ldots + \frac{1}{(n+1)(n+2)} = \frac{n+1}{(n+1)+1}.$$

Damit ist die Behauptung gezeigt.

Aufgabe 1.5.13

Zeigen Sie mithilfe der vollständigen Induktion, daß für alle $n \in \mathbb{N}$ gilt:

$$\sum_{k=1}^{n} \frac{1}{(2k-1)(2k+1)} = \frac{1}{1 \cdot 3} + \frac{1}{3 \cdot 5} + \ldots + \frac{1}{(2n-1)(2n+1)} = \frac{n}{2n+1}.$$

Lösung:

Induktionsanfang:

Für $n = 1$ gilt:

$$\frac{1}{1 \cdot 3} = \frac{1}{3} = \frac{1}{2 \cdot 1 + 1} = \frac{1}{3}.$$

Induktionsschritt:

Es gelte $\dfrac{1}{1 \cdot 3} + \dfrac{1}{3 \cdot 5} + \dots + \dfrac{1}{(2n-1)(2n+1)} = \dfrac{n}{2n+1}$ für ein beliebiges, aber festes $n \in \mathbb{N}$.

$$\frac{1}{1 \cdot 3} + \frac{1}{3 \cdot 5} + \dots + \frac{1}{(2n-1)(2n+1)} = \frac{n}{2n+1} \quad \bigg| + \frac{1}{(2n+1)(2n+3)}$$

$$\frac{1}{1 \cdot 3} + \frac{1}{3 \cdot 5} + \dots + \frac{1}{(2n+1)(2n+3)} = \frac{n}{2n+1} + \frac{1}{(2n+1)(2n+3)}$$

$$\frac{1}{1 \cdot 3} + \frac{1}{3 \cdot 5} + \dots + \frac{1}{(2n+1)(2n+3)} = \frac{1}{2n+1} \cdot \left(n + \frac{1}{2n+3} \right)$$

$$\frac{1}{1 \cdot 3} + \frac{1}{3 \cdot 5} + \dots + \frac{1}{(2n+1)(2n+3)} = \frac{1}{2n+1} \cdot \frac{2n^2 + 3n + 1}{2n+3}$$

$$\frac{1}{1 \cdot 3} + \frac{1}{3 \cdot 5} + \dots + \frac{1}{(2n+1)(2n+3)} = \frac{1}{2n+1} \cdot \frac{(2n+1)(n+1)}{2n+3}$$

$$\frac{1}{1 \cdot 3} + \frac{1}{3 \cdot 5} + \dots + \frac{1}{(2n+1)(2n+3)} = \frac{n+1}{2(n+1)+1}.$$

Damit ist die Behauptung gezeigt.

Aufgabe 1.5.14

Zeigen Sie mithilfe der vollständigen Induktion, daß für alle $n \in \mathbb{N}$ gilt:

$$\sum_{k=1}^{n} k(k+1)(k+2) = 1 \cdot 2 \cdot 3 + 2 \cdot 3 \cdot 4 + \dots + n(n+1)(n+2)$$

$$= \frac{1}{4} n(n+1)(n+2)(n+3).$$

Lösung:

Induktionsanfang:

Für $n = 1$ gilt:

$$1 \cdot 2 \cdot 3 = 6 = \frac{1}{4} \cdot 1 \cdot 2 \cdot 3 \cdot 4 = 6.$$

Induktionsschritt:

Es gelte $1 \cdot 2 \cdot 3 + 2 \cdot 3 \cdot 4 + \dots + n(n+1)(n+2) = \dfrac{1}{4} n(n+1)(n+2)(n+3)$

für ein beliebiges, aber festes $n \in \mathbb{N}$.

Jetzt wird auf beiden Seiten $(n + 1)(n + 2)(n + 3)$ addiert.

Die linke Seite ist dann gleich

$$1 \cdot 2 \cdot 3 + 2 \cdot 3 \cdot 4 + \ldots + (n + 1)(n + 2)(n + 3).$$

Für die rechte Seite gilt dann:

$$\frac{1}{4}n(n + 1)(n + 2)(n + 3) + (n + 1)(n + 2)(n + 3)$$

$$= (n + 1)(n + 2)(n + 3) \cdot \left(\frac{n}{4} + 1 \right)$$

$$= (n + 1)(n + 2)(n + 3) \cdot \frac{n + 4}{4}$$

$$= \frac{1}{4}(n + 1)((n + 1) + 1)((n + 1) + 2)((n + 1) + 3).$$

Damit gilt insgesamt:

$$1 \cdot 2 \cdot 3 + 2 \cdot 3 \cdot 4 + \ldots + (n + 1)(n + 2)(n + 3)$$

$$= \frac{1}{4}(n + 1)((n + 1) + 1)((n + 1) + 2)((n + 1) + 3).$$

Damit ist die Behauptung gezeigt.

Aufgabe 1.5.15

Zeigen Sie mithilfe der vollständigen Induktion, daß für alle $n \in \mathbb{N}$, $n \geq 2$ gilt:

$$\frac{1}{\sqrt{1}} + \frac{1}{\sqrt{2}} + \ldots + \frac{1}{\sqrt{n}} > \sqrt{n}.$$

Lösung:

Induktionsanfang:

Für $n = 2$ gilt:

$$\frac{1}{\sqrt{1}} + \frac{1}{\sqrt{2}} = \frac{2 + \sqrt{2}}{2} > \frac{\sqrt{2} + \sqrt{2}}{2} = \sqrt{2}.$$

Induktionsschritt:

Es gelte $\dfrac{1}{\sqrt{1}} + \dfrac{1}{\sqrt{2}} + \ldots + \dfrac{1}{\sqrt{n}} > \sqrt{n}$ für ein beliebiges, aber festes $n \in \mathbb{N}$.

$$\frac{1}{\sqrt{1}} + \frac{1}{\sqrt{2}} + \ldots + \frac{1}{\sqrt{n}} > \sqrt{n} \quad \Big| + \frac{1}{\sqrt{n+1}}$$

$$\frac{1}{\sqrt{1}} + \frac{1}{\sqrt{2}} + \ldots + \frac{1}{\sqrt{n+1}} > \sqrt{n} + \frac{1}{\sqrt{n+1}}$$

$$\frac{1}{\sqrt{1}} + \frac{1}{\sqrt{2}} + \ldots + \frac{1}{\sqrt{n+1}} > \sqrt{n} + \frac{\sqrt{n+1}}{n+1}$$

$$\frac{1}{\sqrt{1}} + \frac{1}{\sqrt{2}} + \ldots + \frac{1}{\sqrt{n+1}} > \sqrt{n+1} \cdot \left(\frac{\sqrt{n}}{\sqrt{n+1}} + \frac{1}{n+1} \right)$$

$$\frac{1}{\sqrt{1}} + \frac{1}{\sqrt{2}} + \ldots + \frac{1}{\sqrt{n+1}} > \sqrt{n+1} \cdot \frac{\sqrt{n}\sqrt{n+1} + 1}{n+1}$$

$$\frac{1}{\sqrt{1}} + \frac{1}{\sqrt{2}} + \ldots + \frac{1}{\sqrt{n+1}} > \sqrt{n+1} \cdot \frac{\sqrt{n}\sqrt{n} + 1}{n+1}$$

$$\frac{1}{\sqrt{1}} + \frac{1}{\sqrt{2}} + \ldots + \frac{1}{\sqrt{n+1}} > \sqrt{n+1}.$$

Damit ist die Behauptung gezeigt.

Aufgabe 1.5.16

Zeigen Sie mithilfe der vollständigen Induktion, daß $7^n - 1$ für alle $n \in \mathbb{N}$ durch 6 teilbar ist.

Lösung:

Induktionsanfang:

Für $n = 1$ gilt:

$7^1 - 1 = 6$. 6 ist ein Teiler von 6.

Induktionsschritt:

Es gelte: $7^n - 1$ ist durch 6 teilbar für ein beliebiges, aber festes $n \in \mathbb{N}$.

Das bedeutet $7^n - 1 = 6k$ oder $7^n = 6k + 1$ für ein $k \in \mathbb{N}$.

Damit folgt dann:

$7^{n+1} - 1 = 7^n \cdot 7 - 1 = (6k + 1) \cdot 7 - 1 = 42k + 7 - 1 = 42k + 6 = 6(7k + 1)$.

Folglich ist auch die Zahl $7^{n+1} - 1$ durch 6 teilbar.

Damit ist die Behauptung gezeigt.

Aufgabe 1.5.17
Zeigen Sie mithilfe der vollständigen Induktion, daß $9^n - 1$ für alle $n \in \mathbb{N}$ durch 8 teilbar ist.

Lösung:
Induktionsanfang:

Für $n = 1$ gilt:

$9^1 - 1 = 8$. 8 ist ein Teiler von 8.

Induktionsschritt:

Es gelte: $9^n - 1$ ist durch 8 teilbar für ein beliebiges, aber festes $n \in \mathbb{N}$.

Das bedeutet $9^n - 1 = 8k$ oder $9^n = 8k + 1$ für ein $k \in \mathbb{N}$.

Damit folgt dann:

$9^{n+1} - 1 = 9^n \cdot 9 - 1 = (8k + 1) \cdot 9 - 1 = 72k + 9 - 1 = 72k + 8 = 8(9k + 1)$.

Folglich ist auch die Zahl $9^{n+1} - 1$ durch 8 teilbar.

Damit ist die Behauptung gezeigt.

Aufgabe 1.5.18
Zeigen Sie, daß $\dfrac{n}{6} + \dfrac{n^2}{2} + \dfrac{n^3}{3}$ für alle $n \in \mathbb{N}$ eine natürliche Zahl ergibt.
Verwenden Sie hierzu die Methode der vollständigen Induktion.

Lösung:
Induktionsanfang:

Für $n = 1$ gilt:
$$\frac{1}{6} + \frac{1}{2} + \frac{1}{3} = \frac{1 + 3 + 2}{6} = 1 \in \mathbb{N}.$$

Induktionsschritt:

Es gelte: $\left(\dfrac{n}{6} + \dfrac{n^2}{2} + \dfrac{n^3}{3} \right) \in \mathbb{N}$ für ein beliebiges, aber festes $n \in \mathbb{N}$.

$$\frac{n+1}{6} + \frac{(n+1)^2}{2} + \frac{(n+1)^3}{3}$$

$$= \frac{(n+1) + (3n^2 + 6n + 3) + (2n^3 + 6n^2 + 6n + 2)}{6}$$

$$= \frac{2n^3 + 9n^2 + 13n + 6}{6} = \frac{(2n^3 + 3n^2 + n) + (6n^2 + 12n + 6)}{6}$$

$$= \left(\frac{n}{6} + \frac{n^2}{2} + \frac{n^3}{3}\right) + \frac{6(n+1)^2}{6} = \left(\frac{n}{6} + \frac{n^2}{2} + \frac{n^3}{3}\right) + (n+1)^2.$$

Folglich ist auch $\dfrac{n+1}{6} + \dfrac{(n+1)^2}{2} + \dfrac{(n+1)^3}{3}$ eine natürliche Zahl.
Damit ist die Behauptung gezeigt.

Aufgabe 1.5.19
Zeigen Sie mithilfe der vollständigen Induktion, daß $4^n + 15n - 1$ für alle $n \in \mathbb{N}$ durch 9 teilbar ist.

Lösung:
Induktionsanfang:

Für $n = 1$ gilt:

$4^1 + 15 \cdot 1 - 1 = 18$. 9 ist ein Teiler von 18.

Induktionsschritt:

Es gelte: $4^n + 15n - 1$ ist durch 9 teilbar für ein beliebiges, aber festes $n \in \mathbb{N}$.

Es gilt:

$$4^{n+1} + 15(n+1) - 1 = 4^n \cdot 4 + 15n + 15 - 1 = 4^n + 3 \cdot 4^n + 15n + 15 - 1$$

$$= (4^n + 15n - 1) + (3 \cdot 4^n + 15) = (4^n + 15n - 1) + 3 \cdot (4^n + 5).$$

Die Behauptung ist gezeigt, falls $4^n + 5$ durch 3 teilbar ist für alle $n \in \mathbb{N}$.
Dies erfolgt durch eine weitere Induktion.

Induktionsanfang:

Für $n = 1$ gilt:

$4^1 + 5 = 9$. 3 ist ein Teiler von 9.

Induktionsschritt:

Es gelte: $4^n + 5$ ist durch 3 teilbar für ein beliebiges, aber festes $n \in \mathbb{N}$.

Das bedeutet $4^n + 5 = 3k$ oder $4^n = 3k - 5$ für ein $k \in \mathbb{N}$, $k \geq 3$.

Damit folgt dann:

$$4^{n+1} + 5 = 4^n \cdot 4 + 5 = (3k - 5) \cdot 4 + 5 = 12k - 15 = 3(4k - 5).$$

Folglich ist auch die Zahl $4^{n+1} + 5$ durch 3 teilbar.

Damit ist alles gezeigt.

Aufgabe 1.5.20

Zeigen Sie, daß $3^{2^n} - 1$ für alle $n \in \mathbb{N}$ durch 2^{n+2} teilbar ist. Verwenden Sie hierzu die Methode der vollständigen Induktion.

Lösung:

Induktionsanfang:

Für $n = 1$ gilt:

$3^{2^1} - 1 = 9 - 1 = 8$. 8 ist ein Teiler von $2^{1+2} = 2^3 = 8$.

Induktionsschritt:

Es gelte: $3^{2^n} - 1$ ist durch 2^{n+2} teilbar für ein beliebiges, aber festes $n \in \mathbb{N}$.

Das bedeutet $3^{2^n} - 1 = 2^{n+2}k$ oder $3^{2^n} = 2^{n+2}k + 1$ für ein $k \in \mathbb{N}$.

Damit folgt dann:

$$3^{2^{n+1}} - 1 = 3^{2^n \cdot 2} - 1 = \left(3^{2^n}\right)^2 - 1 = \left(2^{n+2}k + 1\right)^2 - 1$$
$$= k^2 \cdot 2^{2n+4} + 2k \cdot 2^{n+2} + 1 - 1 = k \cdot 2^{n+2} \left(k \cdot 2^{n+2} + 2^{n+3}\right).$$

Damit ist die Behauptung gezeigt.

Aufgabe 1.5.21

Zeigen Sie, daß jede Menge M, die aus endlich vielen reellen Zahlen besteht, ein Minimum und ein Maximum besitzt.

Lösung:

Die Lösung erfolgt durch vollständige Induktion.

Induktionsanfang:

Für $n = 1$ gilt:

$M = \{a_1\} \Longrightarrow a_1$ ist Maximum und Minimum.

Induktionsschritt:

Es gelte: Die n-elementige Menge $M = \{a_1, a_2, \ldots a_n\}$ hat das Minimum a_1 und das Maximum a_n für ein beliebiges, aber festes $n \in \mathbb{N}$.

Für die $(n+1)$-elementige Menge $\tilde{M} = \{a_1, a_2, \ldots a_n, a_{n+1}\}$ gilt dann:

1. Fall: $a_{n+1} < a_1 < a_n$

a_{n+1} ist Minimum und a_n ist Maximum.

2. Fall: $a_1 < a_{n+1} < a_n$

a_1 ist Minimum und a_n ist Maximum.

3. Fall: $a_1 < a_n < a_{n+1}$

a_1 ist Minimum und a_{n+1} ist Maximum.

Damit ist die Behauptung gezeigt.

Aufgabe 1.5.22

Zeigen Sie, daß die Potenzmenge $\mathcal{P}(M)$, also die Menge aller Teilmengen einer endlichen Menge M, genau 2^n Elemente beinhaltet.

Lösung:

Die Lösung erfolgt durch vollständige Induktion.

Induktionsanfang:

Für $n = 1$ gilt:

$M = \{a_1\} \Longrightarrow \mathcal{P}(M) = \{\emptyset, \{a_1\}\}$ hat $2^1 = 2$ Elemente.

Induktionsschritt:

Es gelte: Für $M = \{a_1, a_2, \ldots a_n\}$ habe $\mathcal{P}(M)$ genau 2^n Elemente für ein beliebiges, aber festes $n \in \mathbb{N}$.

Die $(n+1)$-elementige Menge $\tilde{M} = \{a_1, a_2, \ldots a_n, a_{n+1}\}$ beinhaltet zusätzlich zur Menge M noch das Element a_{n+1}.

Dieses Element kann bei jeder der 2^n Teilmengen von M eingefügt werden.

Also hat dann $\mathcal{P}(\tilde{M})$ genau $2^n + 2^n = 2 \cdot 2^n = 2^{n+1}$ Elemente.

Damit ist die Behauptung gezeigt.

Aufgabe 1.5.23

Zeigen Sie:

$$a, b \geq 0 \Longrightarrow \sqrt{ab} \leq \frac{a+b}{2}.$$

Lösung:

Der Beweis erfolgt indirekt.

Sei also $\sqrt{ab} > \dfrac{a+b}{2}$. Es folgt dann:

$$\sqrt{ab} > \frac{a+b}{2} \qquad |()^2$$

$$ab > \frac{(a+b)^2}{4} \qquad |\cdot 4$$

$$4ab > (a+b)^2$$

$$4ab > a^2 + 2ab + b^2 \quad |-4ab$$

$$0 > a^2 - 2ab + b^2$$

$$0 > (a-b)^2.$$

Da Quadrate niemals negativ sind, ist die letzte Ungleichung für alle $a, b \geq 0$ falsch.

Damit ist die Behauptung gezeigt.

Aufgabe 1.5.24

Zeigen Sie, daß für alle $n \in \mathbb{N}$ gilt:

a) n gerade $\implies$ $3^n + 63$ ist durch 72 teilbar.

b) $3^n + 63$ ist durch 72 teilbar $\implies$ n gerade.

Lösung:

a) Die Lösung erfolgt durch vollständige Induktion.

   Sei $n = 2k$. Dann ist zu zeigen:

   $3^n + 63 = 3^{2k} + 63 = 9^k + 63$ ist durch 72 teilbar.

   Induktionsanfang:

   Für $k = 1$ gilt:

   $9^1 + 63 = 72$. 72 ist ein Teiler von 72.

   Induktionsschritt:

   Es gelte: $9^k + 63$ ist durch 72 teilbar für ein beliebiges, aber festes

$n \in \mathbb{N}$.

Das bedeutet $9^k + 63 = 72m$ oder $9^k = 72m - 63$ für ein $m \in \mathbb{N}$.

Damit folgt dann:

$$9^{k+1} + 63 = 9^k \cdot 9 + 63 = (72m - 63) \cdot 9 + 63 = 648m - 504 = 72(9m - 7).$$

Folglich ist auch die Zahl $9^{k+1} + 63$ durch 72 teilbar.

Damit ist die Behauptung gezeigt.

b) Der Beweis erfolgt indirekt.

Sei also n ungerade. Dann gilt $n = 2k + 1$, $k \geq 1$.

Es folgt:

$$3^{2k+1} + 63 = \left(3^{2k+1} - 9\right) + 72 = 9 \cdot \left(3^{2k-1} - 1\right) + 72.$$

Der Beweis ist erbracht, falls $3^{2k-1} - 1$ nicht durch 8 teilbar ist.

Es gilt $3^{2k-1} - 1 = (3 - 1) \cdot \left(1 + 3 + 3^2 + \ldots + 3^{2k-2}\right)$.

Dies ist eine Anwendung der in Kapitel 2 vorgeführten geometrischen Reihe.

Da aber die Summe $1 + 3 + 3^2 + \ldots + 3^{2k-2}$ aus einer ungeraden Anzahl ungerader Zahlen besteht, ist diese Summe ebenfalls ungerade. Deshalb ist diese Summe nicht durch 4 teilbar und folglich $3^{2k-1} - 1$ nicht durch 8 teilbar.

Damit ist die Behauptung gezeigt.

Kapitel 2

Summen, Produkte, Folgen und Grenzwerte

2.1 Summen

2.1.1 Definitionen und Rechenregeln

Möchte man die Zahlen von 1 bis 1 000 aufsummieren, so kann man dies durch $1 + 2 + 3 + 4 + 5 + 6 + \ldots + 997 + 998 + 999 + 1\,000$ darstellen. Eine elegantere Art der Darstellung erhält man mithilfe des Summenzeichens:

$$1 + 2 + 3 + 4 + 5 + 6 + \ldots + 997 + 998 + 999 + 1\,000 = \sum_{v=1}^{1\,000} v.$$

Definition 2.1.1

Es seien $a_m, a_{m+1}, a_{m+2}, \ldots, a_{n-2}, a_{n-1}, a_n$ *reelle Zahlen mit* $m, n \in \mathbf{Z}$. *Dann ist das* **Summenzeichen** *definiert durch:*

$$\sum_{v=m}^{n} a_v := \begin{cases} a_m + a_{m+1} + \ldots + a_{n-2} + a_{n-1} + a_n & \text{für} \quad m \le n \\ 0 & \text{für} \quad m > n. \end{cases}$$

v nennt man hierbei den **Summationsindex**, *m die* **untere** *und n die* **obere Summationsgrenze**. *Ist $m > n$, so spricht man von einer* **leeren Summe**.

Bemerkung:

Die Summe $a_m + a_{m+1} + a_{m+2} + \ldots + a_{n-2} + a_{n-1} + a_n$ ist offensichtlich unabhängig vom Summationsindex v, d.h. v kann durch jeden beliebigen anderen Buchstaben ersetzt werden, der nicht für die untere bzw. obere Summationsgrenze verwendet wurde. Es gilt also:

$$a_m + \ldots + a_n \;=\; \sum_{v=m}^{n} a_v \;=\; \sum_{k=m}^{n} a_k \;=\; \sum_{i=m}^{n} a_i \;=\; \sum_{j=m}^{n} a_j.$$

Beispiel 2.1.1

1.) Die Summe aller natürlichen Zahlen von 1 bis 10 kann man darstellen durch $1 + \ldots + 10$, durch $\displaystyle\sum_{v=1}^{10} v$, oder durch $\displaystyle\sum_{i=1}^{10} i$, usw. .

2.) Die Summe aller ganzen Zahlen von -10 bis 10 kann man darstellen durch $-10 + \ldots + 10$, durch $\displaystyle\sum_{v=-10}^{10} v$, oder durch $\displaystyle\sum_{k=-10}^{10} k$, usw. .

Bemerkung:

$\displaystyle\sum_{k=10}^{-10} k \;=\; 0$ nach Definition 2.1.1.

3.) $\displaystyle\sum_{k=1}^{3} c_k \;=\; c_1 + c_2 + c_3,$

$\displaystyle\sum_{k=3}^{1} c_k \;=\; 0$, da die untere Summationsgrenze 3 größer ist als die obere

Summationsgrenze 1.

4.) $\displaystyle\sum_{t=-2}^{3} b_t \;=\; b_{-2} + b_{-1} + b_0 + b_1 + b_2 + b_3,$

$\displaystyle\sum_{t=0}^{-2} b_t \;=\; 0$, da die untere Summationsgrenze größer ist als die Obere.

5.) $\displaystyle\sum_{i=1}^{p} m_i \;=\; \begin{cases} m_1 + \ldots + m_p & \text{für} \quad p \geq 1 \\ 0 & \text{für} \quad p < 1. \end{cases}$

6.) $\displaystyle\sum_{n=-h}^{200} u_n \;=\; \begin{cases} u_{-h} + u_{-h+1} + \ldots + u_{199} + u_{200} & \text{für} \quad h \geq -200 \\ 0 & \text{für} \quad h < -200. \end{cases}$

Für das Rechnen mit dem Summenzeichen sind folgende Regeln nützlich:

- **Linearität:**

$$\sum_{v=m}^{n} a_v \pm \sum_{v=m}^{n} b_v = \sum_{v=m}^{n} (a_v \pm b_v), \tag{2.1}$$

$$\sum_{v=m}^{n} (c \cdot a_v) = c \cdot \left(\sum_{v=m}^{n} a_v\right). \tag{2.2}$$

- **Zusammensetzung des Summationsbereichs:**

$$\sum_{v=m}^{n} a_v + \sum_{v=n+1}^{k} a_v = \sum_{v=m}^{k} a_v. \tag{2.3}$$

- **Indexverschiebung:**

$$\sum_{v=m}^{n} a_v = \sum_{v=m+k}^{n+k} a_{v-k} = \sum_{v=m-r}^{n-r} a_{v+r}. \tag{2.4}$$

Beispiel 2.1.2
Rechnen mit dem Summenzeichen.

1.) Linearität:

a) $\displaystyle\sum_{v=2}^{4} v^2 + \sum_{v=2}^{4} \frac{1}{v} = \sum_{v=2}^{4} \left(v^2 + \frac{1}{v}\right)$

$\displaystyle = \left(4 + \frac{1}{2}\right) + \left(9 + \frac{1}{3}\right) + \left(16 + \frac{1}{4}\right) = \frac{337}{12},$

b) $\displaystyle\sum_{v=-1}^{3} v + \sum_{v=-1}^{3} 4v = \sum_{v=-1}^{3} (v + 4v) = \sum_{v=-1}^{3} 5v = 5 \sum_{v=-1}^{3} v$

$= 5 \cdot (-1 + 0 + 1 + 2 + 3) = 25,$

c) $\displaystyle\sum_{v=-10}^{10} (-v) + \sum_{v=-10}^{10} 2v = \sum_{v=-10}^{10} (-v + 2v) = \sum_{v=-10}^{10} v$

$= (-10) + (-9) + \ldots + 9 + 10 = 0.$

2.) Zusammensetzung des Summationsbereichs:

$$\sum_{v=1}^{3} 2v + \sum_{v=4}^{5} 2v = \sum_{v=1}^{5} 2v = 2 + 4 + 6 + 8 + 10 = 30.$$

3.) Indexverschiebung:

a) $\displaystyle\sum_{v=0}^{3}(v-2)^2 = \sum_{v=0-2}^{3-2}((v+2)-2)^2 = \sum_{v=-2}^{1} v^2$

$\quad = (-2)^2 + (-1)^2 + 0^2 + 1^2 = 6,$

b) $\displaystyle\sum_{k=6}^{12}(k+4) = \sum_{k=6+4}^{12+4}((k-4)+4) = \sum_{k=10}^{16} k$

$\quad = 10 + 11 + \ldots + 15 + 16 = 91,$

c) $\displaystyle\sum_{v=3}^{6}\frac{v-1}{v^2-3v+2} = \sum_{v=3-3}^{6-3}\frac{(v+3)-1}{(v+3)^2-3(v+3)+2}$

$\quad = \displaystyle\sum_{v=0}^{3}\frac{v+2}{v^2+3v+2} = \frac{2}{2} + \frac{3}{6} + \frac{4}{12} + \frac{5}{20} = \frac{25}{12}.$

2.1.2 Fakultät und Binomialkoeffizient

Um den Binomialkoeffizienten einführen zu können, benötigt man zunächst den Begriff der Fakultät.

Definition 2.1.2
*Für jede natürliche Zahl n steht n! (sprich: n **Fakultät**) für das Produkt aller natürlichen Zahlen von 1 bis n, also:*

$$n! := 1 \cdot 2 \cdot 3 \cdot \ldots \cdot (n-1) \cdot n. \tag{2.5}$$

Zusätzlich definiert man 0! = 1.

Beispiel 2.1.3
$1! = 1 = 1 \cdot 0!,$
$2! = 1 \cdot 2 = 2 = 2 \cdot 1!,$
$3! = 1 \cdot 2 \cdot 3 = 6 = 3 \cdot 2!,$
$4! = 1 \cdot 2 \cdot 3 \cdot 4 = 24 = 4 \cdot 3!,$
$5! = 1 \cdot 2 \cdot 3 \cdot 4 \cdot 5 = 120 = 5 \cdot 4!,$
$6! = 1 \cdot 2 \cdot 3 \cdot 4 \cdot 5 \cdot 6 = 720 = 6 \cdot 5!,$
$7! = 1 \cdot 2 \cdot 3 \cdot 4 \cdot 5 \cdot 6 \cdot 7 = 5040 = 7 \cdot 6!,$
$8! = 1 \cdot 2 \cdot 3 \cdot 4 \cdot 5 \cdot 6 \cdot 7 \cdot 8 = 40320 = 8 \cdot 7!,$
$9! = 1 \cdot 2 \cdot 3 \cdot 4 \cdot 5 \cdot 6 \cdot 7 \cdot 8 \cdot 9 = 362880 = 9 \cdot 8!,$
$10! = 1 \cdot 2 \cdot 3 \cdot 4 \cdot 5 \cdot 6 \cdot 7 \cdot 8 \cdot 9 \cdot 10 = 3628800 = 10 \cdot 9!.$

An obigem Beispiel erkennt man eine Gesetzmäßigkeit der Fakultäten, die
man allerdings auch sofort aus der Definition ableiten kann.

Satz 2.1.1
Es gilt für alle $n \in \mathbb{N}$ die **Rekursionsformel***:*

$$(n+1)! \;=\; (n+1) \cdot n!. \tag{2.6}$$

Satz und Definition 2.1.1
Für $k, n \in \mathbb{N} \cup \{0\}$ heißt $\binom{n}{k}$ (sprich: n über k) **Binomialkoeffizient***.
Dieser ist definiert durch:*

$$\binom{n}{k} \;:=\; \begin{cases} \dfrac{n!}{k! \cdot (n-k)!} & \text{für } 0 \le k \le n \\ 0 & \text{für } 0 \le n < k. \end{cases} \tag{2.7}$$

Desweiteren gilt die **Symmetrie***:*

$$\binom{n}{k} \;=\; \frac{n!}{k! \cdot (n-k)!} \;=\; \frac{n!}{(n-k)! \cdot k!} \;=\; \binom{n}{n-k}. \tag{2.8}$$

Bemerkung:
Aus einer Menge von n verschiedenen Elementen lassen sich k Stück, ohne Berücksichtigung der Reihenfolge und ohne Zurücklegen, auf genau $\binom{n}{k}$
verschiedene Arten auswählen.

Die Binomialkoeffizienten lassen sich in Abhängigkeit von n im sogenannten
Pascalschen Dreieck (Blaise Pascal, 1623-1662) anordnen.

$n = 0$ $\binom{0}{0}$

$n = 1$ $\binom{1}{0}$ $\binom{1}{1}$

$n = 2$ $\binom{2}{0}$ $\binom{2}{1}$ $\binom{2}{2}$

$n = 3$ $\binom{3}{0}$ $\binom{3}{1}$ $\binom{3}{2}$ $\binom{3}{3}$

$n = 4$ $\binom{4}{0}$ $\binom{4}{1}$ $\binom{4}{2}$ $\binom{4}{3}$ $\binom{4}{4}$

$n = 5$ $\binom{5}{0}$ $\binom{5}{1}$ $\binom{5}{2}$ $\binom{5}{3}$ $\binom{5}{4}$ $\binom{5}{5}$

$n = 0$ 1

$n = 1$ 1   1

$n = 2$ 1   2   1

$n = 3$ 1   3   3   1

$n = 4$ 1   4   6   4   1

$n = 5$ 1   5   10   10   5   1

Am Pascalschen Dreieck sieht man sehr gut die Symmetrie der Binomial-koeffizienten. Desweiteren ist jede nicht am Rand stehende Zahl die Summe der beiden Zahlen, die links und rechts über ihr stehen. Für die Binomial-koeffizienten folgt also:

Satz 2.1.2
Für $k, n \in \mathbb{N}$ mit $1 \le k \le n - 1$ gilt das **Additionstheorem:**

$$\binom{n}{k} = \binom{n-1}{k-1} + \binom{n-1}{k}. \tag{2.9}$$

Definition 2.1.3
Für $r \in \mathbb{R}$ und $k \in \mathbb{N} \cup \{0\}$ heißt

$$\binom{r}{k} := \begin{cases} \dfrac{r \cdot (r-1) \cdot (r-2) \cdot \ldots \cdot (r-k+1)}{k!} & \text{für } k > 0 \\ 0 & \text{für } k = 0 \end{cases} \tag{2.10}$$

(sprich: r über k) **Binomialkoeffizient.**

Satz 2.1.3
Für alle $r \in \mathbb{R}$, $k \in \mathbb{N}$ gilt das **Additionstheorem:**

$$\binom{r}{k} = \binom{r-1}{k-1} + \binom{r-1}{k}. \tag{2.11}$$

2.1.3 Spezielle Summen

Summen werden berechnet, indem man die einzelnen Summanden aufaddiert. Dies kann bei einer großen Anzahl von Summanden sehr zeitraubend sein, falls man dies ohne programmierbaren Taschenrechner oder PC durchführt. Für spezielle Summen gibt es allerdings Formeln, die die Berechnung wesentlich vereinfachen. Vielfach können auch Summen auf bereits bekannte Summen zurückgeführt und somit leichter berechnet werden. In diesem Abschnitt sollen Formeln für endliche Summen zusammengetragen werden, die häufig Verwendung finden.

- Sind **alle Summanden gleich** ($a_v = a$ für alle $m \leq v \leq n$), dann gilt:

$$\sum_{v=m}^{n} a = \underbrace{a + a + \ldots + a + a}_{(n-m+1) \text{ Summanden}} = (n - m + 1) \cdot a. \quad (2.12)$$

Beispiel 2.1.4

1.) $\displaystyle\sum_{v=2}^{4} 2 = (4 - 2 + 1) \cdot 2 = 3 \cdot 2 = 6,$

2.) $\displaystyle\sum_{k=-5}^{12} (-9) = (12 - (-5) + 1) \cdot (-9) = 18 \cdot (-9) = -162.$

- Die **Summe der ersten n natürlichen Zahlen** ist:

$$\sum_{v=1}^{n} v = \frac{n(n+1)}{2}. \quad (2.13)$$

Die Identität $\displaystyle\sum_{v=1}^{n} v = \frac{n(n+1)}{2}$ kann auf folgende Weise bewiesen werden:

$$\sum_{v=1}^{n} v = 1 + 2 + \ldots + (n-1) + n$$

$$+ \quad \sum_{v=1}^{n} v = n + (n-1) + \ldots + 2 + 1$$

$$= 2\sum_{v=1}^{n} v = (n+1) + (n+1) + \ldots + (n+1) + (n+1).$$

Man erält also $2 \sum_{v=1}^{n} v = n(n+1)$, da $n+1$ auf der rechten Seite der
Gleichung n-mal vorkommt. Nach Division beider Seiten durch 2 erhält
man die gesuchte Identität.

- Die **Summe der ersten n Qudratzahlen** ist:

$$\sum_{v=1}^{n} v^2 = \frac{n(n+1)(2n+1)}{6}. \qquad (2.14)$$

- Die **Summe der ersten n Kubikzahlen** ist:

$$\sum_{v=1}^{n} v^3 = \frac{n^2(n+1)^2}{4}. \qquad (2.15)$$

Diese beiden Formeln sind bereits in Kapitel 1 bewiesen worden.

- Eine weitere wichtige Summe ist:

$$\sum_{v=1}^{n} \frac{1}{v}. \qquad (2.16)$$

Diese nennt man die **endliche harmonische Reihe**.

2.1.4   Teleskopsummen

Eine spezielle Art von Summen stellen die sogenannten **Teleskopsummen**
dar. Diese haben folgende Strukturen:

$$\sum_{v=m}^{n} (a_v - a_{v-1}) = a_m - a_{m-1} + a_{m+1} - a_m + a_{m+2} - a_{m+1} + \ldots$$
$$+ a_{n-1} - a_{n-2} + a_n - a_{n-1},$$
$$= a_n - a_{m-1}, \qquad (2.17)$$
$$\sum_{v=m}^{n} (a_v - a_{v+1}) = a_m - a_{m+1} + a_{m+1} - a_{m+2} + a_{m+2} - a_{m+3} + \ldots$$
$$+ a_{n-1} - a_n + a_n - a_{n+1},$$
$$= a_m - a_{n+1}. \qquad (2.18)$$

Beispiel 2.1.5

1.) $\displaystyle\sum_{v=2}^{4}\left(\frac{1}{v^2}-\frac{1}{(v-1)^2}\right)=\frac{1}{4^2}-\frac{1}{1^2}=-\frac{15}{16},$

2.) $\displaystyle\sum_{v=2}^{5}\left(\frac{1}{v^2}-\frac{1}{(v+1)^2}\right)=\frac{1}{4^2}-\frac{1}{6^2}=\frac{5}{144}.$

2.1.5   Die endliche arithmetische Reihe

Gesucht ist die Summe

$$\sum_{v=1}^{n}a_v,\ \text{mit}\ a_v=a+(v-1)d\ \text{für}\ v\in\mathbb{N};\ a,d\in\mathbb{R}.$$

Für die einzelnen Summanden gilt also:

$$a_1=a,\quad a_2=a+d,\quad a_3=a+2d,\quad\ldots,\quad a_n=a+(n-1)d,$$

d. h. die Differenz zweier aufeinanderfolgender Summanden ist konstant $(a_{v+1}-a_v=d$ für alle $v\in\mathbb{N})$.

Definition 2.1.4
Die Summe $\displaystyle\sum_{v=1}^{n}(a+(v-1)d)$ *nennt man* **endliche arithmetische Reihe.**

Satz 2.1.4
Für die endliche arithmetische Reihe gilt:

$$\sum_{v=1}^{n}(a+(v-1)d)\ =\ \frac{n}{2}(2a+(n-1)d)\ =\ \frac{n}{2}(a_1+a_n).\qquad(2.19)$$

Bemerkung:
Beachte: In Satz 2.1.4 ist die untere Summationsgrenze Eins!

Beispiel 2.1.6

Berechnen Sie die Summe aller dreistelligen natürlichen Zahlen, die durch 12 teilbar sind.

Lösung:

Die Differenz zweier aufeinanderfolgender natürlicher Zahlen, die durch 12 teilbar sind, ist offensichtlich konstant 12. Dieses Problem kann folglich mithilfe der endlichen arithmetischen Reihe gelöst werden. Die kleinste dreistellige natürliche Zahl, die durch 12 teilbar ist, ist $108 = 9 \cdot 12$ und die Größte $996 = 83 \cdot 12$.

Somit erhält man $d = 12$, $a_1 = a = 108$, $a_n = 996$. $n = 83 - 12 + 1 = 72$ ist die Anzahl der Summanden. Es ist die Summe

$$\sum_{v=1}^{n}(a + (v-1)d) \quad = \quad \sum_{v=1}^{72}(108 + (v-1) \cdot 12)$$

zu berechnen. Das Ergebnis kann man auf zwei Arten berechnen:

$$\frac{n}{2}(2a + (n-1)d) \quad = \quad \frac{72}{2} \cdot (2 \cdot 108 + (72-1) \cdot 12) \quad = \quad 39\,744,$$

$$\frac{n}{2}(a_1 + a_n) \quad = \quad \frac{72}{2} \cdot (108 + 996) \quad = \quad 39\,744.$$

2.1.6   Die endliche geometrische Reihe

Gesucht ist die Summe

$$\sum_{v=0}^{n} a_v, \text{ mit } a_v = q^v \text{ für } v \in \mathbb{N} \cup \{0\}, q \neq 0.$$

Für die einzelnen Summanden gilt also:

$$a_0 = 1, \quad a_1 = q, \quad a_2 = q^2, \quad \ldots, \quad a_n = q^n,$$

d. h. der Quotient zweier aufeinanderfolgender Summanden ist konstant $(a_{v+1}/a_v = q$ für alle $v \in \mathbb{N} \cup \{0\}, q \neq 0)$.

Definition 2.1.5

Die Summe $\sum_{v=0}^{n} q^v$ mit $q \neq 0$ nennt man **endliche geometrische Reihe.**

Satz 2.1.5
Für die endliche geometrische Reihe gilt:

$$\sum_{v=0}^{n} q^v = \begin{cases} \dfrac{1-q^{n+1}}{1-q} & \text{für } q \neq 1 \\ n+1 & \text{für } q = 1. \end{cases} \tag{2.20}$$

Beweis:
1. Fall: $q \neq 1$.

$$\sum_{v=0}^{n} q^v = 1 + q + q^2 + \ldots + q^{n-1} + q^n$$

$$- \qquad q\sum_{v=0}^{n} q^v = \qquad q + q^2 + \ldots + q^{n-1} + q^n + q^{n+1}$$

$$= (1-q)\sum_{v=0}^{n} q^v = 1 - q^{n+1}.$$

Dividiert man nun beide Seiten durch $(1-q)$, so erhält man die Behauptung für $q \neq 1$.

2. Fall: $q = 1$.

Für $q = 1$ geht nach Formel 2.12 die endliche geometrische Reihe über in:

$$\sum_{v=0}^{n} 1^v = \sum_{v=0}^{n} 1 = (n - 0 + 1) \cdot 1 = n + 1. \qquad \square$$

Bemerkung:
Beachte: In Satz 2.1.5 ist die untere Summationsgrenze Null!

Beispiel 2.1.7

1.) $\displaystyle\sum_{v=0}^{4} 3^v = \frac{1 - 3^5}{1 - 3} = 121,$

2.) $\displaystyle\sum_{v=0}^{10} \left(\frac{2}{3}\right)^v = \frac{1 - \left(\frac{2}{3}\right)^{11}}{1 - \frac{2}{3}} = 3 - \frac{2^{11}}{3^{10}} = \frac{175\,099}{59\,049},$

3.) $\displaystyle\sum_{v=0}^{4} 2^v = \frac{1 - 2^5}{1 - 2} = 31,$

4.) $\sum_{v=0}^{4}(-2)^v = \dfrac{1-(-2)^5}{1-(-2)} = \dfrac{33}{3}$.

Bemerkung:

In den Wirtschaftswissenschaften findet die (endliche) geometrische Reihe hauptsächlich in der Finanzmathematik Verwendung.

2.1.7   Der binomische Lehrsatz

Mithilfe der binomischen Formeln erhält man:

$$(a+b)^0 = 1$$
$$= \binom{0}{0},$$
$$(a+b)^1 = a+b$$
$$= \binom{1}{0}a + \binom{1}{1}b,$$
$$(a+b)^2 = a^2 + 2ab + b^2$$
$$= \binom{2}{0}a^2 + \binom{2}{1}ab + \binom{2}{2}b^2,$$
$$(a+b)^3 = a^3 + 3a^2b + 3ab^2 + b^3$$
$$= \binom{3}{0}a^3 + \binom{3}{1}a^2b + \binom{3}{2}ab^2 + \binom{3}{3}b^3,$$
$$\dots = \dots$$
$$(a+b)^n = \binom{n}{0}a^nb^0 + \binom{n}{1}a^{n-1}b^1 + \dots + \binom{n}{n-1}a^1b^{n-1} + \binom{n}{n}a^0b^n.$$

Diese Verallgemeinerung (beliebiger Exponenet $n \in \mathbb{N}$) nennt man den **binomischen Lehrsatz.**

Satz 2.1.6

Für alle $n \in \mathbb{N} \cup \{0\}$ gilt:

$$(a+b)^n = \sum_{k=0}^{n}\binom{n}{k}a^kb^{n-k} = \sum_{k=0}^{n}\binom{n}{k}a^{n-k}b^k. \qquad (2.21)$$

Beweisen kann man den binomischen Lehrsatz mithilfe der vollständigen Induktion nach n.

Beispiel 2.1.8

1.) $\displaystyle\sum_{k=0}^{n} \binom{n}{k} = \sum_{k=0}^{n} \binom{n}{k} 1^k 1^{n-k} = (1+1)^n = 2^n.$

2.) $\displaystyle\sum_{k=0}^{n} \binom{n}{k} (-1)^k = \sum_{k=0}^{n} \binom{n}{k} (-1)^k 1^{n-k} = (-1+1)^n$

$$= \begin{cases} 1 & \text{für } n = 0 \\ 0 & \text{für } n \in \mathbb{N}. \end{cases}$$

2.2 Produkte

Möchte man das Produkt der natürlichen Zahlen von 1 bis 1 000 angeben, so kann man dies folgendermaßen tun: $1 \cdot 2 \cdot 3 \cdot 4 \cdot \ldots \cdot 999 \cdot 1000$. Hierfür gibt es, analog zu den Summen, eine andere Schreibweise, nämlich:

$$1 \cdot 2 \cdot 3 \cdot 4 \cdot \ldots \cdot 999 \cdot 1000 = \prod_{v=1}^{1\,000} v.$$

Definition 2.2.1
Es seien $a_m, a_{m+1}, a_{m+2}, \ldots, a_{n-2}, a_{n-1}, a_n$ reelle Zahlen mit $m, n \in \mathbb{Z}$. Dann ist das **Produktzeichen** *definiert durch:*

$$\prod_{v=m}^{n} a_v := \begin{cases} a_m \cdot a_{m+1} \cdot \ldots \cdot a_{n-2} \cdot a_{n-1} \cdot a_n & \text{für } m \leq n \\ 1 & \text{für } m > n. \end{cases}$$

v nennt man den **Index**. *Ist $m > n$, so spricht man vom* **leeren Produkt**.

Bemerkung:
Das Produkt $a_m \cdot a_{m+1} \cdot a_{m+2} \cdot \ldots \cdot a_{n-2} \cdot a_{n-1} \cdot a_n$ ist offensichtlich unabhängig vom Index v, d. h. v kann durch jeden beliebigen anderen Buchstaben ersetzt werden, der nicht für die untere bzw. obere Grenze verwendet wurde. Es gilt also:

$$a_m \cdot \ldots \cdot a_n = \prod_{v=m}^{n} a_v = \prod_{k=m}^{n} a_k = \prod_{i=m}^{n} a_i = \prod_{j=m}^{n} a_j.$$

Beispiel 2.2.1

1.) Das Produkt aller natürlichen Zahlen von 1 bis 10 kann man darstellen durch $1 \cdot \ldots \cdot 10$, durch $\prod_{v=1}^{10} v$, oder durch $\prod_{i=1}^{10} i$, usw. .

2.) Das Produkt aller ganzen Zahlen von -3 bis 3 kann man darstellen durch $-3 \cdot \ldots \cdot 3$, durch $\prod_{v=-3}^{3} v$, oder durch $\prod_{k=-3}^{3} k$, usw. .

Bemerkung:

$\prod_{k=3}^{-3} k = 1$ nach Definition 2.2.1.

3.) $\prod_{k=1}^{3} c_k = c_1 \cdot c_2 \cdot c_3,$

$\prod_{k=3}^{1} c_k = 1$, da die untere Grenze 3 größer ist als die obere Grenze 1.

4.) $\prod_{t=-2}^{3} b_t = b_{-2} \cdot b_{-1} \cdot b_0 \cdot b_1 \cdot b_2 \cdot b_3,$

$\prod_{t=0}^{-2} b_t = 1$, da die untere Grenze größer ist als die Obere $(0 > -2)$.

5.) $\prod_{i=1}^{p} m_i = \begin{cases} m_1 \cdot \ldots \cdot m_p & \text{für} \quad p \geq 1 \\ 1 & \text{für} \quad p < 1 \end{cases}$.

6.) $\prod_{n=-h}^{200} u_n = \begin{cases} u_{-h} \cdot u_{-h+1} \cdot \ldots \cdot u_{199} \cdot u_{200} & \text{für} \quad h \geq -200 \\ 1 & \text{für} \quad h < -200 \end{cases}$.

Betrachtet werden nun spezielle Produkte.

- Sind **alle Faktoren gleich** ($a_v = a$ für alle $m \leq v \leq n$ mit $m, n \in \mathbf{Z}$), dann gilt:

$$\prod_{v=m}^{n} a = \underbrace{a \cdot a \cdot \ldots \cdot a \cdot a}_{(n-m+1)\text{-mal}} = a^{(n-m+1)}. \qquad (2.22)$$

- **n Fakultät:**

$$n! = \prod_{v=1}^{n} v.$$

- **Teleskopprodukte:**
  Sei $m \leq n$ und die Nenner ungleich Null, dann gilt:

$$\prod_{v=m}^{n} \frac{a_v}{a_{v-1}} = \left(\frac{a_m}{a_{m-1}}\right) \cdot \left(\frac{a_{m+1}}{a_m}\right) \cdot \left(\frac{a_{m+2}}{a_{m+1}}\right) \cdots$$

$$\cdot \left(\frac{a_{n-1}}{a_{n-2}}\right) \cdot \left(\frac{a_n}{a_{n-1}}\right)$$

$$= \frac{a_n}{a_{m-1}}, \tag{2.23}$$

$$\prod_{v=m}^{n} \frac{a_v}{a_{v+1}} = \left(\frac{a_m}{a_{m+1}}\right) \cdot \left(\frac{a_{m+1}}{a_{m+2}}\right) \cdot \left(\frac{a_{m+2}}{a_{m+3}}\right) \cdots$$

$$\cdot \left(\frac{a_{n-1}}{a_n}\right) \cdot \left(\frac{a_n}{a_{n+1}}\right)$$

$$= \frac{a_m}{a_{n+1}}. \tag{2.24}$$

Für den Umgang mit dem Produktzeichen sind folgende Rechenregeln nützlich:

- **Ausklammern eines Faktors:**

$$\prod_{v=m}^{n} c \cdot a_v = c^{n-m+1} \cdot \prod_{v=m}^{n} a_v. \tag{2.25}$$

- **Regeln für die Multiplikation und Division:**
  Sind die Nenner ungleich Null, dann gilt:

$$\prod_{v=m}^{n} a_v \cdot b_v = \prod_{v=m}^{n} a_v \cdot \prod_{v=m}^{n} b_v, \tag{2.26}$$

$$\prod_{v=m}^{n} \frac{a_v}{b_v} = \left(\prod_{v=m}^{n} a_v\right) \Big/ \left(\prod_{v=m}^{n} b_v\right) = \left(\prod_{v=m}^{n} \frac{b_v}{a_v}\right)^{-1}, \tag{2.27}$$

$$\prod_{v=m}^{n} \frac{1}{a_v} = 1 \Big/ \left(\prod_{v=m}^{n} a_v\right) = \left(\prod_{v=m}^{n} a_v\right)^{-1}. \tag{2.28}$$

- **Zusammensetzung des Indexbereichs:**

$$\prod_{v=m}^{n} a_v \cdot \prod_{v=n+1}^{k} a_v = \prod_{v=m}^{k} a_v. \tag{2.29}$$

- **Indexverschiebung:**

$$\prod_{v=m}^{n} a_v = \prod_{v=m+k}^{n+k} a_{v-k} = \prod_{v=m-r}^{n-r} a_{v+r}. \qquad (2.30)$$

2.3 Folgen und Grenzwerte

Definition 2.3.1
Eine reelle **Funktion** *f ist eine Vorschrift, durch die jedem Element x einer Teilmenge* $\mathbb{D}_f$ *von* $\mathbb{R}$ *in einer eindeutigen Weise genau eine reelle Zahl* $y = f(x) \in \mathbb{B}_f \subset \mathbb{R}$ *zugeordnet wird.* $\mathbb{D}_f$ *bezeichnet man als* **Definitionsmenge** *oder* **Urbildmenge** *und* $\mathbb{B}_f$ *als* **Bildmenge** *oder* **Wertemenge.** *y nennt man den* **Wert** *der Funktion f an der* **Stelle** *x oder auch das* **Bild** *von x unter f.*
Schreibweisen:
f ist eine Funktion von $\mathbb{D}_f$ *nach* $\mathbb{B}_f$: $f : \mathbb{D}_f \longrightarrow \mathbb{B}_f$.
f ordnet dem Element x das Bild f(x) zu: $x \longmapsto f(x)$.

Mithilfe des Funktionsbegriffs wird nun der Begriff einer Folge definiert.

Definition 2.3.2
Unter einer **reellen Zahlenfolge** *versteht man eine reelle Funktion f, deren Definitionsmenge die natürlichen Zahlen sind. Es wird also jeder natürlichen Zahl n in einer eindeutigen Weise genau eine reelle Zahl* $f(n) = a_n$ *zugeordnet.* a_n *nennt man das* **n-te Glied der Folge** *oder das* **n-te Folgenglied** *und n den* **Index** *von* a_n.
Schreibweise: $(a_n)_{n\in\mathbb{N}}$ *oder* (a_n) *oder* $a_1, a_2, a_3, \ldots, a_n, \ldots$.

Bemerkung:
Die Begriffe **Folge**, reelle Zahlenfolge und reelle Folge sollen stets die gleiche Bedeutung haben.

Beispiel 2.3.1

1.) Das n-te Glied der Folge (a_n) sei gegeben durch: $a_n = n$.
    Dies ergibt die Folge: $1, 2, 3, 4, 5, \ldots$.

2.) Das n-te Glied der Folge (a_n) sei gegeben durch: $a_n = \dfrac{1}{n}$.

Dies ergibt die Folge: $1, \dfrac{1}{2}, \dfrac{1}{3}, \dfrac{1}{4}, \dfrac{1}{5}, \dots$.

3.) Das n-te Glied der Folge (a_n) sei gegeben durch: $a_n = 4$.

Dies ergibt die **konstante** Folge: $4, 4, 4, 4, 4, 4, \dots$.

4.) Das n-te Glied der Folge (a_n) sei gegeben durch: $a_n = (-1)^n$.

Dies ergibt die **alternierende** Folge: $-1, 1, -1, 1, -1, 1, \dots$.

5.) Das n-te Glied der Folge (a_n) sei definiert durch: $a_n = (a_{n-1})^2 - 5$ für $n \geq 2$ und $a_1 = 2$. Man erhält somit die **rekursiv definierte** Folge:

$a_1 = 2$,
$a_2 = (a_1)^2 - 5 = 2^2 - 5 = -1$,
$a_3 = (a_2)^2 - 5 = (-1)^2 - 5 = -4$,
$a_4 = (a_3)^2 - 5 = (-4)^2 + 5 = 21$,
$a_5 = (a_4)^2 - 5 = 21^2 - 5 = 436$,
$a_6 = (a_5)^2 - 5 = 436^2 - 5 = 190\,091, \dots$.

Spezielle Folgen sind:

- **konstante Folge:**
  Das n-te Folgenglied ist gegeben durch $a_n = c$ für alle $n \in \mathbb{N}$ mit der Konstanten $c \in \mathbb{R}$.

- **alternierende Folge:**
  Die Folgenglieder sind abwechselnd positiv und negativ.

- **arithmetische Folge:**
  Das $(n+1)$-te Folgenglied ist definiert durch $a_{n+1} = a_n + d$ für $n \in \mathbb{N}$ und $d \in \mathbb{R}$, wobei das erste Folgenglied gegeben ist durch $a_1 = a$ mit $a \in \mathbb{R}$.
  Bei einer arithmetischen Folge gilt:

$$a_n = a + (n-1) \cdot d \quad \text{für } n \in \mathbb{N}, \tag{2.31}$$

$$a_{n+1} - a_n = d \quad \text{für } n \in \mathbb{N}. \tag{2.32}$$

Bemerkung:
Bei der (endlichen) arithmetischen Reihe sind die Summanden die Glieder der arithmetischen Folge.

- **geometrische Folge:**
  Das $(n + 1)$-te Folgenglied ist definiert durch $a_{n+1} = q \cdot a_n$ für $n \in \mathbb{N}$ und $q \neq 0$, $q \in \mathbb{R}$, wobei das erste Folgenglied gegeben ist durch $a_1 = a$ mit $a \in \mathbb{R}$.

  Für die geometrische Folge gilt:

$$a_n = a \cdot q^{n-1} \quad \text{für } n \in \mathbb{N}, \tag{2.33}$$

$$\frac{a_{n+1}}{a_n} = q \quad \text{für } n \in \mathbb{N}. \tag{2.34}$$

  Bemerkung:
  Bei der (endlichen) geometrischen Reihe sind die Summanden die Glieder der geometrischen Folge.

- **Fibonacci-Folge** (Leonardo von Pisa, um 1170-1250):
  Das $(n+2)$-te Folgenglied ist rekursiv definiert durch $a_{n+2} = a_{n+1} + a_n$ für alle $n \in \mathbb{N}$ mit $a_1 = a_2 = 1$. Man erhält somit die Folge: $1, 1, 2, 3, 5, 8, 13, 21, 34, \ldots$. Diese Folge wurde von Leonardo von Pisa im 11. Jahrhundert eingeführt, um die Populationsentwicklung von Kaninchen zu beschreiben.

- **rekursiv definierte Folge:**
  Das n-te Folgenglied ist durch vorangegangene Folgenglieder definiert.
  Bemerkung:
  Beispiele für rekursiv definierte Folgen sind die arithmetische Folge, die geometrische Folge und die Fibonacci-Folge.

Wichtige Eigenschaften von Folgen enthält die nachfolgende Definition.

Definition 2.3.3
Eine Folge (a_n) heißt

1.) **monoton wachsend,** *falls $a_n \leq a_{n+1}$ für alle n gilt.*

2.) **streng monoton wachsend,** *falls $a_n < a_{n+1}$ für alle n gilt.*

3.) **monoton fallend,** *falls $a_n \geq a_{n+1}$ für alle n gilt.*

4.) **streng monoton fallend,** *falls $a_n > a_{n+1}$ für alle n gilt.*

5.) **nach unten beschränkt,** *falls eine reelle Konstante c_u existiert, für die gilt: $a_n \geq c_u$ für alle n. c_u nennt man eine **untere Schranke** der Folge (a_n).*

6.) **nach oben beschränkt**, *falls eine reelle Konstante c_o existiert, für die gilt:* $a_n \leq c_o$ *für alle n. c_o nennt man eine* **obere Schranke** *der Folge (a_n).*

7.) **beschränkt**, *falls eine reelle Konstante c existiert, für die gilt:* $|a_n| \leq c$ *für alle n. c nennt man eine* **Schranke** *der Folge (a_n).*

8.) **konvergent** *gegen den* **Grenzwert** $a \in \mathbb{R}$, *falls für alle $\varepsilon > 0$ ein Index $n_0 = n_0(\varepsilon)$ existiert, so daß für alle $n \geq n_0$ gilt:* $|a_n - a| < \varepsilon$
Schreibweise: $\lim\limits_{n \to \infty} a_n = a$.

9.) **divergent**, *falls sie nicht konvergent ist.*

10.) **bestimmt divergent** *gegen $+\infty$, falls für jede noch so große Zahl $K > 0$ ein Index $n_0 = n_0(K)$ existiert, so daß $a_n \geq K$ für alle $n \geq n_0$ gilt.*
Schreibweise: $\lim\limits_{n \to \infty} a_n = +\infty$.

11.) **bestimmt divergent** *gegen $-\infty$, falls für jede noch so große Zahl $K > 0$ ein Index $n_0 = n_0(K)$ existiert, so daß $a_n \leq -K$ für alle $n \geq n_0$ gilt.*
Schreibweise: $\lim\limits_{n \to \infty} a_n = -\infty$.

12.) **unbestimmt divergent**, *falls sie divergiert, aber nicht bestimmt divergiert.*

13.) **Nullfolge**, *falls sie gegen den Grenzwert Null konvergiert.*

Bemerkung:

1.) Aus der Definition der Monotonie folgt direkt:
Gilt für eine Folge (a_n)

- $a_{n+1} - a_n \geq 0$ für alle n,
  so ist diese monoton wachsend.

- $a_{n+1} - a_n > 0$ für alle n,
  so ist diese streng monoton wachsend.

- $a_{n+1} - a_n \leq 0$ für alle n,
  so ist diese monoton fallend.

- $a_{n+1} - a_n < 0$ für alle n,
  so ist diese streng monoton fallend.

- $\dfrac{a_{n+1}}{a_n} \geq 1$ für alle n,

  so ist diese monoton wachsend.

- $\dfrac{a_{n+1}}{a_n} > 1$ für alle n,

  so ist diese streng monoton wachsend.

- $\dfrac{a_{n+1}}{a_n} \leq 1$ für alle n,

  so ist diese monoton fallend.

- $\dfrac{a_{n+1}}{a_n} < 1$ für alle n,

  so ist diese streng monoton fallend.

2.) Ist eine Folge (a_n) bestimmt oder unbestimmt divergent, so existiert kein Grenzwert, d.h. $\lim\limits_{n \to \infty} a_n$ existiert nicht.

Beispiel 2.3.2

Das n-te Glied einer Folge (a_n) ist gegeben durch:

$$1.)\ a_n = 2^n, \qquad 2.)\ a_n = \frac{1}{n}, \quad 3.)\ a_n = (-1)^n \cdot \left(\frac{1}{n}\right), \quad 4.)\ a_n = (-2)^n,$$

$$5.)\ a_n = c \cdot n^\alpha, \quad 6.)\ a_n = q^n, \quad 7.)\ a_n = \left(1 + \frac{1}{n}\right)^n, \qquad 8.)\ a_n = a^n \cdot n^\alpha,$$

für alle $n \in \mathbb{N}$ mit $\alpha, a, c, q \in \mathbb{R}$ und $a \geq 0$, $c \neq 0$. Untersucht werden sollen diese Folgen auf ihre Eigenschaften, speziell aber auf Konvergenz.

1.)   a) **Monotonie:**

   Die Folge (a_n) mit $a_n = 2^n$ für alle $n \in \mathbb{N}$ ist streng monoton wachsend, denn es gilt:

$$\frac{a_{n+1}}{a_n} = \frac{2^{n+1}}{2^n} = 2 > 1 \quad \text{für alle } n \in \mathbb{N}.$$

   b) **Divergenz:**

   Die Folge ist bestimmt divergent gegen $+\infty$, denn zu jeder noch so großen Konstanten $K > 0$ gibt es einen Index $n_0(K)$, so daß $a_n = 2^n \geq K$ für alle $n \geq n_0(K)$ gilt.

   Die Ungleichung $2^n \geq K$ kann man nach n auflösen und erhält somit $n \geq \ln(K)/\ln(2)$. Der Index $n_0(K)$ ist nun die kleinste natürliche Zahl, für die $n_0(K) \geq \ln(K)/\ln(2)$ gilt.

2.) a) **Monotonie:**

Die Folge (a_n) mit $a_n = \dfrac{1}{n}$ für alle $n \in \mathbb{N}$ ist streng monoton

fallend, denn es gilt für alle $n \in \mathbb{N}$:

$$a_{n+1} - a_n = \frac{1}{n+1} - \frac{1}{n} = -\frac{1}{n(n+1)} < 0.$$

b) **Beschränktheit:**

Es gilt:

$$|a_n| = \left| \frac{1}{n} \right| = \frac{1}{n} \leq 1 \quad \text{für alle } n \in \mathbb{N},$$

also ist die Folge (a_n) beschränkt.

c) **Konvergenz:**

Für alle $\varepsilon > 0$ existiert ein Index $n_0(\varepsilon)$, so daß

$$|a_n - 0| = \left| \frac{1}{n} - 0 \right| = \frac{1}{n} < \varepsilon \quad \text{ist für alle } n \geq n_0(\varepsilon).$$

Hierbei ist n_0 die kleinste natürliche Zahl, für die $n_0(\varepsilon) > \dfrac{1}{\varepsilon}$ gilt.

Damit ist die Konvergenz der Folge (a_n) gegen den Grenzwert
Null bewiesen. Es handelt sich also um ein Nullfolge, d. h.

$$\lim_{n \to \infty} a_n = \lim_{n \to \infty} \frac{1}{n} = 0.$$

Bemerkung:

Die Eigenschaft der Konvergenz folgt, aufgrund des Satzes über Monotone Konvergenz (Satz 2.3.1 5.), siehe später), bereits aus der Monotonie und der Beschränktheit der Folge.

3.) a) **Beschränktheit:**

Die Folge (a_n) mit $a_n = (-1)^n \cdot \dfrac{1}{n}$ für alle $n \in \mathbb{N}$ ist gegeben

durch: $-1, \dfrac{1}{2}, -\dfrac{1}{3}, \dfrac{1}{4}, \ldots$.

Das größte Folgenglied ist $a_2 = \dfrac{1}{2}$ und das Kleinste ist $a_1 = -1$.

Somit ist die Folge nach unten beschränkt durch $c_u = -1$ und

nach oben durch $c_o = \dfrac{1}{2}$.

Weiter gilt für diese Folge:

$$|a_n| = \left| (-1)^n \frac{1}{n} \right| = \frac{1}{n} \leq 1 \quad \text{für alle } n \in \mathbb{N}.$$

Somit ist die Folge (a_n) beschränkt.

b) Die Vorzeichen der Glieder dieser Folge sind abwechselnd negativ und positiv, somit handelt es sich um eine alternierende Folge.

c) **Konvergenz:**

Für alle $\varepsilon > 0$ exisitiert ein Index $n_0(\varepsilon)$, so daß

$$|a_n - 0| = \left|(-1)^n \frac{1}{n} - 0\right| = \frac{1}{n} < \varepsilon$$

für alle $n \geq n_0(\varepsilon)$. Hierbei ist n_0 die kleinste natürliche Zahl für die gilt: $n_0(\varepsilon) > \frac{1}{\varepsilon}$.

Damit ist die Konvergenz der Folge (a_n) gegen den Grenzwert Null bewiesen. Es handelt sich also um ein Nullfolge, d. h.

$$\lim_{n \to \infty} a_n = \lim_{n \to \infty} (-1)^n \cdot \left(\frac{1}{n}\right) = 0.$$

4.) Die Folge (a_n) mit $a_n = (-2)^n$ für alle $n \in \mathbb{N}$ ist alternierend und unbestimmt divergent. Die Folgenglieder sind gegeben durch: $-2, 4, -8, 16, -32, 64, -128, \ldots$.
Betrachtet man nur die negativen Folgenglieder, d. h. $-2, -8, -32, -128, \ldots$ so erkennt man, daß diese „Teilfolge" bestimmt gegen $-\infty$ divergiert.
Die „Teilfolge", die nur aus den positiven Gliedern besteht, also die Folge $4, 16, 64, 256, \ldots$, divergiert bestimmt gegen $+\infty$.
Die Folge kann somit nur unbestimmt divergent sein.

5.) Für die Folge (a_n) mit $a_n = c \cdot n^\alpha$ für alle $n \in \mathbb{N}$ mit $\alpha, c \in \mathbb{R}$ und $c \neq 0$ gilt:

$$\lim_{n \to \infty} c \cdot n^\alpha \;=\; \begin{cases} 0 & \text{für } \alpha < 0 \\ c & \text{für } \alpha = 0 \\ +\infty & \text{für } \alpha > 0,\, c > 0 \\ -\infty & \text{für } \alpha > 0,\, c < 0. \end{cases} \tag{2.35}$$

6.) Für die geometrische Folge (a_n) mit $a_n = q^n$ für alle $n \in \mathbb{N}$ mit $q \in \mathbb{R}$ gilt:

$$\lim_{n \to \infty} q^n \;=\; \begin{cases} 0 & \text{für } |q| < 1 \\ 1 & \text{für } q = 1 \\ +\infty & \text{für } q > 1. \end{cases} \tag{2.36}$$

Für $q = -1$ erhält man die beiden Häufungswerte $+1$ und -1 (vgl. hierzu Definition 2.3.4). Die Folge ist also unbestimmt divergent.
Für $q < -1$ ist die Folge ebenfalls unbestimmt divergent.

7.) Es gilt: $\lim\limits_{n \to \infty} \left(1 + \dfrac{1}{n}\right)^n = e$.

e = 2.718281... ist die sogenannte **Eulersche Zahl** (Leonhard Euler, 1707-1783). Es handelt sich hierbei um eine irrationale Zahl, die vor allem bei Wachstums- und Zerfallsprozessen eine wesentliche Rolle spielt.

Es gilt übrigens für alle $n \in \mathbb{N}$:

$$\left(1 + \frac{1}{n}\right)^n < \left(1 + \frac{1}{n+1}\right)^{n+1}.$$

8.) Für die Folge (a_n) mit $a_n = a^n \cdot n^\alpha$ für alle $n \in \mathbb{N}$ mit $a \in \mathbb{R}$, $a \geq 0$ und $\alpha \in \mathbb{R}$ gilt:

$$\lim_{n \to \infty} a^n \cdot n^\alpha = \begin{cases} 0 & \text{für } 0 \leq a < 1, \, \alpha \in \mathbb{R} \\ 0 & \text{für } a = 1, \, \alpha < 0 \\ 1 & \text{für } a = 1, \, \alpha = 0 \\ +\infty & \text{für } a = 1, \, \alpha > 0 \\ +\infty & \text{für } a > 1, \, \alpha \in \mathbb{R}. \end{cases} \qquad (2.37)$$

Bemerkung:
Den Nachweis für die Beispiele 2b) und 3a) müßte man korrekterweise mit vollständiger Induktion durchführen.

Definition 2.3.4
Eine Zahl a heißt **Häufungswert** *der Folge (a_n), falls es für jede noch so kleine Zahl $\varepsilon > 0$ unendlich viele Indizes n gibt, für die $|a_n - a| < \varepsilon$ gilt.*

Beispiel 2.3.3
Die Folge (a_n) mit $a_n = (-1)^n \cdot c$ mit $c \in \mathbb{R}$, $c \neq 0$ für alle $n \in \mathbb{N}$ besitzt die beiden Häufungswerte $+c$ und $-c$.

Definition 2.3.5
Ist (n_k) eine streng monoton wachsende Folge natürlicher Zahlen, so heißt die Folge (a_{n_k}) **Teilfolge** *der Folge (a_n).*

Beispiel 2.3.4

1.) Eine Teilfolge der Folge (a_n) mit $a_n = (-1)^n$ für alle $n \in \mathbb{N}$ ist die Folge (a_{n_k}) mit $a_{n_k} = 1$ für alle $k \in \mathbb{N}$, denn wählt man als Indexfolge die streng monoton wachsende Folge (n_k) mit $n_k = 2k$ für alle $k \in \mathbb{N}$, so gilt für alle $k \in \mathbb{N}$:

$$a_{n_k} = a_{2k} = (-1)^{2k} = 1^k = 1.$$

2.) Eine Teilfolge der Folge (a_n) mit $a_n = n$ für alle $n \in \mathbb{N}$ ist die Folge (a_{n_k}) mit $a_{n_k} = 2k - 1$ für alle $k \in \mathbb{N}$, denn wählt man als Indexfolge die streng monoton wachsende Folge (n_k) mit $n_k = 2k - 1$ für alle $k \in \mathbb{N}$, so gilt für alle $k \in \mathbb{N}$:

$$a_{n_k} = a_{2k-1} = 2k - 1.$$

3.) Eine Teilfolge der Folge (a_n) mit $a_n = n$ für alle $n \in \mathbb{N}$ ist auch die Folge $1, 4, 9, 16, 25, 36, \ldots$, also die Folge (a_{n_k}) mit $a_{n_k} = k^2$ für alle $k \in \mathbb{N}$, denn wählt man als Indexfolge die streng monoton wachsende Folge (n_k) mit $n_k = k^2$ für alle $k \in \mathbb{N}$, so gilt für alle $k \in \mathbb{N}$:

$$a_{n_k} = a_{k^2} = k^2.$$

Gegeben seien die konvergenten Folgen (a_n) und (b_n) mit:

$$\lim_{n \to \infty} a_n = a \quad \text{und} \quad \lim_{n \to \infty} b_n = b.$$

Für das Rechnen mit Grenzwerten gelten die folgenden Regeln:

- $\lim\limits_{n \to \infty} c = c$ für alle $c \in \mathbb{R}$.

- $\lim\limits_{n \to \infty} (c \cdot a_n) = c \cdot \lim\limits_{n \to \infty} a_n = c \cdot a$ für alle $c \in \mathbb{R}$.

- $\lim\limits_{n \to \infty} (a_n \pm b_n) = \lim\limits_{n \to \infty} a_n \pm \lim\limits_{n \to \infty} b_n = a \pm b$.

- $\lim\limits_{n \to \infty} (a_n \cdot b_n) = \lim\limits_{n \to \infty} a_n \cdot \lim\limits_{n \to \infty} b_n = a \cdot b$.

- $\lim\limits_{n \to \infty} \left(\dfrac{a_n}{b_n} \right) = \dfrac{\lim\limits_{n \to \infty} a_n}{\lim\limits_{n \to \infty} b_n} = \dfrac{a}{b}$ für $b \neq 0$, $b_n \neq 0$ für alle $n \in \mathbb{N}$.

- $\lim\limits_{n \to \infty} \sqrt{a_n} = \sqrt{\lim\limits_{n \to \infty} a_n} = \sqrt{a}$ für $a \geq 0$, $a_n \geq 0$ für alle $n \in \mathbb{N}$.

Bei Grenzwertbetrachtungen gilt für alle $a \in \mathbb{R} \setminus \{0\}$, $c \in \mathbb{R}$:

$$-(+\infty) = -\infty, \quad -(-\infty) = +\infty, \quad a \cdot (+\infty) = \text{sign}(a) \cdot (+\infty),$$

$$(+\infty) \cdot (+\infty) = (+\infty), \quad (-\infty) \cdot (+\infty) = (-\infty), \quad (-\infty) \cdot (-\infty) = (+\infty),$$

$$-\infty \pm c = -\infty, \quad +\infty \pm c = +\infty, \quad c/(\pm\infty) = 0,$$

$$(-\infty) + (-\infty) = -\infty, \quad (+\infty) + (+\infty) = +\infty.$$

Hierbei heißt die reelle Funktion sign(a) mit

$$\text{sign}(a) = \begin{cases} -1 & \text{für } a < 0 \\ 0 & \text{für } a = 0 \\ 1 & \text{für } a > 0 \end{cases} \qquad (2.38)$$

die **Vorzeichenfunktion** oder auch **Signumfunktion**.

Bemerkung:
Es gilt **nicht**: $(-\infty) + (+\infty) = 0$, denn $\lim\limits_{n \to \infty} n^2 = +\infty$, $\lim\limits_{n \to \infty} (-n) = -\infty$

und $\lim\limits_{n \to \infty} n^2 + \lim\limits_{n \to \infty} (-n) = \lim\limits_{n \to \infty} (n^2 - n) = +\infty$.

Es gilt **nicht**: $0 \cdot (\pm\infty) = 0$, denn $\lim\limits_{n \to \infty} n = +\infty$, $\lim\limits_{n \to \infty} \dfrac{1}{n} = 0$

und $\left(\lim\limits_{n \to \infty} n \right) \cdot \left(\lim\limits_{n \to \infty} \dfrac{1}{n} \right) = \lim\limits_{n \to \infty} \left(n \cdot \left(\dfrac{1}{n} \right) \right) = \lim\limits_{n \to \infty} 1 = 1$.

Der nächste Satz ist eine Zusammenfassung wichtiger Aussagen, die man zur Untersuchung von Folgen heranziehen kann.

Satz 2.3.1

1.) Eine reelle Zahlenfolge besitzt höchstens einen Grenzwert.

2.) Jede konvergente Folge ist beschränkt.

3.) Jede Teilfolge einer konvergenten Folge ist konvergent mit demselben Grenzwert.

4.) Jede reelle Zahlenfolge besitzt eine monotone Teilfolge.

5.) **Monotone Konvergenz:**
Jede monotone und beschränkte reelle Zahlenfolge ist konvergent.

6.) **Bolzano-Weierstraß**
(Bernhard Bolzano, 1781-1848; Karl Weierstraß, 1815-1897):
Jede beschränkte Folge besitzt eine konvergente Teilfolge.

Wenn eine Folge monoton und beschränkt ist, weiß man also, daß ein Grenzwert existiert. Verfahren zur Berechnung von Grenzwerten stellen die nächsten Beispiele vor.

Beispiel 2.3.5

Gegeben sei jeweils das n-te Glied einer konvergenten Folge (a_n). Gesucht ist der Grenzwert dieser Folge.

1.) $a_n = \dfrac{n^2 + 2n - 1}{2n^4 - n^3 + 1}$, 2.) $a_n = \dfrac{-n^3 + 1}{n^2 + n - 1}$,

3.) $a_n = \dfrac{3n^2 + n - 1}{-2n^2 + 3}$, 4.) $\sqrt{n+1} - \sqrt{n}$,

5.) $\sqrt{n^2 - n + 1} - \sqrt{n^2 + 1}$.

Lösung:

1.) Ratsam ist bei Folgenglieder, die in Form von Brüchen auftauchen, Zähler und Nenner durch die „höchste Potenz" des Nenners zu dividieren.

$$\lim_{n\to\infty} \frac{n^2 + 2n - 1}{2n^4 - n^3 + 1} = \lim_{n\to\infty} \left(\frac{\frac{1}{n^4}}{\frac{1}{n^4}}\right) \cdot \left(\frac{n^2 + 2n - 1}{2n^4 - n^3 + 1}\right)$$

$$= \lim_{n\to\infty} \frac{\frac{1}{n^2} + \frac{2}{n^3} - \frac{1}{n^4}}{2 - \frac{1}{n} + \frac{1}{n^4}} = \frac{\lim\limits_{n\to\infty} \frac{1}{n^2} + \lim\limits_{n\to\infty} \frac{2}{n^3} - \lim\limits_{n\to\infty} \frac{1}{n^4}}{\lim\limits_{n\to\infty} 2 - \lim\limits_{n\to\infty} \frac{1}{n} + \lim\limits_{n\to\infty} \frac{1}{n^4}}$$

$$= \frac{0 + 0 - 0}{2 - 0 + 0} = \frac{0}{2} = 0.$$

2.) Die Lösung erfolgt analog zu 1.).

$$\lim_{n\to\infty} \frac{-n^3+1}{n^2+n-1} = \lim_{n\to\infty} \left(\frac{\frac{1}{n^2}}{\frac{1}{n^2}}\right) \cdot \left(\frac{-n^3+1}{n^2+n-1}\right)$$

$$= \lim_{n\to\infty} \frac{-n+\frac{1}{n^2}}{1+\frac{1}{n}-\frac{1}{n^2}} = \frac{-\lim\limits_{n\to\infty} n + \lim\limits_{n\to\infty}\frac{1}{n^2}}{\lim\limits_{n\to\infty} 1 + \lim\limits_{n\to\infty}\frac{1}{n} - \lim\limits_{n\to\infty}\frac{1}{n^2}}$$

$$= \left(\frac{-\infty+0}{1+0-0}\right) = -\infty.$$

3.) Die Lösung erfolgt wieder analog zu 1.).

$$\lim_{n\to\infty} \frac{3n^2+n-1}{-2n^2+3} = \lim_{n\to\infty} \left(\frac{\frac{1}{n^2}}{\frac{1}{n^2}}\right) \cdot \left(\frac{3n^2+n-1}{-2n^2+3}\right)$$

$$= \lim_{n\to\infty} \frac{3+\frac{1}{n}-\frac{1}{n^2}}{-2+\frac{3}{n^2}} = \frac{\lim\limits_{n\to\infty} 3 + \lim\limits_{n\to\infty}\frac{1}{n} - \lim\limits_{n\to\infty}\frac{1}{n^2}}{-\lim\limits_{n\to\infty} 2 + \lim\limits_{n\to\infty}\frac{3}{n^2}}$$

$$= \frac{3+0-0}{-2+0} = -\frac{3}{2}.$$

4.) Hier verwendet man die dritte binomische Formel, um zu einem Ergebnis zu gelangen.

$$\lim_{n\to\infty} \left(\sqrt{n+1}-\sqrt{n}\right) = \lim_{n\to\infty} \left(\sqrt{n+1}-\sqrt{n}\right) \cdot \left(\frac{\sqrt{n+1}+\sqrt{n}}{\sqrt{n+1}+\sqrt{n}}\right)$$

$$= \lim_{n\to\infty} \frac{(n+1)-(n)}{\sqrt{n+1}+\sqrt{n}} = \lim_{n\to\infty} \frac{1}{\sqrt{n+1}+\sqrt{n}}$$

$$= \left(\frac{1}{+\infty+(+\infty)}\right) = 0.$$

5.) Analog zu 4.) gilt:

$$\lim_{n\to\infty} \left(\sqrt{n^2-n+1}-\sqrt{n^2+1}\right)$$

$$= \lim_{n\to\infty} \left(\sqrt{n^2-n+1}-\sqrt{n^2+1}\right) \cdot \left(\frac{\sqrt{n^2-n+1}+\sqrt{n^2+1}}{\sqrt{n^2-n+1}+\sqrt{n^2+1}}\right)$$

$$= \lim_{n \to \infty} \frac{(n^2 - n + 1) - (n^2 + 1)}{\sqrt{n^2 - n + 1} + \sqrt{n^2 + 1}} = \lim_{n \to \infty} \frac{-n}{\sqrt{n^2 - n + 1} + \sqrt{n^2 + 1}}$$

$$= - \lim_{n \to \infty} \frac{n}{n \cdot \left(\sqrt{1 - \frac{1}{n} + \frac{1}{n^2}} + \sqrt{1 + \frac{1}{n^2}} \right)}$$

$$= - \frac{1}{\sqrt{1 - \lim\limits_{n \to \infty} \frac{1}{n} + \lim\limits_{n \to \infty} \frac{1}{n^2}} + \sqrt{1 + \lim\limits_{n \to \infty} \frac{1}{n^2}}}$$

$$= - \frac{1}{\sqrt{1 - 0 + 0} + \sqrt{1 + 0}} = - \frac{1}{2}.$$

Beispiel 2.3.6

Gegeben sei die rekursiv definierte, monoton fallende Folge (a_n) mit $a_{n+1} = (a_n + 2)^2 - 2$ mit $a_1 = -1.5$. Desweiteren gilt für diese Folge $-2 \le a_n \le -1$ für alle $n \in \mathbb{N}$. Berechnen Sie den Grenzwert der Folge (a_n).

Lösung:

Der Grenzwert existiert nach dem Satz über die monotone Konvergenz, da die Folge (a_n) monoton und beschränkt ist. Der Grenzwert der Folge (a_n) sei a. Dies ist dann auch der Grenzwert der Folge (a_{n+1}) und somit gilt, für n gegen Unendlich:

$$\begin{aligned} a_{n+1} &= (a_n + 2)^2 - 2 \\ \downarrow \quad & \quad \downarrow \\ a &= (a + 2)^2 - 2 \end{aligned}$$

Es ist also noch die quadratische Gleichung $a^2 + 3a + 2 = 0$ zu lösen. Man erhält die Lösungen $a^{(1)} = -2$ und $a^{(2)} = -1$. Da die Folge monoton fallend ist und das erste Folgenglied $a_1 = -1.5$ ist, muß der Grenzwert $a = -2$ sein.

2.4   Unendliche Reihen

Definition 2.4.1

Gegeben sei die Folge $(a_v)_{v \in \mathbb{N}_0}$. Die Summe der ersten n Glieder dieser Folge ist gegeben durch:

$$s_n = \sum_{v=0}^{n} a_v \qquad \text{für alle } n \in \mathbb{N}_0. \tag{2.39}$$

Die s_n bilden wiederum eine Folge $(s_n)_{n \in \mathbb{N}_0}$. Diese nennt man die zur Folge $(a_v)_{v \in \mathbb{N}_0}$ gehörige **unendliche Reihe** *oder kurz* **Reihe**. *Das n-te Glied dieser unendlichen Reihe nennt man die n-te* **Partialsumme**.

Bemerkung:
Die Indizierung von a_v muß nicht mit $v = 0$ beginnen.

Da die n-ten Partialsummen einer unendlichen Reihe eine Folge bilden, kann man den Konvergenzbegriff, der bereits bei den Folgen eingeführt wurde, auf die unendlichen Reihen übertragen.

Definition 2.4.2

Gegeben sei die zur Folge $(a_v)_{v \in \mathbb{N}_0}$ gehörige unendliche Reihe $(s_n)_{n \in \mathbb{N}_0}$. Besitzt die Folge $(s_n)_{n \in \mathbb{N}_0}$ der Partialsummen keinen Grenzwert, so nennt man die unendliche Reihe **divergent**. *Sie heißt* **konvergent**, *falls die Folge der Partialsummen konvergiert, d. h. wenn der Grenzwert*

$$s = \lim_{n \to \infty} s_n = \lim_{n \to \infty} \sum_{v=0}^{n} a_v =: \sum_{v=0}^{\infty} a_v \tag{2.40}$$

existiert.

Bemerkung:
Für gewöhnlich identifiziert man die zur Folge $(a_v)_{v \in \mathbb{N}_0}$ gehörige unendliche Reihe $(s_n)_{n \in \mathbb{N}_0}$, also die Folge der Partialsummen, auch mit ihrem Grenzwert $\sum_{v=0}^{\infty} a_v$. Diese neue Bezeichnung findet im folgenden Verwendung.

Sind die unendlichen Reihen $\sum\limits_{v=0}^{\infty} a_v$ und $\sum\limits_{v=0}^{\infty} b_v$ konvergent, dann gilt ($c \in \mathbb{R}$):

- **Linearität:**

$$\sum_{v=0}^{\infty}(a_v \pm b_v) = \sum_{v=0}^{\infty} a_v \pm \sum_{v=0}^{\infty} b_v, \tag{2.41}$$

$$\sum_{v=0}^{\infty}(c \cdot a_v) = c \cdot \left(\sum_{v=0}^{\infty} a_v\right). \tag{2.42}$$

Satz 2.4.1

Eine notwendige Bedingung für die Konvergenz der unendlichen Reihe

$$\sum_{v=0}^{\infty} a_v$$

ist die Konvergenz der Folge $(a_v)_{v \in \mathbb{N}_0}$ gegen Null.
Ist die Folge $(a_v)_{v \in \mathbb{N}_0}$ keine Nullfolge, so ist die dazugehörige unendliche Reihe divergent.

Satz 2.4.2 Leibnizsche Regel (Gottfried Wilhelm Leibniz, 1646-1716):
*Ist die Folge (a_v) eine Nullfolge, so ist die **alternierende Reihe***

$$\sum_{v=0}^{\infty}(-1)^v a_v$$

konvergent.

Beispiel 2.4.1
Die Reihe

$$\sum_{k=1}^{\infty} \frac{(-1)^{k-1}}{k} = \sum_{k=0}^{\infty} \frac{(-1)^k}{k+1}$$

konvergiert nach der Leibnizschen Regel, denn die Folge (a_k) mit $a_k = \dfrac{1}{k+1}$ für alle $k \in \mathbb{N}_0$ ist eine Nullfolge.

Wichtige unendliche Reihen sind:

- Die zur Folge $(a_v)_{v \in \mathbb{N}}$, mit $a_v = \dfrac{1}{v^\alpha}$, $\alpha \in \mathbb{R}$ für alle $v \in \mathbb{N}$, gehörige unendliche

  Reihe nennt man die **harmonische Reihe**.
  Die **harmonische Reihe**

$$\sum_{v=1}^{\infty} \frac{1}{v^\alpha}$$

  ist für $\alpha \leq 1$ divergent und für $\alpha > 1$ konvergent.

  Im Besonderen gilt: $\displaystyle\sum_{v=1}^{\infty} \frac{1}{v^2} = \frac{\pi^2}{6}$.

  Der Nachweis dieser Identität kann mit den bisher behandelten Methoden nicht erbracht werden.

- Die zur Folge $(a_v)_{v \in \mathbb{N}_0}$, mit $a_v = q^v$, $q \in \mathbb{R} \setminus \{0\}$ für alle $v \in \mathbb{N}_0$, gehörige unendliche Reihe nennt man die **geometrische Reihe**.
  Für die geometrische Reihe gilt:

$$\sum_{v=0}^{\infty} q^v = \begin{cases} \lim\limits_{n \to \infty} \left(1 - q^{n+1}\right)/(1-q) & \text{für } q \neq 1 \\ \lim\limits_{n \to \infty} (n+1) & \text{für } q = 1 \end{cases}$$

$$= \begin{cases} \left(1 - \lim\limits_{n \to \infty} q^{n+1}\right)/(1-q) & \text{für } q \neq 1 \\ +\infty & \text{für } q = 1. \end{cases}$$

Somit erhält man zusammenfassend:

$$\sum_{v=0}^{\infty} q^v = \begin{cases} 1/(1-q) & \text{für } |q| < 1 \\ +\infty & \text{für } q \geq 1 \\ \text{unbestimmt divergent für } q \leq -1. \end{cases} \qquad (2.43)$$

Bemerkung:
Die untere Summationsgrenze ist Null.

- Die **Teleskopreihen**

$$\sum_{v=1}^{\infty} (a_v - a_{v-1}) \quad \text{und} \quad \sum_{v=1}^{\infty} (a_v - a_{v+1}) \qquad (2.44)$$

sind genau dann konvergent, wenn $\lim\limits_{n\to\infty} a_n$ existiert. In diesem Falle gilt:

$$\sum_{v=1}^{\infty}(a_v - a_{v-1}) = \lim_{n\to\infty} a_n - a_0 \tag{2.45}$$

$$\sum_{v=1}^{\infty}(a_v - a_{v+1}) = a_1 - \lim_{n\to\infty} a_n. \tag{2.46}$$

- Für die Eulersche Zahl e gibt es eine weitere Identität, die ohne Beweis angegeben wird:

$$e = \sum_{v=0}^{\infty} \frac{1}{v!}.$$

- Eine weitere wichtige Konstante ist die **Euler-Mascheronische Konstante** (Lorenzo Mascheroni, 1750-1800), die meist mit C bezeichnet wird ($C = 0.57721\ldots$). Diese Zahl kann man auch als unendliche Reihe darstellen:

$$C = \sum_{v=1}^{\infty} \left(\frac{1}{n} - \ln(n)\right).$$

2.5 Aufgaben zu Kapitel 2

Aufgabe 2.5.1
Berechnen Sie folgende Summen, indem Sie diese zunächst, falls möglich,
mithilfe eines einzigen Summenzeichens darstellen.

a) $\displaystyle\sum_{k=1}^{4} 2 + \sum_{k=1}^{4} 9,$ b) $\displaystyle\sum_{v=-2}^{1} 3v,$ c) $\displaystyle\sum_{k=1}^{3} 2k + \sum_{m=1}^{3} (-m),$

d) $\displaystyle\sum_{v=-n}^{n} cv,$ e) $\displaystyle\sum_{k=-2}^{3} k^2 + \sum_{k=4}^{5} k^2,$ f) $\displaystyle\sum_{v=-1}^{1} 2v + \sum_{v=2}^{4} (v+1).$

Lösung:

a) $\displaystyle\sum_{k=1}^{4} 2 + \sum_{k=1}^{4} 9 = \sum_{k=1}^{4} (2+9) = \sum_{k=1}^{4} 11 = 11 + 11 + 11 + 11 = 44.$

b) $\displaystyle\sum_{v=-2}^{1} 3v = 3 \cdot (-2) + 3 \cdot (-1) + 3 \cdot 0 + 3 \cdot 1 = -6.$

c) $\displaystyle\sum_{k=1}^{3} 2k + \sum_{m=1}^{3} (-m) = \sum_{v=1}^{3} (2v + (-v)) = \sum_{v=1}^{3} v = 1 + 2 + 3 = 6.$

d) $\displaystyle\sum_{v=-n}^{n} cv = c \sum_{v=-n}^{n} v$

$$= c\left((-n) + (-n+1) + \ldots + (-1) + 0 + 1 + \ldots + (n-1) + n\right)$$

$$= c(-n - (n-1) - \ldots - 1 + 0 + 1 + \ldots + (n-1) + n) = c \cdot 0 = 0.$$

e) $\displaystyle\sum_{k=-2}^{3} k^2 + \sum_{k=4}^{5} k^2 = \sum_{k=-2}^{5} k^2 = (-2)^2 + (-1)^2 + \ldots + 5^2 = 60.$

f) Diese Summen kann man nicht unter ein gemeinsames Summenzeichen
bringen. Man muß also jede Summe für sich berechnen und dann beide
Ergebnisse addieren.

$$\sum_{v=-1}^{1} 2v + \sum_{v=2}^{4} (v+1) = ((-2) + 0 + 2) + (3 + 4 + 5) = 0 + 12 = 12.$$

Aufgabe 2.5.2

Verschieben Sie den Summationsindex der Summen so, daß die untere Summationsgrenze Null ist und berechnen Sie danach die Summen:

$$\text{a) } \sum_{v=4}^{16}(v-4), \qquad \text{b) } \sum_{v=-2}^{4} v^2, \qquad \text{c) } \sum_{v=3}^{5}\frac{(v-1)^2+v}{v+2}.$$

Lösung:

$$\text{a) } \sum_{v=4}^{16}(v-4) = \sum_{v=4-4}^{16-4}((v+4)-4) = \sum_{v=0}^{12} v = 0+1+2+\ldots+11+12 = 78.$$

$$\text{b) } \sum_{v=-2}^{4} v^2 = \sum_{v=-2+2}^{4+2}(v-2)^2 = \sum_{v=0}^{6}(v-2)^2$$

$$= (-2)^2 + (-1)^2 + 0^2 + 1^2 + 2^2 + 3^2 + 4^2 = 35.$$

$$\text{c) } \sum_{v=3}^{5}\frac{(v-1)^2+v}{v+2} = \sum_{v=3-3}^{5-3}\frac{((v+3)-1)^2+(v+3)}{(v+3)+2}$$

$$= \sum_{v=0}^{2}\frac{(v+2)^2+v+3}{v+5} = \frac{7}{5} + \frac{13}{6} + \frac{21}{7} = \frac{1\,379}{210}.$$

Aufgabe 2.5.3

Berechnen Sie folgende Binomialkoeffizienten:

$$\text{a) } \binom{3}{2}, \binom{3}{1}, \binom{5}{2}, \binom{6}{0}, \binom{10}{11}, \binom{11}{6}, \binom{49}{6}, \binom{49}{3}.$$

$$\text{b) } \binom{n}{0}, \binom{n}{1}, \binom{n}{n}, \binom{n}{n-1}, \text{ mit } n \in \mathbb{N}.$$

$$\text{c) } \binom{\sqrt{2}}{4}, \binom{-3}{4}, \binom{-\pi}{2}.$$

Lösung:

a) Zur Lösung werden Definition 2.1.2, Satz 2.1.1, Satz und Definition 2.1.1 und Satz 2.1.2 herangezogen.

$$\binom{3}{2} = \frac{3!}{2! \cdot (3-2)!} = \frac{6}{2 \cdot 1} = 3. \quad \binom{3}{1} = \binom{3}{3-1} = \binom{3}{2} = 3.$$

$$\binom{5}{2} = \frac{5!}{2! \cdot (5-2)!} = \frac{5 \cdot 4 \cdot 3 \cdot 2 \cdot 1}{(2 \cdot 1) \cdot (3 \cdot 2 \cdot 1)} = 5 \cdot 2 = 10.$$

$$\binom{6}{0} = \frac{6!}{0! \cdot (6-0)!} = \frac{6!}{1 \cdot 6!} = 1.$$

$$\binom{10}{11} = 0, \text{ da } 10 < 11.$$

$$\binom{11}{6} = \frac{11!}{6! \cdot (11-6)!} = \frac{11 \cdot 10 \cdot 9 \cdot 8 \cdot 7 \cdot 6!}{6! \cdot 5 \cdot 4 \cdot 3 \cdot 2 \cdot 1} = 462.$$

$$\binom{49}{6} = \frac{49!}{6! \cdot (49-6)!} = \frac{49 \cdot 48 \cdot 47 \cdot 46 \cdot 45 \cdot 44 \cdot 43!}{6! \cdot 43!}$$

$$= \frac{49 \cdot 48 \cdot 47 \cdot 46 \cdot 45 \cdot 44}{6 \cdot 5 \cdot 4 \cdot 3 \cdot 2 \cdot 1} = 13\,983\,816.$$

$$\binom{49}{3} = \frac{49!}{3! \cdot 46!} = \frac{49 \cdot 48 \cdot 47 \cdot 46!}{3! \cdot 46!} = \frac{49 \cdot 48 \cdot 47}{6} = 18\,424.$$

b) Zur Lösung werden Definition 2.1.2, Satz 2.1.1, Satz und Definition 2.1.1 und Satz 2.1.2 herangezogen.

$$\binom{n}{0} = \frac{n!}{0! \cdot (n-0)!} = \frac{n!}{1 \cdot n!} = 1.$$

$$\binom{n}{1} = \frac{n!}{1! \cdot (n-1)!} = \frac{n!}{(n-1)!} = \frac{n \cdot (n-1)!}{(n-1)!} = n.$$

$$\binom{n}{n} = \binom{n}{n-n} = \binom{n}{0} = 1.$$

$$\binom{n}{n-1} = \binom{n}{n-(n-1)} = \binom{n}{1} = n.$$

c) Zur Lösung benötigt man lediglich Definition 2.1.3.

$$\binom{\sqrt{2}}{4} = \frac{\sqrt{2} \cdot (\sqrt{2}-1) \cdot (\sqrt{2}-2) \cdot (\sqrt{2}-3)}{4!} = \frac{13}{12} - \frac{3\sqrt{2}}{4}$$

$$\approx 0.0226732.$$

$$\binom{-3}{4} = \frac{(-3) \cdot (-3-1) \cdot (-3-2) \cdot (-3-3)}{4!} = 15.$$

$$\binom{-\pi}{2} = \frac{(-\pi) \cdot (-\pi-1)}{2!} = \frac{\pi \cdot (\pi+1)}{2}.$$

Aufgabe 2.5.4

Berechnen Sie folgende Summen ($m \leq n$):

a) $\displaystyle\sum_{v=1}^{100} 4$,

b) $\displaystyle\sum_{v=1}^{50} v$,

c) $\displaystyle\sum_{v=m}^{n} v$,

d) $\displaystyle\sum_{v=10}^{20} v$,

e) $\displaystyle\sum_{v=1}^{30} (10 + (v-1)4)$,

f) $\displaystyle\sum_{v=m}^{n} (a + (v-1)d)$,

g) $\displaystyle\sum_{v=0}^{n} \frac{1}{2^v}$,

h) $\displaystyle\sum_{v=1}^{n} \frac{1}{3^v}$,

i) $\displaystyle\sum_{v=m}^{n} q^v$, $q \neq 0$,

j) $\displaystyle\sum_{v=0}^{n} \binom{n}{v} x^v$,

k) $\displaystyle\sum_{v=0}^{n} \binom{n}{v} 2^v (-1)^{n-v}$,

l) $\displaystyle\sum_{v=1}^{n} \binom{n}{v} 3^v 2^{n-v}$.

Lösung:

a) Mit Formel (2.12) folgt:

$$\sum_{v=1}^{100} 4 = (100 - 1 + 1) \cdot 4 = 100 \cdot 4 = 400.$$

b) Mit Formel (2.13) folgt:

$$\sum_{v=1}^{50} v = \frac{50(50+1)}{2} = \frac{50 \cdot 51}{2} = 1\,275.$$

c) Mit Formel (2.13) folgt:

$$\sum_{v=m}^{n} v = \sum_{v=1}^{n} v - \sum_{v=1}^{m-1} v = \frac{n(n+1)}{2} - \frac{(m-1)m}{2}$$

$$= \frac{n(n+1) - (m-1)m}{2}.$$

d) Mit Teil c) gilt nun:

$$\sum_{v=10}^{20} v = \frac{20 \cdot 21 - 9 \cdot 10}{2} = 165.$$

e) Mit Satz 2.1.4 erhält man:

$$\sum_{v=1}^{30} (10 + (v-1)4) = \frac{30}{2}(2 \cdot 10 + (30-1) \cdot 4) = 2\,040.$$

f) Wie in Teil e) wird auch hier Satz 2.1.4 zur Lösung herangezogen.

$$\sum_{v=m}^{n}(a+(v-1)d) = \sum_{v=1}^{n}(a+(v-1)d) - \sum_{v=1}^{m-1}(a+(v-1)d)$$

$$= \frac{n}{2}(a_1 + a_n) - \frac{m-1}{2}(a_1 + a_{m-1})$$

$$= (n-m+1)a + \frac{d}{2}(n(n-1)-(m-1)(m-2)).$$

Beachte: $a_v = (a+(v-1)d)$, also $a_1 = a$, $a_n = (a+(n-1)d)$ und $a_{m-1} = (a+(m-2)d)$.

g) Mit Satz 2.1.5 erhält man:

$$\sum_{v=0}^{n}\frac{1}{2^v} = \frac{1-\left(\frac{1}{2}\right)^{n+1}}{1-\frac{1}{2}} = 2 - \left(\frac{1}{2}\right)^n.$$

h) Mit Satz 2.1.5 erhält man:

$$\sum_{v=1}^{n}\frac{1}{3^v} = \sum_{v=0}^{n}\frac{1}{3^v} - \left(\frac{1}{3}\right)^0 = \frac{1-\left(\frac{1}{3}\right)^{n+1}}{1-\frac{1}{3}} - 1 = \frac{3}{2} - \frac{3}{2}\left(\frac{1}{3}\right)^{n+1} - \frac{2}{2}$$

$$= \frac{1}{2} - \frac{1}{2}\left(\frac{1}{3}\right)^n = \frac{1}{2}\left(1-\left(\frac{1}{3}\right)^n\right).$$

i) Zur Lösung wird wieder Satz 2.1.5 herangezogen. Es sind die zwei Fälle $q \neq 1$ und $q = 1$ zu unterscheiden.

1. Fall: $q \neq 1$.

$$\sum_{v=m}^{n}q^v = \sum_{v=0}^{n}q^v - \sum_{v=0}^{m-1}q^v = \frac{1-q^{n+1}}{1-q} - \frac{1-q^m}{1-q} = \frac{q^m - q^{n+1}}{1-q}$$

$$= q^m \cdot \left(\frac{1-q^{n-m+1}}{1-q}\right).$$

2. Fall: $q = 1$.

$$\sum_{v=m}^{n}q^v = \sum_{v=m}^{n}1 = (n-m+1)\cdot 1 = n-m+1 \text{ nach Formel (2.12).}$$

Eine elegantere Lösung ist die folgende:

$$\sum_{v=m}^{n}q^v = q^m + q^{m+1} + q^{m+2} + \ldots + q^{n-1} + q^n$$

$$= q^m \cdot \left(1 + q + q^2 + \dots + q^{n-1-m} + q^{n-m}\right) = q^m \sum_{v=0}^{n-m} q^v$$

$$= \begin{cases} q^m \cdot \left(\dfrac{1 - q^{n-m+1}}{1 - q}\right) & \text{für } q \neq 1 \\ n - m + 1 & \text{für } q = 1 \end{cases} \quad \text{nach Satz 2.1.5.}$$

j) Mit dem binomischen Lehrsatz 2.1.6 folgt sofort:

$$\sum_{v=0}^{n} \binom{n}{v} x^v = \sum_{v=0}^{n} \binom{n}{v} x^v 1^{n-v} = (1+x)^n.$$

k) Nach dem binomischen Lehrsatz 2.1.6 erhält man:

$$\sum_{v=0}^{n} \binom{n}{v} 2^v (-1)^{n-v} = (2 + (-1))^n = 1^n = 1.$$

l) Die untere Summationsgrenze ist 1. Den binomischen Lehrsatz kann man direkt anwenden, falls die untere Summationsgrenze 0 ist. Analog zu Teil k) folgt dann mit Satz 2.1.6 die Lösung:

$$\sum_{v=1}^{n} \binom{n}{v} 3^v 2^{n-v} = \sum_{v=0}^{n} \binom{n}{v} 3^v 2^{n-v} - \binom{n}{0} 3^0 2^n = (3+2)^n - 2^n = 5^n - 2^n.$$

Aufgabe 2.5.5

Berechnen Sie folgende Summen ($n \in \mathbb{N} \cup \{0\}$):

a) $\displaystyle\sum_{v=0}^{n} \binom{n}{v} a^v (-b)^{n-v},$ b) $\displaystyle\sum_{v=0}^{n} \binom{n}{v} (-a)^v b^{n-v},$

c) $\displaystyle\sum_{v=0}^{n-1} \binom{n}{v} a^v b^{n-v},$ d) $\displaystyle\sum_{v=1}^{n} \binom{n}{v} a^v b^{n-v}.$

Lösung:

Hilfsmittel ist der Satz 2.1.6.

a) $\displaystyle\sum_{v=0}^{n} \binom{n}{v} a^v (-b)^{n-v} = (a + (-b))^n = (a-b)^n.$

b) $\displaystyle\sum_{v=0}^{n} \binom{n}{v} (-a)^v b^{n-v} = (-a+b)^n = (b-a)^n.$

c) $\displaystyle\sum_{v=0}^{n-1} \binom{n}{v} a^v b^{n-v} = \sum_{v=0}^{n} \binom{n}{v} a^v b^{n-v} - \binom{n}{n} a^n b^0 = (a+b)^n - a^n.$

d) $\sum_{v=1}^{n} \binom{n}{v} a^v b^{n-v} = \sum_{v=0}^{n} \binom{n}{v} a^v b^{n-v} - \binom{n}{0} a^0 b^n = (a+b)^n - b^n.$

Aufgabe 2.5.6
Beweisen Sie Satz 2.1.4.

Lösung:
Den Beweis kann man mithilfe der vollständigen Induktion durchführen.
Diese Methode soll hier allerdings nicht angewandt werden, sondern es wird
auf bereits bekannte Summen zurückgegriffen.

$$\sum_{v=1}^{n} (a + (v-1)d) = \sum_{v=1}^{n} a + d \sum_{v=1}^{n} v - \sum_{v=1}^{n} d = na + d \left(\frac{n(n+1)}{2} \right) - nd$$

$$= na + \frac{d(n^2 + n - 2n)}{2} = na + \frac{n(n-1)d}{2} = \frac{n}{2}(2a + (n-1)d)$$

$$= \frac{n}{2} \left(\underbrace{a}_{=a_1} + \underbrace{a + (n-1)d}_{=a_n} \right) = \frac{n}{2}(a_1 + a_n).$$

Aufgabe 2.5.7
Berechnen Sie folgende Summen:

a) $\sum_{v=1}^{n} 2v,$ b) $\sum_{v=1}^{n} (2v - 1),$ c) $\sum_{v=1}^{n} v(v+1),$

d) $\sum_{v=1}^{n} v(v-1),$ e) $\sum_{v=1}^{n} v(v+1)(v+2),$ f) $\sum_{v=1}^{n} (-1)^{v+1} v^2,$

g) $\sum_{v=1}^{n} \frac{1}{v(v+1)},$ h) $\sum_{v=m}^{m+k-1} \frac{1}{v(v+1)}.$

Lösung:

a) $\sum_{v=1}^{n} 2v = 2 \sum_{v=1}^{n} v = 2 \cdot \left(\frac{n(n+1)}{2} \right) = n(n+1).$

b) $\sum_{v=1}^{n} (2v - 1) = \sum_{v=1}^{n} 2v - \sum_{v=1}^{n} 1 = n(n+1) - n \cdot 1 = n^2 + n - n = n^2.$

c) $\displaystyle\sum_{v=1}^{n} v(v+1) = \sum_{v=1}^{n}(v^2+v) = \sum_{v=1}^{n} v^2 + \sum_{v=1}^{n} v$

$\displaystyle = \frac{n(n+1)(2n+1)}{6} + \frac{n(n+1)}{2} = \frac{n(n+1)(2n+4)}{6}$

$\displaystyle = \frac{n(n+1)(n+2)}{3}.$

d) $\displaystyle\sum_{v=1}^{n} v(v-1) = \sum_{v=1}^{n}(v^2-v) = \sum_{v=1}^{n} v^2 - \sum_{v=1}^{n} v$

$\displaystyle = \frac{n(n+1)(2n+1)}{6} - \frac{n(n+1)}{2} = \frac{n(n+1)(2n-2)}{6}$

$\displaystyle = \frac{n(n+1)(n-1)}{3}.$

e) $\displaystyle\sum_{v=1}^{n} v(v+1)(v+2) = \sum_{v=1}^{n}(v^3+3v^2+2v) = \sum_{v=1}^{n} v^3 + 3\sum_{v=1}^{n} v^2 + 2\sum_{v=1}^{n} v$

$\displaystyle = \frac{n^2(n+1)^2}{4} + 3 \cdot \left(\frac{n(n+1)(2n+1)}{6}\right) + 2 \cdot \left(\frac{n(n+1)}{2}\right)$

$\displaystyle = \frac{n(n+1)(n^2+5n+6)}{4} = \frac{n(n+1)(n+2)(n+3)}{4}.$

f) Hier bietet es sich an, zwei Fälle zu unterscheiden.

1. Fall: n gerade.

$\displaystyle\sum_{v=1}^{n}(-1)^{v+1}v^2 = \sum_{v=1}^{n/2}(2v-1)^2 - \sum_{v=1}^{n/2}(2v)^2 = \sum_{v=1}^{n/2}\left((2v-1)^2-(2v)^2\right)$

$\displaystyle = \sum_{v=1}^{n/2}(1-4v) = \left(\sum_{v=1}^{n/2} 1\right) - \left(4\sum_{v=1}^{n/2} v\right) = \frac{n}{2} - 4 \cdot \left(\frac{\frac{n}{2}\left(\frac{n}{2}+1\right)}{2}\right)$

$\displaystyle = -\frac{n^2}{2} - \frac{n}{2} = -\frac{n(n+1)}{2} = (-1)^{n+1}\frac{n(n+1)}{2}.$

2. Fall: n ungerade.

$\displaystyle\sum_{v=1}^{n}(-1)^{v+1}v^2 = \sum_{v=1}^{((n-1)/2)+1}(2v-1)^2 - \sum_{v=1}^{(n-1)/2}(2v)^2$

$\displaystyle = \sum_{v=1}^{(n-1)/2}\left((2v-1)^2-(2v)^2\right) + \left(2\cdot\left(\frac{n-1}{2}+1\right)-1\right)^2$

$\displaystyle = \sum_{v=1}^{(n-1)/2}(1-4v) + n^2 = \left(\sum_{v=1}^{(n-1)/2} 1\right) - \left(4\sum_{v=1}^{(n-1)/2} v\right) + n^2$

$$= \frac{n-1}{2} - 4 \cdot \left(\frac{\frac{n-1}{2} \left(\frac{n-1}{2} + 1 \right)}{2} \right) + n^2 = \frac{n(n+1)}{2} = (-1)^{n+1} \frac{n(n+1)}{2}.$$

Somit gilt für alle $n \in \mathbb{N}$:

$$\sum_{v=1}^{n} (-1)^{v+1} v^2 = (-1)^{n+1} \frac{n(n+1)}{2}.$$

g) Diese Summe kann man als Teleskopsumme darstellen.

$$\sum_{v=1}^{n} \frac{1}{v(v+1)} = \sum_{v=1}^{n} \frac{v+1-v}{v(v+1)} = \sum_{v=1}^{n} \left(\frac{v+1}{v(v+1)} - \frac{v}{v(v+1)} \right)$$

$$= \sum_{v=1}^{n} \left(\frac{1}{v} - \frac{1}{v+1} \right) = \frac{1}{1} - \frac{1}{n+1} = \frac{n}{n+1}.$$

h) Diese Summe kann man als Teleskopsumme darstellen.

$$\sum_{v=m}^{m+k-1} \frac{1}{v(v+1)} = \sum_{v=m}^{m+k-1} \frac{v+1-v}{v(v+1)} = \sum_{v=m}^{m+k-1} \left(\frac{v+1}{v(v+1)} - \frac{v}{v(v+1)} \right)$$

$$= \sum_{v=m}^{m+k-1} \left(\frac{1}{v} - \frac{1}{v+1} \right) = \frac{1}{m} - \frac{1}{m+k-1+1} = \frac{k}{m(m+k)}.$$

Aufgabe 2.5.8

Berechnen Sie folgende Produkte
($n, m \in \mathbb{Z}$, $n \geq m$, die Nenner seien alle $\neq 0$):

a) $\displaystyle\prod_{v=2}^{4} 4$, b) $\displaystyle\prod_{v=-2}^{1} (-3)$, c) $\displaystyle\prod_{v=-2}^{-1} 2$, d) $\displaystyle\prod_{v=m}^{n} 1$,

e) $\displaystyle\prod_{v=1}^{5} v$, f) $\displaystyle\prod_{v=0}^{1000} v$, g) $\displaystyle\prod_{v=1}^{20} 3v$, h) $\displaystyle\prod_{v=1}^{11} (-v)$,

i) $\displaystyle\prod_{v=m}^{n} v$, j) $\displaystyle\prod_{v=1}^{n} \frac{1}{v}$, k) $\displaystyle\prod_{v=2}^{6} \frac{v}{v-1}$, l) $\displaystyle\prod_{v=2}^{6} \frac{v}{v+1}$,

m) $\displaystyle\prod_{v=m}^{n} \left(1 + \frac{1}{v} \right)$, n) $\displaystyle\prod_{v=m}^{n} \left(1 - \frac{1}{v} \right)$, o) $\displaystyle\prod_{v=m}^{n} \frac{a_{v-1}}{a_v}$, p) $\displaystyle\prod_{v=m}^{n} \frac{a_{v+1}}{a_v}$,

q) $\displaystyle\prod_{v=m}^{n} \frac{a_{v+1}}{a_{v-1}}$, r) $\displaystyle\prod_{v=m}^{n} \frac{a_{v+p}}{a_{v-p}}$, s) $\displaystyle\prod_{v=1}^{n} (-1)^v$, t) $\displaystyle\prod_{v=1}^{n} c^v$.

Lösung:

a) $\displaystyle\prod_{v=2}^{4} 4 = 4^{4-2+1} = 4^3 = 64.$

b) $\displaystyle\prod_{v=-2}^{1} (-3) = (-3)^{1-(-2)+1} = (-3)^4 = 81.$

c) $\displaystyle\prod_{v=-2}^{-1} 2 = 2^{-1-(-2)+1} = 2^2 = 4.$

d) $\displaystyle\prod_{v=m}^{n} 1 = 1^{n-m+1} = 1.$

e) $\displaystyle\prod_{v=1}^{5} v = 5! = 120.$

f) $\displaystyle\prod_{v=0}^{1\,000} v = 0 \cdot \prod_{v=1}^{1\,000} v = 0 \cdot 1\,000! = 0.$

g) $\displaystyle\prod_{v=1}^{20} 3v = 3^{20-1+1} \cdot \prod_{v=1}^{20} v = 3^{20} \cdot 20!.$

h) $\displaystyle\prod_{v=1}^{11}(-v) = (-1)^{11-1+1} \cdot \prod_{v=1}^{11} v = (-1)^1 \cdot 1 \cdot 11! = -11!.$

i) $\displaystyle\prod_{v=m}^{n} v = \left(\frac{\prod_{v=1}^{m-1} v}{\prod_{v=1}^{m-1} v}\right) \cdot \prod_{v=m}^{n} v = \frac{\prod_{v=1}^{m-1} v \cdot \prod_{v=m}^{n} v}{\prod_{v=1}^{m-1} v} = \frac{\prod_{v=1}^{n} v}{\prod_{v=1}^{m-1} v} = \frac{n!}{(m-1)!}.$

j) $\displaystyle\prod_{v=1}^{n} \frac{1}{v} = \left(\prod_{v=1}^{n} v\right)^{-1} = (n!)^{-1} = \frac{1}{n!}.$

k) Hier handelt es sich um ein Teleskopprodukt der Form:

$$\prod_{v=m}^{n} \frac{a_v}{a_{v-1}} = \frac{a_n}{a_{m-1}}. \quad \text{Somit gilt:} \quad \prod_{v=2}^{6} \frac{v}{v-1} = \frac{6}{2-1} = 6.$$

l) Hier handelt es sich um ein Teleskopprodukt der Form:

$$\prod_{v=m}^{n} \frac{a_v}{a_{v+1}} = \frac{a_m}{a_{n+1}}. \quad \text{Somit gilt:} \quad \prod_{v=2}^{6} \frac{v}{v+1} = \frac{2}{6+1} = \frac{2}{7}.$$

m) Auch hier handelt es sich um ein Teleskopprodukt, denn es gilt:

$$\prod_{v=m}^{n} \left(1 + \frac{1}{v}\right) = \prod_{v=m}^{n} \frac{v+1}{v} = \left(\prod_{v=m}^{n} \frac{v}{v+1}\right)^{-1} = \left(\frac{m}{n+1}\right)^{-1}$$

$$= \frac{n+1}{m}.$$

n) Auch hier handelt es sich um ein Teleskopprodukt, denn es gilt:

$$\prod_{v=m}^{n} \left(1 - \frac{1}{v}\right) = \prod_{v=m}^{n} \frac{v-1}{v} = \left(\prod_{v=m}^{n} \frac{v}{v-1}\right)^{-1} = \left(\frac{n}{m-1}\right)^{-1}$$

$$= \frac{m-1}{n}.$$

o) $$\prod_{v=m}^{n} \frac{a_{v-1}}{a_v} = \left(\prod_{v=m}^{n} \frac{a_v}{a_{v-1}}\right)^{-1} = \left(\frac{a_n}{a_{m-1}}\right)^{-1} = \frac{a_{m-1}}{a_n}.$$

p) $$\prod_{v=m}^{n} \frac{a_{v+1}}{a_v} = \left(\prod_{v=m}^{n} \frac{a_v}{a_{v+1}}\right)^{-1} = \left(\frac{a_m}{a_{n+1}}\right)^{-1} = \frac{a_{n+1}}{a_m}.$$

q) $$\prod_{v=m}^{n} \frac{a_{v+1}}{a_{v-1}} = \frac{a_{m+1}}{a_{m-1}} \cdot \frac{a_{m+2}}{a_m} \cdot \frac{a_{m+3}}{a_{m+1}} \cdot \ldots \cdot \frac{a_{n-1}}{a_{n-3}} \cdot \frac{a_n}{a_{n-2}} \cdot \frac{a_{n+1}}{a_{n-1}}$$

$$= \frac{a_n a_{n+1}}{a_{m-1} a_m}.$$

$$\prod_{v=m}^{n} \frac{a_{v+1}}{a_{v-1}} = \left(\prod_{v=m}^{n} \frac{a_{v+1}}{a_v}\right) \cdot \left(\prod_{v=m}^{n} \frac{a_v}{a_{v-1}}\right) = \left(\frac{a_{n+1}}{a_m}\right) \cdot \left(\frac{a_n}{a_{m-1}}\right) = $$
$$\frac{a_n a_{n+1}}{a_{m-1} a_m}.$$

r) Die Lösung erfolgt durch dieselbe Überlegung wie in Teil q) oder durch vollständige Induktion nach p.

$$\prod_{v=m}^{n} \frac{a_{v+p}}{a_{v-p}} = \left(\prod_{v=n}^{n+p} a_v\right) \cdot \left(\prod_{v=m-p}^{m} a_v\right)^{-1}.$$

s) $$\prod_{v=1}^{n} (-1)^v = (-1)^1 \cdot (-1)^2 \cdot (-1)^3 \cdot \ldots \cdot (-1)^{n-1} \cdot (-1)^n$$

$$= (-1)^{1+2+3+\ldots+(n-1)+n} = (-1)^{\sum_{v=1}^{n} v} = (-1)^{\frac{n(n+1)}{2}}.$$

t) $\displaystyle\prod_{v=1}^{n} c^{v} = c^{1} \cdot c^{2} \cdot c^{3} \cdot \ldots \cdot c^{n-1} \cdot c^{n} = c^{1+2+3+\ldots+(n-1)+n} = c^{\sum_{v=1}^{n} v} = c^{\frac{n(n+1)}{2}}$.

Aufgabe 2.5.9

Berechnen Sie folgende Produkte:

a) $\displaystyle\prod_{v=1}^{n-1} \left(1 + \frac{1}{v}\right)^{v}$ für $n \geq 1$,   b) $\displaystyle\prod_{v=1}^{n} \frac{2v-1}{2v}$ für $n \geq 2$.

Lösung:

a) $\displaystyle\prod_{v=1}^{n-1} \left(1 + \frac{1}{v}\right)^{v} = (1+1)^{1} \cdot \left(1 + \frac{1}{2}\right)^{2} \cdot \left(1 + \frac{1}{3}\right)^{3} \cdot \ldots \cdot \left(1 + \frac{1}{n-1}\right)^{n-1}$

$$= \left(\frac{2}{1}\right)^{1} \cdot \left(\frac{3}{2}\right)^{2} \cdot \left(\frac{4}{3}\right)^{3} \cdot \ldots \cdot \left(\frac{n}{n-1}\right)^{n-1}$$

$$= \frac{1^{0} \cdot 2^{1} \cdot 3^{2} \cdot 4^{3} \cdot 5^{4} \cdot \ldots \cdot n^{n-1}}{1^{1} \cdot 2^{2} \cdot 3^{3} \cdot 4^{4} \cdot \ldots \cdot (n-1)^{n-1}}$$

$$= \left(\frac{1}{1 \cdot 2 \cdot 3 \cdot \ldots \cdot (n-1)}\right) \cdot \left(\frac{1^{0} \cdot 2^{1} \cdot 3^{2} \cdot 4^{3} \cdot 5^{4} \cdot \ldots \cdot n^{n-1}}{1^{0} \cdot 2^{1} \cdot 3^{2} \cdot 4^{3} \cdot \ldots \cdot (n-1)^{n-2}}\right)$$

$$= \left(\frac{1}{(n-1)!}\right) \cdot n^{n-1} = \left(\frac{1}{(n-1)!}\right) \cdot n^{n-1} \cdot \left(\frac{n}{n}\right) = \frac{n^{n}}{n!}.$$

Der endgültige Beweis dieser Identität erfolgt durch Induktion nach n.

b) $\displaystyle\prod_{v=1}^{n} \frac{2v-1}{2v} = \left(\frac{1}{2}\right) \cdot \left(\frac{3}{4}\right) \cdot \left(\frac{5}{6}\right) \cdot \ldots \cdot \left(\frac{2n-1}{2n}\right)$

$$= \frac{1 \cdot 3 \cdot 5 \cdot 7 \cdot \ldots \cdot (2n-1)}{2 \cdot 4 \cdot 6 \cdot 8 \cdot \ldots \cdot 2n}$$

$$= \frac{1 \cdot 3 \cdot 5 \cdot 7 \cdot \ldots \cdot (2n-1)}{(2 \cdot 1) \cdot (2 \cdot 2) \cdot (2 \cdot 3) \cdot (2 \cdot 4) \cdot \ldots \cdot (2 \cdot n)}$$

$$= \frac{1 \cdot 3 \cdot 5 \cdot 7 \cdot \ldots \cdot (2n-1)}{2^{n} \cdot n!}$$

$$= \left(\frac{2 \cdot 4 \cdot 6 \cdot \ldots \cdot 2n}{2 \cdot 4 \cdot 6 \cdot \ldots \cdot 2n}\right) \cdot \left(\frac{1 \cdot 3 \cdot 5 \cdot 7 \cdot \ldots \cdot (2n-1)}{2^{n} \cdot n!}\right)$$

$$= \frac{(2n)!}{2^{n} \cdot n! \cdot (2 \cdot 4 \cdot 6 \cdot \ldots \cdot 2n)}$$

$$= \frac{(2n)!}{2^n \cdot n! \cdot 2^n \cdot n!} = \left(\frac{1}{4^n}\right) \cdot \left(\frac{(2n)!}{n! \cdot n!}\right) = \left(\frac{1}{4^n}\right) \cdot \binom{2n}{n}.$$

Der endgültige Beweis dieser Identität erfolgt durch Induktion nach n.

Bemerkung:

$$\prod_{v=1}^{n} \frac{2v-1}{2v} = (-1)^n \cdot \binom{-1/2}{n} \text{ für } n \geq 2.$$

Aufgabe 2.5.10

Geben Sie jeweils das n-te Folgenglied a_n mit $n \in \mathbb{N}$ an.

a) $1, 2, 3, 4, 5, 6, \ldots$, b) $2, 4, 6, 8, 10, \ldots$,   c) $1, 3, 5, 7, 9, 11, \ldots$,

d) $\frac{1}{3}, \frac{1}{6}, \frac{1}{9}, \frac{1}{12}, \ldots$, e) $2, -2, 2, -2, 2, -2, \ldots$, f) $1, -\frac{1}{4}, \frac{1}{9}, -\frac{1}{16}, \frac{1}{25}, \ldots$

Lösung:

a) $a_n = n$.   b) $a_n = 2n$.   c) $a_n = 2n - 1$.

d) $a_n = \frac{1}{3n}$.   e) $a_n = 2 \cdot (-1)^{n+1}$.   f) $(-1)^{n+1} \cdot \frac{1}{n^2}$.

Aufgabe 2.5.11

Gegeben seien die Glieder $a_5 = -7$ und $a_{11} = -19$ einer arithmetischen Folge (a_n). Geben Sie das n-te Glied dieser Folge an.

Lösung:

Für eine arithmetische Folge gilt: $a_n = a + (n-1)d$. Somit erhält man:

$a_5 = a + 4d = -7 \implies a = -7 - 4d$ und

$a_{11} = a + 10d = -19 \implies (-7 - 4d) + 10d = -19 \implies d = -2 \implies a = 1$.

Das n-te Folgenglied ist also gegeben durch: $a_n = 1 - (n-1)(-2) = 3 - 2n$.

Aufgabe 2.5.12

Gegeben seien die Glieder $a_4 = -16$ und $a_5 = 32$ einer geometrischen Folge (a_n). Geben Sie das n-te Glied dieser Folge an.

Lösung:

Für eine geometrische Folge gilt: $a_n = a \cdot q^{n-1}$ und $q = \frac{a_{n+1}}{a_n}$.

Somit folgt für $n = 4$:

$q = \dfrac{a_5}{a_4} = \dfrac{32}{-16} = -2$ und $a_4 = a \cdot q^3 = a \cdot (-2)^3 = -8a = -16 \implies a = 2$.

Das n-te Folgenglied ist also gegeben durch: $a_n = 2(-2)^{n-1} = -(-2)^n$.

Aufgabe 2.5.13

Berechnen Sie, falls existent, die Grenzwerte der Folgen deren n-te Glieder gegeben sind durch:

a) $a_n = n^2 + 1$,   b) $a_n = \dfrac{1}{\sqrt{n}}$,   c) $a_n = \left(-\dfrac{1}{2}\right)^n$,

d) $a_n = \left(\dfrac{1}{2}\right)^n \cdot n^3$,   e) $a_n = 5^n$,   f) $a_n = (-3)^n$,

g) $a_n = n + (-1)^n$,   h) $a_n = n \cdot (-1)^n$,   i) $a_n = \dfrac{(-1)^n}{n}$.

Lösung:

a) $\lim\limits_{n \to \infty} (n^2 + 1) = \lim\limits_{n \to \infty} n^2 + \lim\limits_{n \to \infty} 1 = +\infty + 1 = +\infty$ nach Formel (2.35).

b) $\lim\limits_{n \to \infty} \dfrac{1}{\sqrt{n}} = \lim\limits_{n \to \infty} n^{-\frac{1}{2}} = 0$ nach Formel (2.35).

c) $\lim\limits_{n \to \infty} \left(-\dfrac{1}{2}\right)^n = 0$ nach Formel (2.36).

d) $\lim\limits_{n \to \infty} \left(\dfrac{1}{2}\right)^n \cdot n^3 = 0$ nach Formel (2.37).

e) $\lim\limits_{n \to \infty} 5^n = +\infty$ nach Formel (2.36).

f) $\lim\limits_{n \to \infty} (-3)^n$ existiert nicht, da die Folge (a_n) mit $a_n = (-3)^n$ unbestimmt divergiert, denn es gibt zwei Teilfolgen, wobei für n gegen Unendlich eine gegen $+\infty$ und eine gegen $-\infty$ strebt, nämlich die Teilfolgen $a_{n_k} = a_{2k} = (-3)^{2k} = 9^k$ mit

$\lim\limits_{k \to \infty} a_{n_k} = \lim\limits_{k \to \infty} a_{2k} = \lim\limits_{k \to \infty} 9^k = +\infty$

und $a_{n_m} = a_{2m+1} = (-3)^{2m+1} = (-3)^{2m} \cdot (-3) = (-3) \cdot 9^m$ mit

$\lim\limits_{m \to \infty} a_{n_m} = \lim\limits_{m \to \infty} a_{2m+1} = \lim\limits_{m \to \infty} (-3) \cdot 9^m = -\infty$.

g) Es gilt: $a_n = n + (-1)^n \geq n - 1$ und die Folge (b_n) mit $b_n = n - 1$ divergiert bestimmt gegen $+\infty$ für n gegen Unendlich. Somit gilt für die Folge (a_n) mit $a_n = n + (-1)^n$:

$$\lim\limits_{n \to \infty} (n + (-1)^n) = +\infty.$$

h) Es gilt: $\lim\limits_{n\to\infty} n\cdot(-1)^n = \begin{cases} +\infty & \text{für } n \text{ gerade} \\ -\infty & \text{für } n \text{ ungerade.} \end{cases}$

i) Es gilt:

$$\frac{(-1)^n}{n} \geq -\frac{1}{n} \to 0 \quad \text{für } n \to \infty$$

$$\frac{(-1)^n}{n} \leq \frac{1}{n} \to 0 \quad \text{für } n \to \infty.$$

Somit folgt: $\lim\limits_{n\to\infty} \frac{(-1)^n}{n} = 0.$

Aufgabe 2.5.14

Berechnen Sie, falls existent, die Grenzwerte der Folgen deren n-te Glieder gegeben sind durch:

a) $a_n = \dfrac{2n^3 - n^2 - n}{n^4 - 3n}$,   b) $a_n = \dfrac{3n^3}{-4n^3 + n - 1}$,   c) $a_n = \dfrac{-2n^2 - 1}{n + 1}.$

Lösung:

a) $\lim\limits_{n\to\infty} \dfrac{2n^3 - n^2 - n}{n^4 - 3n} = \lim\limits_{n\to\infty} \left(\dfrac{\frac{1}{n^4}}{\frac{1}{n^4}}\right) \cdot \left(\dfrac{2n^3 - n^2 - n}{n^4 - 3n}\right)$

$= \lim\limits_{n\to\infty} \dfrac{\frac{2}{n} - \frac{1}{n^2} - \frac{1}{n^3}}{1 - \frac{3}{n^3}} = \dfrac{\lim\limits_{n\to\infty} \frac{2}{n} - \lim\limits_{n\to\infty} \frac{1}{n^2} - \lim\limits_{n\to\infty} \frac{1}{n^3}}{\lim\limits_{n\to\infty} 1 - \lim\limits_{n\to\infty} \frac{3}{n^3}}$

$= \dfrac{0 - 0 - 0}{1 - 0} = \dfrac{0}{1} = 0.$

b) $\lim\limits_{n\to\infty} \dfrac{3n^3}{-4n^3 + n - 1} = \lim\limits_{n\to\infty} \left(\dfrac{\frac{1}{n^3}}{\frac{1}{n^3}}\right) \cdot \left(\dfrac{3n^3}{-4n^3 + n - 1}\right)$

$= \lim\limits_{n\to\infty} \dfrac{3}{-4 + \frac{1}{n^2} - \frac{1}{n^3}} = \dfrac{\lim\limits_{n\to\infty} 3}{\lim\limits_{n\to\infty}(-4) + \lim\limits_{n\to\infty} \frac{1}{n^2} - \lim\limits_{n\to\infty} \frac{1}{n^3}}$

$= \dfrac{3}{-4 + 0 - 0} = -\dfrac{3}{4}.$

c) $\lim\limits_{n\to\infty} \dfrac{-2n^2 - 1}{n + 1} = \lim\limits_{n\to\infty} \left(\dfrac{\frac{1}{n}}{\frac{1}{n}}\right) \cdot \left(\dfrac{-2n^2 - 1}{n + 1}\right)$

$$= \lim_{n \to \infty} \frac{-2n - \frac{1}{n}}{1 + \frac{1}{n}} = \frac{\lim\limits_{n \to \infty} (-2n) - \lim\limits_{n \to \infty} \frac{1}{n}}{\lim\limits_{n \to \infty} 1 + \lim\limits_{n \to \infty} \frac{1}{n}}$$

$$= \frac{-\infty - 0}{1 + 0} = -\infty.$$

Aufgabe 2.5.15

Berechnen Sie:

$$\lim_{n \to \infty} \frac{a_k n^k + a_{k-1} n^{k-1} + \ldots + a_1 n + a_0}{b_m n^m + b_{m-1} n^{m-1} + \ldots + b_1 n + b_0}$$

für $k, m \in \mathbb{N}$ und $a_k \cdot b_m \neq 0$.

Lösung:

Es ist sinnvoll, hier drei Fälle zu unterscheiden, da das Grenzverhalten dieser Folge davon abhängt, wie sich der Zähler zum Nenner verhält.

1. Fall: $k = m$.

Obiger Ausdruck vereinfacht sich nun zu:

$$\lim_{n \to \infty} \frac{a_m n^m + a_{m-1} n^{m-1} + \ldots + a_1 n + a_0}{b_m n^m + b_{m-1} n^{m-1} + \ldots + b_1 n + b_0}$$

$$= \lim_{n \to \infty} \left(\frac{\frac{1}{n^m}}{\frac{1}{n^m}} \right) \cdot \left(\frac{a_m n^m + a_{m-1} n^{m-1} + \ldots + a_1 n + a_0}{b_m n^m + b_{m-1} n^{m-1} + \ldots + b_1 n + b_0} \right)$$

$$= \lim_{n \to \infty} \frac{a_m + a_{m-1} \cdot \frac{1}{n} + \ldots + a_1 \cdot \frac{1}{n^{m-1}} + a_0 \cdot \frac{1}{n^m}}{b_m + b_{m-1} \cdot \frac{1}{n} + \ldots + b_1 \cdot \frac{1}{n^{m-1}} + b_0 \cdot \frac{1}{n^m}} = \frac{a_m}{b_m}.$$

2. Fall: $k < m \implies k - m < 0$.

$$\lim_{n \to \infty} \frac{a_k n^k + a_{k-1} n^{k-1} + \ldots + a_1 n + a_0}{b_m n^m + b_{m-1} n^{m-1} + \ldots + b_1 n + b_0}$$

$$= \lim_{n \to \infty} \left(\frac{\frac{1}{n^m}}{\frac{1}{n^m}} \right) \cdot \left(\frac{a_k n^k + a_{k-1} n^{k-1} + \ldots + a_1 n + a_0}{b_m n^m + b_{m-1} n^{m-1} + \ldots + b_1 n + b_0} \right)$$

$$= \lim_{n \to \infty} \frac{a_k n^{k-m} + a_{k-1} n^{k-m-1} + \ldots + a_1 n^{1-m} + a_0 n^{-m}}{b_m + b_{m-1} n^{-1} + \ldots + b_1 n^{1-m} + b_0 n^{-m}} = \frac{0}{b_m} = 0.$$

3. Fall: $k > m \implies k - m > 0$.

$$\lim_{n \to \infty} \frac{a_k n^k + a_{k-1} n^{k-1} + \ldots + a_1 n + a_0}{b_m n^m + b_{m-1} n^{m-1} + \ldots + b_1 n + b_0}$$

$$= \lim_{n \to \infty} \left(\frac{\frac{1}{n^m}}{\frac{1}{n^m}} \right) \cdot \left(\frac{a_k n^k + a_{k-1} n^{k-1} + \ldots + a_1 n + a_0}{b_m n^m + b_{m-1} n^{m-1} + \ldots + b_1 n + b_0} \right)$$

$$= \lim_{n \to \infty} \frac{a_k n^{k-m} + a_{k-1} n^{k-m-1} + \ldots + a_1 n^{1-m} + a_0 n^{-m}}{b_m + b_{m-1} n^{-1} + \ldots + b_1 n^{1-m} + b_0 n^{-m}}.$$

Im Nenner befinden sich, bis auf die Konstante $b_m \neq 0$, nur Nullfolgen. Somit ist der letzte Grenzwert gleich dem Grenzwert

$$\lim_{n \to \infty} \left(\frac{a_k}{b_m} \cdot n^{k-m} + \frac{a_{k-1}}{b_m} \cdot n^{k-m-1} + \ldots + \frac{a_1}{b_m} \cdot n^{1-m} + \frac{a_0}{b_m} \cdot n^{-m} \right)$$

$$= \text{sign} \left(\frac{a_k}{b_m} \right) \cdot \infty.$$

Aufgabe 2.5.16

Berechnen Sie den Grenzwert der Folge (a_n) mit

$$a_n = \sqrt{25n^2 + 5n + 1} - \sqrt{25n^2 + 1} \quad \text{für alle } n \in \mathbb{N}.$$

Lösung:

$$\lim_{n \to \infty} \left(\sqrt{25n^2 + 5n + 1} - \sqrt{25n^2 + 1} \right)$$

$$= \lim_{n \to \infty} \left(\sqrt{25n^2 + 5n + 1} - \sqrt{25n^2 + 1} \right) \cdot \left(\frac{\sqrt{25n^2 + 5n + 1} + \sqrt{25n^2 + 1}}{\sqrt{25n^2 + 5n + 1} + \sqrt{25n^2 + 1}} \right)$$

$$= \lim_{n \to \infty} \frac{(25n^2 + 5n + 1) - (25n^2 + 1)}{\sqrt{25n^2 + 5n + 1} + \sqrt{25n^2 + 1}}$$

$$= \lim_{n \to \infty} \frac{5n}{5n \left(\sqrt{1 + \frac{1}{5n} + \frac{1}{25n^2}} + \sqrt{1 + \frac{1}{25n^2}} \right)}$$

$$= \frac{1}{\sqrt{1 + \lim_{n \to \infty} \frac{1}{5n} + \lim_{n \to \infty} \frac{1}{25n^2}} + \sqrt{1 + \lim_{n \to \infty} \frac{1}{25n^2}}}$$

$$= \frac{1}{\sqrt{1 + 0 + 0} + \sqrt{1 + 0}} = \frac{1}{2}.$$

Aufgabe 2.5.17

Berechnen Sie den Grenzwert der Folge (a_n) mit

$$a_n = \frac{2^n + (-1)^n + n^2}{3^n - n} \quad \text{für alle } n \in \mathbb{N}.$$

Lösung:

$$\lim_{n \to \infty} \frac{2^n + (-1)^n + n^2}{3^n - n} = \lim_{n \to \infty} \left(\frac{\frac{1}{3^n}}{\frac{1}{3^n}} \right) \cdot \left(\frac{2^n + (-1)^n + n^2}{3^n - n} \right)$$

$$= \lim_{n \to \infty} \frac{\left(\frac{2}{3}\right)^n + \left(-\frac{1}{3}\right)^n + \left(\frac{1}{3}\right)^n \cdot n^2}{1 - \left(\frac{1}{3}\right)^n \cdot n} = \frac{0 + 0 + 0}{1 - 0} = 0$$

nach den Formeln (2.36) und (2.37).

Aufgabe 2.5.18

Zeigen Sie, daß die Folge (a_n) mit

$$a_n = \frac{(-1)^n \cdot n^2 + \sqrt{n}}{n^2 + 1} \quad \text{für alle } n \in \mathbb{N}$$

divergiert. Geben sie zwei Teilfolgen mit verschiedenen Grenzwerten an.

Lösung:

$$\lim_{n \to \infty} \frac{(-1)^n \cdot n^2 + \sqrt{n}}{n^2 + 1} = \lim_{n \to \infty} \left(\frac{\frac{1}{n^2}}{\frac{1}{n^2}} \right) \cdot \left(\frac{(-1)^n \cdot n^2 + \sqrt{n}}{n^2 + 1} \right)$$

$$= \lim_{n \to \infty} \frac{(-1)^n + n^{-\frac{3}{2}}}{1 + \frac{1}{n^2}}.$$

Wählt man nun als Teilfolgen (a_{2k}) und (a_{2k+1}) für alle $k \in \mathbb{N}$, so gilt nach Formel (2.35):

$$\lim_{k \to \infty} a_{2k} = \lim_{k \to \infty} \frac{(-1)^{2k} + (2k)^{-\frac{3}{2}}}{1 + \frac{1}{(2k)^2}} = \frac{1 + 0}{1 + 0} = 1 \text{ und}$$

$$\lim_{k \to \infty} a_{2k+1} = \lim_{k \to \infty} \frac{(-1)^{2k+1} + (2k+1)^{-\frac{3}{2}}}{1 + \frac{1}{(2k+1)^2}} = \frac{-1 + 0}{1 + 0} = -1.$$

Aufgabe 2.5.19

Berechnen Sie die folgenden unendlichen Reihen:

a) $\sum\limits_{v=0}^{\infty}\left(\dfrac{1}{2}\right)^{v}$,

b) $\sum\limits_{v=0}^{\infty}\left(-\dfrac{1}{3}\right)^{v}$,

c) $\sum\limits_{v=1}^{\infty}\left(-\dfrac{2}{5}\right)^{v}$,

d) $\sum\limits_{v=1}^{\infty}\left(\dfrac{1}{v^{2}}-\dfrac{1}{(v+1)^{2}}\right)$,

e) $\sum\limits_{v=1}^{\infty}\left(\dfrac{1}{v(v+1)}\right)$,

f) $\sum\limits_{v=1}^{\infty}\left(\dfrac{1}{v(v+1)(v+2)}\right)$.

Lösung:

a) Mit der Formel (2.43) erhält man sofort: $\sum\limits_{v=0}^{\infty}\left(\dfrac{1}{2}\right)^{v}=\dfrac{1}{1-(1/2)}=2.$

b) Analog zu a) führt auch hier die Formel (2.43) zum Ziel:

$$\sum\limits_{v=0}^{\infty}\left(-\frac{1}{3}\right)^{v}=\frac{1}{1-(-1/3)}=\frac{1}{1+(1/3)}=\frac{3}{4}.$$

c) Hier ist zu beachten, daß der Summationsindex dieser geometrischen Reihe bei 1 beginnt und nicht, wie in Formel (2.43), bei Null.

Für $|q|<1$ gilt nun: $\sum\limits_{v=1}^{\infty}q^{v}=1/(1-q)-q^{0}=1/(1-q)-1=q/(1-q).$

Also folgt: $\sum\limits_{v=1}^{\infty}\left(-\dfrac{2}{5}\right)^{v}=\dfrac{-2/5}{1-(-2/5)}=-\dfrac{2}{7}.$

d) Mit der Formel (2.46) erhält man:

$$\sum\limits_{v=1}^{\infty}\left(\frac{1}{v^{2}}-\frac{1}{(v+1)^{2}}\right)=\frac{1}{1^{2}}-\lim_{n\to\infty}\frac{1}{n^{2}}=1-0=1.$$

e) Auch in diesem Fall handelt es sich um eine Teleskopreihe, denn nach Formel (2.46) gilt:

$$\sum\limits_{v=1}^{\infty}\left(\frac{1}{v(v+1)}\right)=\sum\limits_{v=1}^{\infty}\left(\frac{1}{v}-\frac{1}{v+1}\right)=\frac{1}{1}-\lim_{n\to\infty}\frac{1}{n}=1-0=1.$$

f) In diesem Fall ist es sinnvoll auf Teleskopreihen zurückzugreifen.

$$\sum\limits_{v=1}^{\infty}\left(\frac{1}{v(v+1)(v+2)}\right)=\sum\limits_{v=1}^{\infty}\left(\left(\frac{1}{v}-\frac{1}{v+1}\right)\cdot\left(\frac{1}{v+2}\right)\right)$$

$$=\sum\limits_{v=1}^{\infty}\left(\frac{1}{v(v+2)}-\frac{1}{(v+1)(v+2)}\right)$$

$$= \sum_{v=1}^{\infty} \left(\frac{1}{2} \left(\frac{1}{v} - \frac{1}{v+2} \right) - \left(\frac{1}{v+1} - \frac{1}{v+2} \right) \right)$$

$$= \sum_{v=1}^{\infty} \left(\frac{1}{2} \left(\frac{1}{v} \right) - \left(\frac{1}{v+1} \right) + \frac{1}{2} \left(\frac{1}{v+2} \right) \right)$$

$$= \sum_{v=1}^{\infty} \left(\frac{1}{2} \left(\frac{1}{v} - \frac{1}{v+1} \right) - \frac{1}{2} \left(\frac{1}{v+1} - \frac{1}{v+2} \right) \right)$$

$$= \frac{1}{2} \sum_{v=1}^{\infty} \left(\frac{1}{v} - \frac{1}{v+1} \right) - \frac{1}{2} \sum_{v=1}^{\infty} \left(\frac{1}{v+1} - \frac{1}{v+2} \right)$$

$$= \frac{1}{2} \left(\frac{1}{1} - \lim_{n \to \infty} \frac{1}{n} \right) - \frac{1}{2} \left(\frac{1}{1+1} - \lim_{n \to \infty} \frac{1}{n+1} \right) = \frac{1}{2} - \frac{1}{4} = \frac{1}{4}$$

nach Formel (2.46).

Kapitel 3

Funktionen

Nach Definition 2.3.1 aus dem vorangegangenen Kapitel ist eine **reelle Funktion** f eine Abbildungsvorschrift, durch die jedem Element x aus der sogenannten **Definitionsmenge** $\mathbb{D}_f \subset \mathbb{R}$ in eindeutiger Weise genau eine reelle Zahl $y = f(x) \in \mathbb{B}_f \subset \mathbb{R}$ zugeordnet wird.

$\mathbb{B}_f = \{y \mid y = f(x),\ x \in \mathbb{D}_f\}$ nennt man die **Bildmenge** oder **Wertemenge** der Funktion f.

Die graphische Darstellung einer reellen Funktion f (in einer Variable) erfolgt im sogenannten **kartesischen (orthogonalen) Koordinatensystem**. Die Werte der Definitionsmenge werden in der Regel auf der x-Achse, die Funktionswerte $y = f(x)$ auf der y-Achse aufgetragen. Den Wert x_0 des zweidimensionalen Punktes $(x_0, f(x_0))$ nennt man **Abszisse** und den Wert $f(x_0)$ **Ordinate**.

Abbildung 3.0.1

Kartesisches Koordinatensystem

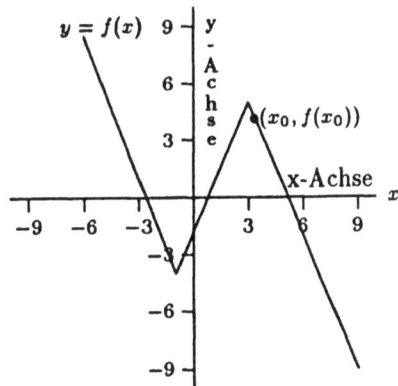

Bemerkung:

Stehen die beiden Achsen eines Koordinatensystems senkrecht (orthogonal) aufeinander, so spricht man von einem **orthogonalen Koordinatensystem.**

Wichtige Funktionen in einem orthogonalen Koordinatensystem sind die **1. Winkelhalbierende** $f(x) = x$ und die **2. Winkelhalbierende** $f(x) = -x$. Beide Funktionen besitzen die Definitionsmenge $\mathbb{D} = \mathbb{R}$ und die Wertemenge $\mathbb{B} = \mathbb{R}$.

Abbildung 3.0.2

1. Winkelhalbierende $f(x) = x$.

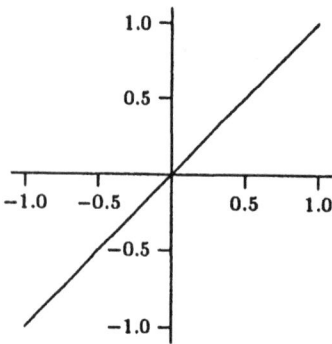

Abbildung 3.0.3

2. Winkelhalbierende $f(x) = -x$.

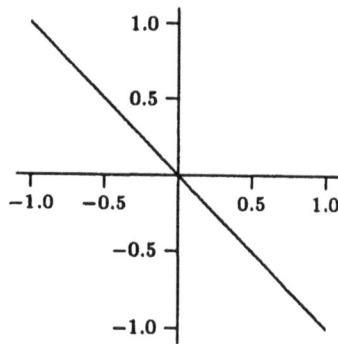

In den nachfolgenden Abschnitten sollen einfache Eigenschaften reeller Funktionen betrachtet werden.

3.1   Monotonie

Definition 3.1.1

Eine reelle Funktion $f : \mathbb{D} \longrightarrow \mathbb{B}$ heißt

1.) **monoton wachsend** *auf $\mathbb{D}$, wenn aus $x_1 < x_2$ stets $f(x_1) \leq f(x_2)$ folgt, für alle $x_1, x_2 \in \mathbb{D}$.*

2.) **streng monoton wachsend** *auf $\mathbb{D}$, wenn aus $x_1 < x_2$ stets $f(x_1) < f(x_2)$ folgt, für alle $x_1, x_2 \in \mathbb{D}$.*

3.) **monoton fallend** *auf* $\mathbb{D}$*, wenn aus* $x_1 < x_2$ *stets* $f(x_1) \geq f(x_2)$
folgt, für alle $x_1, x_2 \in \mathbb{D}$*.*

4.) **streng monoton fallend** *auf* $\mathbb{D}$*, wenn aus* $x_1 < x_2$ *stets*
$f(x_1) > f(x_2)$ *folgt, für alle* $x_1, x_2 \in \mathbb{D}$*.*

Beispiel 3.1.1

1.) Die 1. Winkelhalbierende $f(x) = x$ ist eine streng monoton wachsende
Funktion auf $\mathbb{R}$, denn aus $x_1 < x_2$ folgt stets:
$f(x_1) = x_1 < x_2 = f(x_2)$ für alle $x_1, x_2 \in \mathbb{R}$.

2.) Die 2. Winkelhalbierende $f(x) = -x$ ist eine streng monoton fallende
Funktion auf $\mathbb{R}$, denn aus $x_1 < x_2$ folgt stets:
$f(x_1) = -x_1 > -x_2 = f(x_2)$ für alle $x_1, x_2 \in \mathbb{R}$.

3.2 Beschränktheit

Definition 3.2.1

Eine reelle Funktion $f : \mathbb{D} \longrightarrow \mathbb{B}$ *heißt*

1.) **nach oben beschränkt** *auf* $\mathbb{D}$*, falls eine Konstante* $K_o \in \mathbb{R}$ *existiert*
mit $f(x) \leq K_o$ *für alle* $x \in \mathbb{D}$*.*

2.) **nach unten beschränkt** *auf* $\mathbb{D}$*, falls eine Konstante* $K_u \in \mathbb{R}$ *exi-*
stiert mit $f(x) \geq K_u$ *für alle* $x \in \mathbb{D}$*.*

3.) **beschränkt** *auf* $\mathbb{D}$*, falls eine Konstante* $K > 0$ *existiert mit*
$|f(x)| \leq K$ *für alle* $x \in \mathbb{D}$*.*

Beispiel 3.2.1

1.) Die 1. Winkelhalbierende $f(x) = x$ ist nicht beschränkt, denn für alle
$K > 0$ existiert ein $x = x(K) \in \mathbb{R}$, so daß $|f(x(K))| = |x(K)| > K$
gilt.
Wie sieht nun konkret so ein $x(K)$ aus, falls $K > 0$ beliebig aber fest
vorgegeben ist? Als Wahl von $x = x(K) \in \mathbb{R}$ bietet sich z. B. die
positive Zahl $x(K) = K + 1$ an, denn es gilt:
$|f(x(K))| = |x(K)| = x(K) = K + 1 > K$.

2.) Die 2. Winkelhalbierende $f(x) = -x$ ist nicht beschränkt, denn für alle $K > 0$ existiert ein $x = x(K) \in \mathbb{R}$, so daß $|f(x(K))| = |-x(K)| > K$ gilt.

Angabe eines konkreten Wertes für $x(K)$: $K > 0$ sei beliebig aber fest vorgegeben. Auch in diesem Fall bietet sich für $x = x(K) \in \mathbb{R}$ die positive Zahl $x(K) = K + 1$ an, denn es gilt:

$$|f(x(K))| = |-x(K)| = |-(K+1)| = K + 1 > K.$$

3.3   Krümmungsverhalten

Definition 3.3.1
*Eine Funktion f heißt auf dem Intervall $\mathbb{D}$ **konvex**, wenn für je zwei verschiedene Punkte x_1, $x_2 \in \mathbb{D}$ und für alle $\lambda \in (0,1)$ stets*

$$f((1-\lambda) \cdot x_1 + \lambda \cdot x_2) \leq (1-\lambda) \cdot f(x_1) + \lambda \cdot f(x_2)$$

*ist. f heißt **streng konvex**, wenn in obiger Formel $<$ statt $\leq$ steht.*
*Eine Funktion f heißt auf dem Intervall $\mathbb{D}$ **konkav**, wenn für je zwei verschiedene Punkte x_1, $x_2 \in \mathbb{D}$ und für alle $\lambda \in (0,1)$ stets*

$$f((1-\lambda) \cdot x_1 + \lambda \cdot x_2) \geq (1-\lambda) \cdot f(x_1) + \lambda \cdot f(x_2)$$

*ist. f heißt **streng konkav**, wenn in obiger Formel $>$ statt $\geq$ steht.*

Bemerkung:
Eine Funktion f sei auf dem Intervall $\mathbb{D}$ definiert. Weiter seien x_1, $x_2 \in \mathbb{D}$ mit $x_1 < x_2$ beliebig aber fest.
Ist f konvex auf $\mathbb{D}$, so bedeutet dies, daß das Schaubild dieser Funktion zwischen x_1 und x_2 immer unterhalb der Geraden verläuft, die durch die zwei Punkte $P_1(x_1, f(x_1))$ und $P_2(x_2, f(x_2))$ definiert ist.
Ist f konkav auf $\mathbb{D}$, so bedeutet dies, daß das Schaubild von f zwischen x_1 und x_2 immer oberhalb der Geraden verläuft, die durch die zwei Punkte $P_1(x_1, f(x_1))$ und $P_2(x_2, f(x_2))$ definiert ist.

Beispiel 3.3.1

Die Funktion $f(x) = x^{2n}$ mit $n \in \mathbb{N}$ ist auf $\mathbb{R}$ streng konvex.

Die Funktion $f(x) = x^{2n-1}$ mit $n \in \mathbb{N}$ ist auf dem Intervall $(-\infty, 0]$ streng konkav und auf dem Intervall $[0, \infty)$ streng konvex.

Die Funktion $f(x) = x^{\alpha}$ ist für $0 < \alpha < 1$ streng konkav auf $[0, +\infty)$.

Die Funktion $f(x) = x^{\alpha}$ ist für $\alpha > 1$ streng konvex auf $[0, +\infty)$.

3.4 Symmetrie

Definition 3.4.1

Mit x sei auch $-x$ im Definitionsbereich $\mathbb{D}$ einer reellen Funktion f.

> *1.) f heißt eine **gerade Funktion**, falls gilt:*
> $f(-x) = f(x)$ *für alle $x \in \mathbb{D}$.*

> *2.) f heißt eine **ungerade Funktion**, falls gilt:*
> $f(-x) = -f(x)$ *für alle $x \in \mathbb{D}$.*

Das Schaubild einer geraden Funktion ist symmetrisch zur y-Achse. Man spricht dann auch von **Achsensymmetrie** zur y-Achse. Das Schaubild einer ungeraden Funktion ist symmetrisch zum Koordinatenursprung. In diesem Fall spricht man auch von **Punktsymmetrie** bezüglich des Ursprungs.

Beispiel 3.4.1

> 1.) Die 1. Winkelhalbierende ist eine ungerade Funktion, denn es gilt:
> $f(-x) = -x = -(x) = -f(x)$.

> 2.) Die 2. Winkelhalbierende ist eine ungerade Funktion, denn es gilt:
> $f(-x) = -(-x) = x = -f(x)$.

> 3.) Die **Normalparabel** $f(x) = x^2$
> ist eine gerade Funktion, denn es
> gilt:
> $f(-x) = (-x)^2 = x^2 = f(x)$.

Abbildung 3.3.1

Normalparabel $f(x) = x^2$.

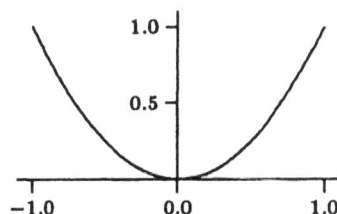

4.) Die **kubische Funktion** $f(x) =$ x^3 ist eine ungerade Funktion, denn es gilt:

$$f(-x) = (-x)^3 = -x^3 = -f(x).$$

Abbildung 3.3.2
Kubische Funktion $f(x) = x^3$.

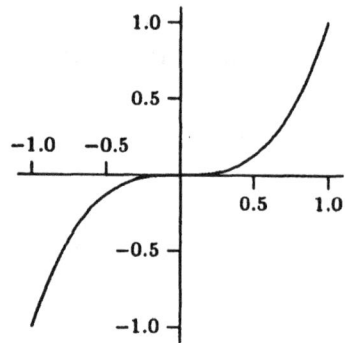

3.5 Nullstellen von Funktionen

Definition 3.5.1

ID *sei die Definitionsmenge einer Funktion f. Dann heißt $x_0 \in$ ID eine* **Nullstelle** *der Funktion f, falls $f(x_0) = 0$ gilt.*

Ist die Definitionsmenge eine Teilmenge von IR, so ist x_0 genau dann eine Nullstelle der Funktion f, wenn das Schaubild von f die x-Achse im Punkt x_0 trifft.

Beispiel 3.5.1

1.) Die 1. Winkelhalbierende $f(x) = x$ besitzt die einzige Nullstelle $x_0 = 0$. Die 2. Winkelhalbierende $f(x) = -x$ besitzt ebenfalls die einzige Nullstelle $x_0 = 0$.
Die Schaubilder dieser Funktionen schneiden die x-Achse im Ursprung.

2.) Die quadratische Funktion $f(x) = ax^2 + bx + c$ mit $a \neq 0$ besitzt die beiden Nullstellen

$$x_{1,2} = \frac{-b \pm \sqrt{b^2 - 4ac}}{2a}.$$

Diese sind reell für $b^2 - 4ac \geq 0$ und komplex für $b^2 - 4ac < 0$.
Für $b^2 - 4ac = 0$ besitzt diese Funktion eine doppelte Nullstelle. Das Schaubild berührt in diesem Fall die x-Achse im Punkt $x_0 = -\dfrac{b}{2a}$.

3.6 Operationen mit Funktionen

Sind zwei reelle Funktionen f und g mit den Definitionsbereichen $\mathbb{D}_f$ und $\mathbb{D}_g$ gegeben, so kann man durch Anwendung von Rechenoperationen eine neue Funktion h erklären. Die Definitionsmenge $\mathbb{D}_h$ dieser neuen Funktion h erhält man aus den Definitionsmengen der Ausgangsfunktionen f und g.

1.) **Summe** von f und g:

$h = f + g : x \longmapsto h(x) = f(x) + g(x)$ mit $\mathbb{D}_h = \mathbb{D}_f \cap \mathbb{D}_g$.

2.) **Differenz** von f und g:

$h = f - g : x \longmapsto h(x) = f(x) - g(x)$ mit $\mathbb{D}_h = \mathbb{D}_f \cap \mathbb{D}_g$.

3.) **Produkt** von f und g:

$h = f \cdot g : x \longmapsto h(x) = f(x) \cdot g(x)$ mit $\mathbb{D}_h = \mathbb{D}_f \cap \mathbb{D}_g$.

4.) **Quotient** von f und g:

$h = \dfrac{f}{g} : x \longmapsto h(x) = \dfrac{f(x)}{g(x)}$ mit $\mathbb{D}_h = \mathbb{D}_f \cap \mathbb{D}_g \setminus \{x \,|\, g(x) = 0\}$.

Bemerkung:
Ist $\mathbb{D}_h = \emptyset$, so ist die Funktion h nicht definiert.

Definition 3.6.1
Sind f und g zwei reelle Funktionen mit den Definitionsbereichen $\mathbb{D}_f$ und $\mathbb{D}_g$, dann heißt die durch

$$h = f \circ g : x \longmapsto h(x) = f(g(x))$$

($f \circ g$ sprich: f nach g) erklärte reelle Funktion mit $\mathbb{D}_h = \{x \in \mathbb{D}_g \,|\, g(x) \in \mathbb{D}_f\}$ die **zusammengesetzte Funktion,** *die* **Verkettung** *oder die* **Komposition** *von f mit g.*

Bemerkung:
Ist $\mathbb{D}_h = \emptyset$, so ist die Funktion h nicht definiert.

Beispiel 3.6.1
Gegeben seien die Funktionen $f(x) = x^3$ und $g(x) = \dfrac{1}{x}$.
Die Definitionsmengen seien $\mathbb{D}_f = \mathbb{R}$ und $\mathbb{D}_g = \mathbb{R} \setminus \{0\}$.

1.) Für die Verkettung h von f mit g erhält man:

$$h(x) = (f \circ g)(x) = f(g(x)) = \left(\frac{1}{x}\right)^3 = \frac{1}{x^3}.$$

Die Definitionsmenge dieser Verkettung ist gegeben durch:

$$\mathbb{D}_h = \{x \in \mathbb{D}_g \mid g(x) \in \mathbb{D}_f\} = \left\{x \in \mathbb{R} \setminus \{0\} \ \middle| \ \frac{1}{x} \in \mathbb{R}\right\} = \mathbb{R} \setminus \{0\}.$$

2.) Für die Verkettung h von g mit f erhält man:

$$h(x) = (g \circ f)(x) = g(f(x)) = \frac{1}{(x^3)}.$$

Die Definitionsmenge dieser Verkettung ist gegeben durch:

$$\mathbb{D}_h = \{x \in \mathbb{D}_f \mid f(x) \in \mathbb{D}_g\} = \{x \in \mathbb{R} \mid x^3 \in \mathbb{R} \setminus \{0\}\} = \mathbb{R} \setminus \{0\}.$$

Bemerkung:

Im obigen Beispiel gilt: $f \circ g = g \circ f$. Dies gilt jedoch nicht allgemein!
In der Regel gilt: $f \circ g \neq g \circ f$.

Beispiel 3.6.2

Gegeben seien die Funktionen $f(x) = x^2$ und $g(x) = \sqrt{2}$.

Die Definitionsmengen seien $\mathbb{D}_f = \mathbb{D}_g = \mathbb{R}$.

1.) Für die Verkettung h von f mit g erhält man:

$$h(x) = (f \circ g)(x) = f(g(x)) = \left(\sqrt{2}\right)^2 = 2.$$

Die Definitionsmenge dieser Verkettung ist gegeben durch:

$$\mathbb{D}_h = \{x \in \mathbb{D}_g \mid g(x) \in \mathbb{D}_f\} = \left\{x \in \mathbb{R} \ \middle| \ \sqrt{2} \in \mathbb{R}\right\} = \mathbb{R}.$$

2.) Für die Verkettung h von g mit f erhält man:

$$h(x) = (g \circ f)(x) = g(f(x)) = \sqrt{2}.$$

Die Definitionsmenge dieser Verkettung ist gegeben durch:

$$\mathbb{D}_h = \{x \in \mathbb{D}_f \mid f(x) \in \mathbb{D}_g\} = \{x \in \mathbb{R} \mid x^2 \in \mathbb{R}\} = \mathbb{R}.$$

In diesem Fall gilt also: $f \circ g \neq g \circ f$.

3.7 Die Umkehrfunktion

Definition 3.7.1

Die reelle Funktion $f : \mathbb{D} \longmapsto \mathbb{B}$ heißt

1.) **surjektiv**, *wenn zu jedem Element $y \in \mathbb{B}$ ein Element $x \in \mathbb{D}$ existiert mit $y = f(x)$.*

2.) **injektiv** *oder* **eineindeutig**, *wenn es für verschiedene Elemente der Definitionsmenge $x_1, x_2 \in \mathbb{D}$ mit $x_1 \neq x_2$ auch verschiedene Bilder $f(x_1) \neq f(x_2) \in \mathbb{B}$ im Wertebereich gibt.*
$(x_1 \neq x_2 \implies f(x_1) \neq f(x_2))$.

3.) **bijektiv**, *wenn f surjektiv und injektiv ist.*

Bemerkung:
Äquivalent zu injektiv ist die Aussage: $f(x_1) = f(x_2) \implies x_1 = x_2$.

Beispiel 3.7.1

1.) Die Funktion $f(x) = x^4$ mit $\mathbb{D} = \mathbb{R}$ und $\mathbb{B} = \{x \mid x \geq 0\} = [0, \infty)$
   ist surjektiv, denn zu jedem $y = x^4$ aus dem Wertebereich existiert
   (mindestens) ein Urbild und zwar $x = \pm \sqrt[4]{y}$.
   Diese Funktion ist nicht injektiv, denn seien $x_1 = -2$ und $x_2 = 2$
   $(x_1 \neq x_2)$, dann folgt $f(x_1) = f(-2) = 16$ und $f(x_2) = f(2) = 16$
   $(f(x_1) = f(x_2))$.

2.) Die Funktion $f(x) = x^4$ mit $\mathbb{D} = \mathbb{B} = \mathbb{R}$ ist nicht surjektiv, denn z. B.
   $y = -1 \in \mathbb{R}$ besitzt kein Urbild $x \in \mathbb{R}$. Diese Funktion ist auch nicht
   injektiv, denn seien $x_1 = -2$ und $x_2 = 2$, dann folgt $f(x_1) = f(-2) =$
   16 und $f(x_2) = f(2) = 16$ anlog zu 1.).

Bemerkung:
Die Begriffe injektiv und surjektiv hängen, wie man sieht, entscheidend von
der Definitions- und Wertemenge einer Funktion ab.

Definition 3.7.2

Für eine bijektive Funktion f mit f : $\mathbb{D} \longrightarrow \mathbb{B}$ heißt $f^{-1} : \mathbb{B} \longrightarrow \mathbb{D}$ die Umkehrfunktion *von f oder die zu f* inverse Funktion, *falls*

$$x = f^{-1}(y) \iff y = f(x)$$

für alle $x \in \mathbb{D}$ und für alle $y \in \mathbb{B}$ gilt.

Bemerkung:

Das Schaubild der Umkehrfunktion f^{-1} von f erhält man durch Spiegelung der Funktion f an der 1. Winkelhalbierenden.

Beispiel 3.7.2

1.) Gegeben sei die Normalparabel $f(x) = x^2$ mit $\mathbb{D} = \mathbb{B} = [0, \infty)$. Diese Funktion besitzt eine inverse Funktion, denn zu zwei verschiedenen Werten $x_1 \neq x_2$ aus der Definitionsmenge gibt es auch stets zwei verschiedene Funktionswerte $f(x_1) \neq f(x_2)$. Desweiteren existiert für jede Zahl y des Wertebereichs $\mathbb{R}$ ein Urbild x (Surjektivität).
Die Umkehrfunktion ist dann gegeben durch:
$f^{-1} : x^2 \longmapsto y$ mit $x^2 \in [0, \infty)$.

Abbildung 3.6.1

$f(x) = x^2$ mit $\mathbb{D} = \mathbb{B} = \{x \mid x \geq 0\} \implies f^{-1}(x) = \sqrt{x}$.

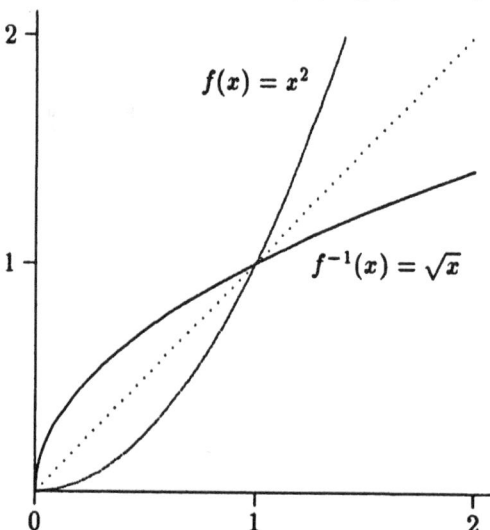

Konkret wird die Umkehrfunktion wie folgt berechnet:

Man setzt $y = x^2$ und löst diese Gleichung nach x auf. Dann ist $x = \pm\sqrt{y}$. Da $\mathbb{D} = [0, \infty)$, muß $x = \sqrt{y}$ gelten.

Zum Schluß führt man einen Variablentausch durch (Vertauschen von x mit y) und erhält dann die Umkehrfunktion $f^{-1}(x) = \sqrt{x}$.

2.) Gegeben sei die Normalparabel $f(x) = x^2$ mit $\mathbb{D} = \mathbb{R}$ und $\mathbb{B} = [0, \infty)$. Diese Funktion besitzt keine Umkehrfunktion, denn für $x_1 = -2$, $x_2 = 2 \in \mathbb{D}$ $(x_1 \neq x_2)$ gilt: $f(x_1) = f(-2) = 4 = f(2) = f(x_2)$. Diese Funktion ist nicht injektiv und somit auch nicht bijektiv.

Satz 3.7.1

Jede auf einem Intervall $\mathbb{D}$ streng monotone Funktion $f : \mathbb{D} \longrightarrow \mathbb{B}$ besitzt eine Umkehrfunktion $f^{-1} : \mathbb{B} \longrightarrow \mathbb{D}$.

Einige grundlegende Eigenschaften von Umkehrfunktionen werden im folgenden kurz dargestellt.

Sind $f : \mathbb{D}_f \longrightarrow \mathbb{B}_f$ und $g : \mathbb{D}_g \longrightarrow \mathbb{B}_g$ bijektiv, dann gilt:

1.) Die Umkehrfunktionen f^{-1} und g^{-1} existieren und sind ebenfalls bijektiv.

2.) Die Umkehrabbildung der Verkettung $(f \circ g)^{-1}$ existiert und es gilt: $(f \circ g)^{-1} = g^{-1} \circ f^{-1}$.

3.) $f^{-1}(f(x)) = x$ für alle $x \in \mathbb{D}_f$ und $f(f^{-1}(y)) = y$ für alle $y \in \mathbb{B}_f$.

4.) $(f^{-1})^{-1} = f$.

3.8 Elementare Funktionen und ihre Schaubilder

3.8.1 Rationale Funktionen

Eine Funktion f heißt **rational**, wenn man jeden ihrer Werte $y = f(x)$ aus dem Wert x des Definitionsbereichs und Konstanten durch alleinige Anwendung der vier Rechenoperationen Addition, Subtraktion, Multiplikation und

Division berechnen kann. Sie heißt eine **ganzrationale Funktion** oder ein **Polynom**, wenn man nur mithilfe der drei Rechenoperationen Addition, Subtraktion und Multiplikation auskommt. Rationale Funktionen, die nicht ganzrational sind, heißen **gebrochenrational**.

Beispiel 3.8.1

1.) $f(x) = 3x - 4$, $\quad g(x) = \dfrac{x}{12} = \dfrac{1}{12} \cdot x$ $\quad$ sind ganzrationale Funktionen.

2.) $f(x) = \dfrac{2x - 1}{x^3 + 2x - 1}$, $\quad g(x) = -\dfrac{3}{x^4 - 1}$ $\quad$ und $\quad h(x) = 3x^{-2} = \dfrac{3}{x^2}$
sind gebrochenrationale Funktionen.

Satz 3.8.1

1.) Jede ganzrationale Funktion $P_n(x)$ läßt sich als Polynom in x in der Form

$$P_n(x) = a_n x^n + a_{n-1} x^{n-1} + a_{n-2} x^{n-2} + \ldots + a_1 x + a_0$$

*darstellen, mit $n \in \mathbb{N} \cup \{0\}$ und $a_n \neq 0$ (für $n = 0$ sei $a_0 = 0$ zulässig). n heißt der **Grad** des Polynoms $P_n(x)$.*

2.) Jede gebrochenrationale Funktion $R(x)$ läßt sich als Quotient zweier Polynome $Z(x)$ und $N(x)$ ohne gemeinsamen Faktor (kein Kürzen mehr möglich) darstellen ($N(x) \neq 0$):

$$R(x) = \frac{Z(x)}{N(x)}.$$

*Der **Grad** einer gebrochenrationalen Funktion ist das Maximum vom Grad des Zählers $Z(x)$ und Grad des Nenners $N(x)$.*

Beispiel 3.8.2
Potenzfunktionen $f(x) = x^n$ mit $n \in \mathbb{N}$ sind ganzrationale Funktionen. Der maximale Definitionsbereich dieser Funktionen ist $\mathbb{D} = \mathbb{R}$.

Tabelle 3.8.1

Eigenschaften der Potenzfunktionen $f(x) = x^n$ mit $n \in \mathbb{N}$.

$n \in \mathbb{N}$	n gerade	n ungerade
$\mathbb{D}$	$\mathbb{R}$	$\mathbb{R}$
Wertemenge $\mathbb{B}$	$[0, \infty)$	$\mathbb{R}$
Monotonie	streng monoton fallend auf $(-\infty, 0]$, streng monoton wachsend auf $[0, \infty)$	streng monoton wachsend auf $\mathbb{R}$
Krümmung	streng konvex auf $\mathbb{R}$	streng konkav auf $(-\infty, 0]$, streng konvex auf $[0, \infty)$
Symmetrie	gerade Funktion, Punktsymmetrie zum Ursprung	ungerade Funktion, Achsensymmetrie zur y-Achse

1.) Die 1. Winkelhalbierende $f(x) = x$ mit $\mathbb{D} = \mathbb{B} = \mathbb{R}$ (vgl. Abbildung 3.0.2) ist eine ganzrationale Funktion ersten Grades. Diese Funktion ist punktsymmetrisch zum Ursprung und streng monoton wachsend.

2.) Die 2. Winkelhalbierende $f(x) = -x$ mit $\mathbb{D} = \mathbb{B} = \mathbb{R}$ (vgl. Abbildung 3.0.3) ist ebenfalls eine ganzrationale Funktion ersten Grades. Sie ist punktsymmetrisch zum Ursprung und streng monoton fallend.

3.) Die Normalparabel $f(x) = x^2$ mit $\mathbb{D} = \mathbb{R}$ und $\mathbb{D} = [0, \infty)$ (vgl. Abbildung 3.3.1) ist eine ganzrationale Funktion zweiten Grades. Sie ist achsensymmetrisch zur y-Achse und streng monoton fallend für alle $x \in (-\infty, 0]$ und streng wachsend für alle $x \in [0, \infty)$.

4.) Die kubische Funktion $f(x) = x^3$ mit $\mathbb{D} = \mathbb{B} = \mathbb{R}$ (vgl. Abbildung 3.3.2) ist eine ganzrationale Funktion dritten Grades. Diese Funktion ist punktsymmetrisch zum Ursprung und streng monoton wachsend.

Beispiel 3.8.3

Hyperbeln n-ter Ordnung $f(x) = \dfrac{1}{x^n}$ mit $n \in \mathbb{N}$

sind gebrochenrationale Funktionen. Diese Funktionen sind für $x = 0$ nicht definiert. Der größtmögliche Definitionsbereich dieser Funktionen ist somit $\mathbb{D} = \mathbb{R} \setminus \{0\}$.

Tabelle 3.8.2

Eigenschaften der Hyperbeln n-ter Ordnung $f(x) = \dfrac{1}{x^n}$ mit $n \in \mathbb{N}$.

$n \in \mathbb{N}$	n gerade	n ungerade
$\mathbb{D}$	$\mathbb{R} \setminus \{0\}$	$\mathbb{R} \setminus \{0\}$
Wertemenge $\mathbb{B}$	$(0, \infty)$	$\mathbb{R} \setminus \{0\}$
Monotonie	streng monoton wachsend auf $(-\infty, 0)$, streng monoton fallend auf $(0, \infty)$	streng monoton fallend auf $(-\infty, 0)$, streng monoton fallend auf $(0, \infty)$
Krümmung	streng konvex auf $(-\infty, 0)$, streng konvex auf $(0, \infty)$	streng konkav auf $(-\infty, 0)$, streng konvex auf $(0, \infty)$
Symmetrie	gerade Funktion, Punktsymmetrie zum Ursprung	ungerade Funktion, Achsensymmetrie zur y-Achse

1.) Die **Hyperbel erster Ordnung** $f(x) = \dfrac{1}{x}$ mit $\mathbb{D} = \mathbb{B} = \mathbb{R} \setminus \{0\}$ ist eine ungerade, gebrochenrationale Funktion ersten Grades.

2.) Die **Hyperbel zweiter Ordnung** $f(x) = \dfrac{1}{x^2}$ mit $\mathbb{D} = \mathbb{R} \setminus \{0\}$ und $\mathbb{B} = (0, \infty)$ ist eine gerade, gebrochenrationale Funktion zweiten Grades.

Abbildung 3.7.1

Hyperbel $f(x) = 1/x$.

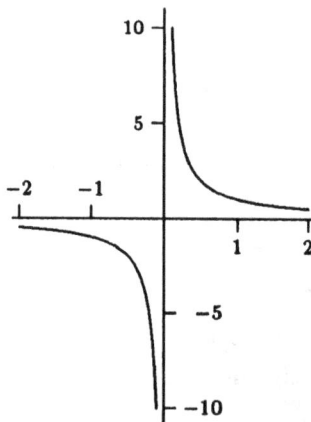

Abbildung 3.7.2

Hyperbel $f(x) = 1/x^2$.

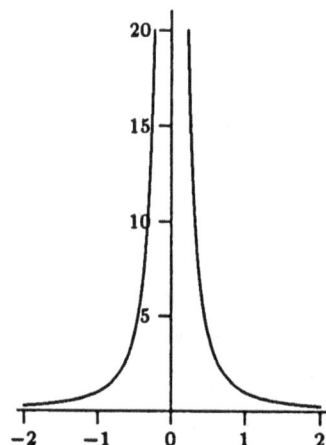

3.8.2 Exponential- und Logarithmusfunktionen

Exponentialfunktionen sind Funktionen, die zur Beschreibung von Wachstums- und Zerfallsprozessen Verwendung finden.

Definition 3.8.1
Eine Funktion des Typs $f(x) = \exp_b(x) = b^x$ *mit* $b \in (0, \infty) \setminus \{1\}$ *heißt*
Exponentialfunktion *zur Basis* b.
Wird als Basis die Eulersche Zahl e *zugrundegelegt, so spricht man von der*
natürlichen Exponentialfunktion $f(x) = \exp_e(x) = \exp(x) = e^x$.

Wichtige Eigenschaften der Exponentialfunktion b^x sind:

1.) Die Definitionsmenge ist $\mathbb{D} = \mathbb{R}$.

2.) Die Wertemenge ist $\mathbb{B} = (0, \infty)$, d. h. $b^x > 0$ für alle $x \in \mathbb{R}$.

3.) Für $b > 1$ sind diese Funktionen streng monoton wachsend und für $0 < b < 1$ streng monoton fallend.

4.) b^x ist für alle $b > 0$ streng konvex.

5.) Das Schaubild von $\exp_{1/b}(x) = \left(\dfrac{1}{b}\right)^x = b^{-x}$ ensteht durch Spiegelung von $\exp_b(x) = b^x$ an der y-Achse und umgekehrt.

6.) $b^0 = 1$.

7.) Es gilt die Funktionalgleichung: $b^{x_1} \cdot b^{x_2} = b^{x_1 + x_2}$.

Abbildung 3.7.3
Exponentialfunktion $f(x) = e^x$.

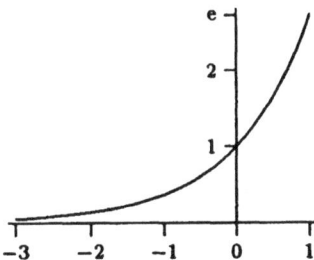

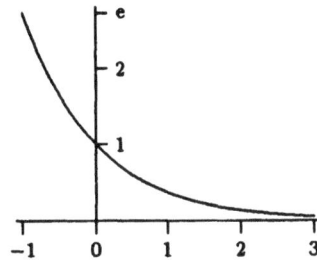

Abbildung 3.7.4
Exponentialfunktion $f(x) = e^{-x}$.

Die Exponentialfunktion b^x besitzt aufgrund der strengen Monotonie (vgl. Satz 3.7.1) eine Umkehrfunktion. Diese heißt **Logarithmusfunktion** zur

Basis b und wird mit $\log_b(x)$ bezeichnet.

Die Umkehrfunktion der natürlichen
Exponentialfunktion $\exp_e(x) = e^x$
wird als die **natürliche Logarith-**
musfunktion $\log_e(x) = \ln x$ bezeichnet.

Abbildung 3.7.5
Logarithmusfunktion
$f(x) = \ln x$

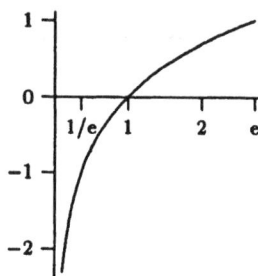

Die Logarithmusfunktion $\log_b(x)$ hat folgende Eigenschaften:

1.) Die Definitionsmenge ist $\mathbb{D} = (0, \infty)$.

2.) Die Wertemenge ist $\mathbb{B} = \mathbb{R}$.

3.) $\log_b(x)$ ist streng monoton wachsend auf $\mathbb{D} = (0, \infty)$.

4.) $\log_b(x)$ ist streng konkav auf $\mathbb{D} = (0, \infty)$.

5.) $\log_b(1) = 0$, $\log_b(b) = 1$.

6.) Es gelten die drei Logarithmengesetze:
$\log_b(u \cdot v) = \log_b(u) + \log_b(v)$,
$\log_b\left(\dfrac{u}{v}\right) = \log_b(u) - \log_b(v)$,
$\log_b(u^v) = v \cdot \log_b(u)$.

7.) $\log_b(\exp_b(x)) = x$ für alle $x \in \mathbb{R}$ und $\exp_b(\log_b(x)) = x$ für alle
$x \in (0, \infty)$.

Bemerkung:
Aufgaben zum Einüben der Rechenregeln für Exponential- und Logarithmusfunktionen findet man in „Band 1: Grundlagen" dieser Buchreihe.

3.8.3 Trigonometrische Funktionen

Die Definition der **trigonometrischen Funktionen** Sinus, Kosinus, Tangens und Kotangens (sin, cos, tan, cot) im rechtwinkligen Dreieck sind in Band 1 dieser Reihe zu finden und werden deshalb an dieser Stelle nicht wiederholt.

Abbildung 3.7.6
Trigonometrische Funktionen am Einheitskreis

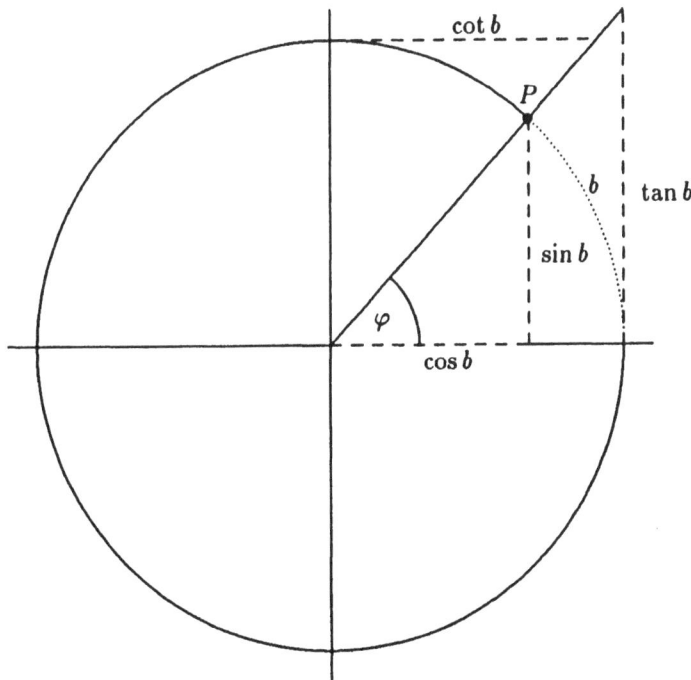

Der **Einheitskreis** (Kreis mit Radius 1, dessen Mittelpunkt der Ursprung ist) bietet eine weitere Möglichkeit, die trigonometrischen Funktionen einzuführen.

Im Einheitskreis ist die **Länge des Kreisbogens** b mit dem **Mittelpunktswinkel** φ (gemessen in Grad) durch die Formel

$$b = b(\varphi) = \pi \cdot \frac{\varphi}{180°}$$

gegeben. b nennt man auch das **Bogenmaß**. Ein negatives Bogenmaß erhält man, wenn ein Winkel φ im Uhrzeigersinn gemessen wird. Ein Bogenmaß $b > 2\pi$ erhält man für einen Winkel $\varphi > 360°$.

Sei $P(x, y)$ ein beliebiger Punkt auf dem Einheitskreis. Diesem wird das Bogenmaß b zugeordnet. Im kartesischen Koordinatensystem bezeichnen wir die Koordinaten des Punktes P mit $x = \cos b$ und $y = \sin b$.
Damit sind für jede reelle Zahl b die trigonometrischen Funktionen Sinus und Kosinus definiert.

Auf den nachfolgenden Seiten werden die wichtigsten Eigenschaften der trigonometrischen Funktionen zusammengetragen.

• **Sinus:** $f(x) = \sin x$

1.) Die Definitionsmenge ist $\mathbb{D} = \mathbb{R}$.

2.) Die Wertemenge ist $\mathbb{B} = [-1, 1]$.

3.) $\sin x$ ist streng monoton wachsend auf den Intervallen

$$\left[2k\pi - \frac{\pi}{2}, \, 2k\pi + \frac{\pi}{2}\right] \text{ mit } k \in \mathbb{Z}.$$

$\sin x$ ist streng monoton fallend auf den Intervallen

$$\left[(2k+1)\pi - \frac{\pi}{2}, \, (2k+1)\pi + \frac{\pi}{2}\right] \text{ mit } k \in \mathbb{Z}.$$

4.) $\sin x$ ist eine beschränkte Funktion, denn es gilt: $|\sin x| \le 1$.

5.) $\sin x$ ist streng konkav auf den abgeschlossenen Intervallen $[2k\pi, (2k+1)\pi]$ mit $k \in \mathbb{Z}$.
$\sin x$ ist streng konvex auf den abgeschlossenen Intervallen $[(2k-1)\pi, 2k\pi]$ mit $k \in \mathbb{Z}$.

6.) $\sin x$ ist eine ungerade Funktion, d.h. er ist symmetrisch zum Ursprung. Es gilt also: $\sin(-x) = -\sin x$.

7.) Die Menge der Nullstellen ist gegeben durch
$N = \{x \, | \, x = k\pi \text{ für alle } k \in \mathbb{Z}\}$,
denn $\sin(k\pi) = 0$ für alle $k \in \mathbb{Z}$.

8.) $\sin x$ ist eine 2π-periodische Funktion, denn es gilt:
$\sin(x + 2k\pi) = \sin x$ für alle $k \in \mathbb{Z}$.

Abbildung 3.7.7
Sinus $f(x) = \sin x$.

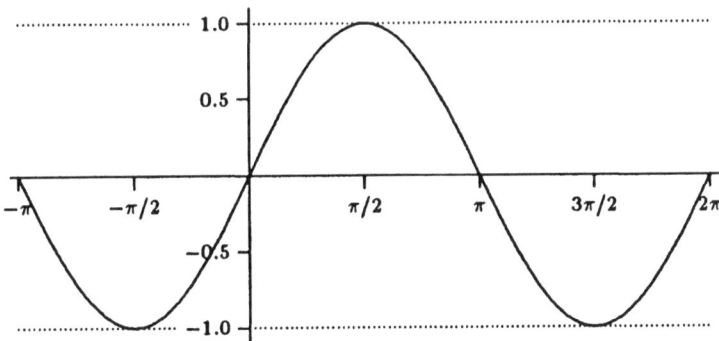

- **Kosinus:** $f(x) = \cos x$

  1.) Die Definitionsmenge ist $\mathbb{D} = \mathbb{R}$.

  2.) Die Wertemenge ist $\mathbb{B} = [-1, 1]$.

  3.) $\cos x$ ist streng monoton wachsend auf den Intervallen
  $[(2k-1)\pi, 2k\pi]$ mit $k \in \mathbb{Z}$.
  $\cos x$ ist streng monoton fallend auf den Intervallen
  $[2k\pi, (2k+1)\pi]$ mit $k \in \mathbb{Z}$.

  4.) $\cos x$ ist eine beschränkte Funktion, denn es gilt: $|\cos x| \leq 1$.

  5.) $\cos x$ ist streng konkav auf den abgeschlossenen Intervallen
  $$\left[2k\pi - \frac{\pi}{2}, (2k+1)\pi - \frac{\pi}{2}\right] \text{ mit } k \in \mathbb{Z}.$$

  $\cos x$ ist streng konvex auf den abgeschlossenen Intervallen
  $$\left[(2k-1)\pi - \frac{\pi}{2}\pi, 2k\pi - \frac{\pi}{2}\right] \text{ mit } k \in \mathbb{Z}.$$

  6.) $\cos x$ ist eine gerade Funktion, d.h. er ist symmetrisch zur y-Achse. Es gilt also: $\cos(-x) = \cos x$.

  7.) Die Menge der Nullstellen ist gegeben durch
  $$N = \left\{ x \mid x = \frac{\pi}{2} + k\pi \text{ für alle } k \in \mathbb{Z} \right\},$$

  denn $\cos\left(\frac{\pi}{2} + k\pi\right) = 0$ für alle $k \in \mathbb{Z}$.

  8.) $\cos x$ ist eine 2π-periodische Funktion, denn es gilt:
  $\cos(x + 2k\pi) = \cos x$ für alle $k \in \mathbb{Z}$.

Abbildung 3.7.8
Kosinus $f(x) = \cos x$.

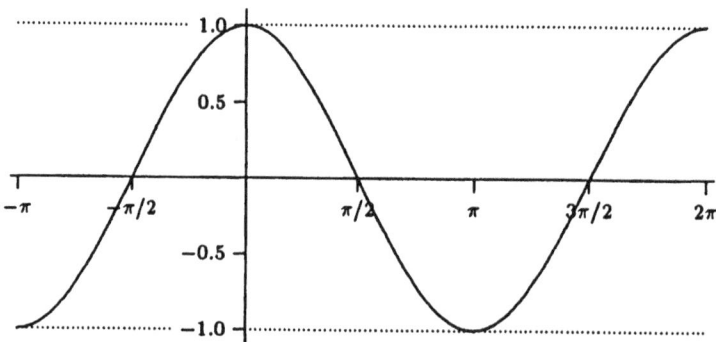

- **Tangens:** $f(x) = \tan x = \dfrac{\sin x}{\cos x}$

  1.) Die Definitionsmenge ist $\mathbb{D} = \mathbb{R} \setminus \left\{ x \mid x = \dfrac{\pi}{2} + k\pi, k \in \mathbb{Z} \right\}$.

  2.) Die Wertemenge ist $\mathbb{B} = \mathbb{R}$.

  3.) $\tan x$ ist eine streng monoton wachsende Funktion auf den

  offenen Intervallen $\left(\dfrac{2k-1}{2} \cdot \pi, \dfrac{2k+1}{2} \cdot \pi \right)$ mit $k \in \mathbb{Z}$.

  4.) $\tan x$ ist nicht beschränkt.

  5.) $\tan x$ ist streng konkav auf den Intervallen

  $\left(k\pi - \dfrac{\pi}{2}, k\pi \right]$ mit $k \in \mathbb{Z}$.

  $\tan x$ ist streng konvex auf den Intervallen

  $\left[k\pi, k\pi + \dfrac{\pi}{2} \right)$ mit $k \in \mathbb{Z}$.

  6.) $\tan x$ ist eine ungerade Funktion, d.h. er ist symmetrisch zum Ursprung. Es gilt also: $\tan(-x) = -\tan x$.

  7.) Die Menge der Nullstellen ist gegeben durch
  $N = \{x \mid x = k\pi \text{ für alle } k \in \mathbb{Z}\}$,
  denn $\tan(k\pi) = 0$ für alle $k \in \mathbb{Z}$.

  8.) $\tan x$ ist eine π-periodische Funktion, denn es gilt:
  $\tan(x + k\pi) = \tan x$ für alle $k \in \mathbb{Z}$ und für alle $x \in \mathbb{D}$.

Abbildung 3.7.9

Tangens $f(x) = \tan x$.

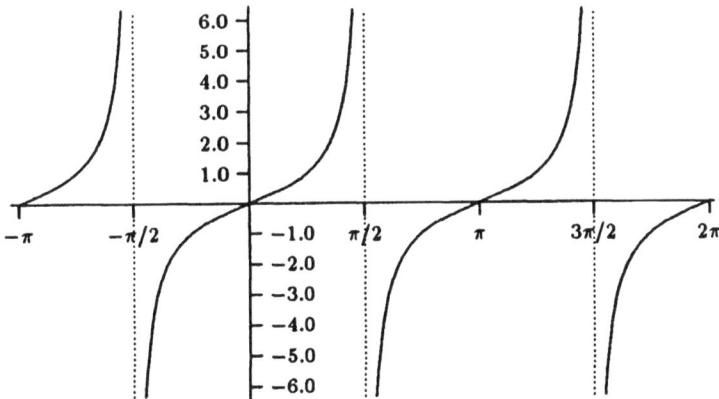

- Kotangens: $f(x) = \cot x = \dfrac{\cos x}{\sin x} = \dfrac{1}{\tan x}$

    1.) Die Definitionsmenge ist $\mathbb{D} = \mathbb{R} \setminus \{x \mid x = k\pi, \, k \in \mathbb{Z}\}$.

    2.) Die Wertemenge ist $\mathbb{B} = \mathbb{R}$.

    3.) $\cot x$ ist eine streng monoton fallende Funktion auf den offenen Intervallen $(k \cdot \pi, \, (k+1) \cdot \pi)$ mit $k \in \mathbb{Z}$.

    4.) $\cot x$ ist nicht beschränkt.

    5.) $\cot x$ ist streng konkav auf den Intervallen

    $\left[k\pi - \dfrac{\pi}{2}, \, k\pi \right)$ mit $k \in \mathbb{Z}$.

    $\cot x$ ist streng konvex auf den Intervallen

    $\left(k\pi, \, k\pi + \dfrac{\pi}{2} \right]$ mit $k \in \mathbb{Z}$.

    6.) $\cot x$ ist eine ungerade Funktion, d. h. er ist symmetrisch zum Ursprung. Es gilt also: $\cot(-x) = -\cot x$.

    7.) Die Menge der Nullstellen ist gegeben durch

    $N = \left\{ x \mid x = \dfrac{\pi}{2} + k\pi \text{ für alle } k \in \mathbb{Z} \right\}$,

    denn $\cot\left(\dfrac{\pi}{2} + k\pi \right) = 0$ für alle $k \in \mathbb{Z}$.

    8.) $\cot x$ ist eine π-periodische Funktion, denn es gilt:
    $\cot(x + k\pi) = \cot x$ für alle $k \in \mathbb{Z}$ und für alle $x \in \mathbb{D}$.

Abbildung 3.7.10

Kotangens $f(x) = \cot x$.

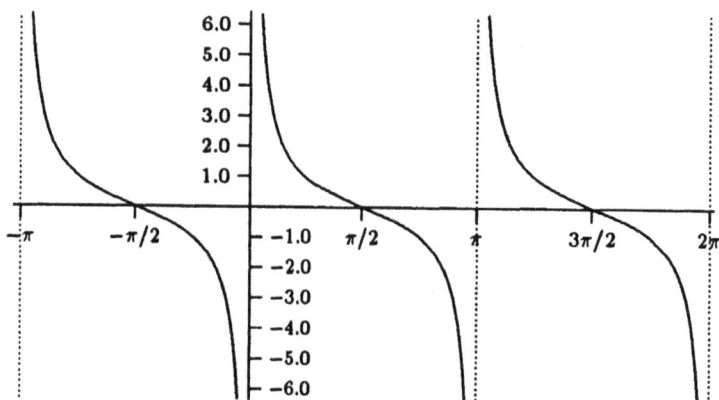

Weitere wichtige Eigenschaften dieser Funktionen sind:

- $\sin x = \cos\left(x - \dfrac{\pi}{2}\right)$ für alle $x \in \mathbb{R}$.

  $\cos x = \sin\left(x + \dfrac{\pi}{2}\right)$ für alle $x \in \mathbb{R}$.

  $\tan x = \cot\left(\dfrac{\pi}{2} - x\right)$ für alle $x \in \mathbb{R} \setminus \left\{x \ \middle| \ x = \dfrac{\pi}{2} + k\pi,\ k \in \mathbb{Z}\right\}$.

- Nach dem **Satz des Pythagoras** gilt für alle $x \in \mathbb{R}$
  (Pythagoras von Samos, um 570-497/96 v. Chr.):

  $\sin^2 x + \cos^2 x = 1$.

- **Additionstheoreme:** Für alle $x_1,\ x_2 \in \mathbb{R}$ gilt:

  $\sin(x_1 \pm x_2) = \sin(x_1) \cdot \cos(x_2) \pm \cos(x_1) \cdot \sin(x_2)$.

  $\cos(x_1 \pm x_2) = \cos(x_1) \cdot \cos(x_2) \mp \sin(x_1) \cdot \sin(x_2)$.

  $\tan(x_1 \pm x_2) = \dfrac{\tan(x_1) \pm \tan(x_2)}{1 \mp \tan(x_1) \cdot \tan(x_2)}$.

  $\cot(x_1 \pm x_2) = \dfrac{\cot(x_1) \cdot \cot(x_2) \mp 1}{\cot(x_2) \pm \cot(x_1)}$.

- **Summen und Differenzen:** Für alle $x_1,\ x_2 \in \mathbb{R}$ gilt:

  $\sin(x_1) + \sin(x_2) = 2 \cdot \sin\left(\dfrac{x_1 + x_2}{2}\right) \cdot \cos\left(\dfrac{x_1 - x_2}{2}\right)$.

  $\sin(x_1) - \sin(x_2) = 2 \cdot \cos\left(\dfrac{x_1 + x_2}{2}\right) \cdot \sin\left(\dfrac{x_1 - x_2}{2}\right)$.

  $\cos(x_1) + \cos(x_2) = 2 \cdot \cos\left(\dfrac{x_1 + x_2}{2}\right) \cdot \cos\left(\dfrac{x_1 - x_2}{2}\right)$.

  $\cos(x_1) - \cos(x_2) = -2 \cdot \sin\left(\dfrac{x_1 + x_2}{2}\right) \cdot \sin\left(\dfrac{x_1 - x_2}{2}\right)$.

  $\tan(x_1) \pm \tan(x_2) = \dfrac{\sin(x_1 \pm x_2)}{\cos(x_1) \cdot \cos(x_2)}$.

  $\cot(x_1) \pm \cot(x_2) = \pm\left(\dfrac{\sin(x_1 \pm x_2)}{\sin(x_1) \cdot \sin(x_2)}\right)$.

3.8.4 Arkusfunktionen

Die Umkehrfunktionen der trigonometrischen Funktionen werden als **Arkusfunktionen** oder auch **zyklometrische Funktionen** bezeichnet. Diese inversen Funktionen existieren nur auf Intervallen, auf denen die trigonometrischen Funktionen streng monoton sind.

Definition 3.8.2
Es sei $k \in \mathbf{Z}$.

1.) Die zum Intervall $\left[\dfrac{2k-1}{2} \cdot \pi, \dfrac{2k+1}{2} \cdot \pi \right]$ gehörende Umkehrfunktion von $\sin x$ heißt **Arkussinus** *und wird mit* $\arcsin x$ *bezeichnet.*

2.) Die zum Intervall $[k \cdot \pi, (k+1) \cdot \pi]$ gehörende Umkehrfunktion von $\cos x$ heißt **Arkuskosinus** *und wird mit* $\arccos x$ *bezeichnet.*

3.) Die zum Intervall $\left(\dfrac{2k-1}{2} \cdot \pi, \dfrac{2k+1}{2} \cdot \pi \right)$ gehörende Umkehrfunktion von $\tan x$ heißt **Arkustangens** *und wird mit* $\arctan x$ *bezeichnet.*

4.) Die zum Intervall $(k \cdot \pi, (k+1) \cdot \pi)$ gehörende Umkehrfunktion von $\cot x$ heißt **Arkuskotangens** *und wird mit* $\operatorname{arccot} x$ *bezeichnet.*

Bemerkung:
$y = \arcsin x$ ist die Größe des Winkels im Bogenmaß, dessen Sinus den Wert x besitzt.

Im allgemeinen verwendet man die Arkusfunktionen, die sich ergeben, wenn man in den Intervallen $k = 0$ setzt. Im folgenden werden für $k = 0$ elementare Eigenschaften der Arkusfunktionen zusammengetragen (vgl. hierzu die Abbildungen 3.7.11 bis 3.7.14):

Abbildung 3.7.11

Arkussinus $f(x) = \arcsin x$.

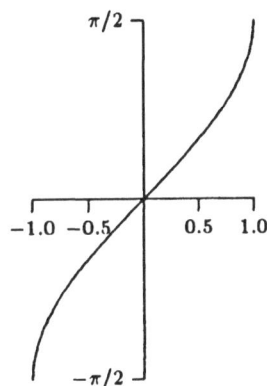

Abbildung 3.7.12

Arkuskosinus $f(x) = \arccos x$.

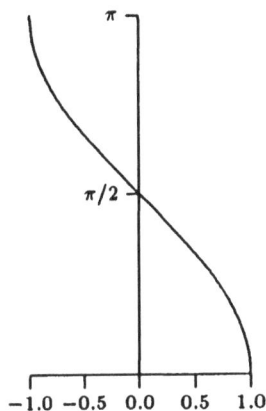

Abbildung 3.7.13

Arkustangens $f(x) = \arctan x$.

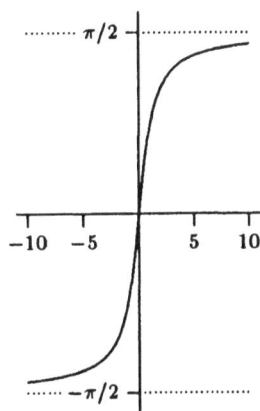

Abbildung 3.7.14

Arkuskotangens $f(x) = \mathrm{arccot} x$.

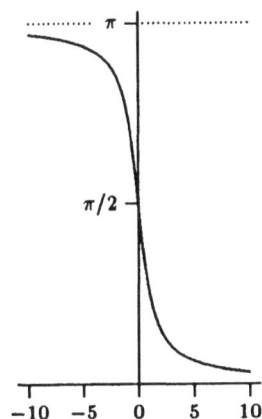

- **Arkussinus:** $f(x) = \arcsin x$

  1.) Die Definitionsmenge ist $[-1, 1]$.

  2.) Die Wertemenge ist $\mathbb{B} = \left[-\dfrac{\pi}{2}, \dfrac{\pi}{2}\right]$.

  3.) $\arcsin x$ ist streng monoton wachsend auf $[-1, 1]$.

  4.) $\arcsin x$ ist eine beschränkte Funktion. Es gilt: $|\arcsin x| \leq \dfrac{\pi}{2}$.

  5.) $\arcsin x$ ist streng konkav auf dem abgeschlossenen Intervall $[-1, 0]$ und streng konvex auf dem abgeschlossenen Intervall $[0, 1]$.

  6.) $\arcsin x$ ist eine ungerade Funktion, d.h. er ist symmetrisch zum Ursprung. Es gilt also: $\arcsin(-x) = -\arcsin x$.

7.) Die Nullstelle von arcsin x ist $x = 0$.

- **Arkuskosinus:** $f(x) = \arccos x$

    1.) Die Definitionsmenge ist $[-1, 1]$.

    2.) Die Wertemenge ist $\mathbb{B} = [0, \pi]$.

    3.) arccos x ist streng monoton fallend auf $[-1, 1]$.

    4.) arccos x ist eine beschränkte Funktion, denn es gilt:
        $0 \leq \arccos x \leq \pi$.

    5.) arccos x ist streng konvex auf dem abgeschlossenen Intervall
        $[-1, 0]$ und streng konkav auf dem abgeschlossenen Intervall $[0, 1]$.

    6.) Die Nullstelle von arccos x ist $x = 1$.

- **Arkustangens:** $f(x) = \arctan x$

    1.) Die Definitionsmenge ist $\mathbb{R}$.

    2.) Die Wertemenge ist $\mathbb{B} = \left(-\dfrac{\pi}{2}, \dfrac{\pi}{2}\right)$.

    3.) arctan x ist streng monoton wachsend auf $\mathbb{R}$.

    4.) arctan x ist eine beschränkte Funktion, denn es gilt:
        $|\arctan x| < \dfrac{\pi}{2}$.

    5.) arctan x ist streng konvex auf dem Intervall $(-\infty, 0]$ und streng
        konkav auf dem Intervall $[0, \infty)$.

    6.) arctan x ist eine ungerade Funktion, d. h. er ist symmetrisch zum
        Ursprung. Es gilt also: $\arctan(-x) = -\arctan x$.

    7.) Die Nullstelle von arctan x ist $x = 0$.

- **Arkuskotangens:** $f(x) = \text{arccot } x$

    1.) Die Definitionsmenge ist $\mathbb{R}$.

    2.) Die Wertemenge ist $\mathbb{B} = (0, \pi)$.

    3.) arccot x ist streng monoton fallend auf $\mathbb{R}$.

    4.) arccot x ist eine beschränkte Funktion, denn es gilt:
        $0 < \text{arccot } x < \pi$.

    5.) arccot x ist streng konkav auf dem Intervall $(-\infty, 0]$ und streng
        konvex auf dem Intervall $[0, \infty)$.

3.8.5 Hyperbolische Funktionen und deren Umkehrfunktionen

Definition 3.8.3
Die hyperbolischen Funktionen *werden durch folgende Funktionsgleichungen definiert:*

1.) **Hyperbelsinus (Sinus hyperbolicus):**

$$\sinh x = \frac{e^x - e^{-x}}{2},$$

2.) **Hyperbelkosinus (Cosinus hyperbolicus):**

$$\cosh x = \frac{e^x + e^{-x}}{2},$$

3.) **Hyperbeltangens (Tangens hyperbolicus):**

$$\tanh x = \frac{e^x - e^{-x}}{e^x + e^{-x}},$$

4.) **Hyperbelkotangens (Cotangens hyperbolicus):**

$$\coth x = \frac{e^x + e^{-x}}{e^x - e^{-x}}.$$

Elementare Eigenschaften der hyperbolischen Funktionen sind:

- **Hyperbelsinus:** $f(x) = \sinh x$

    1.) Die Definitionsmenge ist $\mathbb{D} = \mathbb{R}$.

    2.) Die Wertemenge ist $\mathbb{B} = \mathbb{R}$.

    3.) $\sinh x$ ist streng monoton wachsend auf $\mathbb{R}$.

    4.) $\sinh x$ ist streng konkav auf dem Intervall $(-\infty, 0]$ und streng konvex auf dem Intervall $[0, \infty)$.

    5.) $\sinh x$ ist eine ungerade Funktion, d. h. er ist symmetrisch zum Ursprung. Es gilt also: $\sinh(-x) = -\sinh x$.

    7.) Die Nullstelle von $\sinh x$ ist $x = 0$.

- **Hyperbelkosinus:** $f(x) = \cosh x$

    1.) Die Definitionsmenge ist $\mathbb{D} = \mathbb{R}$.

    2.) Die Wertemenge ist $\mathbb{B} = [1, \infty)$.

3.) $\cosh x$ ist streng monoton fallend auf dem Intervall $(-\infty, 0]$ und streng monoton wachsend auf dem Intervall $[0, \infty)$.

4.) $\cosh x$ ist nach unten beschränkt durch 1, d.h. $\cosh x \geq 1$.

5.) $\cosh x$ ist streng konvex auf $\mathbb{R}$.

6.) $\cosh x$ ist eine gerade Funktion, d.h. er ist symmetrisch zur y-Achse. Es gilt also: $\cosh(-x) = \cosh x$.

- **Hyperbeltangens:** $f(x) = \tanh x = \dfrac{\sinh x}{\cosh x}$.

    1.) Die Definitionsmenge ist $\mathbb{D} = \mathbb{R}$.

    2.) Die Wertemenge ist $\mathbb{B} = (-1, 1)$.

    3.) $\tanh x$ ist streng monoton wachsend auf $\mathbb{R}$.

    4.) $\tanh x$ ist beschränkt, denn es gilt: $|\tanh x| < 1$.

    5.) $\tanh x$ ist streng konvex auf $(-\infty, 0]$ und streng konkav auf $[0, \infty)$.

    6.) $\tanh x$ ist eine ungerade Funktion, d.h. er ist symmetrisch zum Ursprung. Es gilt also: $\tanh(-x) = -\tanh x$.

- **Hyperbelkotangens:** $f(x) = \coth x = \dfrac{\cosh x}{\sinh x} = \dfrac{1}{\tan x}$.

    1.) Die Definitionsmenge ist $\mathbb{D} = \mathbb{R} \setminus \{0\}$.

    2.) Die Wertemenge ist $\mathbb{B} = \mathbb{R} \setminus [-1, 1]$.

    3.) $\coth x$ ist streng monoton fallend auf den offenen Intervallen $(-\infty, 0)$ und $(0, \infty)$.

    4.) $\coth x$ ist streng konkav auf $(-\infty, 0)$ und streng konvex auf $(0, \infty)$.

    5.) $\coth x$ ist eine ungerade Funktion, d.h. er ist symmetrisch zum Ursprung. Es gilt also: $\coth(-x) = -\coth x$.

Abbildung 3.7.15
Hyperbelsinus $f(x) = \sinh x$.
(Sinus hyperbolicus)

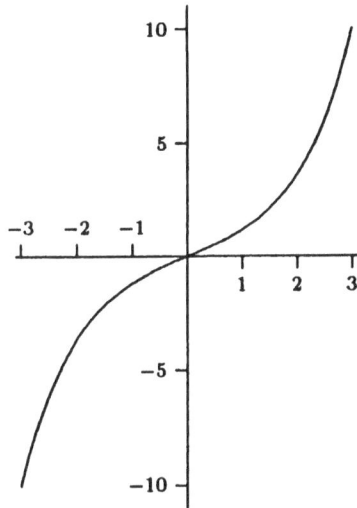

Abbildung 3.7.16
Hyperbelkosinus $f(x) = \cosh x$.
(Cosinus hyperbolicus)

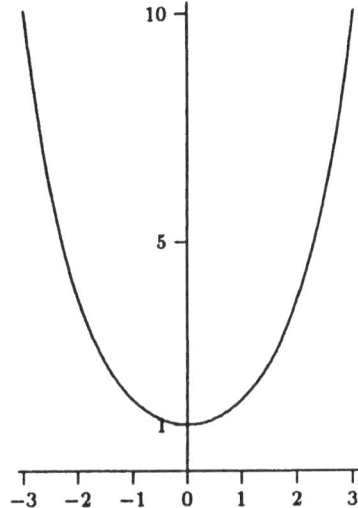

Abbildung 3.7.17
Hyperbeltangens $f(x) = \tanh x$.
(Tangens hyperbolicus)

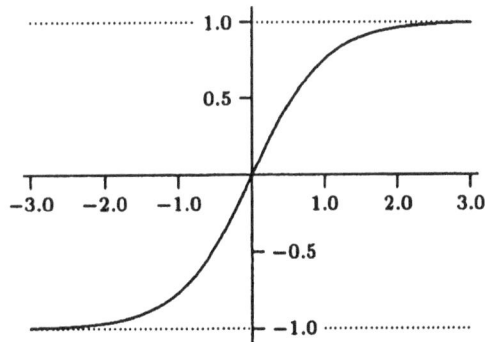

Abbildung 3.7.18
Hyperbelkotangens $f(x) = \coth x$.
(Cotangens hyperbolicus)

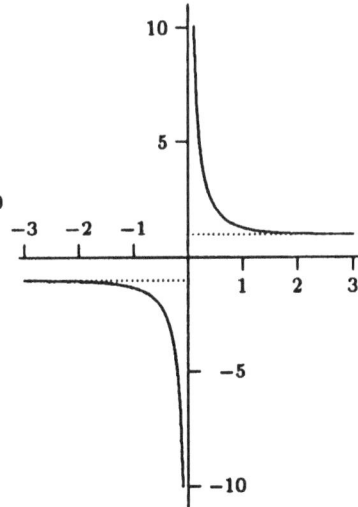

Weitere wichtige Eigenschaften dieser Funktionen sind:

- $\cosh^2 x - \sinh^2 x = 1$.

- **Additionstheoreme:** Für alle x_1, $x_2 \in \mathbb{R}$ gilt:

$$\sinh(x_1 \pm x_2) = \sinh(x_1) \cdot \cosh(x_2) \pm \cosh(x_1) \cdot \sinh(x_2).$$

$$\cosh(x_1 \pm x_2) = \cosh(x_1) \cdot \cosh(x_2) \pm \sinh(x_1) \cdot \sinh(x_2).$$

$$\tanh(x_1 \pm x_2) = \frac{\tanh(x_1) \pm \tanh(x_2)}{1 \pm \tanh(x_1) \cdot \tanh(x_2)}.$$

$$\coth(x_1 \pm x_2) = \frac{1 \pm \coth(x_1) \cdot \coth(x_2)}{\coth(x_1) \pm \coth(x_2)}.$$

- **Summen und Differenzen:** Für alle x_1, $x_2 \in \mathbb{R}$ gilt:

$$\sinh(x_1) \pm \sinh(x_2) = 2 \cdot \sinh\left(\frac{x_1 \pm x_2}{2}\right) \cdot \cosh\left(\frac{x_1 \mp x_2}{2}\right).$$

$$\cosh(x_1) + \cosh(x_2) = 2 \cdot \cosh\left(\frac{x_1 + x_2}{2}\right) \cdot \cosh\left(\frac{x_1 - x_2}{2}\right).$$

$$\cosh(x_1) - \cosh(x_2) = 2 \cdot \sinh\left(\frac{x_1 + x_2}{2}\right) \cdot \sinh\left(\frac{x_1 - x_2}{2}\right).$$

$$\tanh(x_1) \pm \tanh(x_2) = \frac{\sinh(x_1 \pm x_2)}{\cosh(x_1) \cdot \cosh(x_2)}.$$

- **Formel von de Moivre** (Abraham de Moivre, 1667-1754):
  Für alle $n \in \mathbb{N}$ gilt:
  $$(\cosh x \pm \sinh x)^n = \cosh(n \cdot x) \pm \sinh(n \cdot x).$$

Definition 3.8.4

Die zu den hyperbolischen Funktionen inversen Funktionen werden als Area-funktionen bezeichnet. Diese werden durch folgende Gleichungen erklärt:

1.) **Areasinus (Area sinus hyperbolicus):**
   $y = \text{arsinh}\, x$ *für* $x = \sinh y$;

2.) **Areakosinus (Area cosinus hyperbolicus):**
   $y = \text{arcosh}\, x$ *für* $x = \cosh y$;

3.) **Areatangens (Area tangens hyperbolicus):**
   $y = \text{artanh}\, x$ *für* $x = \tanh y$;

4.) **Areakotangens (Area cotangens hyperbolicus):**
$y = \operatorname{arcoth} x$ *für* $x = \coth y$.

Bemerkung:
$y = \cosh x$ ist auf dem Intervall $(-\infty, 0]$ streng monoton fallend und auf dem Intervall $[0, \infty)$ streng monoton wachsend. Man erhält somit für jedes dieser beiden Intervalle eine Umkehrfunktion (vgl. hierzu auch die Normalparabel).

Eine explizite Darstellung der inversen hyperbolischen Funktionen erhält man mithilfe der natürlichen Logarithmusfunktion.

- $\operatorname{arsinh} x = \ln\left(x + \sqrt{x^2 + 1}\right)$ für $x \in \mathbb{R}$.

- $\operatorname{arcosh} x = \begin{cases} \ln\left(x - \sqrt{x^2 - 1}\right) & \text{für } x \in (-\infty, 0], \\ \ln\left(x + \sqrt{x^2 - 1}\right) & \text{für } x \in [0, \infty). \end{cases}$

- $\operatorname{artanh} x = \ln\left(\sqrt{\dfrac{1+x}{1-x}}\right)$ für $|x| < 1$.

- $\operatorname{arcoth} x = \ln\left(\sqrt{\dfrac{x+1}{x-1}}\right)$ für $|x| > 1$.

3.9   Aufgaben zu Kapitel 3

Aufgabe 3.9.1
Untersuchen Sie die folgenden Funktionen auf Monotonie, Beschränktheit
und Symmetrie ($n \in \mathbb{N}$).

a) $f(x) = x^{2n}$,   b) $f(x) = x^{2n-1}$,   c) $f(x) = \sqrt{x}$,   d) $f(x) = e^x$.

Lösung:

a) Die Definitionsmenge von $f(x) = x^{2n}$ ist $\mathbb{R}$.

Monotonie:
Sind $x_1, x_2 \in (0, \infty)$ mit $x_1 < x_2$, dann gilt:
$$\frac{f(x_1)}{f(x_2)} = \frac{x_1^{2n}}{x_2^{2n}} = \left(\frac{x_1}{x_2}\right)^{2n} < 1 \text{ für alle } n \in \mathbb{N},$$
d. h. $f(x_1) < f(x_2)$ und somit folgt: $f(x) = x^{2n}$ ist streng monoton
wachsend auf dem offenen Intervall $(0, \infty)$.
Sind x_1, x_2 **negativ**, d. h. $x_1, x_2 \in (-\infty, 0)$ mit $x_1 < x_2$, dann gilt für
alle $n \in \mathbb{N}$:
$$\frac{f(x_1)}{f(x_2)} = \frac{x_1^{2n}}{x_2^{2n}} = \left(\frac{x_1}{x_2}\right)^{2n} > 1, \text{ d. h. } f(x_1) > f(x_2) \text{ und somit gilt:}$$
$f(x) = x^{2n}$ ist streng monoton fallend auf dem offenen Intervall
$(-\infty, 0)$.

Bemerkung:
$f(x) = x^{2n}$ ist streng monoton wachsend auf dem halboffenen Intervall
$[0, \infty)$, denn: $f(0) = 0 < \left(x^2\right)^n = x^{2n}$ für alle $x > 0$.
$f(x) = x^{2n}$ ist streng monoton fallend auf dem halboffenen Intervall
$(-\infty, 0]$, denn: $f(0) = 0 < \left(x^2\right)^n = x^{2n}$ für alle $x < 0$.

Beschränktheit:
Es gilt: $f(x) = x^{2n} = \left(x^2\right)^n \geq 0$ für alle $x \in \mathbb{R}$. Somit ist f nach unten
durch Null beschränkt.
Annahme: f sei nach oben beschränkt, d. h. es existiere eine Konstante
$K_o > 0$ (da $x^{2n} \geq 0$ für alle $x \in \mathbb{R}$) mit $f(x) \leq K_o$ für alle $x \in \mathbb{R}$.
Wäre $f(x) = x^{2n} \leq K_o$, so müßte $|x| \leq \sqrt[2n]{K_o}$ für alle $x \in \mathbb{R}$ gel-
ten. Dies ist aber nicht richtig, da für x auch größere Werte als $\sqrt[2n]{K_o}$
zulässig sind, z. B. der Wert $\sqrt[2n]{K_o} + 1 \in \mathbb{R}$. Es folgt also, daß f nach
oben nicht beschränkt ist.

Bemerkung:

In diesem Teil ging die Monotonie der Wurzelfunktion mit ein.

Symmetrie:

$f(-x) = (-x)^{2n} = ((-x)^2)^n = (x^2)^n = x^{2n} = f(x).$

f ist eine zur y-Achse symmetrische Funktion.

b) Die Definitionsmenge von $f(x) = x^{2n-1}$ ist $\mathbb{R}$.

Monotonie:

Sind x_1, $x_2 \in (0, \infty)$ mit $x_1 < x_2$, dann gilt:

$$\frac{f(x_1)}{f(x_2)} = \frac{x_1^{2n-1}}{x_2^{2n-1}} = \left(\frac{x_1}{x_2}\right)^{2n-1} < 1 \text{ für alle } n \in \mathbb{N},$$

d. h. $f(x_1) < f(x_2)$ und somit folgt: $f(x) = x^{2n-1}$ ist streng monoton wachsend auf dem offenen Intervall $(0, \infty)$.

Sind x_1, x_2 negativ, d. h. x_1, $x_2 \in (-\infty, 0)$ mit $x_1 < x_2$ ($|x_1| > |x_2|$), dann gilt für alle $n \in \mathbb{N}$:

$$f(x_1) = x_1^{2n-1} = -|x_1|^{2n-1} < -|x_2|^{2n-1} = f(x_2).$$

$f(x) = x^{2n-1}$ ist also streng monoton wachsend auf dem offenen Intervall $(-\infty, 0)$.

$f(x) = x^{2n-1}$ ist sogar streng monoton wachsend auf dem halboffenen Intervall $[0, \infty)$, denn $f(0) = 0 < x^{2n-1}$ für alle $x > 0$. Somit ist $f(x) = x^{2n-1}$ streng monoton wachsend auf $\mathbb{R}$.

Beschränktheit:

Hier geht die Monotonie der Wurzelfunktion mit ein.

Annahme: f sei nach oben beschränkt, d. h. es existiere eine Konstante $K_o > 0$ (da $x^{2n-1} \geq 0$ für alle $x \in [0, \infty)$) mit $f(x) \leq K_o$ für alle $x \in [0, \infty)$. Wäre $f(x) = x^{2n-1} \leq K_o$, so müßte $x \leq \sqrt[2n-1]{K_o}$ für alle $x \in [0, \infty)$ sein. Dies ist aber nicht richtig, da für x auch größere Werte als $\sqrt[2n-1]{K_o}$ zulässig sind, z. B. der Wert $\sqrt[2n-1]{K_o} + 1 \in [0, \infty)$. Es folgt also, daß f nach oben nicht beschränkt ist.

Annahme: f sei nach unten beschränkt, d. h. es existiere eine Konstante $K_u < 0$ (da $x^{2n-1} \leq 0$ für alle $x \in (-\infty, 0]$) mit $f(x) \geq K_u$ für alle $x \in (-\infty, 0]$. Wäre $f(x) = x^{2n-1} \geq K_u$, so müßte $x \geq \sqrt[2n-1]{K_u}$ für alle $x \in (-\infty, 0]$ gelten. Dies ist aber nicht richtig, da für x auch kleinere Werte als $\sqrt[2n-1]{K_u}$ zulässig sind, z. B. der Wert $\sqrt[2n-1]{K_u} - 1 \in (-\infty, 0]$. Es folgt also, daß f nach unten nicht beschränkt ist.

Symmetrie:

$$f(-x) = (-x)^{2n-1} = -x^{2n-1} = -f(x).$$

f ist eine zum Ursprung symmetrische Funktion.

c) Die Definitionsmenge von $f(x) = \sqrt{x}$ ist $[0, \infty)$.

Monotonie:

Sind $x_1, x_2 \in (0, \infty)$ mit $x_1 < x_2$, dann gilt:

$$\frac{f(x_1)}{f(x_2)} = \frac{\sqrt{x_1}}{\sqrt{x_2}} = \sqrt{\frac{x_1}{x_2}} < 1, \text{ denn } \sqrt{x} < 1 \text{ für alle } x < 1.$$

Diese Behauptung folgt mithilfe der strengen Monotonie der Potenzfunktion x^2 auf dem halboffenen Intervall $[0, \infty)$. Denn nimmt man an, daß ein $x < 1$ existiert mit $\sqrt{x} \geq 1$, so muß gelten $(\sqrt{x})^2 \geq 1$. Also muß, aufgrund der strengen Monotonie von $g(x) = x^2$ auf diesem Bereich, ein $x < 1$ existieren mit $x \geq 1$. Dies ist unmöglich. Folglich ist mit diesem Widerspruchsbeweis gezeigt, daß für alle $x < 1$ gilt: $\sqrt{x} < 1$. Somit ist $f(x_1) < f(x_2)$, d.h. $f(x) = \sqrt{x}$ ist streng monoton wachsend auf dem halboffenen Intervall $[0, \infty)$.

Beschränktheit:

Es gilt: $f(x) = \sqrt{x} \geq 0$ für alle $x \in [0, \infty)$. Somit ist f nach unten durch Null beschränkt.

Annahme: f sei nach oben beschränkt, d.h. es existiere eine Konstante $K_o > 0$ (da $\sqrt{x} \geq 0$ für alle $x \in [0, \infty)$) mit $f(x) \leq K_o$ für alle $x \in [0, \infty)$. Wäre $f(x) = \sqrt{x} \leq K_o$, so müßte $0 \leq x \leq K_o^2$ für alle $x \in [0, \infty)$ gelten, da die Wurzelfunktion eine streng monoton wachsende Funktion ist. Dies ist aber nicht richtig, da für x auch größere Werte in $[0, \infty)$ zulässig sind als K_o^2, z.B. der Wert $K_o^2 + 1$. Es folgt also, daß f nach oben nicht beschränkt ist.

Symmetrie:

$f(-x) = \sqrt{-x}$ ist für $x \in (0, \infty)$ nicht definiert. Die Wurzelfunktion besitzt keine besondere Symmetrie.

d) Die Definitionsmenge von $f(x) = e^x$ ist $\mathbb{R}$.

Monotonie:

Sind $x_1, x_2 \in \mathbb{R}$ mit $x_1 < x_2$, dann gilt:

$$\frac{f(x_1)}{f(x_2)} = \frac{e^{x_1}}{e^{x_2}} = e^{(x_1 - x_2)} < 1, \text{ da } x_1 - x_2 < 0,$$

d.h. $f(x_1) < f(x_2)$ und somit folgt: $f(x) = e^x$ ist streng monoton wachsend auf $\mathbb{R}$.

Beschränktheit:
Es gilt: $f(x) = e^x > 0$ für alle $x \in \mathbb{R}$. Somit ist f nach unten durch Null beschränkt.

Annahme: f sei nach oben beschränkt, d. h. es existiere eine Konstante $K_o > 0$ (da $e^x > 0$ für alle $x \in \mathbb{R}$) mit $f(x) \leq K_o$ für alle $x \in \mathbb{R}$. Wäre $f(x) = e^x \leq K_o$, so müßte $x \leq \ln K_o$ für alle $x \in \mathbb{R}$ gelten, da die Logarithmusfunkion eine streng monoton wachsende Funktion ist. Dies ist aber nicht richtig, da für x auch größere Werte als $\ln K_o$ zulässig sind, z. B. der Wert $\ln K_o + 1 \in \mathbb{R}$. Es folgt also, daß f nach oben nicht beschränkt ist.

Symmetrie:
$$f(-x) = e^{-x} = \frac{1}{f(x)}.$$

Die natürliche Exponentialfunktion ist nicht symmetrisch zur y-Achse und auch nicht symmetrisch zum Ursprung.

Aufgabe 3.9.2
Untersuchen Sie die folgenden hyperbolischen Funktionen auf Symmetrie.

a) $f(x) = \sinh x$, b) $f(x) = \cosh x$, c) $f(x) = \tanh x$, d) $f(x) = \coth x$.

Lösung:

a) Da $\sinh x = \dfrac{e^x - e^{-x}}{2}$ gilt, folgt:

$$\sinh(-x) = \frac{e^{-x} - e^{-(-x)}}{2} = \frac{e^{-x} - e^x}{2} = -\frac{e^x - e^{-x}}{2} = -\sinh x.$$

b) Da $\cosh x = \dfrac{e^x + e^{-x}}{2}$ gilt, folgt:

$$\cosh(-x) = \frac{e^{-x} + e^{-(-x)}}{2} = \frac{e^{-x} + e^x}{2} = \frac{e^x + e^{-x}}{2} = \cosh x.$$

c) Da $\tanh x = \dfrac{\sinh x}{\cosh x}$ gilt, folgt mit Teil a) und b):

$$\tanh(-x) = \frac{\sinh(-x)}{\cosh(-x)} = \frac{-\sinh x}{\cosh x} = -\tanh x.$$

d) Da $\coth x = \dfrac{1}{\tanh x}$ gilt, folgt mit Teil c):

$$\coth(-x) = \frac{1}{\tanh(-x)} = -\frac{1}{\tanh x} = -\coth x.$$

Aufgabe 3.9.3

Gegeben sind die reellen Funktionen f und g. Geben Sie jeweils den größtmöglichen Definitionsbereich von f bzw. g an. Bestimmen Sie die zusammengesetzten Funktionen $f \circ g$ und $g \circ f$, sowie deren Definitionsmenge.

a) $f(x) = x$, $g(x) = x^2$,
b) $f(x) = \sqrt{x}$, $g(x) = x^2$,

c) $f(x) = \dfrac{1}{x}$, $g(x) = x^2 + 2x + 1$,
d) $f(x) = \dfrac{x}{x^2 - 1}$, $g(x) = 2x + 1$,

e) $f(x) = \sqrt{x}$, $g(x) = \ln x$,
f) $f(x) = \dfrac{\sqrt{x}}{\ln(x - 1)}$, $g(x) = 1$,

g) $f(x) = \sqrt[3]{x}$, $g(x) = \dfrac{1}{x^2}$,
h) $f(x) = e^x$, $g(x) = x^2$,

i) $f(x) = e^x$, $g(x) = \ln x$,
j) $f(x) = \cos x$, $g(x) = \cot x$,

k) $f(x) = \tan x$, $g(x) = \sin x$,
l) $f(x) = \arccos x$, $g(x) = \ln(x^2)$.

Lösung:

a) Die Definitionsmenge, sowohl von $f(x) = x$, als auch von $g(x) = x^2$, ist $\mathbb{D}_f = \mathbb{D}_g = \mathbb{R}$. Für die zusammengesetzten Funktionen gilt:

1.) $(f \circ g)(x) = f(g(x)) = (x^2) = x^2$ mit der Definitionsmenge $\mathbb{D}_{f \circ g} = \{x \in \mathbb{D}_g \mid g(x) \in \mathbb{D}_f\} = \{x \in \mathbb{R} \mid x^2 \in \mathbb{R}\} = \mathbb{R}$.

2.) $(g \circ f)(x) = g(f(x)) = (x)^2 = x^2$ mit der Definitionsmenge $\mathbb{D}_{g \circ f} = \{x \in \mathbb{D}_f \mid f(x) \in \mathbb{D}_g\} = \{x \in \mathbb{R} \mid x \in \mathbb{R}\} = \mathbb{R}$.

b) Die Definitionsmenge von $f(x) = \sqrt{x}$ ist $\mathbb{D}_f = [0, \infty)$ und die von $g(x) = x^2$ ist $\mathbb{D}_g = \mathbb{R}$. Für die Verkettungen dieser Funktionen gilt:

1.) $(f \circ g)(x) = f(g(x)) = \sqrt{g(x)} = \sqrt{x^2}$ mit der Definitionsmenge $\mathbb{D}_{f \circ g} = \{x \in \mathbb{D}_g \mid g(x) \in \mathbb{D}_f\} = \{x \in \mathbb{R} \mid x^2 \in [0, \infty)\} = \mathbb{R}$. Möchte man in diesem Fall die Wurzel auflösen, so gilt:

$$\sqrt{x^2} = \begin{cases} x & \text{für } x \geq 0 \\ -x & \text{für } x < 0. \end{cases}$$

Hier gilt also:

$(f \circ g)(x) = f(g(x)) = \sqrt{g(x)} = \sqrt{x^2} = |x|$ mit $\mathbb{D}_{f \circ g} = \mathbb{R}$.

2.) $(g \circ f)(x) = g(f(x)) = (f(x))^2 = (\sqrt{x})^2 = x$ mit der Definitionsmenge $\mathbb{D}_{g \circ f} = \{x \in \mathbb{D}_f \mid f(x) \in \mathbb{D}_g\}$ $= \{x \in [0, \infty) \mid \sqrt{x} \in \mathbb{R}\} = [0, \infty)$.

c) Die größtmögliche Definitionsmenge von $f(x) = \dfrac{1}{x}$ ist $\mathbb{D}_f = \mathbb{R} \setminus \{0\}$.

$g(x) = x^2 + 2x + 1$ ist dagegen auf ganz $\mathbb{D}_g = \mathbb{R}$ definiert.

1.) $(f \circ g)(x) = f(g(x)) = \dfrac{1}{g(x)} = \dfrac{1}{x^2 + 2x + 1}$

mit der Definitionsmenge $\mathbb{D}_{f \circ g} = \{x \in \mathbb{D}_g \mid g(x) \in \mathbb{D}_f\}$

$= \{x \in \mathbb{R} \mid x^2 + 2x + 1 \in \mathbb{R} \setminus \{0\}\}$, also muß $g(x)$ ungleich Null

sein. Die Nullstellen von g sind: $x_{1,2} = \dfrac{-2 \pm \sqrt{4 - 4}}{2} = -1$.

Somit ist $\mathbb{D}_{f \circ g} = \mathbb{R} \setminus \{-1\}$.

2.) $(g \circ f)(x) = g(f(x)) = (f(x))^2 + 2f(x) + 1 = \dfrac{1}{x^2} + \dfrac{2}{x} + 1$

mit der Definitionsmenge $\mathbb{D}_{g \circ f} = \{x \in \mathbb{D}_f \mid f(x) \in \mathbb{D}_g\}$

$= \left\{x \in \mathbb{R} \setminus \{0\} \,\middle|\, \dfrac{1}{x} \in \mathbb{R}\right\} = \mathbb{R} \setminus \{0\}.$

d) $\mathbb{D}_f = \mathbb{R} \setminus \{-1, 1\}$, da für $|x| = 1$ der Nenner Null wird; $\mathbb{D}_g = \mathbb{R}$.

1.) $(f \circ g)(x) = f(g(x)) = \dfrac{g(x)}{g^2(x) - 1} = \dfrac{2x + 1}{(2x + 1)^2 - 1}$

mit der Definitionsmenge $\mathbb{D}_{f \circ g} = \{x \in \mathbb{R} \mid 2x + 1 \in \mathbb{R} \setminus \{-1, 1\}\}$,

also muß $|g(x)| = |2x + 1|$ ungleich Eins sein.

$|g(x)| = |2x + 1| = 1$ für $x \in \{-1, 0\}$.

Somit ist $\mathbb{D}_{f \circ g} = \mathbb{R} \setminus \{-1, 0\}$.

2.) $(g \circ f)(x) = g(f(x)) = 2f(x) + 1 = \dfrac{2x}{x^2 - 1} + 1$

mit der Definitionsmenge

$\mathbb{D}_{g \circ f} = \left\{x \in \mathbb{R} \setminus \{-1, 1\} \,\middle|\, \dfrac{x}{x^2 - 1} \in \mathbb{R}\right\} = \mathbb{R} \setminus \{-1, 1\}.$

e) $\mathbb{D}_f = [0, \infty)$, $\mathbb{D}_g = (0, \infty)$.

1.) $(f \circ g)(x) = f(g(x)) = \sqrt{g(x)} = \sqrt{\ln x}$ mit der Definitionsmenge
$\mathbb{D}_{f \circ g} = \{x \in (0, \infty) \mid \ln x \in [0, \infty)\}$. $g(x) = \ln x \geq 0$ für $x \geq 1$.
Ist $x \geq 1$, so ist x auch im Intervall $(0, \infty)$ enthalten. Somit ist
die Definitionsmenge der Verkettung von f nach g gegeben durch:
$\mathbb{D}_{f \circ g} = [1, \infty)$.

2.) $(g \circ f)(x) = g(f(x)) = \ln\left(\sqrt{x}\right) = \dfrac{\ln x}{2}$ mit der Definitionsmenge
$\mathbb{D}_{g \circ f} = \{x \in [0, \infty) \mid \sqrt{x} \in (0, \infty)\} = (0, \infty).$

f) Zur Definitionsmenge von f:

Die Wurzelfunktion $\sqrt{x}$ ist auf $[0, \infty)$ definiert. Die Funktion $\ln(x-1)$ ist dagegen nur auf dem Intervall $(1, \infty)$ erklärt. $\ln(x-1) = 0$ muß ausgeschlossen werden, da die Division durch Null verboten ist. Die Definitionsmenge der Funktion f ist somit gegeben durch:

$$\mathbb{D}_f = \{[0, \infty) \cap (1, \infty)\} \setminus \{x \mid \ln(x-1) = 0\} = (1, \infty) \setminus \{2\}.$$

Die Definitionsmenge von $g(x) = 1$ ist $\mathbb{D}_g = \mathbb{R}$.

1.) $(f \circ g)(x) = f(g(x)) = \dfrac{\sqrt{1}}{\ln(1-1)} = \dfrac{1}{0}$ ist nicht definiert.

Diese Verkettung ist nicht möglich!

2.) $(g \circ f)(x) = g(f(x)) = 1$ mit der Definitionsmenge

$$\mathbb{D}_{g \circ f} = \left\{ x \in (1, \infty) \setminus \{2\} \ \middle| \ \frac{\sqrt{x}}{\ln(x-1)} \in \mathbb{R} \right\} = (1, \infty) \setminus \{2\}.$$

g) $\mathbb{D}_f = \mathbb{R}, \ \mathbb{D}_g = \mathbb{R} \setminus \{0\}$.

1.) $(f \circ g)(x) = f(g(x)) = \sqrt[3]{g(x)} = \sqrt[3]{\dfrac{1}{x^2}} = x^{-2/3}$ mit der

Definitionsmenge $\mathbb{D}_{f \circ g} = \left\{ x \in \mathbb{R} \setminus \{0\} \ \middle| \ \dfrac{1}{x^2} \in \mathbb{R} \right\} = \mathbb{R} \setminus \{0\}$.

2.) $(g \circ f)(x) = g(f(x)) = \dfrac{1}{f^2(x)} = \dfrac{1}{\left(\sqrt[3]{x}\right)^2} = x^{-2/3}$ mit der

Definitionsmenge $\mathbb{D}_{g \circ f} = \{x \in \mathbb{R} \mid \sqrt[3]{x} \in \mathbb{R} \setminus \{0\}\} = \mathbb{R} \setminus \{0\}$.

Hier gilt also: $(f \circ g)(x) = (g \circ f)(x)$ mit $\mathbb{D}_{f \circ g} = \mathbb{D}_{g \circ f} = \mathbb{R} \setminus \{0\}$.

h) Sowohl die natürliche Exponentialfunktion, als auch die Normalparabel sind auf ganz $\mathbb{R}$ definiert, d. h. $\mathbb{D}_f = \mathbb{D}_g = \mathbb{R}$.

1.) $(f \circ g)(x) = f(g(x)) = e^{g(x)} = e^{x^2}$

mit der Definitionsmenge $\mathbb{D}_{f \circ g} = \{x \in \mathbb{R} \mid x^2 \in \mathbb{R}\} = \mathbb{R}$.

2.) $(g \circ f)(x) = g(f(x)) = (e^x)^2 = e^{2x}$

mit der Definitionsmenge $\mathbb{D}_{g \circ f} = \{x \in \mathbb{R} \mid e^x \in \mathbb{R}\} = \mathbb{R}$.

i) $\mathbb{D}_f = \mathbb{R}, \ \mathbb{D}_g = (0, \infty)$.

1.) $(f \circ g)(x) = f(g(x)) = e^{g(x)} = e^{\ln x} = x$

mit der Definitionsmenge

$$\mathbb{D}_{f \circ g} = \{x \in (0, \infty) \mid \ln x \in \mathbb{R}\} = (0, \infty).$$

2.) $(g \circ f)(x) = g(f(x)) = \ln(f(x)) = \ln(e^x) = x$

mit der Definitionsmenge $\mathbb{D}_{g \circ f} = \{x \in \mathbb{R} \,|\, e^x \in (0, \infty)\} = \mathbb{R}$,
denn $e^x > 0$ für alle $x \in \mathbb{R}$.

j) $\cos x$ ist auf ganz $\mathbb{R}$ definiert.

$\cot x$ ist dagegen nur auf $\mathbb{D}_g = \mathbb{R} \setminus \{x \,|\, x = k\pi, \, k \in \mathbb{Z}\}$ erklärt.

1.) $(f \circ g)(x) = f(g(x)) = \cos(g(x)) = \cos(\cot x)$

mit der Definitionsmenge $\mathbb{D}_{f \circ g} = \{x \in \mathbb{D}_g \,|\, \cot x \in \mathbb{R}\} = \mathbb{D}_g$.

2.) $(g \circ f)(x) = g(f(x)) = \cot(f(x)) = \cot(\cos x)$

mit der Definitionsmenge $\mathbb{D}_{g \circ f} = \{x \in \mathbb{R} \,|\, \cos x \in \mathbb{D}_g\}$.
Zu untersuchen ist noch, für welche Werte $x \in \mathbb{R}$ gilt $f(x) \in \mathbb{D}_g$,
d. h. für welche Werte $x \in \mathbb{R}$ ist $\cos x = k\pi$ mit $k \in \mathbb{Z}$. Diese
Werte müssen ausgeschlossen werden.
Es gilt: $|\cos x| \leq 1$. Folglich ist $|\cos x| < k\pi$ für alle $k \in \mathbb{N}$. Die
Anforderung $f(x) = \cos x \in \mathbb{D}_g$ ist also äquivalent zu $\cos x \neq 0$
und dies gilt für alle $x \in \mathbb{R} \setminus \left\{\frac{\pi}{2} + k\pi, \, k \in \mathbb{Z}\right\}$.

Die Definitionsmenge ist demnach: $\mathbb{D}_{g \circ f} = \mathbb{R} \setminus \left\{\frac{\pi}{2} + k\pi, \, k \in \mathbb{Z}\right\}$.

k) $f(x) = \tan x$ ist auf $\mathbb{D}_f = \mathbb{R} \setminus \left\{x \,\Big|\, x = \frac{\pi}{2} + k\pi, \, k \in \mathbb{Z}\right\}$ definiert und
$g(x) = \sin x$ auf $\mathbb{D}_g = \mathbb{R}$.

1.) $(f \circ g)(x) = f(g(x)) = \tan(g(x)) = \tan(\sin x)$

mit der Definitionsmenge $\mathbb{D}_{f \circ g} = \{x \in \mathbb{R} \,|\, \sin x \in \mathbb{D}_f\}$.

Der Wertebereich von $g(x) = \sin x$ ist das abgeschlossene Intervall $\mathbb{B}_g = [-1, 1]$. Dieses Intervall ist in der Menge Menge $\mathbb{D}_f$
enthalten. Somit ist die Anforderung $g(x) = \sin x \in \mathbb{D}_f$ keine
weitere Einschränkung und es gilt: $\mathbb{D}_{f \circ g} = \mathbb{R}$.

2.) $(g \circ f)(x) = g(f(x)) = \sin(f(x)) = \sin(\tan x)$

mit der Definitionsmenge $\mathbb{D}_{g \circ f} = \{x \in \mathbb{D}_f \,|\, \tan x \in \mathbb{R}\} = \mathbb{D}_f$.

l) Der Definitionsbereich von $f(x) = \arccos x$ ist $\mathbb{D}_f = [-1, 1]$.
$g(x) = \ln(x^2)$ ist auf $\mathbb{D}_g = \mathbb{R} \setminus \{0\}$ erklärt.

1.) $(f \circ g)(x) = f(g(x)) = \arccos(g(x)) = \arccos\left(\ln(x^2)\right)$ mit der

Definitionsmenge $\mathbb{D}_{f \circ g} = \{x \in \mathbb{R} \setminus \{0\} \,|\, \ln(x^2) \in [-1, 1]\}$.

Zu untersuchen ist noch, für welche Werte $x \in \mathbb{R} \setminus \{0\}$ die Funktion $g(x) = \ln\left(x^2\right) \in [-1,1]$ ist. Es genügt die Funktion g für Werte $x > 0$ zu betrachten, da $g(-x) = g(x)$ gilt.

Sei $x > 0$. In diesem Bereich ist g streng monoton wachsend. Man muß also die beiden Ungleichungen $-1 \leq \ln\left(x^2\right) \leq 1$ lösen. Da sowohl die natürliche Exponentialfunktion, als auch die Wurzelfunktion eine streng monoton wachsende Funktion in $x > 0$ ist, folgt: $\sqrt{e^{-1}} \leq x \leq \sqrt{e}$.

Für $x < 0$ erhält man: $-\sqrt{e} \leq x \leq -\sqrt{e^{-1}}$.

Es ist also: $\mathbb{D}_{f \circ g} = \left[-\sqrt{e}, -\sqrt{e^{-1}}\right] \cup \left[\sqrt{e^{-1}}, \sqrt{e}\right]$.

2.) $(g \circ f)(x) = g(f(x)) = \ln\left(f^2(x)\right) = \ln\left(\arccos x\right)^2$ mit der Definitionsmenge $\mathbb{D}_{g \circ f} = \{x \in [-1,1] \,|\, \arccos x \in \mathbb{R} \setminus \{0\}\}$ $= [-1, 1)$, denn $f(1) = \arccos 1 = 0$.

Aufgabe 3.9.4

Berechnen Sie, falls existent, die Umkehrfunktionen zu den unten angegebenen Funktionen. Hierbei seien $a, b \in \mathbb{R}$, $a \neq 0$.

a) $f(x) = 2x - 1$,   b) $f(x) = ax + b$,   c) $f(x) = x^2 - 81$,

d) $f(x) = x^2 + x$,   e) $f(x) = x^2 + x - 2$,   f) $f(x) = \ln(x - 1)$,

g) $f(x) = e^{x+2}$,   h) $f(x) = 1$,   i) $x = 2$.

Hinweis:

1.) Die Funktion $f(x) = ax + b$ mit $a, b \in \mathbb{R}$, $a \neq 0$ ist auf $\mathbb{R}$ streng monoton wachsend für $a > 0$ und streng monoton fallend, für $a < 0$.

2.) Die Funktion $f(x) = ax^2 + bx + c$ mit $a, b, c \in \mathbb{R}$, $a \neq 0$ ist auf $\left[-\dfrac{b}{2a}, \infty\right)$ streng monoton wachsend für $a > 0$ und streng monoton fallend, für $a < 0$.

Sie ist auf $\left(-\infty, -\dfrac{b}{2a}\right]$ streng monoton fallend für $a > 0$ und streng monoton wachsend, für $a < 0$.

Lösung:

a) Die Funktion $f(x) = 2x - 1$ ist streng monoton wachsend auf $\mathbb{R}$ nach
   Hinweis 1.), d.h. die Umkehrfunktion f^{-1} existiert auf ganz $\mathbb{R}$, nach
   Satz 3.7.1. Der Wertebereich der Funktion f ist ebenfalls $\mathbb{R}$.
   Löst man die Gleichung $y = 2x - 1$ nach x auf, dann erhält man die
   Gleichung

   $$x = \frac{y + 1}{2}.$$

   Führt man den Variablentausch durch (Vertauschen von x mit y), so
   erhält man die Umkehrfunktion

   $$f^{-1}(x) = \frac{x + 1}{2}.$$

   Die Definitionsmenge der Umkehrfunktion ist gleich der Wertemenge
   der Funktion f, also $\mathbb{R}$.

b) Die Funktion $f(x) = ax + b$ ist streng monoton auf $\mathbb{R}$ für $a \neq 0$ nach
   Hinweis 1.), d.h. die Umkehrfunktion f^{-1} existiert auf ganz $\mathbb{R}$, nach
   Satz 3.7.1. Die Wertemenge der Funktion f ist ebenfalls $\mathbb{R}$.
   Löst man die Gleichung $y = ax + b$ nach x auf, dann erhält man die
   Gleichung

   $$x = \frac{y - b}{a}.$$

   Führt man den Variablentausch durch (Vertauschen von x mit y), so
   ergibt sich die Umkehrfunktion zu

   $$f^{-1}(x) = \frac{x - b}{a}.$$

   Die Definitionsmenge der Umkehrfunktion ist gleich der Wertemenge
   der Funktion f, also $\mathbb{R}$.

c) Auf ganz $\mathbb{R}$ existiert keine Umkehrfunktion der Funktion f, da diese Funktion auf $\mathbb{R}$ nicht streng monoton ist. $f(x) = x^2 - 81$ ist aber
   jeweils auf den beiden Intervallen $(-\infty, 0]$ und $[0, \infty)$ streng monoton
   (Hinweis 2.)), d.h. dort existiert die Umkehrfunktion nach Satz 3.7.1.

1. Fall: $x \geq 0$.

Die Funktion $f(x) = x^2 - 81$ ist streng monoton fallend auf $(-\infty, 0]$ nach Hinweis 2.). Nach Satz 3.7.1 existiert somit die Umkehrfunktion von f auf dem Intervall $(-\infty, 0]$. Die Wertemenge ist $[-81, \infty)$.

Löst man die Gleichung $f(x) = y = x^2 - 81$ nach x auf, so erhält man:

$$x_{1,2} = \pm\sqrt{y + 81}.$$

Da x im Intervall $(-\infty, 0]$ enthalten sein muß, gilt:

$$x = -\sqrt{y + 81}.$$

Vertauscht man nun formal x mit y, so erhält man die Umkehrfunktion

$$f^{-1}(x) = -\sqrt{x + 81}$$

mit der Definitionsmenge $[-81, \infty)$ und der Wertemenge $(-\infty, 0]$.

2. Fall: $x \leq 0$.

Die Funktion $f(x) = x^2 - 81$ ist streng monoton wachsend auf $[0, \infty)$ nach Hinweis 2.). Nach Satz 3.7.1 existiert somit die Umkehrfunktion von f auf dem Intervall $[0, \infty)$. Die Wertemenge ist $[-81, \infty)$.

Löst man die Gleichung $f(x) = y = x^2 - 81$ nach x auf, so erhält man:

$$x_{1,2} = \pm\sqrt{y + 81}.$$

Da x im Intervall $[0, \infty)$ enthalten sein muß, gilt:

$$x = \sqrt{y + 81}.$$

Vertauscht man nun formal x mit y, so erhält man die Umkehrfunktion

$$f^{-1}(x) = \sqrt{x + 81}$$

mit der Definitionsmenge $[-81, \infty)$ und der Wertemenge $[0, \infty)$.

d) Auf $\mathbb{R}$ existiert zu f keine Umkehrfunktion, da die Funktion $f(x) = x^2 + x$ nicht streng monoton auf $\mathbb{R}$ ist. Sie ist aber jeweils auf den Intervallen $(-\infty, -0.5]$ und $[-0.5, \infty)$ streng monoton (Hinweis 2.)), d. h. dort existiert die Umkehrfunktion nach Satz 3.7.1.

1. Fall: $x \leq -0.5$.

Die Funktion $f(x) = x^2 + x$ ist streng monoton fallend auf $(-\infty, -0.5]$ nach Hinweis 2.). Nach Satz 3.7.1 existiert somit die Umkehrfunktion von f auf dem Intervall $(-\infty, -0.5]$. Die Wertemenge ist $[-0.25, \infty)$. Löst man die Gleichung $y = x^2 + x$ nach x auf, so erhält man:

$$x_{1,2} = \frac{(-1) \pm \sqrt{1 + 4y}}{2}.$$

Da x im Intervall $(-\infty, -0.5]$ enthalten sein muß, gilt:

$$x = \frac{-1 - \sqrt{1 + 4y}}{2}.$$

Vertauscht man nun formal x mit y, so erhält man die Umkehrfunktion

$$f^{-1}(x) = \frac{-1 - \sqrt{1 + 4x}}{2}$$

mit der Definitionsmenge $[-0.25, \infty)$ und der Wertemenge $(-\infty, -0.5]$.

2. Fall: $x \geq -0.5$.

Die Funktion $f(x) = x^2 + x$ ist streng monoton wachsend auf $[-0.5, \infty)$ nach Hinweis 2.). Nach Satz 3.7.1 existiert somit die Umkehrfunktion von f auf dem Intervall $[-0.5, \infty)$. Die Wertemenge ist $[-0.25, \infty)$. Löst man die Gleichung $y = x^2 + x$ nach x auf, so erhält man:

$$x_{1,2} = \frac{(-1) \pm \sqrt{1 + 4y}}{2}.$$

Da x im Intervall $[-0.5, \infty)$ enthalten sein muß, gilt:

$$x = \frac{-1 + \sqrt{1 + 4y}}{2}.$$

Vertauscht man nun formal x mit y, so erhält man die Umkehrfunktion

$$f^{-1}(x) = \frac{-1 + \sqrt{1 + 4x}}{2}$$

mit der Definitionsmenge $[-0.25, \infty)$ und der Wertemenge $[-0.5, \infty)$.

e) Auf $\mathbb{R}$ existiert zu f keine Umkehrfunktion, da $f(x) = x^2 + x - 2$ nicht streng monoton auf $\mathbb{R}$ ist. Sie ist aber auf jedem der beiden Intervalle $(-\infty, -0.5]$ und $[-0.5, \infty)$ streng monoton (Hinweis 2.)), d. h. dort existiert die Umkehrfunktion nach Satz 3.7.1.

1. Fall: $x \leq -0.5$.

Die Funktion $f(x) = x^2 + x - 2$ ist streng monoton fallend auf $(-\infty, -0.5]$ nach Hinweis 2.). Nach Satz 3.7.1 existiert somit die Umkehrfunktion von f auf dem Intervall $(-\infty, -0.5]$. Die Wertemenge ist $[-2.25, \infty)$.

Löst man die Gleichung $y = x^2 + x - 2$ nach x auf, so erhält man:

$$x_{1,2} = \frac{(-1) \pm \sqrt{9 + 4y}}{2}.$$

Da x im Intervall $(-\infty, -0.5]$ enthalten sein muß, gilt:

$$x = \frac{-1 - \sqrt{9 + 4y}}{2}.$$

Vertauscht man nun formal x mit y, so erhält man die Umkehrfunktion

$$f^{-1}(x) = \frac{-1 - \sqrt{9 + 4x}}{2}$$

mit der Definitionsmenge $[-2.25, \infty)$ und der Wertemenge $(-\infty, -0.5]$.

2. Fall: $x \geq -0.5$.

Die Funktion $f(x) = x^2 + x - 2$ ist streng monoton wachsend auf $[-0.5, \infty)$ nach Hinweis 2.). Nach Satz 3.7.1 existiert somit die Umkehrfunktion von f auf dem Intervall $[-0.5, \infty)$. Die Wertemenge ist $[-2.25, \infty)$.

Löst man die Gleichung $y = x^2 + x - 2$ nach x auf, so erhält man:

$$x_{1,2} = \frac{(-1) \pm \sqrt{9 + 4y}}{2}.$$

Da $x \in [-0.5, \infty)$ enthalten sein muß, gilt:

$$x = \frac{-1 + \sqrt{9 + 4y}}{2}.$$

Vertauscht man nun formal x mit y, so erhält man die Umkehrfunktion

$$f^{-1}(x) = \frac{-1 + \sqrt{9 + 4x}}{2}$$

mit der Definitionsmenge $[-2.25, \infty)$ und der Wertemenge $[-0.5, \infty)$.

f) $f(x) = \ln(x - 1)$ ist streng monoton wachsend auf $(1, \infty)$. Nach Satz 3.7.1 existiert somit die inverse Funktion f^{-1} auf der Wertemenge von f, also auf $\mathbb{R}$.

Die Gleichung $y = \ln(x - 1)$ ist zur Bestimmung der Umkehrfunktion nach x aufzulösen. Es folgt $e^y = e^{\ln(x-1)} = x - 1$ und somit

$$x = e^y + 1.$$

Nach dem Variablentausch ist die Umkehrfunktion gegeben durch:

$$f^{-1}(x) = e^x + 1$$

mit $x \in \mathbb{R}$. Die Wertemenge ist demnach das offene Intervall $(1, \infty)$.

g) $f(x) = e^{x+2}$ ist streng monoton wachsend auf $\mathbb{R}$. Nach Satz 3.7.1 existiert somit die inverse Funktion f^{-1} auf der Wertemenge von f, also auf dem offenen Intervall $(0, \infty)$.

Die Gleichung $y = e^{x+2}$ ist zur Bestimmung der Umkehrfunktion nach x aufzulösen. Es folgt $\ln y = \ln\left(e^{x+2}\right) = x + 2$ und somit

$$x = \ln y - 2.$$

Nach dem Variablentausch ist die Umkehrfunktion gegeben durch:

$$f^{-1}(x) = \ln x - 2$$

mit $x \in (0, \infty)$ und der Wertemenge $\mathbb{R}$.

h) Der Definitionsbereich von $f(x) = 1$ ist $\mathbb{R}$. f ist auf keinem Intervall I von $\mathbb{R}$ injektiv, denn seien $x_1, x_2 \in I$, mit $x_1 \neq x_2$, dann gilt: $f(x_1) = 1 = f(x_2)$. Da f nicht injektiv ist, kann f auch nicht bijektiv sein. Somit existiert keine Umkehrfunktion.

i) Der Definitionsbereich von $x = 2$ ist die Menge $\mathbb{D} = \{2\}$. $x = 2$ ist im Sinne der Definition **keine** reelle Funktion, da dem Element $2 \in \mathbb{D}$ **nicht** in eindeutiger Weise eine reelle Zahl $y = f(x)$ zugeordnet wird.

Aufgabe 3.9.5

Weisen Sie die nachfolgenden Identitäten für die trigonometrischen Funktionen nach.

a) $\sin x = \dfrac{\tan x}{\pm\sqrt{1+\tan^2 x}}$, b) $\cos x = \dfrac{1}{\pm\sqrt{1+\tan^2 x}}$,

c) $\tan x = \dfrac{\sin x}{\pm\sqrt{1-\sin^2 x}}$.

Lösung:

Es gilt $\tan x = \dfrac{\sin x}{\cos x}$ und $\sin^2 x + \cos^2 x = 1$.

Zum Nachweis der Identitäten quadriert man die rechten Seiten.

a) $\dfrac{\tan^2 x}{1+\tan^2 x} = \dfrac{\dfrac{\sin^2 x}{\cos^2 x}}{1+\dfrac{\sin^2 x}{\cos^2 x}} = \dfrac{\dfrac{\sin^2 x}{\cos^2 x}}{\dfrac{\cos^2 x+\sin^2 x}{\cos^2 x}} = \dfrac{\dfrac{\sin^2 x}{\cos^2 x}}{\dfrac{1}{\cos^2 x}} = \sin^2 x.$

b) $\dfrac{1}{1+\tan^2 x} = \dfrac{1}{1+\dfrac{\sin^2 x}{\cos^2 x}} = \dfrac{1}{\dfrac{\cos^2 x+\sin^2 x}{\cos^2 x}} = \dfrac{1}{\dfrac{1}{\cos^2 x}} = \cos^2 x.$

c) $\dfrac{\sin^2 x}{1-\sin^2 x} = \dfrac{\sin^2 x}{\cos^2 x} = \tan^2 x.$

Kapitel 4

Stetigkeit und Differenzierbarkeit von Funktionen

4.1 Grenzwerte von Funktionen

Gegeben seien die reellen Folgen $(x_n^+)_{n\in\mathbb{N}}$ und $(x_n^-)_{n\in\mathbb{N}}$ mit:

$$x_n^+ = 3 + \frac{1}{n} \qquad \text{und} \qquad x_n^- = 3 - \frac{1}{n}$$

für alle $n \in \mathbb{N}$, sowie die Normalparabel $f(x) = x^2$ mit $\mathbb{D} = \mathbb{R}$.

Die Folgen $(x_n^+)_{n\in\mathbb{N}}$, $(x_n^-)_{n\in\mathbb{N}}$ besitzen denselben Grenzwert, denn es gilt:

$$\lim_{n\to\infty} x_n^+ = 3 \qquad \text{und} \qquad \lim_{n\to\infty} x_n^- = 3.$$

Betrachtet man die Funktionswerte der Funktion $f(x) = x^2$ an den Stellen x_n^+ und x_n^- für alle $n \in \mathbb{N}$, so ergeben sich zwei neue Folgen $(y_n^+)_{n\in\mathbb{N}}$ und $(y_n^-)_{n\in\mathbb{N}}$ mit:

$$y_n^+ = f(x_n^+) = \left(3 + \frac{1}{n}\right)^2 = 9 + \frac{6}{n} + \frac{1}{n^2} \quad \text{für alle } n \in \mathbb{N},$$

$$y_n^- = f(x_n^-) = \left(3 - \frac{1}{n}\right)^2 = 9 - \frac{6}{n} + \frac{1}{n^2} \quad \text{für alle } n \in \mathbb{N}.$$

Tabelle 4.1.1

Einige Folgeglieder der vorangegangenen Folgen:
$(x_n^+)_{n\in\mathbb{N}}$, $(x_n^-)_{n\in\mathbb{N}}$, $(y_n^+)_{n\in\mathbb{N}}$, $(y_n^-)_{n\in\mathbb{N}}$.

$(x_n^+)_{n\in\mathbb{N}}$	$\left(y_n^+\right)_{n\in\mathbb{N}}$	$(x_n^+)_{n\in\mathbb{N}}$	$\left(y_n^-\right)_{n\in\mathbb{N}}$
$x_1^+ = 4$	$y_1^+ = 16$	$x_1^- = 2$	$y_1^- = 4$
$x_2^+ = 3.5$	$y_2^+ = 12.25$	$x_2^- = 2.5$	$y_2^- = 6.25$
$x_3^+ = 3.\overline{3}$	$y_3^+ = 11.\overline{1}$	$x_3^- = 2.\overline{6}$	$y_3^- = 7.\overline{1}$
$\vdots$	$\vdots$	$\vdots$	$\vdots$
$x_{100}^+ = 3.01$	$y_{100}^+ = 9.0601$	$x_{100}^- = 2.99$	$y_{100}^- = 8.9401$
$\vdots$	$\vdots$	$\vdots$	$\vdots$
$x_{1000}^+ = 3.001$	$y_{1000}^+ = 9.006001$	$x_{1000}^- = 2.999$	$y_{1000}^- = 8.994001$
$\vdots$	$\vdots$	$\vdots$	$\vdots$

Die Folgen $(y_n^+)_{n\in\mathbb{N}}$ und $(y_n^-)_{n\in\mathbb{N}}$ besitzen denselben Grenzwert, denn es gilt:

$$\lim_{n\to\infty} y_n^+ = \lim_{n\to\infty} f(x_n^+) = \lim_{n\to\infty} \left(3 + \frac{1}{n}\right)^2$$
$$= \lim_{n\to\infty} \left(9 + \frac{6}{n} + \frac{1}{n^2}\right) = 9,$$
$$\lim_{n\to\infty} y_n^- = \lim_{n\to\infty} f(x_n^-) = \lim_{n\to\infty} \left(3 - \frac{1}{n}\right)^2$$
$$= \lim_{n\to\infty} \left(9 - \frac{6}{n} + \frac{1}{n^2}\right) = 9.$$

Die Normalparabel hat die Eigenschaft (Stetigkeit im Punkt $x_0 = 3$):

$$\lim_{n\to\infty} f(x_n^+) = \lim_{n\to\infty} f(x_n^-) = f\left(\lim_{n\to\infty}(x_n^-)\right) = f\left(\lim_{n\to\infty}(x_n^+)\right) = f(3) = 9.$$

In diesem Fall kann man bei der Funktion $f(x) = x^2$ die Grenzwertbildung mit der Funktionswertbildung vertauschen.

Um Grenzwerte einer Funktion definieren zu können, benötigt man den Begriff des Häufungspunktes einer Menge.

Definition 4.1.1
Man nennt x_0 einen **Häufungspunkt** *der Menge M $\subset$ IR, wenn es eine gegen x_0 konvergente Folge (x_n) aus M gibt, deren Glieder alle ungleich x_0 sind.*

Satz 4.1.1
x_0 ist genau dann Häufungspunkt der Menge M, wenn in jeder noch so kleinen Umgebung von x_0 mindestens ein Punkt $x \neq x_0$ von M liegt.

Bemerkung:
Ein Häufungspunkt einer Menge muß nicht unbedingt zu dieser gehören.

Beispiel 4.1.1

1.) Betrachtet man das Intervall $[0,7) = \{x \mid 0 \leq x < 7\}$, so sind z. B. 0 und 7 Häufungspunkte dieses Intervalls. 0 gehört zum Intervall, aber 7 nicht. Übrigens ist jeder Punkt im Intervall $[0,7)$ (z. B. e, π oder 5.443) ein Häufungspunkt.

2.) Gegeben sei die Menge $M = (0,1] \cup \{2\}$. Häufungspunkte der Menge M sind alle Punkte des Intervalls $(0,1]$ und die Null. Die Zahl 2 ist kein Häufungspunkt, da es eine Umgebung der Zahl 2 gibt, in der sich keine Punkte der Menge M befinden, außer der Zahl 2 selbst. Eine solche Umgebung der Zahl 2 ist zum Beispiel das Intervall $(1.5, 2.5)$.

Definition 4.1.2
Gegeben sei die Funktion f mit der Definitionsmenge ID. x_0 sei ein Häufungspunkt von ID. Die Funktion f besitzt an der Stelle x_0 den **Grenzwert** *γ, wenn für jede beliebige gegen x_0 konvergente Folge $(x_n) \in$ ID, mit $x_n \neq x_0$ für alle n, gilt: $\lim\limits_{n \to \infty} f(x_n) = \gamma$.*
Schreibweise: $\lim\limits_{x \to x_0} f(x) = \gamma$.

Bemerkung:
Der Grenzwert x_0 der Folge (x_n) muß **nicht** in der Definitionsmenge der Funktion f enthalten sein. Vgl. hierzu die Definition eines Häufungspunktes einer Menge!

Beispiel 4.1.2

Betrachtet man die Normalparabel $f(x) = x^2$ mit der Definitionsmenge $\mathbb{D} = \mathbb{R}$, so folgt für jede gegen $x_0 \in \mathbb{R}$ konvergente Folge $(x_n) \in \mathbb{R}$

$$\lim_{n\to\infty} f(x_n) = \lim_{n\to\infty} x_n^2 = \left(\lim_{n\to\infty} x_n\right) \cdot \left(\lim_{n\to\infty} x_n\right) = x_0 \cdot x_0 = x_0^2 = f(x_0),$$

d. h. an jeder beliebigen Stelle x_0 des Definitionsbereichs besitzt die Normalparabel den Grenzwert $\gamma = x_0^2 = f(x_0)$.

Definition 4.1.3

Gegeben sei die Funktion f mit der Definitionsmenge $\mathbb{D}$.

1.) Sei x_0 ein Häufungspunkt von $\mathbb{D}_l = \{x \,|\, x \in \mathbb{D}, x < x_0\}$. Dann sagt man, die Funktion f besitzt an der Stelle x_0 den **linksseitigen** *Grenzwert $f(x_0-)$, wenn für jede beliebige gegen x_0 konvergente Folge $(x_n) \in \mathbb{D}_l$ gilt: $\lim_{n\to\infty} f(x_n) = f(x_0-)$.*

Schreibweise: $\displaystyle \lim_{x\to x_0, x < x_0} f(x) = \lim_{x\to x_0-} f(x) = f(x_0-)$.

2.) Sei x_0 ein Häufungspunkt von $\mathbb{D}_r = \{x \,|\, x \in \mathbb{D}, x > x_0\}$. Dann sagt man, die Funktion f besitzt an der Stelle x_0 den **rechtsseitigen** *Grenzwert $f(x_0+)$, wenn für jede beliebige gegen x_0 konvergente Folge $(x_n) \in \mathbb{D}_r$ gilt: $\lim_{n\to\infty} f(x_n) = f(x_0+)$.*

Schreibweise: $\displaystyle \lim_{x\to x_0, x > x_0} f(x) = \lim_{x\to x_0+} f(x) = f(x_0+)$.

Beispiel 4.1.3

Betrachtet man die abschnittsweise definierte Funktion

$$f(x) = \begin{cases} -1 & \text{für } x < 0 \\ +1 & \text{für } x \geq 0 \end{cases}$$

so gilt:

$$f(0-) = \lim_{x\to 0-} f(x) = \lim_{x\to 0-}(-1) = \lim_{x\to 0}(-1) = -1,$$
$$f(0+) = \lim_{x\to 0+} f(x) = \lim_{x\to 0+}(+1) = \lim_{x\to 0}(+1) = +1.$$

Diese Funktion besitzt an der Stelle $x_0 = 0$ den linksseitigen Grenzwert $f(0-) = -1$ und den rechtsseitigen Grenzwert $f(0+) = 1$. Der Funktionswert an der Stelle Null ($f(0) = 1$) ist gleich dem rechtsseitigen Grenzwert.

Definition 4.1.4

Eine Funktion f besitzt an einer Stelle x_0 genau dann den **Grenzwert** *γ, falls gilt:*

$$\lim_{x \to x_0-} f(x) = \lim_{x \to x_0+} f(x) = \gamma,$$

d. h. der linksseitige und der rechtsseitige Grenzwert müssen existieren und gleich sein.

Definition 4.1.5

1.) *Die Funktion f sei auf einer nach rechts unbeschränkten Menge $\mathbb{D}$ definiert. Strebt dann für jede bestimmt gegen $+\infty$ divergierende Folge $(x_n) \in \mathbb{D}$ die Folge der Funktionswerte $f(x_n)$ stets gegen ein und denselben Grenzwert γ, so sagt man f besitzt den* **Grenzwert** *γ für $x \to +\infty$ oder f* **strebt** *bzw.* **konvergiert** *gegen γ für $x \to +\infty$.*

   Schreibweise: $\lim\limits_{x \to \infty} f(x) = \gamma$.

2.) *Die Funktion f sei auf einer nach links unbeschränkten Menge $\mathbb{D}$ definiert. Strebt dann für jede bestimmt gegen $-\infty$ divergierende Folge $(x_n) \in \mathbb{D}$ die Folge der Funktionswerte $f(x_n)$ stets gegen ein und denselben Grenzwert γ, so sagt man f besitzt den* **Grenzwert** *γ für $x \to -\infty$ oder f* **strebt** *bzw.* **konvergiert** *gegen γ für $x \to -\infty$.*

   Schreibweise: $\lim\limits_{x \to -\infty} f(x) = \gamma$.

Beispiel 4.1.4

1.) Die Hyperbel $f(x) = \dfrac{1}{x}$ (vgl. Abbildung 3.6.1) ist auf einer nach rechts unbeschränkten Menge $\mathbb{D} = (0, +\infty)$ definiert und es gilt

$$\lim_{x \to \infty} \frac{1}{x} = 0,$$

d. h. diese Funktion besitzt den Grenzwert Null für $x \to +\infty$.

2.) Die Hyperbel $f(x) = \dfrac{1}{x^2}$ (vgl. Abbildung 3.6.2) ist auf einer nach links unbeschränkten Menge $\mathbb{D} = (-\infty, 0)$ definiert und es gilt

$$\lim_{x \to -\infty} \frac{1}{x^2} = 0,$$

d. h. diese Funktion besitzt den Grenzwert Null für $x \to -\infty$.

Satz 4.1.2 Monotoniekriterium

1.) *Für eine monotone und beschränkte Funktion f, die auf einer nach rechts unbeschränkten Mengen $\mathbb{D}$ definiert ist, existiert der Grenzwert* $\lim\limits_{x \to \infty} f(x)$.

2.) *Für eine monotone und beschränkte Funktion f, die auf einer nach links unbeschränkten Mengen $\mathbb{D}$ definiert ist, existiert der Grenzwert* $\lim\limits_{x \to -\infty} f(x)$.

Beispiel 4.1.5

1.) Die Hyperbel $f(x) = \dfrac{1}{x}$ (vgl. Abbildung 3.6.1) ist auf einer nach rechts unbeschränkten Menge $\mathbb{D} = (0, +\infty)$ definiert. Auf dieser Menge ist sie streng monoton fallend und nach unten durch Null beschränkt, denn es gilt: $\dfrac{1}{x} \geq 0$ für alle $x \in (0, +\infty)$. Es existiert somit der Grenzwert $\lim\limits_{x \to \infty} \dfrac{1}{x}$. Dieser ist Null, nach dem vorigen Beispiel.

2.) Die Arkusfunktion $\arctan x$ ist auf ganz $\mathbb{R}$ definiert. $\mathbb{R}$ ist nach rechts und nach links unbeschränkt. Arkustangens ist eine beschränkte Funktion, den es gilt: $-\dfrac{\pi}{2} < \arctan x < \dfrac{\pi}{2}$ für alle $x \in \mathbb{R}$. Desweiteren ist $\arctan x$ eine streng monoton wachsende Funktion. Somit exsitieren also die Grenzwerte $\lim\limits_{x \to -\infty} \arctan x$ und $\lim\limits_{x \to \infty} \arctan x$.

Bemerkung:

Es gilt: $\lim\limits_{x \to -\infty} \arctan x = -\dfrac{\pi}{2}$ und $\lim\limits_{x \to \infty} \arctan x = \dfrac{\pi}{2}$.

Definition 4.1.6

*Sei x_0 ein Häufungspunkt der Definitionsmenge der Funktion f. Divergiert die Folge $(f(x_n))$ bestimmt gegen $+\infty$ für jede gegen x_0 konvergente Folge (x_n) aus $\mathbb{D}$, mit $x_n \neq x_0$ für alle n, so sagt man f divergiert gegen $+\infty$ für $x \to x_0$. $+\infty$ wird dann auch der **uneigentliche Grenzwert** von f für $x \to x_0$ genannt.*

Schreibweise: $\lim\limits_{x \to x_0} f(x) = +\infty$

Bemerkung:

Analog hierzu definiert man auch $\lim\limits_{x \to x_0} f(x) = -\infty$.

Ähnlich erklären sich die Symbole $\lim\limits_{x \to x_0+} f(x) = +\infty$,

$\lim\limits_{x \to x_0+} f(x) = -\infty$, $\lim\limits_{x \to x_0-} f(x) = +\infty$ und $\lim\limits_{x \to x_0-} f(x) = -\infty$.

Definition 4.1.7

Ist die Definitionsmenge $\mathbb{D}$ *einer Funktion* f *nach rechts unbeschränkt und divergiert die Folge* $(f(x_n))$ *bestimmt gegen* $+\infty$ *für jede bestimmt gegen* $+\infty$ *divergente Folge* (x_n) *aus* $\mathbb{D}$, *so sagt man* f **divergiert gegen** $+\infty$ *für* $x \to +\infty$.

Schreibweise: $\lim\limits_{x \to \infty} f(x) = +\infty$

Bemerkung:

Analog hierzu definiert man die Symbole

$\lim\limits_{x \to \infty} f(x) = -\infty$, $\lim\limits_{x \to -\infty} f(x) = -\infty$ und $\lim\limits_{x \to -\infty} f(x) = +\infty$.

Beispiel 4.1.6

1.) $\lim\limits_{x \to 0+} \dfrac{1}{x} = +\infty$, $\quad \lim\limits_{x \to 0-} \dfrac{1}{x} = -\infty$.

2.) $\lim\limits_{x \to 0+} \dfrac{1}{x^2} = \lim\limits_{x \to 0-} \dfrac{1}{x^2} = \lim\limits_{x \to 0} \dfrac{1}{x^2} = +\infty$.

3.) $\lim\limits_{x \to 0+} \dfrac{1}{x^n} = +\infty$ für alle $n \in \mathbb{N}$,

$$\lim\limits_{x \to 0-} \dfrac{1}{x^n} = \begin{cases} +\infty \text{ für gerades } n \in \mathbb{N} \\ -\infty \text{ für ungerades } n \in \mathbb{N}, \end{cases}$$

$$\lim\limits_{x \to 0} \dfrac{1}{x^n} = \begin{cases} +\infty \text{ für gerades } n \in \mathbb{N} \\ \text{existiert nicht für ungerades } n \in \mathbb{N}. \end{cases}$$

4.) $\lim\limits_{x \to \infty} x = +\infty$, $\lim\limits_{x \to -\infty} x = -\infty$, $\lim\limits_{x \to \infty} (-x) = -\infty$, $\lim\limits_{x \to -\infty} (-x) = +\infty$,

$\lim\limits_{x \to \infty} x^2 = \lim\limits_{x \to -\infty} x^2 = +\infty$, $\lim\limits_{x \to \infty} x^3 = +\infty$, $\lim\limits_{x \to -\infty} x^3 = -\infty$.

5.) Sei $n \in \mathbb{N}$ und $a_n \neq 0$, dann gilt:

$$\lim\limits_{x \to \infty} \left(a_n x^n + a_{n-1} x^{n-1} + \ldots + a_1 x + a_0 \right) = \begin{cases} +\infty \text{ für } a_n > 0 \\ -\infty \text{ für } a_n < 0, \end{cases}$$

$$\lim_{x \to -\infty} \left(a_n x^n + a_{n-1} x^{n-1} + \ldots + a_1 x + a_0\right)$$

$$= \begin{cases} +\infty \text{ für } a_n > 0 \text{ und gerades } n \\ +\infty \text{ für } a_n < 0 \text{ und ungerades } n \\ -\infty \text{ für } a_n < 0 \text{ und gerades } n \\ -\infty \text{ für } a_n > 0 \text{ und ungerades } n. \end{cases}$$

6.) $\lim\limits_{x \to \infty} \sqrt{x} = +\infty$.

7.) $\lim\limits_{x \to \infty} b^x = +\infty, \quad \lim\limits_{x \to -\infty} b^x = 0 \text{ für } b > 1$.

8.) $\lim\limits_{x \to \infty} \ln x = +\infty, \quad \lim\limits_{x \to 0+} \ln x = -\infty$.

4.2 Asymptotisches Verhalten von Funktionen

Definition 4.2.1

Die Funktion $f(x)$ besitzt die **Asymptote** $a(x) \neq f(x)$, *wenn gilt:*

$$\lim_{x \to \infty} (f(x) - a(x)) = 0 \quad oder \quad \lim_{x \to -\infty} (f(x) - a(x)) = 0.$$

Die Funktion $f(x)$ besitzt die **senkrechte Asymptote** $x = c$ *(Parallele zur y-Achse), wenn mindestens eine der folgenden Bedingungen erfüllt ist:*

$$\lim_{x \to c+} f(x) = +\infty, \qquad \lim_{x \to c-} f(x) = +\infty,$$
$$\lim_{x \to c+} f(x) = -\infty, \qquad \lim_{x \to c-} f(x) = -\infty.$$

Man nennt dann die Stelle $x = c$ **Polstelle** *oder* **Unendlichkeitsstelle***.*

Bemerkung:

1.) Ist in Definition 4.2.1 $a(x) = mx + b$, so ist die Asymptote eine Gerade. Ist $a(x) = b$, dann handelt es sich um eine Parallele zur x-Achse, also eine **waagrechte Asymptote** mit der Gleichung $y = b$.

2.) Die Asymptote $a(x)$ erhält man bei gebrochenrationalen Funktionen mithilfe der Polynomdivision. $a(x)$ ist dann die Funktion ohne das Restglied.

3.) Man spricht von einem **Pol ohne Vorzeichenwechsel** an der Stelle $x = c$, falls gilt:

$$\lim_{x \to c+} f(x) = \lim_{x \to c-} f(x) = +\infty$$

oder

$$\lim_{x \to c+} f(x) = \lim_{x \to c-} f(x) = -\infty.$$

Gilt hingegen

$$\lim_{x \to c+} f(x) = +\infty \quad \text{und} \quad \lim_{x \to c-} f(x) = -\infty$$

oder

$$\lim_{x \to c+} f(x) = -\infty \quad \text{und} \quad \lim_{x \to c-} f(x) = +\infty,$$

so spricht man von einem **Pol mit Vorzeichenwechsel** an der Stelle $x = c$.

Beispiel 4.2.1

1.) Die Hyperbeln $f(x) = \dfrac{1}{x^{2n-1}}$ mit $n \in \mathbb{N}$ besitzen an der Stelle $x = 0$ einen Pol mit Vorzeichenwechsel, denn es gilt:

$$\lim_{x \to 0-} \frac{1}{x^{2n-1}} = -\infty \quad \text{und} \quad \lim_{x \to 0+} \frac{1}{x^{2n-1}} = +\infty.$$

Desweiteren gilt:

$$\lim_{x \to -\infty} \frac{1}{x^{2n-1}} = 0 \quad \text{und} \quad \lim_{x \to \infty} \frac{1}{x^{2n-1}} = 0,$$

d. h. diese Funktionen besitzen die x-Achse als waagrechte Asymptote, also $a(x) = 0$. Vgl. hierzu auch die Abbildung 3.7.1.

2.) Die Hyperbeln $f(x) = \dfrac{1}{x^{2n}}$ mit $n \in \mathbb{N}$ besitzen an der Stelle $x = 0$ einen Pol ohne Vorzeichenwechsel, denn es gilt:

$$\lim_{x \to 0-} \frac{1}{x^{2n}} = +\infty \quad \text{und} \quad \lim_{x \to 0+} \frac{1}{x^{2n}} = +\infty.$$

Desweiteren gilt:

$$\lim_{x \to -\infty} \frac{1}{x^{2n}} = 0 \quad \text{und} \quad \lim_{x \to \infty} \frac{1}{x^{2n}} = 0,$$

d. h. diese Funktionen besitzen die x-Achse als waagrechte Asymptote, also $a(x) = 0$. Vgl. hierzu auch die Abbildung 3.7.2.

3.) Die Funktion $f(x) = \dfrac{3x - 2}{x + 1}$ besitzt an der Stelle $x = -1$ einen Pol mit Vorzeichenwechsel, denn es gilt:

$$\lim_{x \to -1-} f(x) = +\infty \quad \text{und} \quad \lim_{x \to -1+} f(x) = -\infty.$$

Nach der Polynomdivision erhält man: $f(x) = 3 - \dfrac{5}{x + 1}$. Man sieht sofort, daß gilt:

$$\lim_{x \to -\infty} f(x) = 3 \quad \text{und} \quad \lim_{x \to \infty} f(x) = 3.$$

Somit ist:

$$\lim_{x \to -\infty} (f(x) - 3) = \lim_{x \to -\infty} \frac{5}{x + 1} = 0$$

$$\lim_{x \to \infty} (f(x) - 3) = \lim_{x \to -\infty} \frac{5}{x + 1} = 0.$$

Diese Funktion besitzt also die waagrechte Asymptote $a(x) = 3$.

4.) Die Funktion $f(x) = \dfrac{2x^2 + 3x - 1}{x - 1}$ besitzt die senkrechte Asymptote $x = 1$, da für $x = 1$ der Nenner Null wird und $x = 1$ keine Nullstelle des Zählers ist. Hierbei handelt es sich um eine Polstelle mit Vorzeichenwechsel, denn es gilt:

$$\lim_{x \to 1-} f(x) = -\infty \quad \text{und} \quad \lim_{x \to 1+} f(x) = +\infty.$$

Mithilfe der Polynomdivision kann man die Funktion f auch folgendermaßen darstellen:

$$f(x) = 2x + 5 + \frac{4}{x - 1}.$$

Man erkennt:

$$\lim_{x \to -\infty} (f(x) - (2x + 5)) = \lim_{x \to -\infty} \frac{4}{x - 1} = 0$$

$$\lim_{x \to \infty} (f(x) - (2x + 5)) = \lim_{x \to \infty} \frac{4}{x - 1} = 0.$$

Die Asymptote ist also die Gerade $a(x) = 2x + 5$.

5.) Für die natürliche Exponentialfunktion $f(x) = \mathrm{e}^x$ gilt: $\lim\limits_{x \to -\infty} \mathrm{e}^x = 0$. Die negative x-Achse ist also waagrechte Asymptote (vgl. Abbildung 3.7.3). Für $f(x) = \mathrm{e}^{-x}$ gilt $\lim\limits_{x \to \infty} \mathrm{e}^{-x} = 0$. Hier ist die positive x-Achse waagrechte Asymptote (vgl. Abbildung 3.7.4).

6.) Die Logarithmusfunktion $\ln x$ besitzt an der Stelle $x = 0$ eine senkrechte Asymptote, denn es gilt: $\lim\limits_{x \to 0+} \ln x = -\infty$ (vgl. Abbildung 3.7.5).

4.3   Stetigkeit von Funktionen

Definition 4.3.1

1.) Die Funktion f heißt **an der Stelle** x_0 *des Definitionsbereichs* $\mathbb{D}$
stetig, wenn für jede gegen x_0 *konvergente Folge* (x_n) *aus* $\mathbb{D}$ *stets*
die Folge $(f(x_n))$ *gegen* $f(x_0)$ *konvergiert.*

Schreibweise: $\lim\limits_{x \to x_0} f(x) = f(x_0)$.

2.) Die Funktion f heißt stetig, wenn sie an jeder Stelle ihres Definiti-
onsbereichs stetig ist.

Bemerkung:
Die Funktion f heißt **an der Stelle** x_0 des Definitionsbereichs $\mathbb{D}$ **stetig**,
wenn für jede gegen x_0 konvergente Folge (x_n) aus $\mathbb{D}$ stets gilt:
$$\lim_{n \to \infty} f(x_n) = f\left(\lim_{n \to \infty} x_n\right) = f(x_0).$$
Bei einer stetigen Funktion ist also die Grenzwertbildung mit der Funktions-
wertbildung vertauschbar.
Wichtig: Der Punkt x_0 muß zum Definitionsbereich gehören.

Beispiel 4.3.1
In diesem Beispiel geht bereits die Stetigkeit der Betragsfunktion mit ein.
Diese Eigenschaft des Betrags wird im Beispiel 4.3.3 3.) nachgewiesen.

1.) Die Normalparabel $f(x) = x^2$ ist an jeder Stelle x_0 ihres Definitionsbe-
reichs $\mathbb{R}$ stetig, denn für jede beliebige Folge $(x_n) \in \mathbb{D}$ mit $\lim\limits_{n \to \infty} x_n =$
x_0 gilt mithilfe der dritten binomischen Formel (vgl. Band 1):
$$\lim_{n \to \infty} |x_n^2 - x_0^2| = \lim_{n \to \infty} \left(|(x_n - x_0) \cdot (x_n + x_0)|\right)$$
$$= \left(\lim_{n \to \infty} |x_n - x_0|\right) \cdot \left(\lim_{n \to \infty} |x_n + x_0|\right) = 0 \cdot 2|x_0| = 0,$$
womit die Stetigkeitsbedingung erfüllt ist.

2.) Die Wurzelfunktion $f(x) = \sqrt{x}$ ist an jeder Stelle $x_0 > 0$ ihres Definitionsbereichs $\mathbb{D} = [0, +\infty)$ stetig, denn für jede beliebige Folge
$(x_n) \in (0, +\infty)$ mit $\lim\limits_{n \to \infty} x_n = x_0$ gilt (mithilfe der dritten binomischen Formel):

$$0 \leq \lim_{n \to \infty} |\sqrt{x_n} - \sqrt{x_0}| = \lim_{n \to \infty} \left(|\sqrt{x_n} - \sqrt{x_0}| \cdot \frac{\sqrt{x_n} + \sqrt{x_0}}{\sqrt{x_n} + \sqrt{x_0}} \right)$$

$$= \lim_{n \to \infty} \left(\frac{|x_n - x_0|}{\sqrt{x_n} + \sqrt{x_0}} \right) = \frac{\lim\limits_{n \to \infty} |x_n - x_0|}{\lim\limits_{n \to \infty} (\sqrt{x_n} + \sqrt{x_0})} < \frac{\lim\limits_{n \to \infty} |x_n - x_0|}{\lim\limits_{n \to \infty} \sqrt{x_0}}$$

$$= \frac{0}{\sqrt{x_0}} = 0,$$

womit die Stetigkeitsbedingung erfüllt ist.

In diese Betrachtung gehen mit ein:

a) $\sqrt{x_n} + \sqrt{x_0} = |\sqrt{x_n} + \sqrt{x_0}|$,

b) $|\sqrt{x_n} - \sqrt{x_0}| \cdot |\sqrt{x_n} + \sqrt{x_0}| = |x_n - x_0|$,

c) $\sqrt{x_n} + \sqrt{x_0} > \sqrt{x_0}$, denn $x_n > 0$ für alle $n \in \mathbb{N}$.

Definition 4.3.2

1.) *Die Funktion* f *heißt an der Stelle* x_0 *des Definitionsbereichs* $\mathbb{D}$ **linksseitig stetig,** *wenn für* jede *gegen* x_0 *konvergente Folge* (x_n) *aus* $\mathbb{D}_l = \{x \mid x \in \mathbb{D}, x \leq x_0\}$ *stets die Folge* $(f(x_n))$ *gegen* $f(x_0)$ *konvergiert.*

Schreibweise: $\lim\limits_{x \to x_0-} f(x) = f(x_0)$.

2.) *Die Funktion* f *heißt an der Stelle* x_0 *des Definitionsbereichs* $\mathbb{D}$ **rechtsseitig stetig,** *wenn für* jede *gegen* x_0 *konvergente Folge* (x_n) *aus* $\mathbb{D}_r = \{x \mid x \in \mathbb{D}, x \geq x_0\}$ *stets die Folge* $(f(x_n))$ *gegen* $f(x_0)$ *konvergiert.*

Schreibweise: $\lim\limits_{x \to x_0+} f(x) = f(x_0)$.

Beispiel 4.3.2

Die Funktion aus Beispiel 4.1.3 ist an der Stelle $x_0 = 0$ rechtsseitig stetig, aber nicht linksseitig stetig, denn es gilt:

$$f(0+) = \lim_{x \to 0+} f(x) = \lim_{x \to 0}(+1) = +1 = f(0),$$

$$f(0-) = \lim_{x \to 0-} f(x) = \lim_{x \to 0}(-1) = -1 \neq +1 = f(0).$$

Eine weitere Möglichkeit, die Stetigkeit zu definieren, ist die $\varepsilon\delta$-**Definition**.

Definition 4.3.3

Die auf $\mathbb{D}$ definierte Funktion f ist **genau dann** *in $x_0 \in \mathbb{D}$ stetig, wenn es zu* **jedem** *$\varepsilon > 0$ ein $\delta > 0$ gibt, so daß für alle $x \in \mathbb{D}$ mit $|x - x_0| < \delta$ immer $|f(x) - f(x_0)| < \varepsilon$ gilt.*

Bemerkung:

Das δ in Definition 4.3.3 hängt im allgemeinen von ε und x_0 ab, d.h. $\delta = \delta(\varepsilon, x_0)$.

Beispiel 4.3.3

1.) Gegeben sei die Normalparabel $f(x) = x^2$ mit $\mathbb{D} = \mathbb{R}$. Es soll nun, zu einem fest vorgegebenem $\varepsilon > 0$, ein $\delta > 0$ bestimmt werden, so daß

$0 \le |x^2 - x_0^2| < \varepsilon$ für alle $|x - x_0| < \delta$ gilt.

Sei zunächst $x_0 \ne 0$, dann gilt:

$$0 \le |x^2 - x_0^2| = |x - x_0| \cdot |x + x_0| = |x - x_0| \cdot |x + (x_0 - x_0) + x_0|$$

$$= |x - x_0| \cdot |(x - x_0) + 2x_0| \le |x - x_0| \cdot (|x - x_0| + 2|x_0|).$$

Für $|x - x_0| < \delta$ gilt dann:

$$|x - x_0| \cdot (|x - x_0| + 2|x_0|) < \delta \cdot (\delta + 2|x_0|) = \delta^2 + 2\delta|x_0|.$$

Es muß nun $\delta^2 + 2\delta|x_0| < \varepsilon$ gelten. Da $\delta > 0$ ist, muß mit $\delta^2 + 2\delta|x_0| < \varepsilon$ auch $2\delta|x_0| < \varepsilon$ sein und somit erhält man $\delta < \varepsilon/(2|x_0|)$.

Sei nun $x_0 = 0$. Dann gilt für $|x - x_0| = |x| < \delta$:

$0 \le |x^2 - x_0| = |x^2| = |x|^2 = x^2 = |x| \cdot |x| < \delta^2$. Es muß also $\delta^2 < \varepsilon$ gelten und da $\delta > 0$ vorausgesetzt war, muß $\delta < \sqrt{\varepsilon}$ sein.

2.) Für die Wurzelfunktion $f(x) = \sqrt{x}$ gilt nach Beispiel 4.3.1, 2.)

$$0 \le |\sqrt{x} - \sqrt{x_0}| < \frac{|x - x_0|}{\sqrt{x_0}} < \varepsilon \text{ für alle } |x - x_0| < \varepsilon\sqrt{x_0}.$$

Somit kann $\delta = \varepsilon\sqrt{x_0}$ gewählt werden.

3.) Die **Betragsfunktion**

$$f(x) = |x| = \begin{cases} -x \text{ für } x < 0 \\ x \text{ für } x \geq 0 \end{cases}$$

ist eine auf ganz $\mathbb{R}$ stetige Funktion,
denn sei $x_0 \in \mathbb{R}$ beliebig aber fest,
dann gilt: $||x| - |x_0|| \leq |x - x_0| < \varepsilon$
für alle $|x - x_0| < \varepsilon = \delta$.

Abbildung 4.2.1
Betragsfunktion $f(x) = |x|$.

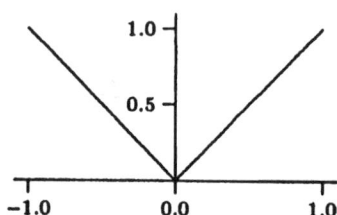

Aussagen über Eigenschaften stetiger Funktionen machen die folgenden Sätze.

Satz 4.3.1 Nullstellensatz von Bolzano
Ist die reelle Funktion f auf dem abgeschlossenen Intervall $[a,b]$ stetig und gilt $f(a) < 0$ und $f(b) > 0$ (bzw. $f(a) > 0$ und $f(b) < 0$), so besitzt diese Funktion mindestens eine Nullstelle im offenen Intervall (a,b).

Satz 4.3.2 Zwischenwertsatz von Bolzano
Gegeben sei die auf dem abgeschlossenen Intervall $[a,b]$ stetige reelle Funktion f. Dann nimmt diese jeden Wert zwischen $f(a)$ und $f(b)$ an.

Satz 4.3.3

1.) *Sind die Funktionen f und g an der Stelle x_0 stetig ($x_0 \in \mathbb{D}_f \cap \mathbb{D}_g$), dann sind dies auch die Fuktionen $c \cdot f$ mit $c \in \mathbb{R}$, $f + g$, $f \cdot g$ und $\dfrac{f}{g}$ (falls $g(x_0) \neq 0$), $\max\{f, g\}$ und $\min\{f, g\}$.*

2.) *Sind g an der Stelle $x_0 \in \mathbb{D}_g$ und f an der Stelle $g(x_0) \in \mathbb{D}_f$ stetig, dann ist auch die zusammengesetzte Funktion $f \circ g$ in x_0 stetig.*

3.) *Existiert (auf einem Intervall) die inverse Funktion f^{-1} der stetigen Funktion f, so ist diese ebenfalls stetig.*

Satz 4.3.4
Rationale Funktionen (Polynome und gebrochenrationale Funktionen), Potenzfunktionen, Exponentialfunktionen, Logarithmusfunktionen und die Betragsfunktion sind an jeder Stelle ihres Definitionsbereichs stetig.

Beispiel 4.3.4

Besitzt die Funktion $f(x) = (x^2 - 1)^3 + \ln(2x) - e^x + |2x - 1| - 2$ im offenen Intervall $(1, 2)$ eine Nullstelle? Nimmt die Funktion in diesem Intervall den Wert 10 an?

Lösung:

Die Berechnung der Nullstellen dieser Funktion ist nur mithilfe von Näherungsverfahren möglich. Die Funktion f ist nach den Sätzen 4.3.3 und 4.3.4 auf dem Intervall $(0, +\infty)$ stetig, also insbesondere auch auf dem abgeschlossenen Intervall $[1, 2]$. Weiter gilt: $f(1) = \ln(2) - e - 1 \approx -3.02513 < 0$ und $f(2) = \ln 4 - e^2 + 28 \approx 21.9972 > 0$. Somit besitzt die Funktion f nach dem Nullstellensatz von Bolzano mindestens eine Nullstelle auf dem offenen Intervall $(1, 2)$. Nach dem Zwischenwertsatz von Bolzano nimmt die stetige Funktion f im abgeschlossenen Intervall $[1, 2]$ jeden Wert zwischen $f(1) \approx -3.02513$ und $f(2) \approx 21.9972$ an, also insbesondere auch den Wert 10. Da 10 nicht an den Ränder des Intervalls $[1, 2]$ angenommen wird, existiert ein $x_0 \in (1, 2)$ mit $f(x_0) = 10$.

Funktionen f, die an einer Stelle $x_l \in \mathbb{R}$ eine Definitionslücke aufweisen, können manchmal **stetig ergänzt** werden. Die hieraus resultierende Funktion $\tilde{f}$ nennt man dann die **stetige Ergänzung** der Funktion f.

Beispiel 4.3.5

Die Funktion

$$f(x) = \frac{x^2 - 1}{x^2 + x - 2}$$

ist auf $\mathbb{D} = \mathbb{R} \setminus \{-2, 1\}$ definiert. Man kann diese mithilfe der binomischen Formeln folgendermaßen darstellen:

$$f(x) = \frac{(x - 1)(x + 1)}{(x - 1)(x + 2)}.$$

An dieser Darstellung ist zu erkennen, daß Zähler und Nenner eine gemeinsame Nullstelle haben. Kürzt man den Term $x - 1$ heraus, so erhält man:

$$\tilde{f}(x) = \frac{x + 1}{x + 2}.$$

Man kann also die Funktion f an der Stelle $x = 1$ stetig ergänzen. Die hieraus resultierende Funktion $\tilde{f}$ ist auf $\mathbb{R} \setminus \{-2\}$ definiert. Man nennet sie die stetige Ergänzung der Funktion f. Eine andere Möglichkeit, diese Funktion zu schreiben, ist:

$$\tilde{f}(x) = \begin{cases} f(x) & \text{für } x \in \mathbb{D} \\ \dfrac{2}{3} & \text{für } x = 1. \end{cases}$$

An der Stelle $x = 1$ besitzt das Schaubild der Funktion f lediglich ein „Loch".

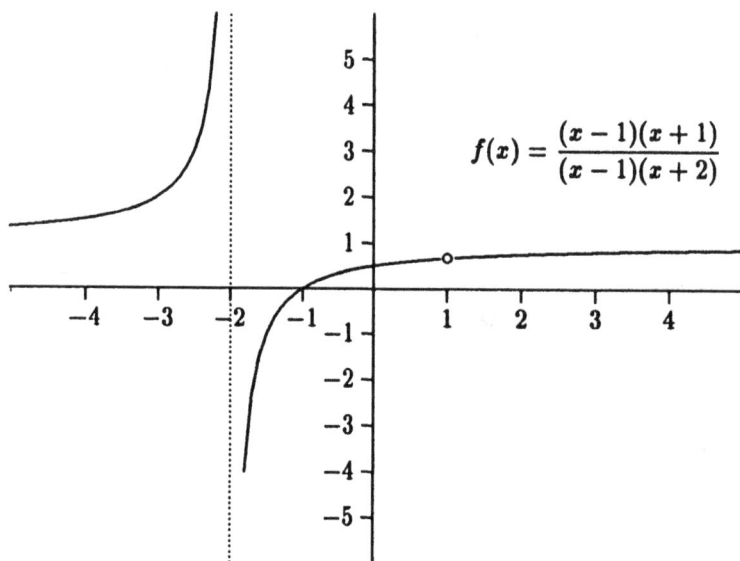

$$f(x) = \frac{(x-1)(x+1)}{(x-1)(x+2)}$$

An der Stelle $x = -2$ ist keine stetige Ergänzung dieser Funktion möglich. An dieser Stelle besitzt die Funktion f einen Pol mit Vorzeichenwechsel.

Stetige Ergänzungen einer Funktion f sind immer dann möglich, wenn deren Schaubild ein „Loch" aufweist.

4.4 Differenzierbarkeit von Funktionen

4.4.1 Definitionen

Definition 4.4.1

Die reelle Funktion f sei auf dem offenen Intervall (a,b) definiert. Desweiteren sei $x_0 \in (a,b)$. Im Falle der Existenz nennt man die Grenzwerte

1.) $f_l'(x_0) = \lim\limits_{x \to x_0-} \dfrac{f(x) - f(x_0)}{x - x_0} = \lim\limits_{h \to 0-} \dfrac{f(x_0 + h) - f(x_0)}{h}$

die **linksseitige Ableitung** *der Funktion f an der Stelle x_0.*

2.) $f_r'(x_0) = \lim\limits_{x \to x_0+} \dfrac{f(x) - f(x_0)}{x - x_0} = \lim\limits_{h \to 0+} \dfrac{f(x_0 + h) - f(x_0)}{h}$

die **rechtsseitige Ableitung** *der Funktion f an der Stelle x_0.*

3.) $f'(x_0) = \lim\limits_{x \to x_0} \dfrac{f(x) - f(x_0)}{x - x_0} = \lim\limits_{h \to 0} \dfrac{f(x_0 + h) - f(x_0)}{h}$

$\qquad = \dfrac{d\,f(x)}{dx}\bigg|_{x=x_0}$

die **Ableitung** *der Funktion f an der Stelle x_0, wobei man dx das* **Differential** *nennt. f heißt dann an der Stelle x_0* **differenzierbar***.*

Eine Funktion heißt **differenzierbar***, wenn sie an jeder Stelle ihres offenen Definitionsbereichs (a,b) differenzierbar ist.*

Bemerkung:

1.) Den Bruch

$$\frac{f(x) - f(x_0)}{x - x_0} = \frac{f(x_0 + h) - f(x_0)}{h}$$

nennt man **Differenzenquotient** der Funktion f an der Stelle x_0.

2.) Existiert die erste Ableitung der Funktion f im Punkt x_0, also $f'(x_0)$, so ist dies anschaulich gesprochen die **Steigung der Tangente** an die Funktion f im Punkt $P_0(x_0, f(x_0))$. Die Steigung kann mithilfe eines Steigungsdreiecks berechnet werden.

In Abbildung 4.3.1 gilt: $f'(x_0) = \dfrac{dy}{dx} = \tan\varphi$.

Abbildung 4.3.1
Tangente an eine Funktion f im Punkt x_0.

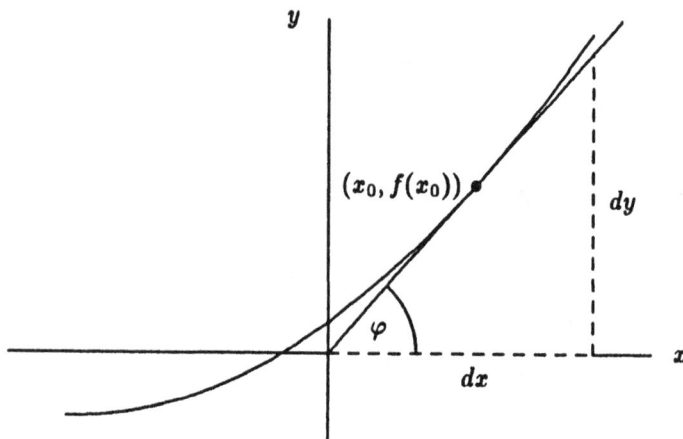

Definition 4.4.2
Die Gerade durch $P_0(x_0, f(x_0))$ mit der Steigung $f'(x_0)$, also die Gerade

$$g(x) = f(x_0) + f'(x_0)(x - x_0)$$

heißt die **Tangente an f im Punkte P_0.**

3.) Existiert die erste Ableitung der Funktion f im Punkt x_0, also $f'(x_0)$, so gilt $f'(x_0) = \tan\varphi$, wobei φ den Winkel bezeichnet, den die Tangente an f im Punkt x_0 mit der x-Achse einschließt.

4.) $\dfrac{d\,f(x)}{d\,x} = f'(x)$.

Beispiel 4.4.1

1.) Gegeben sei die auf ganz $\mathbb{R}$ definierte Funktion $f(x) = x$. Dann gilt für einen beliebigen aber festen Punkt $x_0 \in \mathbb{R}$:

$$f'(x_0) = \lim_{h \to 0} \frac{f(x_0 + h) - f(x_0)}{h} = \lim_{h \to 0} \frac{x_0 + h - x_0}{h} = \lim_{h \to 0} \frac{h}{h}$$
$$= \lim_{h \to 0} 1 = 1.$$

Da $x_0 \in \mathbb{R}$ ein beliebiger Punkt aus der Definitionsmenge war, ist die Funktion $f(x) = x$ auf ganz $\mathbb{R}$ differenzierbar und es ist $f'(x) = 1$ für alle $x \in \mathbb{R}$.

2.) Gegeben sei die Normalparabel $f(x) = x^2$ für alle $x \in \mathbb{R}$. Dann gilt für einen beliebigen aber festen Punkt $x_0 \in \mathbb{R}$:

$$f'(x_0) = \lim_{h \to 0} \frac{f(x_0 + h) - f(x_0)}{h} = \lim_{h \to 0} \frac{(x_0 + h)^2 - x_0^2}{h}$$

$$= \lim_{h \to 0} \frac{x_0^2 + 2x_0 h + h^2 - x_0^2}{h} = \lim_{h \to 0} \frac{2x_0 h + h^2}{h} = \lim_{h \to 0}(2x_0 + h) = 2x_0.$$

Da $x_0 \in \mathbb{R}$ ein beliebiger Punkt aus der Definitionsmenge war, ist die Funktion $f(x) = x^2$ auf ganz $\mathbb{R}$ differenzierbar und es ist $f'(x) = 2x$ für alle $x \in \mathbb{R}$.

3.) Die Hyperbel $f(x) = \dfrac{1}{x}$ ist auf $\mathbb{R} \setminus \{0\}$ differenzierbar, denn es gilt für ein beliebiges aber festes $x_0 \in \mathbb{R} \setminus \{0\}$:

$$f'(x_0) = \lim_{h \to 0} \frac{f(x_0 + h) - f(x_0)}{h} = \lim_{h \to 0} \frac{\dfrac{1}{x_0 + h} - \dfrac{1}{x_0}}{h}$$

$$= \lim_{h \to 0} \frac{x_0 - (x_0 + h)}{h \cdot (x_0 + h) \cdot x_0} = \lim_{h \to 0} \frac{-1}{(x_0 + h) \cdot x_0} = \lim_{h \to 0} \frac{-1}{x_0^2 + h \cdot x_0} = -\frac{1}{x_0^2}.$$

Da $x_0 \in \mathbb{R} \setminus \{0\}$ ein beliebiger Punkt aus der Definitionsmenge war, ist die Funktion $f(x) = \dfrac{1}{x}$ auf $\mathbb{R} \setminus \{0\}$ differenzierbar und es gilt: $f'(x) = -\dfrac{1}{x^2}$ für alle $x \in \mathbb{R} \setminus \{0\}$.

4.) Die Wurzelfunktion $f(x) = \sqrt{x}$ ist auf $[0, +\infty)$ definiert. Sie ist auf $(0, +\infty)$ differenzierbar, denn es gilt für ein beliebiges aber festes $x_0 > 0$:

$$f'(x_0) = \lim_{h \to 0} \frac{f(x_0 + h) - f(x_0)}{h} = \lim_{h \to 0} \frac{\sqrt{x_0 + h} - \sqrt{x_0}}{h}$$

$$= \lim_{h \to 0} \left(\frac{\sqrt{x_0 + h} - \sqrt{x_0}}{h} \cdot \frac{\sqrt{x_0 + h} + \sqrt{x_0}}{\sqrt{x_0 + h} + \sqrt{x_0}} \right)$$

$$= \lim_{h \to 0} \frac{x_0 + h - x_0}{h \cdot (\sqrt{x_0 + h} + \sqrt{x_0})} = \lim_{h \to 0} \frac{1}{\sqrt{x_0 + h} + \sqrt{x_0}} = \frac{1}{2\sqrt{x_0}}$$

Beim letzten Grenzwert geht die Stetigkeit der Wurzelfunktion mit ein (Vertauschen von Grenzwert- und Funktionswertbildung).

Da x_0 ein beliebiger Punkt des offenen Intervalls $(0, +\infty)$ war, ist die Funktion $f(x) = \sqrt{x}$ auf $(0, +\infty)$ differenzierbar und es gilt: $f'(x) = \dfrac{1}{2\sqrt{x}}$ für alle $x \in (0, +\infty)$.

Die Wurzelfunktion ist in $x_0 = 0$ nicht linksseitig differenzierbar, da
Werte $x < 0$ nicht mehr zur Definitionsmenge gehören.
Sie ist in $x_0 = 0$ auch nicht rechtsseitig differenzierbar, denn es gilt
nach analogen Umformungen wie oben:

$$f'_r(0) = \lim_{h \to 0+} \frac{f(0+h) - f(0)}{h} = \lim_{h \to 0+} \frac{1}{\sqrt{0+h} + \sqrt{0}}$$

$$= \lim_{h \to 0+} \frac{1}{\sqrt{h}} = +\infty.$$

Bemerkung:

$f(x) = x^\alpha$ mit $\alpha > 0$ ist im Nullpunkt definiert ($f(0) = 0$).
Für die Ableitung im Ursprung gilt in Abhängigkeit von α:

$$f'(0) = (x^\alpha)'\big|_{x=0} = \begin{cases} 1 \text{ für } \alpha = 1 \\ 0 \text{ für } \alpha > 1 \\ \text{existiert nicht für } 0 < \alpha < 1. \end{cases}$$

5.) Die Betragsfunktion $f(x) = |x| = \begin{cases} -x \text{ für } x < 0 \\ x \text{ für } x \geq 0 \end{cases}$

ist an der Stelle $x_0 = 0$ nicht differenzierbar, denn es gilt:

$$f'_l(0) = \lim_{h \to 0-} \frac{f(0+h) - f(0)}{h} = \lim_{h \to 0-} \frac{|0+h| - |0|}{h} = \lim_{h \to 0-} \frac{|h|}{h}.$$

Da $h < 0$ ist, folgt: $\lim_{h \to 0-} \frac{|h|}{h} = \lim_{h \to 0} \frac{-h}{h} = \lim_{h \to 0}(-1) = -1.$

$$f'_r(0) = \lim_{h \to 0+} \frac{f(0+h) - f(0)}{h} = \lim_{h \to 0+} \frac{|0+h| - |0|}{h} = \lim_{h \to 0+} \frac{|h|}{h}.$$

Da $h > 0$ ist, folgt: $\lim_{h \to 0+} \frac{|h|}{h} = \lim_{h \to 0} \frac{h}{h} = \lim_{h \to 0} 1 = 1.$

Die Betragsfunktion besitzt also an der Stelle Null die linksseitige Ableitung $f'_l(0) = -1$ und die rechtsseitige Ableitung $f'_r(0) = 1$.
Da $f'_l(0) = -1 \neq 1 = f'_r(0)$ gilt, ist die Betragsfunktion an der Stelle
$x_0 = 0$ nicht differenzierbar.

In den Wirtschaftswissenschaften finden die Begriffe Änderungsrate und Elastizität Verwendung.

Definition 4.4.3
Gegeben sei die differenzierbare Funktion f mit $f(x) \neq 0$. Dann heißen

$$r_f(x) = \frac{f'(x)}{f(x)}$$

die **Änderungsrate** *von f an der Stelle x und*

$$\varepsilon_f(x) = x \cdot r_f(x) = x \cdot \frac{f'(x)}{f(x)}$$

die **Elastizität** *von f an der Stelle x.*

Bemerkung:
Für kleine Änderungen h gilt:

$$\frac{\text{relative Änderung von } f}{\text{relative Änderung von } x} = \frac{\dfrac{f(x+h)-f(x)}{f(x)}}{\dfrac{(x+h)-x}{x}}$$

$$= \left(\frac{f(x+h)-f(x)}{f(x)}\right) \cdot \left(\frac{x}{h}\right)$$

$$= \left(\frac{f(x+h)-f(x)}{h}\right) \cdot \left(\frac{x}{f(x)}\right)$$

$$\approx f'(x) \cdot \left(\frac{x}{f(x)}\right) = \varepsilon_f(x).$$

Für $h \to 0$ gilt die Gleichheit.

4.4.2   Differentiationsregeln

Die Berechnung der Ableitungen von Funktionen mittels der Definition ist im allgemeinen sehr aufwendig. Wesentlich schneller kann man Ableitungen mithilfe der Ableitungs- oder auch Differentiationsregeln genannt, berechnen. Diese Regeln werden im folgenden dargestellt.

Sind die Funktionen f und g an einer Stelle x ihres Definitionsbereichs differenzierbar, dann sind dies auch die Funktionen $c \cdot f$ mit $c \in \mathbb{R}$, $f \pm g$, $f \cdot g$, $\dfrac{f}{g}$ und $\dfrac{1}{g}$ mit $g(x) \neq 0$ und es gilt:

- **Konstantenregel:**

  $$(c \cdot f(x))' = c \cdot f'(x).$$

- **Summen-, Differenzenregel:**

  $$(f(x) \pm g(x))' = f'(x) \pm g'(x).$$

- **Produktregel:**

  $$(f(x) \cdot g(x))' = f'(x) \cdot g(x) + g'(x) \cdot f(x).$$

- **Quotientenregel:**

  $$\left(\frac{f(x)}{g(x)} \right)' = \frac{f'(x) \cdot g(x) - g'(x) \cdot f(x)}{g^2(x)}.$$

- **Reziprokenregel:**

  $$\left(\frac{1}{g(x)} \right)' = -\frac{g'(x)}{g^2(x)}.$$

Beispiel 4.4.2

Das Polynom $f(x) = x^n$ mit $n \in \mathbb{N}$ ist auf $\mathbb{R}$ differenzierbar und es gilt: $f'(x) = n \cdot x^{n-1}$.
Diese Aussage soll mithilfe der vollständigen Induktion bewiesen werden.

1.) Induktionsanfang:

   Für $n = 1$ ist $f(x) = x$. Nach dem letzten Beispiel ist $f'(x) = 1$.
   Nach der zu beweisenden Formel soll gelten: $f'(x) = 1 \cdot x^{1-1} = x^0 = 1$.
   Der Induktionsanfang ist also in Ordnung.

2.) Induktionsschritt:

Annahme: Obige Formel gelte für ein beliebiges aber fest vorgegebenes $n \in \mathbb{N}$, d.h. $(x^n)' = n \cdot x^{n-1}$ gelte für dieses n.

Mithilfe der Produktregel folgt:

$$(x^{n+1})' = (x^n \cdot x)' = n \cdot x^{n-1} \cdot x + 1 \cdot x^n = n \cdot x^n + x^n$$

$= (n+1) \cdot x^n$, d.h. aus der Gültigkeit der Aussage für n folgt die Gültigkeit dieser Aussage für $n+1$. Da n beliebig gewählt war, gilt diese Formel für alle $n \in \mathbb{N}$.

Beispiel 4.4.3

Mit den ersten beiden Differentiationsregeln und dem letzten Beispiel, kann man nun die Ableitung eines Polynoms angeben.

$$
\begin{aligned}
P_n(x) &= a_0 + a_1 x + a_2 x^2 + \ldots + a_{n-1} x^{n-1} + a_n x^n = \sum_{v=0}^{n} a_v x^v \\
P_n'(x) &= 0 + a_1 + 2a_2 x + \ldots + (n-1) a_{n-1} x^{n-2} + n\, a_n x^{n-1} \\
&= \sum_{v=0}^{n} v\, a_v x^{v-1} = \sum_{v=1}^{n} v\, a_v x^{v-1}.
\end{aligned}
$$

Beispiel 4.4.4

Vergleiche hierzu auch Tabelle 4.4.1:

1.) **Konstantenregel:**

$f(x) = 3 \sin x \implies f'(x) = 3 \cos x.$

2.) **Summen-, Differenzenregel:**

$f(x) = x^3 + \ln x \implies f'(x) = 3x^2 + \dfrac{1}{x}.$

3.) **Produktregel:**

$f(x) = x \cdot \cos x \implies f'(x) = 1 \cdot \cos x + (-\sin x) \cdot x = \cos x - x \sin x.$

$f(x) = x \cdot e^x \implies f'(x) = 1 \cdot e^x + e^x \cdot x = (1+x) \cdot e^x.$

4.) **Quotientenregel:**

$f(x) = \dfrac{\sin x}{x} \implies f'(x) = \dfrac{(\cos x) \cdot x - 1 \cdot \sin x}{x^2} = \dfrac{x \cos x - \sin x}{x^2}.$

$f(x) = \dfrac{e^x}{x} \implies f'(x) = \dfrac{e^x \cdot x - 1 \cdot e^x}{x^2} = \dfrac{(x-1) \cdot e^x}{x^2}.$

5.) Reziprokenregel:

$$f(x) = \cot x = \frac{1}{\tan x} \implies$$

$$f'(x) = -\frac{(\tan x)'}{\tan^2 x} = -\frac{\dfrac{1}{\cos^2 x}}{\tan^2 x} = -\frac{\dfrac{1}{\cos^2 x}}{\dfrac{\sin^2 x}{\cos^2 x}} = -\frac{1}{\sin^2 x}.$$

$$f(x) = \frac{1}{\ln x} \implies f'(x) = -\frac{(\ln x)'}{(\ln x)^2} = -\frac{\dfrac{1}{x}}{(\ln x)^2} = -\frac{1}{x \cdot (\ln x)^2}.$$

6.) Ein **Spezialfall** von $f(x) = x^{\alpha}$ mit $\alpha \in \mathbb{R}$, $x > 0$ ist

$$g(x) = \sqrt[n]{x} = x^{\frac{1}{n}}$$

mit $n \in \mathbb{N}$. Somit erhält man als Ableitung von g an der Stelle x:

$$g'(x) = \frac{1}{n} x^{\frac{1}{n}-1} = \frac{1}{n} x^{\frac{1-n}{n}} = \frac{1}{n} \left(x^{1-n}\right)^{\frac{1}{n}} = \frac{1}{n} \left(\frac{1}{x^{n-1}}\right)^{\frac{1}{n}}$$

$$= \frac{1}{n} \sqrt[n]{\frac{1}{x^{n-1}}} = \frac{1}{n \sqrt[n]{x^{n-1}}}.$$

Für die Quadratwurzel $f(x) = \sqrt{x}$ gilt also für alle $x > 0$ das bereits bekannte Ergebnis: $f'(x) = \dfrac{1}{2\sqrt{x}}$.

7.) Quotienten- und Produktregel:

$$f(x) = \frac{x \cdot \ln x}{e^x} \implies$$

$$f'(x) = \frac{(x \cdot \ln x)' \cdot e^x - e^x \cdot x \cdot \ln x}{(e^x)^2}$$

$$= \frac{\left(1 \cdot \ln x + \frac{1}{x} \cdot x\right) \cdot e^x - e^x \cdot x \cdot \ln x}{e^{2x}} = \frac{e^x (1 + \ln x - x \ln x)}{e^{2x}}$$

$$= \frac{1 + (1-x) \ln x}{e^x}.$$

Wichtige Ableitungen sind in der nachfolgenden Tabelle zu finden, wobei diese natürlich nur auf dem **jeweiligen Definitionsbereich** Gültigkeit haben.

Tabelle 4.4.1

$f(x)$	$f'(x)$
$c,\ c \in \mathbb{R}$	0
$\ln|x|,\ x \neq 0,$ bzw. $\ln x,\ x > 0$	$\dfrac{1}{x}$
$\log_b x,\ x > 0$	$\dfrac{1}{x \cdot \ln b}$
e^x	e^x
b^x	$b^x \cdot \ln b$
$x^\alpha,\ \alpha \in \mathbb{R}$	$\alpha \cdot x^{\alpha-1}$
$\sin x$	$\cos x$
$\cos x$	$-\sin x$
$\tan x$	$\dfrac{1}{\cos^2 x} = 1 + \tan^2 x$
$\cot x$	$-\dfrac{1}{\sin^2 x} = -(1 + \cot^2 x)$
$\arcsin x$	$\dfrac{1}{\sqrt{1-x^2}}$
$\arccos x$	$-\dfrac{1}{\sqrt{1-x^2}}$
$\arctan x$	$\dfrac{1}{1+x^2}$
$\text{arccot } x$	$-\dfrac{1}{1+x^2}$
$\sinh x$	$\cosh x$
$\cosh x$	$\sinh x$
$\tanh x$	$\dfrac{1}{\cosh^2 x} = 1 - \tanh^2 x$
$\coth x$	$\dfrac{1}{-\sinh^2 x} = 1 - \coth^2 x$
$\text{arsinh } x$	$\dfrac{1}{\sqrt{1+x^2}}$
$\text{arcosh } x$	$\dfrac{1}{\sqrt{x^2-1}}$
$\text{artanh } x$	$\dfrac{1}{1-x^2}$
$\text{arcoth } x$	$-\dfrac{1}{x^2-1} = \dfrac{1}{1-x^2}$

Bemerkung:

Der Unterschied zwischen der Ableitung von artanh x und der von arcoth x ist lediglich der Definitionsbereich:

$$(\text{artanh } x)' = \frac{1}{1-x^2} \text{ für alle } |x| < 1,$$

$$(\text{arcoth } x)' = \frac{1}{1-x^2} \text{ für alle } |x| > 1.$$

Satz 4.4.1 Kettenregel

Die Funktion g sei auf dem Intervall $\mathbb{D}_g$ und die Funktion f auf dem Intervall $\mathbb{D}_f$ mit $g(\mathbb{D}_g) \subset \mathbb{D}_f$ erklärt, so daß $f \circ g$ auf dem Intervall $\mathbb{D}_g$ definiert ist. Weiter sei g in $x_0 \in \mathbb{D}_g$ und f in $g(x_0) \in \mathbb{D}_f$ differenzierbar. Dann ist $f \circ g$ in x_0 differenzierbar und es gilt:

$$(f(g(x_0)))' = f'(g(x_0)) \cdot g'(x_0).$$

Bemerkung:

f nennt man hierbei die **äußere Funktion** und g die **innere Funktion**.

Beispiel 4.4.5

1.) $h(x) = (x+1)^2$. Die äußere Funktion f ist gegeben durch $f(u) = u^2$ mit $f'(u) = 2u$. Die innere Funktion g ist $u = g(x) = x + 1$ mit $g'(x) = 1$. Somit gilt: $h'(x) = f'(g(x)) \cdot g'(x) = (2 \cdot (x+1)) \cdot 1 = 2x + 2$.

2.) $h(x) = \sqrt{\sin x} = (\sin x)^{\frac{1}{2}}$.

Die äußere Funktion f ist gegeben durch $f(u) = \sqrt{u}$ mit $f'(u) = \dfrac{1}{2\sqrt{u}}$.

Die innere Funktion g ist $u = g(x) = \sin x$ mit $g'(x) = \cos x$.

Somit gilt: $h'(x) = f'(g(x)) \cdot g'(x) = \dfrac{1}{2\sqrt{\sin x}} \cos x = \dfrac{\cos x}{2\sqrt{\sin x}}$.

3.) $h(x) = \cos^2 x + \sin^2 x$. Auch in diesem Fall kann man die Kettenregel anwenden. Da allerdings die Identität $\cos^2 x + \sin^2 x = 1$ gilt, ist die Funktion h nichts anderes als eine Konstante, nämlich $h(x) = 1$ und somit $h'(x) = 0$.

Beispiel 4.4.6

Gegeben sei die Funktion

$$h(x) = \ln|g(x)| \quad \text{mit} \quad g(x) \neq 0.$$

Gesucht ist die Ableitung von h. Löst man den Betrag auf, so erhält man:

$$\ln|g(x)| = \begin{cases} \ln(-g(x)) \text{ für } g(x) < 0 \\ \ln g(x) \text{ für } g(x) > 0. \end{cases}$$

Mit der Kettenregel folgt:

$$g(x) > 0 \implies h(x) = \ln g(x) \implies h'(x) = \frac{1}{g(x)} \cdot g'(x).$$

$$g(x) < 0 \implies h(x) = \ln(-g(x)) \implies h'(x) = \frac{1}{-g(x)} \cdot (-g'(x)).$$

Somit erhält man zusammenfassend für $g(x) \neq 0$:

$$h'(x) = (\ln|g(x)|)' = \frac{g'(x)}{g(x)}.$$

Beispiel 4.4.7

Gegeben sei die Funktion $h(x) = x^x$ mit $x > 0$ ($h(x) > 0$ für alle $x > 0$, für $x \leq 0$ ist $h(x)$ nicht definiert). Gesucht ist deren Ableitung.

Benötigt werden hierzu die Produkt- und die Kettenregel. Doch zunächst schreibt man die Funktion h unter Verwendung der Exponential- und Logarithmusfunktion um. Die Eigenschaft $h(x) = e^{\ln h(x)}$ mit $h(x) > 0$ spielt hier die zentrale Rolle.

Es gilt: $h(x) = e^{\ln(x^x)} = e^{x \cdot \ln x}$.

Somit folgt mit $f(u) = e^u$, $f'(u) = e^u$ und $u = g(x) = x \cdot \ln x$:

$$h'(x) = e^{x \cdot \ln x} \cdot (x \cdot \ln x)' = x^x \cdot \left(1 \cdot \ln x + \frac{1}{x} \cdot x\right) = x^x \cdot (1 + \ln x).$$

Beispiel 4.4.8

Die Ableitung der Funktion $h(x) = u(x)^{v(x)}$ mit $u(x) > 0$ soll mithilfe der Ketten- und Produktregel angegeben werden ($h(x) > 0$ nach Definition). Hierzu schreibt man die Funktion h unter Verwendung der Exponential- und Logarithmusfunktion um und erhält dann:

$$h(x) = u(x)^{v(x)} = e^{\ln\left(u(x)^{v(x)}\right)} = e^{v(x) \cdot \ln u(x)}.$$

Geht man davon aus, daß die Funktionen $u(x)$ und $v(x)$ differenzierbar sind, so erhält man für jedes x aus dem Definitionsbereich von h die Ableitung

$$\begin{aligned} h'(x) &= \left(e^{v(x) \cdot \ln u(x)}\right)' = e^{v(x) \cdot \ln u(x)} \cdot (v(x) \cdot \ln u(x))' \\ &= u(x)^{v(x)} \cdot \left(v'(x) \cdot \ln u(x) + \frac{u'(x)}{u(x)} \cdot v(x)\right). \end{aligned}$$

Satz 4.4.2 Satz über die Umkehrfunktion

Die Funktion f sei auf dem Intervall $\mathbb{D}_f$ streng monoton und stetig, so daß die Umkehrfunktion f^{-1} auf dem Intervall $f(\mathbb{D})$ existiert. Ist die Funkion f in $x_0 \in \mathbb{D}$ differenzierbar und $f'(x_0) \neq 0$, so ist f^{-1} in $y_0 = f(x_0)$ differenzierbar und es gilt:

$$\left(f^{-1}(y_0)\right)' = \left(f^{-1}(f(x_0))\right)' = \frac{1}{f'(x_0)} = \frac{1}{f'\left(f^{-1}(y_0)\right)}.$$

Beispiel 4.4.9

Gegeben sei die auf dem Intervall $(0, +\infty)$ streng monoton wachsende und stetige Funktion $f(x) = x^2 + \ln x$. Gesucht ist die Ableitung der Umkehrfunktion f^{-1} von f an den Stellen $y_1 = 1 = f(1)$ und $y_2 = e^2 + 1 = f(e)$.

Lösung:

Die Berechnung der Umkehrfunktion ist hier nicht möglich, da die Gleichung $y = x^2 + \ln x$ nicht nach x aufgelöst werden kann. Dennoch kann man mithilfe des Satzes über die Umkehrfunktion die gesuchten Ableitungen berechnen. $f'(x) = 2x + \dfrac{1}{x}$ mit $f'(1) = 3 \neq 0$ und $f'(e) = 2e + \dfrac{1}{e} \neq 0$.

Es gilt nun:

$$\left(f^{-1}(1)\right)' = \left(f^{-1}(f(1))\right)' = \frac{1}{f'(1)} = \frac{1}{3},$$

$$\left(f^{-1}(e^2 + 1)\right)' = \left(f^{-1}(f(e))\right)' = \frac{1}{f'(e)} = \frac{1}{2e + \frac{1}{e}}.$$

4.4.3 Eigenschaften differenzierbarer Funktionen

Satz 4.4.3

Ist eine Funktion f differenzierbar auf dem Intervall $\mathbb{D}$ und gilt für alle $x \in \mathbb{D}$:

1.) $f'(x) \geq 0$, so ist f monoton wachsend auf $\mathbb{D}$.

2.) $f'(x) > 0$, so ist f streng monoton wachsend auf $\mathbb{D}$.

3.) $f'(x) \leq 0$, so ist f monoton fallend auf $\mathbb{D}$.

4.) $f'(x) < 0$, so ist f streng monoton fallend auf $\mathbb{D}$.

Satz 4.4.4
Ist die Funktion f in einem Punkt x_0 differenzierbar, so ist sie in diesem Punkt x_0 auch stetig.

Bemerkung:

1.) Folgerung aus Satz 4.4.4:

   Ist die Funktion f im Punkt x_0 nicht stetig, so ist sie in x_0 auch nicht differenzierbar.

2.) Eine Umkehrung des Satzes 4.4.4 ist nicht möglich, d.h. aus der Stetigkeit folgt nicht die Differenzierbarkeit. Als Beispiel hierfür sei die Betragsfunktion genannt, die an der Stelle $x = 0$ stetig aber nicht differenzierbar ist.

Satz 4.4.5 Satz von Rolle (Michel Rolle, 1652-1719):
Ist die Funktion f auf dem abgeschlossenen Intervall $[a, b]$ stetig und auf dem offenen Intervall (a, b) differenzierbar, sowie $f(a) = f(b)$, dann gibt es mindestens einen Punkt $x_0 \in (a, b)$, so daß $f'(x_0) = 0$ gilt.

Beispiel 4.4.10
Besitzt die Funktion $f(x) = 1 + x^2 - e^{x^2}$ im Intervall $(-1, 1)$ einen Punkt x_0, für den gilt: $f'(x_0) = 0$?

Lösung:
Die Funktion f ist als Komposition stetiger Funktionen stetig auf dem abgeschlossenen Intervall $[-1, 1]$ und es gilt: $f(-1) = 2 - e = f(1)$. Somit gibt es nach dem Satz von Rolle mindestens einen Punkt x_0 aus dem offenen Intervall $(-1, 1)$, für den $f'(x_0) = 0$ gilt.
Möchte man x_0 berechnen, so muß man die Gleichung $f'(x) = 2x - 2xe^{x^2} = 2x(1 - e^{x^2}) = 0$ lösen. Die einzige Lösung ist $x_0 = 0 \in (-1, 1)$.

Satz 4.4.6 Mittelwertsatz der Differentialrechnung
Ist die Funktion f auf dem abgeschlossenen Intervall $[a, b]$ stetig und auf dem offenen Intervall (a, b) differenzierbar, dann gibt es mindestens einen Punkt $x_0 \in (a, b)$, so daß gilt:

$$f'(x_0) = \frac{f(b) - f(a)}{b - a}.$$

Satz 4.4.7 Regel von de l'Hôpital

(Guillaume François Antoine Marquis de l'Hôpital, 1661-1704):

Die Funktionen f und g seien auf dem offenen Intervall (a, b) oder auf ganz $\mathbb{R}$ differenzierbar. Weiter sei $g'(x) \neq 0$ für alle $x \in (a, b)$ bzw. für alle $x \in \mathbb{R}$. Dann gilt:

- *Tritt einer der beiden nachfolgenden Fälle ein*

  1.) $\displaystyle\lim_{x \to a+} f(x) = \lim_{x \to a+} g(x) = 0,$

  2.) $\displaystyle\lim_{x \to a+} f(x) = \pm\infty$ *und* $\displaystyle\lim_{x \to a+} g(x) = \pm\infty,$

  so gilt für den rechtsseitigen Grenzwert:

  $$\lim_{x \to a+} \frac{f(x)}{g(x)} = \lim_{x \to a+} \frac{f'(x)}{g'(x)},$$

  falls der rechtsstehende Grenzwert im eigentlichen oder uneigentlichen Sinne existiert.

- *Tritt einer der beiden nachfolgenden Fälle ein*

  1.) $\displaystyle\lim_{x \to b-} f(x) = \lim_{x \to b-} g(x) = 0,$

  2.) $\displaystyle\lim_{x \to b-} f(x) = \pm\infty$ *und* $\displaystyle\lim_{x \to b-} g(x) = \pm\infty,$

  so gilt für den linksseitigen Grenzwert:

  $$\lim_{x \to b-} \frac{f(x)}{g(x)} = \lim_{x \to b-} \frac{f'(x)}{g'(x)},$$

  falls der rechtsstehende Grenzwert im eigentlichen oder uneigentlichen Sinne existiert.

- *Tritt einer der beiden nachfolgenden Fälle ein*

  1.) $\displaystyle\lim_{x \to \infty} f(x) = \lim_{x \to \infty} g(x) = 0,$

  2.) $\displaystyle\lim_{x \to \infty} f(x) = \pm\infty$ *und* $\displaystyle\lim_{x \to \infty} g(x) = \pm\infty,$

  so gilt:

  $$\lim_{x \to \infty} \frac{f(x)}{g(x)} = \lim_{x \to \infty} \frac{f'(x)}{g'(x)},$$

  falls der rechtsstehende Grenzwert im eigentlichen oder uneigentlichen Sinne existiert.

- *Tritt einer der beiden nachfolgenden Fälle ein*

  1.) $\lim\limits_{x \to -\infty} f(x) \;=\; \lim\limits_{x \to -\infty} g(x) \;=\; 0,$

  2.) $\lim\limits_{x \to -\infty} f(x) \;=\; \pm\infty \qquad und \qquad \lim\limits_{x \to -\infty} g(x) \;=\; \pm\infty,$

  so gilt:

$$\lim_{x \to -\infty} \frac{f(x)}{g(x)} \;=\; \lim_{x \to -\infty} \frac{f'(x)}{g'(x)},$$

falls der rechtsstehende Grenzwert im eigentlichen oder uneigentlichen Sinne existiert.

Bemerkung:

Die Existenz des jeweils rechtsstehenden Grenzwerts im eigentlichen Sinne bedeutet, daß dieser eine reelle Zahl ist.

Die Existenz des jeweils rechtsstehenden Grenzwerts im uneigentlichen Sinne bedeutet, daß entweder $-\infty$ oder $+\infty$ Grenzwert ist.

Beispiel 4.4.11

1.) Berechnet werden soll der Grenzwert $\lim\limits_{x \to \infty} \dfrac{x^2 - 1}{x^3 + x^2 + 5}$.

Die Funktionen $f(x) = x^2 - 1$ und $g(x) = x^3 + x^2 + 5$ sind auf $\mathbb{R}$ definiert und es gilt: $\lim\limits_{x \to \infty} (x^2 - 1) = +\infty$ und $\lim\limits_{x \to \infty} (3x^2 + 2x) = +\infty$, sowie $f'(x) = 2x$ und $g'(x) = 3x^2 + 2x$ für alle $x \in \mathbb{R}$.

Mit der Regel von de l'Hôpital folgt dann:

$$\lim_{x \to \infty} \frac{x^2 - 1}{x^3 + x^2 + 5} = \lim_{x \to \infty} \frac{2x}{3x^2 + 2x} = \lim_{x \to \infty} \frac{2x}{x(3x + 2)}$$

$$= \lim_{x \to \infty} \frac{2}{3x + 2} = 0.$$

2.) Berechnet werden soll der Grenzwert $\lim\limits_{x \to 0} \dfrac{\sin x}{x}$.

Die Funktionen $f(x) = \sin x$ und $g(x) = x$ sind auf $\mathbb{R}$ definiert und es gilt: $\lim\limits_{x \to 0} \sin x = 0$ und $\lim\limits_{x \to 0} x = 0$, sowie $f'(x) = \cos x$ und $g'(x) = 1$ für alle $x \in \mathbb{R}$.

Mit der Regel von de l'Hôpital folgt: $\lim\limits_{x \to 0} \dfrac{\sin x}{x} = \lim\limits_{x \to 0} \dfrac{\cos x}{1} = 1.$

3.) Berechnet werden soll der Grenzwert $\lim\limits_{x\to 0+} \dfrac{\sin x}{\sqrt{x}}$.

Die Funktionen $f(x) = \sin x$ und $g(x) = \sqrt{x}$ sind auf $[0, +\infty)$ definiert und es gilt: $\lim\limits_{x\to 0+} \sin x = 0$ und $\lim\limits_{x\to 0+} \sqrt{x} = 0$, sowie $f'(x) = \cos x$ und $g'(x) = \dfrac{1}{2\sqrt{x}}$ für alle $x \in (0, +\infty)$.

Mit der Regel von de l'Hôpital folgt:

$$\lim_{x\to 0+} \frac{\sin x}{\sqrt{x}} = \lim_{x\to 0+} \frac{\cos x}{\frac{1}{2\sqrt{x}}} = \lim_{x\to 0+} 2\sqrt{x}\cos x = 0.$$

4.) Berechnet werden soll der Grenzwert $\lim\limits_{x\to 1} \dfrac{x^2 - 1}{x^2 + x - 2}$.

Die Funktionen $f(x) = x^2 - 1$ und $g(x) = x^2 + x - 2$ sind auf $\mathbb{R}$ definiert und es gilt: $\lim\limits_{x\to 1}(x^2 - 1) = 0$ und $\lim\limits_{x\to 1}(x^2 + x - 2) = 0$, sowie $f'(x) = 2x$ und $g'(x) = 2x + 1$ für alle $x \in \mathbb{R}$.

Mit der Regel von de l'Hôpital folgt:

$$\lim_{x\to 1} \frac{x^2 - 1}{x^2 + x - 2} = \lim_{x\to 1} \frac{2x}{2x + 1} = \frac{2}{3}.$$

Würde man an der Stelle $\lim\limits_{x\to 1} \dfrac{2x}{2x + 1}$ noch ein weiteres Mal die Regel von de l'Hôpital anwenden (was natürlich nicht erlaubt ist, da die Voraussetzungen zur Anwendung dieses Satzes nicht mehr erfüllt sind), dann erhielte man die **falsche Aussage:** $\lim\limits_{x\to 1} \dfrac{2x}{2x + 1} = \lim\limits_{x\to 1} \dfrac{2}{2} = 1$.

Es ist also stets zu überprüfen, ob die Voraussetzungen zur Anwendung dieses Satzes erfüllt sind!

4.4.4   Ableitungen höherer Ordnung

Ist die Ableitung f' der Funktion f in x differenzierbar, so ist deren Ableitung in x gegeben durch:

$$f''(x) = \lim_{h\to 0} \frac{f'(x + h) - f'(x)}{h} = \frac{d f'(x)}{dx} = \frac{d^2 f(x)}{dx^2}.$$

Diese Ableitung $f''(x)$ nennt man die **zweite Ableitung** der Funktion f (Sprechweise: „f zwei Strich" bzw. „d zwei f nach dx Quadrat").

Analog hierzu erhält man, falls der entsprechende Grenzwert existiert, die **n-te Ableitung**, mit $n \in \mathbb{N}$, einer Funktion f durch:

$$f^{(n)}(x) = \lim_{h \to 0} \frac{f^{(n-1)}(x+h) - f^{(n-1)}(x)}{h}$$

$$= \frac{d f^{(n-1)}(x)}{dx} = \frac{d^n f(x)}{dx^n},$$

Hierbei gilt:

$$f^{(0)}(x) = f(x), \ f^{(1)}(x) = f'(x), \ f^{(2)}(x) = f''(x), \ f^{(3)}(x) = f'''(x).$$

Beispiel 4.4.12

1.) $\quad f(x) = 3x^3 + 2x^2 - x - 1,$

$\quad f'(x) = 9x^2 + 4x - 1,$

$\quad f''(x) = 18x + 4,$

$\quad f'''(x) = 18,$

$\quad f^{(4)}(x) = 0,$

$\quad f^{(n)}(x) = 0$ für alle $n \geq 4$.

2.) $\quad f(x) = \sin x,$

$\quad f'(x) = \cos x,$

$\quad f''(x) = -\sin x,$

$\quad f'''(x) = -\cos x,$

$\quad f^{(4)}(x) = \sin x.$

Allgemein gilt für $f(x) = \sin x$:

$$f^{(2n)}(x) = (-1)^n \sin x \qquad \text{mit } n \in \mathbb{N}_0 \text{ und}$$

$$f^{(2n-1)}(x) = (-1)^{n+1} \cos x \quad \text{mit } n \in \mathbb{N}.$$

3.) Die n-te Ableitung eines Polynoms n-ten Grades

$$P_n(x) = a_0 + a_1 x + a_2 x^2 + \ldots + a_{n-1} x^{n-1} + a_n x^n$$

ist gegeben durch:

$$P_n^{(n)}(x) = a_0 \cdot n!.$$

Für $m \in \mathbb{N}$, mit $m \geq n+1$ gilt:

$$P_n^{(m)}(x) = 0.$$

Satz 4.4.8

Ist eine Funktion f zweimal differenzierbar auf dem Intervall $\mathbb{D}$ und gilt für alle $x \in \mathbb{D}$:

1.) $f''(x) \geq 0$, *so ist f konvex auf* $\mathbb{D}$.

2.) $f''(x) > 0$, *so ist f streng konvex auf* $\mathbb{D}$.

3.) $f''(x) \leq 0$, *so ist f konkav auf* $\mathbb{D}$.

4.) $f''(x) < 0$, *so ist f streng konkav auf* $\mathbb{D}$.

4.5 Aufgaben zu Kapitel 4

Aufgabe 4.5.1

Geben Sie für die nachfolgenden Funktionen die maximale Definitionsmenge, die Polstellen (senkrechte Asymptoten), sowie die Asymptoten an. Untersuchen Sie diese Funktionen ebenfalls auf Symmetrie zum Ursprung bzw. auf Symmetrie zur y-Achse.

a) $f(x) = \dfrac{1}{1 - x^2}$,   b) $f(x) = \dfrac{1}{1 + x^2}$,   c) $f(x) = \dfrac{x}{1 - x^2}$,

d) $f(x) = \dfrac{x}{1 + x^2}$,   e) $f(x) = \dfrac{x}{1 + x}$,   f) $f(x) = \dfrac{x^2}{1 - x}$,

g) $f(x) = \dfrac{x^3}{3 - x}$,   h) $f(x) = \dfrac{x - 1}{x^2 - 1}$,   i) $f(x) = \dfrac{x^2 - 4}{x + 2}$.

Lösung:

a) **Definitionsmenge:**

Die maximal mögliche Definitionsmenge ist $\mathbb{D} = \mathbb{R} \setminus \{-1, 1\}$, denn für $|x| = 1$ wird der Nenner Null.

Polstellen, senkrechte Asymptoten:

Polstellen sind hier $x_1 = -1$ und $x_2 = 1$, denn

für $x_1 = -1$ gilt:

$$\lim_{x \to -1-} \frac{1}{1 - x^2} = -\infty \quad \text{und} \quad \lim_{x \to -1+} \frac{1}{1 - x^2} = +\infty.$$

Die Stelle $x_1 = -1$ ist eine Polstelle mit Vorzeichenwechsel.

Für $x_2 = 1$ gilt:

$$\lim_{x \to 1-} \frac{1}{1 - x^2} = +\infty \quad \text{und} \quad \lim_{x \to 1+} \frac{1}{1 - x^2} = -\infty.$$

Die Stelle $x_2 = 1$ ist eine Polstelle mit Vorzeichenwechsel.

Asymptoten:

Die x-Achse ($a(x) = 0$) ist waagrechte Asymptote, denn es gilt:

$$\lim_{x \to \pm\infty} \frac{1}{1 - x^2} = 0.$$

Symmetrie:

Die Funktion ist symmetrisch zur y-Achse, denn es gilt:

$$f(-x) = \frac{1}{1 - (-x)^2} = \frac{1}{1 - x^2} = f(x).$$

b) **Definitionsmenge:**

Die maximal mögliche Definitionsmenge ist $\mathbb{D} = \mathbb{R}$, denn der Nenner besitzt keine reellen Nullstellen.

Polstellen, senkrechte Asymptoten:

Die Funktion f hat keine Polstellen, da sie auf ganz $\mathbb{R}$ definiert ist.

Asymptoten:

Die x-Achse ($a(x) = 0$) ist waagrechte Asymptote, denn es gilt:

$$\lim_{x \to \pm\infty} \frac{1}{1 + x^2} = 0.$$

Symmetrie:

Die Funktion ist symmetrisch zur y-Achse, denn es gilt:

$$f(-x) = \frac{1}{1 + (-x)^2} = \frac{1}{1 + x^2} = f(x).$$

c) **Definitionsmenge:**

Die maximal mögliche Definitionsmenge ist $\mathbb{D} = \mathbb{R} \setminus \{-1, 1\}$, denn für $|x| = 1$ wird der Nenner Null.

Polstellen, senkrechte Asymptoten:

Polstellen sind $x_1 = -1$ und $x_2 = 1$, denn

für $x_1 = -1$ gilt:

$$\lim_{x \to -1-} \frac{x}{1 - x^2} = +\infty \quad \text{und} \quad \lim_{x \to -1+} \frac{x}{1 - x^2} = -\infty.$$

Die Stelle $x_1 = -1$ ist eine Polstelle mit Vorzeichenwechsel.

Für $x_2 = 1$ gilt:

$$\lim_{x \to 1-} \frac{x}{1 - x^2} = +\infty \quad \text{und} \quad \lim_{x \to 1+} \frac{x}{1 - x^2} = -\infty.$$

Die Stelle $x_2 = 1$ ist eine Polstelle mit Vorzeichenwechsel.

Asymptoten:

Die x-Achse ($a(x) = 0$) ist waagrechte Asymptote, denn es gilt:

$$\lim_{x \to \pm\infty} \frac{x}{1 - x^2} = \lim_{x \to \pm\infty} = \frac{1}{\frac{1}{x} - x} = 0.$$

Symmetrie:

Die Funktion ist symmetrisch zum Ursprung, denn es gilt:

$$f(-x) = \frac{(-x)}{1 - (-x)^2} = -\frac{x}{1 - x^2} = -f(x).$$

d) **Definitionsmenge:**

Die maximal mögliche Definitionsmenge ist $\mathbb{D} = \mathbb{R}$, denn der Nenner besitzt keine reellen Nullstellen.

Polstellen, senkrechte Asymptoten:

Polstellen gibt es hier keine, da der Nenner keine reellen Nullstellen besitzt.

Asymptoten:

Die x-Achse ($a(x) = 0$) ist waagrechte Asymptote, denn es gilt:

$$\lim_{x \to \pm\infty} \frac{x}{1 + x^2} = \lim_{x \to \pm\infty} = \frac{1}{\frac{1}{x} + x} = 0.$$

Symmetrie:

Die Funktion ist symmetrisch zum Ursprung, denn es gilt:

$$f(-x) = \frac{(-x)}{1 + (-x)^2} = -\frac{x}{1 + x^2} = -f(x).$$

e) **Definitionsmenge:**

Die maximal mögliche Definitionsmenge ist $\mathbb{D} = \mathbb{R} \setminus \{-1\}$, denn für $x = -1$ wird der Nenner Null.

Polstellen, senkrechte Asymptoten:

Die einzige Polstelle ist $x_1 = -1$, denn für $x_1 = -1$ gilt:

$$\lim_{x \to -1-} \frac{x}{1 + x} = +\infty \quad \text{und} \quad \lim_{x \to -1+} \frac{x}{1 + x} = -\infty.$$

Die Stelle $x_1 = -1$ ist eine Polstelle mit Vorzeichenwechsel.

Asymptoten:

Eine andere Darstellung dieser Funktion (nach Polynomdivision) ist $f(x) = 1 - \dfrac{1}{x + 1}$. Die Funktion besitzt also die waagrechte Asymptote $a(x) = 1$, denn es gilt:

$$\lim_{x \to \pm\infty} (f(x) - 1) = \lim_{x \to \pm\infty} \frac{1}{1 + x} = 0.$$

Symmetrie:

Die Funktion ist weder symmetrisch zum Ursprung, noch ist sie symmetrisch zur y-Achse.

f) **Definitionsmenge:**

Die maximal mögliche Definitionsmenge ist $\mathbb{D} = \mathbb{R} \setminus \{1\}$, denn für $x = 1$ wird der Nenner Null.

Polstellen, senkrechte Asymptoten:

Die einzige Polstelle ist $x_1 = 1$, denn für $x_1 = 1$ gilt:

$$\lim_{x \to 1-} \frac{x^2}{1-x} = +\infty \quad \text{und} \quad \lim_{x \to 1+} \frac{x^2}{1-x} = -\infty.$$

Die Stelle $x_1 = 1$ ist eine Polstelle mit Vorzeichenwechsel.

Asymptoten:

Eine andere Darstellung dieser Funktion (nach Polynomdivision) ist

$$f(x) = -x - 1 + \frac{1}{1-x}.$$

Die Funktion besitzt die Gerade $a(x) = -x - 1$ als Asymptote, denn es gilt:

$$\lim_{x \to \pm\infty} (f(x) - (-x - 1)) = \lim_{x \to \pm\infty} \frac{1}{1-x} = 0.$$

Symmetrie:

Die Funktion ist weder symmetrisch zum Ursprung, noch ist sie symmetrisch zur y-Achse.

g) **Definitionsmenge:**

Die maximal mögliche Definitionsmenge ist $\mathbb{D} = \mathbb{R} \setminus \{3\}$, denn für $x = 3$ wird der Nenner Null.

Polstellen, senkrechte Asymptoten:

Die einzige Polstelle ist $x_1 = 3$, denn für $x_1 = 3$ gilt:

$$\lim_{x \to 3-} \frac{x^3}{3-x} = +\infty \quad \text{und} \quad \lim_{x \to 3+} \frac{x^3}{3-x} = -\infty.$$

Die Stelle $x_1 = 1$ ist eine Polstelle mit Vorzeichenwechsel.

Asymptoten:

Eine andere Darstellung dieser Funktion (nach Polynomdivision) ist

$$f(x) = -x^2 - 3x - 9 + \frac{27}{3-x}.$$

Die Funktion besitzt die Parabel $a(x) = -(x^2 + 3x + 9)$ als Asymptote, denn es gilt:

$$\lim_{x \to \pm\infty} (f(x) - a(x)) = \lim_{x \to \pm\infty} \frac{27}{3-x} = 0.$$

Symmetrie:

Die Funktion ist weder symmetrisch zum Ursprung, noch ist sie symmetrisch zur y-Achse.

h) **Definitionsmenge:**
Die maximal mögliche Definitionsmenge ist $\mathbb{D} = \mathbb{R} \setminus \{-1, 1\}$, denn für $|x| = 1$ wird der Nenner Null.
Polstellen, senkrechte Asymptoten:
Polstellen könnten $x_1 = -1$ und $x_2 = 1$ sein.
Die Funktion f läßt sich umschreiben zu

$$f(x) = \frac{x-1}{x^2-1} = \frac{x-1}{(x-1)(x+1)}.$$

Man kann die Funktion f an der Stelle $x = 1$ stetig ergänzen. Die stetige Ergänzung von f für alle $x \in \mathbb{R} \setminus \{-1\}$ ist $\widetilde{f}$ mit

$$\widetilde{f}(x) = \frac{1}{x+1}.$$

Die Stelle $x = 1$ ist somit keine Polstelle. Es handelt sich hierbei lediglich um eine Definitionslücke.
Zur weiteren Untersuchung kann anstelle der Funktion f auch deren stetige Ergänzung $\widetilde{f}$ herangezogen werden. Beachtet werden muß, daß die Definitionsmenge weiterhin $\mathbb{D} = \mathbb{R} \setminus \{-1, 1\}$ ist.
Für $x_1 = 1$ gilt: $\lim_{x \to 1} f(x) = \lim_{x \to 1} \widetilde{f}(x)$, d.h.

$$\lim_{x \to 1} \frac{x-1}{x^2-1} = \lim_{x \to 1} \frac{1}{x+1} = \frac{1}{2}.$$

Für $x_2 = -1$ gilt: $\lim_{x \to -1\pm} f(x) = \lim_{x \to -1\pm} \widetilde{f}(x)$, d.h.

$$\lim_{x \to -1-} \frac{x-1}{x^2-1} = \lim_{x \to -1-} \frac{1}{x+1} = -\infty,$$

$$\lim_{x \to -1+} \frac{x-1}{x^2-1} = \lim_{x \to -1+} \frac{1}{x+1} = +\infty.$$

Die Stelle $x_2 = -1$ ist somit eine Polstelle mit Vorzeichenwechsel.
Asymptoten:
Die Funktion f besitzt die x-Achse als waagrechte Asymptote denn es gilt:

$$\lim_{x \to \pm\infty} (f(x) - 0) = \lim_{x \to \pm\infty} (\widetilde{f}(x) - 0) = 0.$$

Symmetrie:
Die Funktion ist weder symmetrisch zum Ursprung, noch ist sie symmetrisch zur y-Achse.

i) Definitionsmenge:

Die maximal mögliche Definitionsmenge ist $\mathbb{D} = \mathbb{R} \setminus \{-2\}$, denn für $x = -2$ wird der Nenner Null.

Polstellen, senkrechte Asymptoten:

Die Funktion f läßt sich umschreiben zu

$$f(x) = \frac{x^2 - 4}{x + 2} = \frac{(x + 2)(x - 2)}{x + 2}.$$

Man kann die Funktion f an der Stelle $x = -2$ stetig ergänzen. Die stetige Ergänzung von f für alle $x \in \mathbb{R}$ ist $\tilde{f}$ mit

$$\tilde{f}(x) = x - 2.$$

Die Stelle $x = -2$ ist somit keine Polstelle. Es handelt sich hierbei lediglich um eine Definitionslücke.

Zur weiteren Untersuchung kann anstelle der Funktion f auch deren stetige Ergänzung $\tilde{f}$ herangezogen werden. Man muß nur beachten, daß die Definitionsmenge weiterhin $\mathbb{D} = \mathbb{R} \setminus \{-2\}$ ist.

Asymptoten:

Die Funktion f besitzt keine Asymptoten.

Symmetrie:

Die Funktion ist weder symmetrisch zum Ursprung, noch ist sie symmetrisch zur y-Achse.

Aufgabe 4.5.2

Gegeben sei die Funktion $f(x) = \dfrac{x^2 - 3x + 2}{x^2 + x - 2}$.

Bestimmen Sie den Definitionsbereich von f und untersuchen Sie, ob sich die Funktion in den Definitionslücken stetig ergänzen läßt. Wie sieht gegebenenfalls die stetige Ergänzung aus?

Lösung:

Die Nullstellen des Nenners ($x^2 + x - 2 = 0$) sind $x_1 = 1$ und $x_2 = -2$. Somit ist die Definitionsmenge gegeben durch: $\mathbb{D} = \mathbb{R} \setminus \{-2, 1\}$.

Die Nullstellen des Zählers ($x^2 - 3x + 2 = 0$) sind $x_3 = 1$ und $x_4 = 2$. Da $x = 1$ sowohl eine einfache Nullstelle des Nenners, als auch eine einfache Nullstelle des Zählers ist, kann man f in $x = 1$ stetig ergänzen.

Es gilt: $\lim\limits_{x \to 1}(x^2 - 3x + 2) = 0$ und $\lim\limits_{x \to 1}(x^2 + x - 2) = 0$, sowie $\lim\limits_{x \to 1}(2x - 3) = -1$

und $\lim\limits_{x\to1}(2x+1) = 3 \neq 0$. Somit erhält man mit der Regel von de L'Hôpital:

$$\lim_{x\to1} f(x) = \lim_{x\to1} \frac{x^2 - 3x + 2}{x^2 + x - 2} = \lim_{x\to1} \frac{2x - 3}{2x + 1} = -\frac{1}{3}.$$

Den Grenzwert kann man natürlich auch ohne diese Regel berechnen, indem man die gemeinsame Nullstelle von Zähler und Nenner einfach abdividiert.

$$\lim_{x\to1} f(x) = \lim_{x\to1} \frac{x^2 - 3x + 2}{x^2 + x - 2} = \lim_{x\to1} \frac{(x-1)(x-2)}{(x-1)(x+2)} = \lim_{x\to1} \frac{x-2}{x+2} = -\frac{1}{3}.$$

Die stetige Ergänzung ist:

$$\widetilde{f}(x) \;=\; \begin{cases} f(x) \text{ für } x \in \mathbb{R} \setminus \{-2, 1\} \\[2mm] -\dfrac{1}{3} \text{ für } x = 1 \end{cases}$$

$$\phantom{\widetilde{f}(x)} \;=\; \frac{x-2}{x+2} \quad \text{für alle } x \in \mathbb{R} \setminus \{-2\}.$$

Aufgabe 4.5.3

Leiten Sie die Funktionen nach der Produktregel ab:

a) $f(x) = (1-x)x$,   b) $f(x) = (1-x)(1+x)$,

c) $f(x) = (2x-1)x^2$,   d) $f(x) = (x^2-1)(2x+x^3)$,

e) $f(x) = (1-2x^2)^2$,   f) $f(x) = (1-5x^2)\sqrt{x}$,

g) $f(x) = (x^2-1)(3x+\sqrt{x})$,   h) $f(x) = x \cdot x^{-1}$,

i) $f(x) = \dfrac{x^2-1}{x}$,   j) $f(x) = mx$,

k) $f(x) = ax^2$,   l) $f(x) = x \cdot g(x)$, g differenzierbar.

Lösung:

a) $f'(x) = (1-x)' \cdot x + x' \cdot (1-x) = (-1) \cdot x + 1 \cdot (1-x) = -2x + 1$.

b) $f'(x) = (1-x)'\cdot(1+x)+(1+x)'\cdot(1-x) = (-1)\cdot(1+x)+1\cdot(1-x) = -2x$.

c) $f'(x) = (2x-1)' \cdot x^2+\left(x^2\right)' \cdot (2x-1) = 2 \cdot x^2+2x \cdot (2x-1) = 6x^2-2x$.

d) $f'(x) = (x^2-1)' \cdot (2x+x^3) + (2x+x^3)' \cdot (x^2-1)$

     $= 2x \cdot (2x+x^3) + (2+3x^2) \cdot (x^2-1) = 5x^4+3x^2-2$.

e) $f(x) = (1-2x^2)^2 = (1-2x^2) \cdot (1-2x^2) \implies$

     $f'(x) = (1-2x^2)'\cdot(1-2x^2)+(1-2x^2)'\cdot(1-2x^2) = 2\cdot(1-2x^2)\cdot(1-2x^2)'$

     $= 2 \cdot (1-2x^2) \cdot (-4x) = 16x^3-8x$.

f) $f'(x) = (1 - 5x^2)' \cdot \sqrt{x} + (\sqrt{x})' \cdot (1 - 5x^2) = (-10x) \cdot \sqrt{x} + \dfrac{1}{2\sqrt{x}} \cdot (1 - 5x^2)$

$= \dfrac{1 - 25x^2}{2\sqrt{x}}.$

g) $f'(x) = (x^2 - 1)' \cdot (3x + \sqrt{x}) + (3x + \sqrt{x})' \cdot (x^2 - 1)$

$= 2x \cdot (3x + \sqrt{x}) + \left(3 + \dfrac{1}{2\sqrt{x}}\right) \cdot (x^2 - 1)$

$= 9x^2 + 3x^2 + 2x\sqrt{x} + \dfrac{x^2 - 1}{2\sqrt{x}}.$

h) $f'(x) = x' \cdot x^{-1} + (x^{-1})' \cdot x = 1 \cdot x^{-1} + (-x^{-2}) \cdot x = x^{-1} - x^{-1} = 0.$

i) $f(x) = \dfrac{x^2 - 1}{x} = (x^2 - 1) \cdot x^{-1} \implies$

$f'(x) = (x^2 - 1)' \cdot x^{-1} + (x^{-1})' \cdot (x^2 - 1)$

$= 2x \cdot x^{-1} + (-x^{-2}) \cdot (x^2 - 1) = 2 - 1 + x^{-2} = 1 + \dfrac{1}{x^2}.$

j) $f'(x) = m' \cdot x + x' \cdot m = 0 \cdot x + 1 \cdot m = m.$

k) $f'(x) = a' \cdot x^2 + (x^2)' \cdot a = 0 \cdot x^2 + 2x \cdot a = 2ax.$

l) $f'(x) = x' \cdot g(x) + g'(x) \cdot x = 1 \cdot g(x) + g'(x) \cdot x = g(x) + g'(x) \cdot x.$

Bemerkung:

Aufgaben a) bis h) sollten im Normalfall ausmultipliziert, zusammengefaßt und erst dann abgeleitet werden. Aufgabe e) ist am einfachsten mit der Kettenregel abzuleiten und bei Aufgabe i) kann auch die Quotientenregel angewandt werden.

Aufgabe 4.5.4

Leiten Sie die Funktionen nach der Quotientenregel ab:

a) $f(x) = \dfrac{1-x}{x}$,   b) $f(x) = \dfrac{1-x}{1+x}$,   c) $f(x) = \dfrac{2x-1}{x^2}$,

d) $f(x) = \dfrac{x^2-1}{2x+x^3}$,   e) $f(x) = \dfrac{1}{1-x^2}$,   f) $f(x) = \dfrac{1}{1+x^2}$,

g) $f(x) = \dfrac{x}{1-x^2}$,   h) $f(x) = \dfrac{x}{1+x^2}$,   i) $f(x) = \dfrac{1-5x^2}{\sqrt{x}}$,

j) $f(x) = \dfrac{x^2-1}{3x+\sqrt{x}}$,   k) $f(x) = \dfrac{x^2-1}{x}$,   l) $f(x) = \dfrac{ax+b}{ax-b}$,

m) $f(x) = \dfrac{ax^2+bx+c}{ax+b}$,   n) $f(x) = \dfrac{ax+b}{ax^2+bx+c}$,

o) $f(x) = \dfrac{ax^2+bx+c}{-ax^2+bx+c}$.

Lösung:

a) $f'(x) = \dfrac{(1-x)' \cdot x - x' \cdot (1-x)}{x^2} = \dfrac{(-1) \cdot x - 1 \cdot (1-x)}{x^2} = -\dfrac{1}{x^2}$.

b) $f'(x) = \dfrac{(1-x)' \cdot (1+x) - (1+x)' \cdot (1-x)}{(1+x)^2}$

$= \dfrac{(-1) \cdot (1+x) - 1 \cdot (1-x)}{(1+x)^2} = -\dfrac{2}{(1+x)^2}$.

c) $f'(x) = \dfrac{(2x-1)' \cdot x^2 - (x^2)' \cdot (2x-1)}{x^4} = \dfrac{2 \cdot x^2 - 2x \cdot (2x-1)}{x^4}$

$= \dfrac{-2x^2 + 2x}{x^4} = \dfrac{2(1-x)}{x^3}$.

d) $f'(x) = \dfrac{(x^2-1)' \cdot (2x+x^3) - (2x+x^3)' \cdot (x^2-1)}{(2x+x^3)^2}$

$= \dfrac{2x \cdot (2x+x^3) - (2+3x^2) \cdot (x^2-1)}{(2x+x^3)^2} = \dfrac{-x^4 - 2x^3 + x^2 + 2x}{(2x+x^3)^2}$

$= \dfrac{x \cdot (-x^3 - 2x^2 + x + 2)}{x^2 \cdot (2+x^2)^2} = \dfrac{-x^3 - 2x^2 + x + 2}{x \cdot (2+x^2)^2}$.

e) $f'(x) = \dfrac{1' \cdot (1-x^2) - (1-x^2)' \cdot 1}{(1-x^2)^2} = \dfrac{0 - (-2x)}{(1-x^2)^2} = \dfrac{2x}{(1-x^2)^2}$.

f) $f'(x) = \dfrac{1' \cdot (1+x^2) - (1+x^2)' \cdot 1}{(1+x^2)^2} = \dfrac{0 - 2x}{(1+x^2)^2} = -\dfrac{2x}{(1+x^2)^2}$.

g) $f'(x) = \dfrac{x' \cdot (1 - x^2) - (1 - x^2)' \cdot x}{(1 - x^2)^2} = \dfrac{1 \cdot (1 - x^2) - (-2x) \cdot x}{(1 - x^2)^2}$

$= \dfrac{1 + x^2}{(1 - x^2)^2}.$

h) $f'(x) = \dfrac{x' \cdot (1 + x^2) - (1 + x^2)' \cdot x}{(1 + x^2)^2} = \dfrac{1 \cdot (1 + x^2) - 2x \cdot x}{(1 + x^2)^2}$

$= -\dfrac{1 - x^2}{(1 + x^2)^2}.$

i) $f'(x) = \dfrac{(1 - 5x^2)' \cdot \sqrt{x} - (\sqrt{x})' \cdot (1 - 5x^2)}{(\sqrt{x})^2}$

$= \dfrac{(-10x) \cdot \sqrt{x} - \frac{1}{2\sqrt{x}} \cdot (1 - 5x^2)}{x} = -10\sqrt{x} - \dfrac{1}{2x\sqrt{x}} + \dfrac{5x\sqrt{x}}{2}$

$= \dfrac{5x^3 - 20x^2 - 1}{2x\sqrt{x}}.$

j) $f'(x) = \dfrac{(x^2 - 1)' \cdot (3x + \sqrt{x}) - (3x + \sqrt{x})' \cdot (x^2 - 1)}{(3x + \sqrt{x})^2}$

$= \dfrac{2x \cdot (3x + \sqrt{x}) - \left(3 + \frac{1}{2\sqrt{x}}\right) \cdot (x^2 - 1)}{(3x + \sqrt{x})^2} = \dfrac{3x^2 + \frac{3}{2}x\sqrt{x} + 3 + \frac{1}{2\sqrt{x}}}{(3x + \sqrt{x})^2}.$

k) $f'(x) = \dfrac{(x^2 - 1)' \cdot x - x' \cdot (x^2 - 1)}{x^2} = \dfrac{2x \cdot x - 1 \cdot (x^2 - 1)}{x^2} = \dfrac{x^2 + 1}{x^2}$

$= 1 + \dfrac{1}{x^2}.$

l) $f'(x) = \dfrac{(ax + b)'(ax - b) - (ax - b)' \cdot (ax + b)}{(ax - b)^2}$

$= \dfrac{a(ax - b) - a(ax + b)}{(ax - b)^2} = \dfrac{-2ab}{(ax - b)^2}.$

m) $f'(x) = \dfrac{(ax^2 + bx + c)' \cdot (ax + b) - (ax + b)' \cdot (ax^2 + bx + c)}{(ax + b)^2}$

$= \dfrac{(2ax + b) \cdot (ax + b) - a \cdot (ax^2 + bx + c)}{(ax + b)^2} = \dfrac{a^2x^2 + 2abx + b^2 - ac}{(ax + b)^2}$

$= \dfrac{(ax + b)^2 - ac}{(ax + b)^2} = 1 - \dfrac{ac}{(ax + b)^2}.$

n) $f'(x) = \dfrac{(ax + b)' \cdot (ax^2 + bx + c) - (ax^2 + bx + c)' \cdot (ax + b)}{(ax^2 + bx + c)^2}$

$$= \frac{a \cdot (ax^2 + bx + c) - (2ax + b) \cdot (ax + b)}{(ax^2 + bx + c)^2} = -\frac{a^2 x^2 + 2abx + b^2 - ac}{(ax^2 + bx + c)^2}$$

$$= \frac{ac - (ax + b)^2}{(ax^2 + bx + c)^2}.$$

o)

$$f'(x) = \frac{(ax^2 + bx + c)' \cdot (-ax^2 + bx + c) - (-ax^2 + bx + c)' \cdot (ax^2 + bx + c)}{(-ax^2 + bx + c)^2}$$

$$= \frac{(2ax + b) \cdot (-ax^2 + bx + c) - (-2ax + b) \cdot (ax^2 + bx + c)}{(-ax^2 + bx + c)^2}$$

$$= \frac{2abx^2 + 4acx}{(-ax^2 + bx + c)^2}.$$

Aufgabe 4.5.5

Leiten Sie die Funktionen nach der Kettenregel ab:

a) $h(x) = (1 - x)^2$,   b) $h(x) = \sqrt{1 + x}$,   c) $h(x) = \sqrt{1 - x}$,

d) $h(x) = (x^3 - 3x^2)^4$,   e) $h(x) = (x^2 - 1)^{-1}$,   f) $h(x) = \frac{1}{1 + x^2}$,

g) $h(x) = \frac{1}{(1 - x)^2}$,   h) $h(x) = \sqrt{x - 3x^2}$,   i) $h(x) = \ln(x^2 + e^x)$.

Lösung:

a) $h(x) = f(g(x))$ mit $f(u) = u^2$ und $u = g(x) = 1 - x \Longrightarrow$

$f'(u) = 2u$ und $g'(x) = -1$.

$h'(x) = f'(g(x)) \cdot g'(x) = 2(1 - x) \cdot (-1) = 2x - 2$.

b) $h(x) = f(g(x))$ mit $f(u) = \sqrt{u}$ und $u = g(x) = 1 + x \Longrightarrow$

$f'(u) = \frac{1}{2\sqrt{u}}$ und $g'(x) = 1$.

$h'(x) = f'(g(x)) \cdot g'(x) = \frac{1}{2\sqrt{1 + x}} \cdot 1 = \frac{1}{2\sqrt{1 + x}}$.

c) $h(x) = f(g(x))$ mit $f(u) = \sqrt{u}$ und $u = g(x) = 1 - x \Longrightarrow$

$f'(u) = \frac{1}{2\sqrt{u}}$ und $g'(x) = -1$.

$h'(x) = f'(g(x)) \cdot g'(x) = \frac{1}{2\sqrt{1 - x}} \cdot (-1) = -\frac{1}{2\sqrt{1 - x}}$.

d) $h(x) = f(g(x))$ mit $f(u) = u^4$ und $u = g(x) = x^3 - 3x^2 \implies$

$f'(u) = 4u^3$ und $g'(x) = 3x^2 - 6x$.

$h'(x) = f'(g(x)) \cdot g'(x) = 4(x^3 - 3x^2)^3(3x^2 - 6x)$.

e) $h(x) = f(g(x))$ mit $f(u) = \dfrac{1}{u}$ und $u = g(x) = x^2 - 1 \implies$

$f'(u) = -\dfrac{1}{u^2}$ und $g'(x) = 2x$.

$h'(x) = f'(g(x)) \cdot g'(x) = -\dfrac{1}{(x^2 - 1)^2} \cdot 2x = -\dfrac{2x}{(x^2 - 1)^2}$.

f) $h(x) = f(g(x))$ mit $f(u) = \dfrac{1}{u} = u^{-1}$ und $u = g(x) = 1 + x^2 \implies$

$f'(u) = -\dfrac{1}{u^2}$ und $g'(x) = 2x$.

$h'(x) = f'(g(x)) \cdot g'(x) = -\dfrac{1}{(1 + x^2)^2} \cdot 2x = -\dfrac{2x}{(1 + x^2)^2}$.

g) $h(x) = f(g(x))$ mit $f(u) = \dfrac{1}{u^2} = u^{-2}$ und $u = g(x) = 1 - x \implies$

$f'(u) = -\dfrac{2}{u^3}$ und $g'(x) = -1$.

$h'(x) = f'(g(x)) \cdot g'(x) = -\dfrac{2}{(1 - x)^3} \cdot (-1) = \dfrac{2}{(1 - x)^3}$.

h) $h(x) = f(g(x))$ mit $f(u) = \sqrt{u}$ und $u = g(x) = x - 3x^2 \implies$

$f'(u) = \dfrac{1}{2\sqrt{u}}$ und $g'(x) = 1 - 6x$.

$h'(x) = f'(g(x)) \cdot g'(x) = \dfrac{1}{2\sqrt{x - 3x^2}} \cdot (1 - 6x) = \dfrac{1 - 6x}{2\sqrt{x - 3x^2}}$.

i) $h(x) = f(g(x))$ mit $f(u) = \ln u$ und $u = g(x) = x^2 + e^x \implies$

$f'(u) = \dfrac{1}{u}$ und $g'(x) = 2x + e^x$.

$h'(x) = f'(g(x)) \cdot g'(x) = \dfrac{1}{x^2 + e^x} \cdot (2x + e^x) = \dfrac{2x + e^x}{x^2 + e^x}$.

Aufgabe 4.5.6
Gegeben sei die Funktion $f(x) = |x+1| + |x-1| - 1$. Ist f stetig? An welchen Stellen ist f nicht differenzierbar? Existiert dort die linksseitige bzw. die rechtsseitige Ableitung?

Lösung:
Die Funktion f ist nach den Sätzen 4.3.3 und 4.3.4 stetig auf $\mathbb{R}$. Um die Frage der Differenzierbarkeit zu beantworten, ist es notwendig die Funktion betragsfrei zu schreiben (Betragsauflösung: Vgl. hierzu auch Band 1).

Es gilt:

$$|x+1| = \begin{cases} x+1 & \text{für } x \geq -1 \\ -x-1 & \text{für } x < -1 \end{cases}$$

$$|x-1| = \begin{cases} x-1 & \text{für } x \geq 1 \\ 1-x & \text{für } x < 1. \end{cases}$$

Somit folgt:

$$f(x) = \begin{cases} -x-1+1-x-1 & \text{für } x < -1 \\ x+1+1-x-1 & \text{für } -1 \leq x < 1 \\ x+1+x-1-1 & \text{für } x \geq 1 \end{cases}$$

$$= \begin{cases} -2x-1 & \text{für } x < -1 \\ 1 & \text{für } -1 \leq x < 1 \\ 2x-1 & \text{für } x \geq 1. \end{cases}$$

Für die Ableitung gilt nun:

$$f'(x) = \begin{cases} -2 & \text{für } x < -1 \\ 0 & \text{für } -1 < x < 1 \\ 2 & \text{für } x > 1. \end{cases}$$

Wichtig ist hierbei, daß die Ableitung nur noch auf den **offenen Intervallen** definiert ist, d. h. die Gleichheitszeichen bei den Ungleichungen fallen weg! An den Stellen $x \in \{-1, 1\}$ existieren die linksseitige und die rechtsseitige Ableitung, diese sind allerdings nicht identisch.
$f_l'(-1) = -2 \neq 0 = f_r'(-1), \quad f_l'(1) = 0 \neq 2 = f_r'(1).$
Die Funktion f ist also nur für alle $x \in \mathbb{R} \setminus \{-1, 1\}$ differenzierbar.

Aufgabe 4.5.7

Für $a \in \mathbb{R}$ sei die Funktion

$$f(x) = \begin{cases} ax^2 - 2ax & \text{für } x \leq 3 \\ 2a^2 \cos\left(\dfrac{\pi}{6}x\right) & \text{für } x > 3 \end{cases}$$

gegeben. Untersuchen Sie f auf Stetigkeit und Differenzierbarkeit.

Lösung:

$ax^2 - 2ax$ ist für $x \leq 3$ und $2a^2 \cos\left(\dfrac{\pi}{6}x\right)$ ist für $x > 3$ als Komposition

stetiger Funktionen stetig. Hieraus folgt, daß f für alle $x \in \mathbb{R} \setminus \{3\}$ stetig ist. Speziell ist noch die Stelle $x = 3$ zu untersuchen:

$$\lim_{x \to 3-} f(x) = \lim_{x \to 3}(ax^2 - 2ax) = 3a,$$

$$\lim_{x \to 3+} f(x) = \lim_{x \to 3}\left(2a^2 \cos\left(\frac{\pi}{6}x\right)\right) = 0,$$

$$f(3) = 3a.$$

f ist in $x = 3$ stetig, falls $\lim\limits_{x \to 3-} f(x) = \lim\limits_{x \to 3+} f(x) = f(3)$ gilt, also muß
$3a = 0$ sein, d. h. für $a = 0$ ist f in $x = 3$ stetig.

Für $a = 0$ gilt: $f(x) = 0$ für alle $x \in \mathbb{R}$, also ist f für $a = 0$ auf $\mathbb{R}$ stetig.

Als Ableitung erhält man:

$$f'(x) = \begin{cases} 2ax - 2a & \text{für } x < 3 \\ -a^2 \dfrac{\pi}{3} \sin\left(\dfrac{\pi}{6}x\right) & \text{für } x > 3. \end{cases}$$

Die Funktion f ist für alle $a \in \mathbb{R} \setminus \{0\}$ differenzierbar auf $\mathbb{R} \setminus \{3\}$.

An der Stelle $x = 3$ ist sie für $a \neq 0$ nicht differenzierbar, da sie in diesem Fall nicht einmal stetig ist.

Für $a = 0$ gilt: $f(x) = 0$ für alle $x \in \mathbb{R} \implies f'(x) = 0$ für alle $x \in \mathbb{R}$ (insbesondere gilt auch: $f'(3) = 0$). Somit ist f für $a = 0$ auf ganz $\mathbb{R}$ differenzierbar.

Aufgabe 4.5.8

Beweisen Sie:

Sind die Funktionen f und g an der Stelle x differenzierbar, dann gilt:

a) $c' = 0$ für alle $c \in \mathbb{R}$,

b) $(c \cdot f(x))' = c \cdot f'(x)$,

c) $(f(x) \pm g(x))' = f'(x) \pm g'(x)$,

d) $(f(x) \cdot g(x))' = f'(x) \cdot g(x) + g'(x) \cdot f(x)$,

e) $\left(\dfrac{f(x)}{g(x)} \right)' = \dfrac{f'(x) \cdot g(x) - g'(x) \cdot f(x)}{g^2(x)}$ mit $g(x) \neq 0$,

f) $\left(\dfrac{1}{g(x)} \right)' = -\dfrac{g'(x)}{g^2(x)}$ mit $g(x) \neq 0$.

Lösung:

a) $c' = \lim\limits_{h \to 0} \dfrac{c - c}{h} = \lim\limits_{h \to 0} \dfrac{0}{h} = \lim\limits_{h \to 0} 0 = 0.$

b) $(c \cdot f(x))' = \lim\limits_{h \to 0} \dfrac{c \cdot f(x+h) - c \cdot f(x)}{h} = \lim\limits_{h \to 0} \dfrac{c \cdot (f(x+h) - f(x))}{h}$

$= c \cdot \lim\limits_{h \to 0} \dfrac{f(x+h) - f(x)}{h} = c \cdot f'(x).$

c) $(f(x) \pm g(x))' = \lim\limits_{h \to 0} \dfrac{(f(x+h) \pm g(x+h)) - (f(x) \pm g(x))}{h}$

$= \lim\limits_{h \to 0} \dfrac{(f(x+h) - f(x)) \pm (g(x+h) - g(x))}{h}$

$= \lim\limits_{h \to 0} \left(\dfrac{f(x+h) - f(x)}{h} \pm \dfrac{g(x+h) - g(x)}{h} \right)$

$= \left(\lim\limits_{h \to 0} \dfrac{f(x+h) - f(x)}{h} \right) \pm \left(\lim\limits_{h \to 0} \dfrac{g(x+h) - g(x)}{h} \right) = f'(x) \pm g'(x).$

d) $(f(x) \cdot g(x))' = \lim\limits_{h \to 0} \dfrac{f(x+h) \cdot g(x+h) - f(x) \cdot g(x)}{h} =$

$\lim\limits_{h \to 0} \dfrac{(f(x+h) \cdot g(x+h) - f(x) \cdot g(x)) + \overbrace{(f(x) \cdot g(x+h) - f(x) \cdot g(x+h))}^{=0}}{h}$

$= \lim\limits_{h \to 0} \dfrac{(f(x+h) - f(x)) \cdot g(x+h) + (g(x+h) - g(x)) \cdot f(x)}{h}$

$$= \lim_{h \to 0} \left(\frac{f(x+h) - f(x)}{h} \cdot g(x+h) \right) + \left(\lim_{h \to 0} \frac{g(x+h) - g(x)}{h} \right) \cdot f(x)$$

$$= f'(x) \cdot g(x) + g'(x) \cdot f(x).$$

e) $\left(\dfrac{f(x)}{g(x)} \right)' = \lim\limits_{h \to 0} \dfrac{\dfrac{f(x+h)}{g(x+h)} - \dfrac{f(x)}{g(x)}}{h}$

$$= \lim_{h \to 0} \frac{f(x+h) \cdot g(x) - g(x+h) \cdot f(x)}{h \cdot g(x+h) \cdot g(x)}$$

$$= \lim_{h \to 0} \frac{(f(x+h) \cdot g(x) - g(x+h) \cdot f(x)) + \overbrace{(f(x) \cdot g(x) - f(x) \cdot g(x))}^{=0}}{h \cdot g(x+h) \cdot g(x)}$$

$$= \lim_{h \to 0} \frac{(f(x+h) - f(x)) \cdot g(x) - (g(x+h) - g(x)) \cdot f(x)}{h \cdot g(x+h) \cdot g(x)}$$

$$= \lim_{h \to 0} \frac{\dfrac{f(x+h) - f(x)}{h} \cdot g(x) - \dfrac{g(x+h) - g(x)}{h} \cdot f(x)}{g(x+h) \cdot g(x)}$$

$$= \frac{f'(x) \cdot g(x) - g'(x) \cdot f(x)}{g^2(x)}.$$

f) Folgt unmittelbar aus a) und e) mit $f(x) = 1$ und $f'(x) = 0$.

Aufgabe 4.5.9

Bestimmen Sie jeweils die erste Ableitung der folgenden Funktionen:

a) $f(x) = x^9$,

b) $f(x) = x^2(3x^2 + 2x - 1)$,

c) $f(x) = x \left(-x^4 + 2x^2 + \dfrac{1}{x} \right)$,

d) $f(x) = \dfrac{5}{x^6}$,

e) $f(x) = \sqrt[7]{x}$,

f) $f(x) = \dfrac{2}{\sqrt[5]{x^3}}$.

Lösung:

a) $f'(x) = 9x^8$.

b) Multipliziert man die Klammer aus, so erhält man $f(x) = 3x^4 + 2x^3 - x^2$ und somit $f'(x) = 12x^3 + 6x^2 - 2x$.

c) Multipliziert man die Klammer aus, so erhält man $f(x) = -x^5 + 2x^3 + 1$ und somit $f'(x) = -5x^4 + 6x^2$.

d) $f(x) = \dfrac{5}{x^6} = 5x^{-6} \implies f'(x) = 5 \cdot (-6) \cdot x^{-6-1} = -30x^{-7} = -\dfrac{30}{x^7}$.

e) $f(x) = \sqrt[4]{x} = x^{\frac{1}{4}} \implies f'(x) = \frac{1}{4} \cdot x^{\frac{1}{4}-1} = \frac{1}{4} \cdot x^{-\frac{3}{4}} = \frac{1}{4\sqrt[4]{x^3}}.$

f) $f(x) = \frac{2}{\sqrt[5]{x^3}} = 2x^{-\frac{3}{5}} \implies f'(x) = 2 \cdot \left(-\frac{3}{5}\right) \cdot x^{-\frac{3}{5}-1} = -\frac{6}{5} \cdot x^{-\frac{8}{5}}$

$= -\frac{6}{5\sqrt[5]{x^8}}.$

Aufgabe 4.5.10

Bestimmen Sie jeweils die erste Ableitung der folgenden Funktionen:

a) $f(x) = x \cdot \ln x,$ b) $f(x) = x \cdot \cos x,$

c) $f(x) = x \cdot \arctan x,$ d) $f(x) = x \cdot e^x,$

e) $f(x) = e^x \cdot \ln x,$ f) $f(x) = (\cos x) \cdot (\sin x),$

g) $f(x) = \cosh^2 x - \sinh^2 x,$ h) $f(x) = (\cosh x) \cdot (\sinh x),$

i) $f(x) = x \cdot \operatorname{artanh} x,$ j) $f(x) = x \cdot \operatorname{arsinh} x.$

Lösung:

a) Mit der Produktregel folgt: $f'(x) = 1 \cdot (\ln x) + x \cdot \frac{1}{x} = \ln x + 1.$

b) Mit der Produktregel folgt:
$f'(x) = 1 \cdot \cos x + x \cdot (-\sin x) = \cos x - x \sin x.$

c) Auch hier wird wieder die Produktregel angewandt:
$f'(x) = 1 \cdot \arctan x + \frac{1}{1+x^2} \cdot x = \arctan x + \frac{x}{1+x^2}.$

d) Mit der Produktregel folgt: $f'(x) = 1 \cdot e^x + e^x \cdot x = e^x(1+x).$

e) Mit der Produktregel folgt: $f'(x) = e^x \cdot \ln x + e^x \cdot \frac{1}{x} = e^x \left(\ln x + \frac{1}{x}\right).$

f) Mit der Produktregel folgt:
$f'(x) = (-\sin x) \cdot (\sin x) + (\cos x) \cdot (\cos x) = \cos^2 x - \sin^2 x.$

g) $f(x) = \cosh^2 x - \sinh^2 x = 1 \implies f'(x) = 0.$

h) Mit der Produktregel folgt:
$f'(x) = (\sinh x) \cdot (\sinh x) + (\cosh x) \cdot (\cosh x) = \sinh^2 x + \cosh^2 x.$

i) Mit der Produktregel folgt:
$f'(x) = 1 \cdot (\operatorname{artanh} x) + \frac{1}{1-x^2} \cdot x = \operatorname{artanh} x + \frac{x}{1-x^2}.$

j) Mit der Produktregel folgt:
$$f'(x) = 1 \cdot (\operatorname{arsinh} x) + \frac{1}{\sqrt{1+x^2}} \cdot x = \operatorname{arsinh} x + \frac{x}{\sqrt{1+x^2}}.$$

Aufgabe 4.5.11

Bestimmen Sie jeweils die erste Ableitung der folgenden Funktionen:

a) $f(x) = \dfrac{x-1}{x+1},$ b) $f(x) = \dfrac{\sin x}{x},$

c) $f(x) = \dfrac{\cos x}{x - \frac{\pi}{2}},$ d) $f(x) = \dfrac{\arccos x}{\arcsin x},$

e) $f(x) = \dfrac{\operatorname{arcosh} x}{\operatorname{arsinh} x},$ f) $f(x) = \dfrac{e^x - 1}{e^x + 1},$

g) $f(x) = \dfrac{\ln x}{x},$ h) $f(x) = \dfrac{x}{\ln x},$

i) $f(x) = \dfrac{\sin x}{(1 - \sin x)(1 + \sin x)},$ j) $f(x) = \dfrac{\ln x}{\ln(x^2)}.$

Lösung:

a) Mit der Quotientenregel folgt:
$$f'(x) = \frac{1 \cdot (x+1) - 1 \cdot (x-1)}{(x+1)^2} = \frac{2}{(x+1)^2}.$$

b) Mit der Quotientenregel folgt:
$$f'(x) = \frac{(\cos x) \cdot x - 1 \cdot \sin x}{x^2} = \frac{x \cos x - \sin x}{x^2}.$$

c) Mit der Quotientenregel folgt:
$$f'(x) = \frac{(-\sin x) \cdot (x - \frac{\pi}{2}) - 1 \cdot \cos x}{(x - \frac{\pi}{2})^2} = -\frac{(x - \frac{\pi}{2}) \sin x + \cos x}{(x - \frac{\pi}{2})^2}.$$

d) Mit der Quotientenregel folgt:
$$f'(x) = \frac{\left(-\frac{1}{\sqrt{1-x^2}}\right) \cdot \arcsin x - \left(\frac{1}{\sqrt{1-x^2}}\right) \cdot \arccos x}{\arcsin^2 x}$$
$$= -\frac{\frac{1}{\sqrt{1-x^2}}(\arcsin x - \arccos x)}{\arcsin^2 x} = -\frac{\arcsin x - \arccos x}{\sqrt{1-x^2} \arcsin^2 x}.$$

e) Mit der Quotientenregel folgt:
$$f'(x) = \frac{\frac{1}{\sqrt{x^2-1}} \cdot \operatorname{arsinh} x - \frac{1}{\sqrt{1+x^2}} \cdot \operatorname{arcosh} x}{\operatorname{arcosh}^2 x} = \frac{\frac{\operatorname{arsinh} x}{\sqrt{x^2-1}} - \frac{\operatorname{arcosh} x}{\sqrt{1+x^2}}}{\operatorname{arsinh}^2 x}.$$

f) Mit der Quotientenregel folgt:

$$f'(x) = \frac{e^x \cdot (e^x + 1) - e^x \cdot (e^x - 1)}{(e^x + 1)^2} = \frac{2e^x}{(e^x + 1)^2}.$$

g) Mit der Quotientenregel folgt:

$$f'(x) = \frac{\left(\frac{1}{x}\right) \cdot x - 1 \cdot \ln x}{x^2} = \frac{1 - \ln x}{x^2}.$$

h) Mit der Quotientenregel folgt:

$$f'(x) = \frac{1 \cdot \ln x - x \cdot \left(\frac{1}{x}\right)}{(\ln x)^2} = \frac{\ln x - 1}{(\ln x)^2}.$$

i) $f(x) = \dfrac{\sin x}{1 - \sin^2 x} = \dfrac{\sin x}{\cos^2 x} = \dfrac{\frac{\sin x}{\cos x}}{\cos x} = \dfrac{\tan x}{\cos x}.$

Mit der Quotientenregel folgt:

$$f'(x) = \frac{\left(\frac{1}{\cos x}\right) \cdot \cos x - (-\sin x) \cdot \tan x}{\cos^2 x} = \frac{\frac{1}{\cos x} + \frac{\sin^2 x}{\cos x}}{\cos^2 x}$$

$$= \frac{1 + \sin^2 x}{\cos^3 x}.$$

j) Mit den Logarithmenregeln folgt $f(x) = \dfrac{\ln x}{2 \ln x} = \dfrac{1}{2}$ und somit

$f'(x) = 0.$

Aufgabe 4.5.12

Bestimmen Sie jeweils die erste Ableitung der folgenden Funktionen:

a) $f(x) = \dfrac{1}{(2x+1)^2}$,

b) $f(x) = 5\sin(x^2)$,

c) $f(x) = \left(\dfrac{1}{x} + \sqrt{x} + x\right)^2$,

d) $f(x) = \dfrac{1}{\arcsin x}$,

e) $f(x) = \sqrt{x\sqrt{x+1}}$,

f) $f(x) = \sin\left(\dfrac{1}{x}\right)$,

g) $f(x) = \arctan(\ln x)$,

h) $f(x) = \ln(\ln x)$,

i) $f(x) = \ln\left(\dfrac{3x-1}{1-x}\right)$,

j) $f(x) = \dfrac{1}{\sqrt{2\pi}} e^{(x-\mu)^2}$, $\mu \in \mathbb{R}$,

k) $f(x) = e^{\operatorname{arcosh} x}$,

l) $f(x) = \sin^2\left(\dfrac{1}{\ln x}\right)$,

m) $f(x) = \ln\left((x^3+2)\cdot x^6\right)$,

n) $f(x) = \dfrac{e^{2x}+x}{e^x-1}$,

o) $f(x) = \displaystyle\sum_{n=0}^{3} \sin(nx^n)$,

p) $f(x) = \left(e^x - e^{-x}\right)^3$,

q) $f(x) = \left(1 + \cot^2 x\right)\sin^2 x$,

r) $f(x) = \ln\left(e^x \cdot e^{-x}\right)^2$.

Lösung

a) $f(x) = (2x+1)^{-2}$. Mit der Kettenregel folgt:
$$f'(x) = (-2)\cdot(2x+1)^{-3}\cdot 2 = -\frac{4}{(2x+1)^3}.$$

b) Mit der Kettenregel folgt: $f'(x) = 5\cos(x^2)\cdot 2x = 10x\cos(x^2)$.

c) Mit der Kettenregel folgt:
$$f'(x) = 2\left(\frac{1}{x} + \sqrt{x} + x\right)\cdot\left(-\frac{1}{x^2} + \frac{1}{2\sqrt{x}} + 1\right).$$

d) $f(x) = (\arcsin x)^{-1}$. Mit der Kettenregel folgt:
$$f'(x) = (-1)\cdot(\arcsin x)^{-2}\cdot\frac{1}{\sqrt{1-x^2}} = -\frac{1}{\sqrt{1-x^2}(\arcsin x)^2}.$$

e) $f(x) = \sqrt{x\sqrt{x+1}} = \sqrt{\sqrt{x^3+x^2}} = \sqrt[4]{x^3+x^2} = (x^3+x^2)^{\frac{1}{4}}$.

Mit der Kettenregel folgt:
$$f'(x) = \frac{1}{4}\left(x^3+x^2\right)^{\left(\frac{1}{4}-1\right)}\cdot(3x^2+2x) = \frac{1}{4}\left(x^3+x^2\right)^{-\frac{3}{4}}\cdot(3x^2+2x)$$

$$= \frac{3x^2 + 2x}{4\sqrt[4]{(x^3 + x^2)^3}} = \frac{x(3x + 2)}{4\sqrt[4]{x^6(x + 1)^3}} = \frac{x(3x + 2)}{4x^{\frac{3}{2}}\sqrt[4]{(x + 1)^3}}$$

$$= \frac{3x + 2}{4\sqrt{x}\sqrt[4]{(x + 1)^3}}.$$

f) Mit der Kettenregel folgt: $f'(x) = \cos\left(\frac{1}{x}\right) \cdot \left(-\frac{1}{x^2}\right) = -\frac{\cos\left(\frac{1}{x}\right)}{x^2}.$

g) Mit der Kettenregel folgt:

$$f'(x) = \left(\frac{1}{1 + (\ln x)^2}\right) \cdot \left(\frac{1}{x}\right) = \frac{1}{x\left(1 + (\ln x)^2\right)}.$$

h) Mit der Kettenregel folgt: $f'(x) = \left(\frac{1}{\ln x}\right) \cdot \frac{1}{x} = \frac{1}{x\ln x}.$

i) Mit der Ketten- und Quotientenregel folgt:

$$f'(x) = \left(\frac{1}{\frac{3x-1}{1-x}}\right) \cdot \left(\frac{3(1-x) - (-1)(3x-1)}{(1-x)^2}\right)$$

$$= \left(\frac{1-x}{3x-1}\right) \cdot \left(\frac{2}{(1-x)^2}\right) = \frac{2}{(3x-1)(1-x)}.$$

Eine weitere Lösungsmethode:

Nach den Logaritmenregeln gilt: $f(x) = \ln(3x - 1) - \ln(1 - x)$.

Mit der Kettenregel folgt:

$$f'(x) = \left(\frac{1}{3x-1}\right) \cdot 3 - \left(\frac{1}{1-x}\right) \cdot (-1) = \frac{2}{(3x-1)(1-x)}.$$

j) Mit der Kettenregel folgt:

$$f'(x) = \frac{1}{\sqrt{2\pi}}e^{(x-\mu)^2} \cdot 2(x - \mu) = \frac{2(x - \mu)}{\sqrt{2\pi}}e^{(x-\mu)^2}.$$

k) Mit der Kettenregel folgt:

$$f'(x) = e^{\text{arcosh} x} \cdot \left(\frac{1}{\sqrt{x^2 - 1}}\right) = \frac{e^{\text{arcosh} x}}{\sqrt{x^2 - 1}}.$$

l) Mit der Ketten- und Quotientenregel folgt:

$$f'(x) = 2\sin\left(\frac{1}{\ln x}\right) \cdot \cos\left(\frac{1}{\ln x}\right) \cdot \left(\frac{0 \cdot \ln x - 1 \cdot \frac{1}{x}}{(\ln x)^2}\right)$$

$$= -\frac{2\sin\left(\frac{1}{\ln x}\right)\cos\left(\frac{1}{\ln x}\right)}{x(\ln x)^2}.$$

m) $f(x) = \ln(x^9 + 2x^6)$. Mit der Kettenregel folgt:

$$f'(x) = \left(\frac{1}{x^9 + 2x^6}\right) \cdot (9x^8 + 12x^5) = \frac{9x^8 + 12x^5}{x^9 + 2x^6} = \frac{9x^3 + 12}{x^4 + 2x}.$$

n) Hier benötigt man die Quotienten- und die Kettenregel:

$$f'(x) = \frac{(2e^{2x} + 1) \cdot (e^x - 1) - e^x \cdot (e^{2x} + x)}{(e^x - 1)^2}$$

$$= \frac{e^{3x} + 2e^{2x} + e^x(1 - x) - 1}{(e^x - 1)^2}.$$

o) $f(x) = \underbrace{\sin 0}_{=0} + \sin x + \sin(2x^2) + \sin(3x^3)$.

Mit der Kettenregel folgt nun:

$$f'(x) = \cos x + \cos(2x^2) \cdot 4x + \cos(3x^3) \cdot 9x^2 = \sum_{n=1}^{3} \left(n^2 x^{n-1} \cos(nx^n)\right).$$

p) Mit der Kettenregel folgt: $f'(x) = 3(e^x - e^{-x})^2 \cdot (e^x + e^{-x})$.

q) $f(x) = \left(1 + \dfrac{\cos^2 x}{\sin^2 x}\right) \sin^2 x = \sin^2 x + \cos^2 x = 1$.

Also folgt: $f'(x) = 0$.

r) Mit den Rechenregeln für Logarithmen und Potenzen folgt
$f(x) = 2\ln(e^x e^{-x}) = 2\ln(e^0) = 2\ln 1 = 0$ und somit $f'(x) = 0$.

Aufgabe 4.5.13
Bestimmen Sie jeweils die erste Ableitung der folgenden Funktionen:

a) $f(x) = e^{g(x)}$,   b) $f(x) = g(e^x)$,

c) $f(x) = \ln(g(x))$,   d) $f(x) = g(\ln x)$,

e) $f(x) = \sqrt{g(x)}$,   f) $f(x) = g(\sqrt{x})$.

Die Funktion g sei hierbei differenzierbar.

Lösung:
In dieser Aufgabe benötigt man die Kettenregel. Die Ableitungen kann man
sofort angeben.

a) $f'(x) = g'(x) \cdot e^{g(x)}$.

b) $f'(x) = g'(e^x) \cdot e^x$.

c) $f'(x) = \dfrac{1}{g(x)} \cdot g'(x) = \dfrac{g'(x)}{g(x)}$.

d) $f'(x) = g'(\ln x) \cdot \left(\dfrac{1}{x}\right) = \dfrac{g'(\ln x)}{x}$.

e) $f'(x) = \left(\dfrac{1}{2\sqrt{g(x)}}\right) \cdot g'(x) = \dfrac{g'(x)}{2\sqrt{g(x)}}$.

f) $f'(x) = g'(\sqrt{x}) \cdot \left(\dfrac{1}{2\sqrt{x}}\right) = \dfrac{g'(\sqrt{x})}{2\sqrt{x}}$.

Aufgabe 4.5.14

Bestimmen Sie jeweils die erste Ableitung der folgenden Funktionen:

a) $f(x) = \sqrt{1 - x^2} + x \cdot \arcsin x$,

b) $f(x) = -\sqrt{1 - x^2} + x \cdot \arccos x$,

c) $f(x) = \dfrac{\ln(x^2 + 1)}{2} + x \cdot \operatorname{arccot} x$,

d) $f(x) = -\dfrac{\ln(x^2 + 1)}{2} + x \cdot \arctan x$.

Lösung:

a) $f'(x) = \dfrac{1}{2\sqrt{1-x^2}} \cdot (-2x) + \left(1 \cdot \arcsin x + \dfrac{1}{\sqrt{1-x^2}} \cdot x\right)$

$\qquad = -\dfrac{x}{\sqrt{1-x^2}} + \arcsin x + \dfrac{x}{\sqrt{1-x^2}} = \arcsin x$.

b) $f'(x) = -\dfrac{1}{2\sqrt{1-x^2}} \cdot (-2x) + \left(1 \cdot \arccos x + \left(-\dfrac{1}{\sqrt{1-x^2}}\right) \cdot x\right)$

$\qquad = \dfrac{x}{\sqrt{1-x^2}} + \arccos x - \dfrac{x}{\sqrt{1-x^2}} = \arccos x$.

c) $f'(x) = \dfrac{1}{2} \cdot \dfrac{1}{x^2+1} \cdot 2x + \left(1 \cdot \operatorname{arccot} x + \left(-\dfrac{1}{1+x^2}\right) \cdot x\right)$

$\qquad = \dfrac{x}{x^2+1} + \operatorname{arccot} x - \dfrac{x}{1+x^2} = \operatorname{arccot} x$.

d) $f'(x) = -\dfrac{1}{2} \cdot \dfrac{1}{x^2+1} \cdot 2x + \left(1 \cdot \arctan x + \dfrac{1}{1+x^2} \cdot x\right)$

$\qquad = -\dfrac{x}{x^2+1} + \arctan x + \dfrac{x}{1+x^2} = \arctan x$.

Aufgabe 4.5.15

Bestimmen Sie jeweils die erste Ableitung der folgenden Funktionen. Hierbei seien die Konstanten $a, b \in \mathbb{R}$ vorausgesetzt.

a) $f(x) = \dfrac{x^{a+1}}{a+1}$, $a \neq -1$,

b) $f(x) = \dfrac{b^x}{\ln b}$, $b > 0$, $b \neq 1$,

c) $f(x) = x \cdot \ln x - x$, $x > 0$,

d) $f(x) = \dfrac{1}{a-b} \ln \left| \dfrac{x-a}{x-b} \right|$, $a \neq b$,

e) $f(x) = -\dfrac{1}{x-a}$,

f) $f(x) = \dfrac{1}{2a} \ln \left(\dfrac{x-a}{x+a} \right)$, $|x| > |a|$, $a \neq 0$,

g) $f(x) = \dfrac{1}{2a} \ln \left(\dfrac{a+x}{a-x} \right)$, $|x| < |a|$, $a \neq 0$,

h) $f(x) = \dfrac{1}{a} \arctan \left(\dfrac{x}{a} \right)$, $a \neq 0$,

i) $f(x) = \dfrac{2\sqrt{(ax+b)^3}}{3a}$, $a \neq 0$,

j) $f(x) = \dfrac{2\sqrt{ax+b}}{a}$, $a \neq 0$,

k) $f(x) = \arcsin \left(\dfrac{x}{a} \right)$, $a \neq 0$,

l) $f(x) = \ln \left| x + \sqrt{x^2 - a^2} \right|$,

m) $f(x) = \dfrac{x\sqrt{x^2-a^2}}{2} - \dfrac{a^2 \ln \left| x + \sqrt{x^2-a^2} \right|}{2}$,

n) $f(x) = \dfrac{x\sqrt{a^2-x^2}}{2} + \dfrac{a^2 \arcsin \left(\frac{x}{a} \right)}{2}$,

o) $f(x) = \ln \left(x + \sqrt{x^2 + a^2} \right)$,

p) $f(x) = \dfrac{x\sqrt{x^2+a^2}}{2} + \dfrac{a^2 \ln \left(x + \sqrt{x^2+a^2} \right)}{2}$,

q) $f(x) = \dfrac{x - (\sin x)(\cos x)}{2}$,

r) $f(x) = \ln \left| \tan \left(\dfrac{x}{2} \right) \right|$,

s) $f(x) = \dfrac{x + (\sin x)(\cos x)}{2}$,

t) $f(x) = \tan \left(\dfrac{x}{2} \right)$,

u) $f(x) = -\cot \left(\dfrac{x}{2} \right)$,

v) $f(x) = -\ln |\cos x|$,

w) $f(x) = \ln |\sin x|$,

x) $f(x) = \tan x - x$,

y) $f(x) = -\cot x - x$.

Lösung:

Benötigt werden unter anderem die Formeln $(\ln|f(x)|)' = \dfrac{f'(x)}{f(x)}$ und $\sin^2 x + \cos^2 x = 1$.

a) $f'(x) = \dfrac{1}{a+1} \cdot (a+1) \cdot x^a = x^a$.

b) In diesem Fall ist zu beachten, daß $b^x = e^{\ln(b^x)} = e^{x \ln b}$ ist. Diese Transformation ist zur Bestimmung der Ableitung empfehlenswert. Mit der Kettenregel erhält man:

$$f'(x) = \frac{1}{\ln b} \cdot (e^{x \ln b} \cdot \ln b) = e^{x \ln b} = b^x.$$

c) $f(x) = x \cdot \ln x - x = x \cdot (\ln x - 1)$. Mit der Produktregel folgt nun:

$$f'(x) = 1 \cdot (\ln x - 1) + x \cdot \frac{1}{x} = \ln x - 1 + 1 = \ln x.$$

d) $f'(x) = \dfrac{1}{a-b} \cdot \left(\dfrac{\left(\frac{x-a}{x-b} \right)'}{\frac{x-a}{x-b}} \right)$.

Es gilt: $\left(\dfrac{x-a}{x-b} \right)' = \dfrac{1 \cdot (x-b) - 1 \cdot (x-a)}{(x-b)^2} = \dfrac{a-b}{(x-b)^2} \implies$

$$f'(x) = \frac{1}{a-b} \cdot \left(\frac{\frac{a-b}{(x-b)^2}}{\frac{x-a}{x-b}} \right) = \frac{1}{a-b} \cdot \left(\frac{a-b}{(x-b)^2} \right) \cdot \left(\frac{x-b}{x-a} \right)$$

$$= \frac{1}{(x-b)(x-a)}.$$

e) $f(x) = -(x-a)^{-1} \implies f'(x) = (x-a)^{-2} = \dfrac{1}{(x-a)^2}$.

f) $f'(x) = \dfrac{1}{2a} \cdot \left(\dfrac{\left(\frac{x-a}{x+a} \right)'}{\frac{x-a}{x+a}} \right)$.

Es gilt: $\left(\dfrac{x-a}{x+a} \right)' = \dfrac{1 \cdot (x+a) - 1 \cdot (x-a)}{(x+a)^2} = \dfrac{2a}{(x+a)^2} \implies$

$$f'(x) = \frac{1}{2a} \cdot \left(\frac{\frac{2a}{(x+a)^2}}{\frac{x-a}{x+a}} \right) = \frac{1}{2a} \cdot \left(\frac{2a}{(x+a)^2} \right) \cdot \left(\frac{x+a}{x-a} \right)$$

$$= \frac{1}{(x+a)(x-a)} = \frac{1}{x^2 - a^2}.$$

g) $f'(x) = \dfrac{1}{2a} \cdot \left(\dfrac{\left(\frac{x+a}{x-a} \right)'}{\frac{x+a}{x-a}} \right).$

Es gilt: $\left(\dfrac{x+a}{x-a} \right)' = \dfrac{1 \cdot (x-a) - 1 \cdot (x+a)}{(x-a)^2} = -\dfrac{2a}{(x-a)^2} \implies$

$f'(x) = \dfrac{1}{2a} \cdot \left(\dfrac{-\frac{2a}{(x-a)^2}}{\frac{x+a}{x-a}} \right) = \dfrac{1}{2a} \cdot \left(-\dfrac{2a}{(x-a)^2} \right) \cdot \left(\dfrac{x-a}{x+a} \right)$

$= -\dfrac{1}{(x-a)(x+a)} = -\dfrac{1}{x^2 - a^2} = \dfrac{1}{a^2 - x^2}.$

h) $f'(x) = \dfrac{1}{a} \cdot \left(\dfrac{1}{1 + \left(\frac{x}{a} \right)^2} \right) \cdot \left(\dfrac{1}{a} \right) = \dfrac{1}{a^2} \cdot \left(\dfrac{a^2}{a^2 + x^2} \right) = \dfrac{1}{a^2 + x^2}.$

i) $f'(x) = \dfrac{2}{3a} \cdot \left(\left(\dfrac{1}{2\sqrt{(ax+b)^3}} \right) \cdot 3(ax+b)^2 \cdot a \right) = \dfrac{(ax+b)^2}{\sqrt{(a+b)^3}}$

$= \sqrt{ax+b}.$

j) $f'(x) = \dfrac{2}{a} \cdot \left(\left(\dfrac{1}{2\sqrt{ax+b}} \right) \cdot a \right) = \dfrac{1}{\sqrt{ax+b}}.$

k) $f'(x) = \left(\dfrac{1}{\sqrt{1 - \left(\frac{x}{a} \right)^2}} \right) \cdot \left(\dfrac{1}{a} \right) = \left(\dfrac{1}{\sqrt{\frac{a^2 - x^2}{a^2}}} \right) \cdot \left(\dfrac{1}{a} \right)$

$= \left(\dfrac{a}{\sqrt{a^2 - x^2}} \right) \cdot \left(\dfrac{1}{a} \right) = \dfrac{1}{\sqrt{a^2 - x^2}}.$

l) $f'(x) = \dfrac{\left(x + \sqrt{x^2 - a^2} \right)'}{x + \sqrt{x^2 - a^2}}.$

Es gilt: $\left(x + \sqrt{x^2 - a^2} \right)' = 1 + \left(\dfrac{1}{2\sqrt{x^2 - a^2}} \right) \cdot 2x = 1 + \dfrac{x}{\sqrt{x^2 - a^2}} \implies$

$f'(x) = \dfrac{1 + \frac{x}{\sqrt{x^2 - a^2}}}{x + \sqrt{x^2 - a^2}} = \dfrac{x + \sqrt{x^2 - a^2}}{\sqrt{x^2 - a^2} \cdot (x + \sqrt{x^2 - a^2})} = \dfrac{1}{\sqrt{x^2 - a^2}}.$

m) $\left(\dfrac{x\sqrt{x^2 - a^2}}{2} \right)' = \dfrac{1}{2} \cdot \left(1 \cdot \sqrt{x^2 - a^2} + x \cdot \left(\dfrac{1}{2\sqrt{x^2 - a^2}} \right) \cdot 2x \right)$

$= \dfrac{1}{2} \cdot \left(\sqrt{x^2 - a^2} + \dfrac{x^2}{\sqrt{x^2 - a^2}} \right) = \dfrac{2x^2 - a^2}{2\sqrt{x^2 - a^2}}.$

Mit Teil l) folgt: $\left(\dfrac{a^2 \ln \left|x + \sqrt{x^2 - a^2}\right|}{2}\right)' = \dfrac{a^2}{2\sqrt{x^2 - a^2}} \implies$

$$f'(x) = \frac{2x^2 - a^2}{2\sqrt{x^2 - a^2}} - \frac{a^2}{2\sqrt{x^2 - a^2}} = \frac{2x^2 - 2a^2}{2\sqrt{x^2 - a^2}} = \frac{x^2 - a^2}{\sqrt{x^2 - a^2}}$$

$$= \sqrt{x^2 - a^2}.$$

n) $\left(\dfrac{x\sqrt{a^2 - x^2}}{2}\right)' = \dfrac{1}{2} \cdot \left(1 \cdot \sqrt{a^2 - x^2} + x \cdot \left(\dfrac{1}{2\sqrt{a^2 - x^2}}\right) \cdot (-2x)\right)$

$$= \frac{1}{2} \cdot \left(\sqrt{a^2 - x^2} - \frac{x^2}{\sqrt{a^2 - x^2}}\right) = \frac{a^2 - 2x^2}{2\sqrt{a^2 - x^2}}.$$

Mit Teil k) folgt: $\left(\dfrac{a^2 \arcsin\left(\frac{x}{a}\right)}{2}\right)' = \dfrac{a^2}{2\sqrt{a^2 - x^2}}.$

Somit folgt: $f'(x) = \dfrac{a^2 - 2x^2}{2\sqrt{a^2 - x^2}} + \dfrac{a^2}{2\sqrt{a^2 - x^2}} = \dfrac{2a^2 - 2x^2}{2\sqrt{a^2 - x^2}}$

$$= \frac{a^2 - x^2}{\sqrt{a^2 - x^2}} = \sqrt{a^2 - x^2}.$$

o) $f'(x) = \dfrac{\left(x + \sqrt{x^2 + a^2}\right)'}{x + \sqrt{x^2 + a^2}}.$

Es gilt: $\left(x + \sqrt{x^2 + a^2}\right)' = 1 + \left(\dfrac{1}{2\sqrt{x^2 + a^2}}\right) \cdot 2x = 1 + \dfrac{x}{\sqrt{x^2 + a^2}} \implies$

$$f'(x) = \frac{1 + \frac{x}{\sqrt{x^2 + a^2}}}{x + \sqrt{x^2 + a^2}} = \frac{x + \sqrt{x^2 + a^2}}{\sqrt{x^2 + a^2} \cdot \left(x + \sqrt{x^2 + a^2}\right)} = \frac{1}{\sqrt{x^2 + a^2}}.$$

p) $\left(\dfrac{x\sqrt{x^2 + a^2}}{2}\right)' = \dfrac{1}{2} \cdot \left(1 \cdot \sqrt{x^2 + a^2} + x \cdot \left(\dfrac{1}{2\sqrt{x^2 + a^2}}\right) \cdot 2x\right)$

$$= \frac{1}{2} \cdot \left(\sqrt{x^2 + a^2} + \frac{x^2}{\sqrt{x^2 + a^2}}\right) = \frac{2x^2 + a^2}{2\sqrt{x^2 + a^2}}.$$

Mit Teil o) folgt: $\left(\dfrac{a^2 \ln\left(x + \sqrt{x^2 + a^2}\right)}{2}\right)' = \dfrac{a^2}{2\sqrt{x^2 + a^2}} \implies$

$$f'(x) = \frac{2x^2 + a^2}{2\sqrt{x^2 + a^2}} + \frac{a^2}{2\sqrt{x^2 + a^2}} = \frac{2x^2 + 2a^2}{2\sqrt{x^2 + a^2}} = \frac{x^2 + a^2}{\sqrt{x^2 + a^2}}$$

$$= \sqrt{x^2 + a^2}.$$

q) $f'(x) = \frac{1}{2} \cdot (1 - (\cos x) \cdot (\cos x) + (-\sin x) \cdot (\sin x))$

$$= \frac{\overbrace{1 - \cos^2 x}^{=\sin^2 x} + \sin^2 x}{2} = \frac{\sin^2 x + \sin^2 x}{2} = \frac{2\sin^2 x}{2} = \sin^2 x.$$

r) $f'(x) = \frac{\left(\tan\left(\frac{x}{2}\right)\right)'}{\tan\left(\frac{x}{2}\right)}$.

Es gilt: $\left(\tan\left(\frac{x}{2}\right)\right)' = \left(\frac{1}{\cos^2\left(\frac{x}{2}\right)}\right) \cdot \frac{1}{2} = \frac{1}{2\cos^2\left(\frac{x}{2}\right)}$ $\implies$

$$f'(x) = \frac{\frac{1}{2\cos^2\left(\frac{x}{2}\right)}}{\tan\left(\frac{x}{2}\right)}.$$

Mit $\tan\left(\frac{x}{2}\right) = \frac{\sin\left(\frac{x}{2}\right)}{\cos\left(\frac{x}{2}\right)}$ und dem Additionstheorem des Sinus folgt:

$$f'(x) = \frac{\frac{1}{2\cos^2\left(\frac{x}{2}\right)}}{\frac{\sin\left(\frac{x}{2}\right)}{\cos\left(\frac{x}{2}\right)}} = \frac{1}{2\cos\left(\frac{x}{2}\right)\sin\left(\frac{x}{2}\right)} = \frac{1}{\sin x}.$$

s) $f'(x) = \frac{1}{2} \cdot (1 + (\cos x) \cdot (\cos x) + (-\sin x) \cdot (\sin x))$

$$= \frac{1 + \cos^2 x - \sin^2 x}{2} = \frac{\cos^2 x + \cos^2 x}{2} = \frac{2\cos^2 x}{2} = \cos^2 x,$$

da $1 - \sin^2 x = \cos^2 x$.

t) $f'(x) = \frac{1}{\cos^2\left(\frac{x}{2}\right)} \cdot \left(\frac{1}{2}\right) = \frac{1}{2\cos^2\left(\frac{x}{2}\right)} = \frac{1}{\cos^2\left(\frac{x}{2}\right) + \cos^2\left(\frac{x}{2}\right)}$.

Nach dem Satz des Pythagoras gilt:

$$\cos^2\left(\frac{x}{2}\right) = 1 - \sin^2\left(\frac{x}{2}\right).$$

Nach dem Additionstheorem des Kosinus gilt:

$$\cos^2\left(\frac{x}{2}\right) = \cos x + \sin^2\left(\frac{x}{2}\right).$$

Somit erhält man:

$$f'(x) = \frac{1}{1 - \sin^2\left(\frac{x}{2}\right) + \cos x + \sin^2\left(\frac{x}{2}\right)} = \frac{1}{1 + \cos x}.$$

u) $f'(x) = -\left(-\dfrac{1}{\sin^2\left(\frac{x}{2}\right)}\right) \cdot \left(\dfrac{1}{2}\right) = \dfrac{1}{2\sin^2\left(\frac{x}{2}\right)} = \dfrac{1}{\sin^2\left(\frac{x}{2}\right) + \sin^2\left(\frac{x}{2}\right)}.$

Nach dem Satz des Pythagoras gilt:

$$\sin^2\left(\frac{x}{2}\right) = 1 - \cos^2\left(\frac{x}{2}\right).$$

Nach dem Additionstheorem des Kosinus gilt:

$$\sin^2\left(\frac{x}{2}\right) = \cos^2\left(\frac{x}{2}\right) - \cos x.$$

Somit erhält man:

$$f'(x) = \dfrac{1}{1 - \cos^2\left(\frac{x}{2}\right) + \cos^2\left(\frac{x}{2}\right) - \cos x} = \dfrac{1}{1 - \cos x}.$$

v) $f'(x) = -\left(\dfrac{1}{\cos x}\right) \cdot (-\sin x) = \dfrac{\sin x}{\cos x} = \tan x.$

w) $f'(x) = \left(\dfrac{1}{\sin x}\right) \cdot (\cos x) = \dfrac{\cos x}{\sin x} = \cot x.$

x) $f'(x) = 1 + \tan^2 x - 1 = \tan^2 x.$

y) $f'(x) = -(-(1 + \cot^2 x)) - 1 = \cot^2 x.$

Aufgabe 4.5.16

Bestimmen Sie die erste Ableitung der folgenden Funktionen:

a) $f(x) = x^{-x}$, b) $f(x) = (-x)^x$,

c) $f(x) = \left(\sqrt{x}\right)^x$, d) $f(x) = x^{\sqrt{x}}$,

e) $f(x) = x^{\frac{1}{x}}$, f) $f(x) = \left(\dfrac{1}{x}\right)^x$,

g) $f(x) = x^{\ln x}$, h) $f(x) = \ln(x^x)$,

i) $f(x) = (x \cdot e)^{2\ln(\sqrt{x})}$, j) $f(x) = (\sin x)^x$,

k) $f(x) = (e^x)^x$, l) $f(x) = x^{e^x}$.

Lösung:

In dieser Aufgabe benötigt man die Transformation $f(x) = e^{\ln f(x)}$, sowie die Logarithmenrechenregeln. Desweiteren gilt: $\left(e^{g(x)}\right)' = e^{g(x)} \cdot g'(x)$.

a) $f(x) = x^{-x} = e^{\ln(x^{-x})} = e^{-x\ln x} \implies$

$$f'(x) = e^{-x\ln x} \cdot \left((-1) \cdot \ln x + (-x) \cdot \frac{1}{x}\right) = e^{-x\ln x} \cdot (-1 - \ln x)$$

$$= -x^{-x}(1 + \ln x).$$

b) $f(x) = (-x)^x = e^{\ln((-x)^x)} e^{x\ln(-x)} \implies$

$$f'(x) = e^{x\ln(-x)} \cdot \left(1 \cdot \ln(-x) + x \cdot \left(-\frac{1}{x}\right)\right) = e^{x\ln(-x)} \cdot (\ln(-x) - 1)$$

$$= (-x)^x(\ln(-x) - 1).$$

c) $f(x) = (\sqrt{x})^x = e^{\ln(\sqrt{x})^x} = e^{x\ln(\sqrt{x})} \implies$

$$f'(x) = e^{x\ln(\sqrt{x})} \cdot \left(1 \cdot \ln(\sqrt{x}) + \left(\frac{1}{\sqrt{x}}\right) \cdot \left(\frac{1}{2\sqrt{x}}\right) \cdot x\right)$$

$$= e^{x\ln(\sqrt{x})} \cdot \left(\ln(\sqrt{x}) + \frac{1}{2}\right) = (\sqrt{x})^x \cdot \left(\ln(\sqrt{x}) + \frac{1}{2}\right).$$

d) $f(x) = x^{\sqrt{x}} = e^{\ln(x^{\sqrt{x}})} = e^{\sqrt{x}\ln x} \implies$

$$f'(x) = e^{\sqrt{x}\ln x} \cdot \left(\frac{1}{2\sqrt{x}} \cdot \ln x + \sqrt{x} \cdot \frac{1}{x}\right) = e^{\sqrt{x}\ln x} \left(\frac{\ln x}{2\sqrt{x}} + \frac{1}{\sqrt{x}}\right)$$

$$= x^{\sqrt{x}} \cdot \left(\frac{2 + \ln x}{2\sqrt{x}}\right).$$

e) $f(x) = x^{\frac{1}{x}} = e^{\ln\left(x^{\frac{1}{x}}\right)} = e^{\frac{\ln x}{x}} \implies$

$$f'(x) = e^{\frac{\ln x}{x}} \cdot \left(\frac{\frac{1}{x} \cdot x - 1 \cdot \ln x}{x^2}\right) = x^{\frac{1}{x}} \cdot \left(\frac{1 - \ln x}{x^2}\right).$$

f) $f(x) = \left(\frac{1}{x}\right)^x = e^{\ln\left(\frac{1}{x}\right)^x} e^{x\ln\left(\frac{1}{x}\right)} \implies$

$$f'(x) = e^{x\ln\left(\frac{1}{x}\right)} \cdot \left(1 \cdot \ln\left(\frac{1}{x}\right) + \left(\frac{1}{\frac{1}{x}}\right) \cdot \left(-\frac{1}{x^2}\right) \cdot x\right)$$

$$= \left(\frac{1}{x}\right)^x \cdot \left(\ln\left(\frac{1}{x}\right) - 1\right).$$

Bemerkung:

$$f(x) = \left(\frac{1}{x}\right)^x = x^{-x} \text{ und } f'(x) = -x^{-x} \cdot (1 + \ln x).$$

g) $f(x) = x^{\ln x} = e^{\ln\left(x^{\ln x}\right)} = e^{\ln x \cdot \ln x} = e^{(\ln x)^2} \implies$

$$f'(x) = e^{(\ln x)^2} \cdot \left((2\ln x) \cdot \frac{1}{x}\right) = x^{\ln x} \cdot \left(\frac{2\ln x}{x}\right).$$

h) $f(x) = \ln(x^x) = x\ln x \implies f'(x) = 1 \cdot \ln x + \frac{1}{x} \cdot x = 1 + \ln x.$

i) $f(x) = (x \cdot e)^{2\ln(\sqrt{x})} = (x \cdot e)^{\ln(\sqrt{x}^2)} = (x \cdot e)^{\ln x} = x^{\ln x} \cdot e^{\ln x}$

$= x^{\ln x} \cdot x.$ Mit Teil g) und der Produktregel folgt nun:

$$f'(x) = \left(x^{\ln x} \cdot \left(\frac{2\ln x}{x}\right)\right) \cdot x + 1 \cdot x^{\ln x} = x^{\ln x} \cdot (1 + 2\ln x).$$

j) $f(x) = (\sin x)^x = e^{\ln(\sin x)^x} = e^{x\ln(\sin x)} \implies$

$$f'(x) = e^{x\ln(\sin x)} \cdot \left(1 \cdot \ln(\sin x) + \left(\frac{1}{\sin x}\right) \cdot (\cos x) \cdot x\right)$$

$$= (\sin x)^x \cdot (\ln(\sin x) + x\cot x).$$

k) $f(x) = (e^x)^x = e^{x^2} \implies f'(x) = e^{x^2} \cdot 2x = 2xe^{x^2}.$

l) $f(x) = x^{e^x} = e^{\ln\left(x^{e^x}\right)} = e^{e^x \ln x} \implies$

$$f'(x) = e^{e^x \ln x} \cdot \left(e^x \cdot \ln x + \frac{1}{x} \cdot e^x\right) = x^{e^x} e^x \left(\ln x + \frac{1}{x}\right).$$

Aufgabe 4.5.17 Eigenschaften der Elastizitäten

Gegeben seien die differenzierbaren Funktionen f und g mit $f(x) \neq 0$ und $g(x) \neq 0$. Berechnen Sie die Elastizitäten der Funktionen:

a) $c \cdot f(x)$, $c \in \mathbb{R} \setminus \{0\}$ b) $f(x) \cdot g(x)$,   c) $\dfrac{f(x)}{g(x)}$,

d) $\dfrac{1}{g(x)}$,   e) $f(g(x))$,   f) $f(x) \pm g(x)$.

Führen Sie, falls möglich, die Elastizitäten dieser zusammengesetzten Funktionen auf die Elastizitäten der Funktionen f und g zurück.

Lösung:

Die Elastizitäten $\epsilon_f(x)$ von f und $\epsilon_g(x)$ von g existieren, da f und g differenzierbar sind und $f(x) \neq 0$, sowie $g(x) \neq 0$ gilt.

Die Elastizität einer Funktion f ist gegeben durch:

$$\epsilon_f(x) = x \cdot \frac{f'(x)}{f(x)}.$$

Somit folgt:

a)
$$\epsilon_{c \cdot f}(x) \;=\; x \cdot \frac{(c \cdot f(x))'}{c \cdot f(x)} \;=\; x \cdot \frac{c \cdot f'(x)}{c \cdot f(x)} \;=\; x \cdot \frac{f'(x)}{f(x)}$$

$$\phantom{\epsilon_{c \cdot f}(x)} \;=\; \epsilon_f(x).$$

b)
$$\epsilon_{f \cdot g}(x) \;=\; x \cdot \frac{(f(x) \cdot g(x))'}{f(x) \cdot g(x)}$$

$$\;=\; x \cdot \frac{f'(x) \cdot g(x) + g'(x) \cdot f(x)}{f(x) \cdot g(x)}$$

$$\;=\; x \cdot \left(\frac{f'(x)}{f(x)} + \frac{g'(x)}{g(x)} \right)$$

$$\;=\; \left(x \cdot \frac{f'(x)}{f(x)} \right) + \left(x \cdot \frac{g'(x)}{g(x)} \right)$$

$$\;=\; \epsilon_f(x) + \epsilon_g(x).$$

c)
$$\epsilon_{\frac{f}{g}}(x) \;=\; x \cdot \frac{\left(\frac{f(x)}{g(x)} \right)'}{\frac{f(x)}{g(x)}} \;=\; x \cdot \frac{\frac{f'(x) \cdot g(x) - g'(x) \cdot f(x)}{g^2(x)}}{\frac{f(x)}{g(x)}}$$

$$\;=\; x \cdot \frac{g(x) \cdot (f'(x) \cdot g(x) - g'(x) \cdot f(x))}{g^2(x) \cdot f(x)}$$

$$\;=\; x \cdot \frac{f'(x) \cdot g(x) - g'(x) \cdot f(x)}{g(x) \cdot f(x)}$$

$$\;=\; x \cdot \left(\frac{f'(x)}{f(x)} - \frac{g'(x)}{g(x)} \right) \;=\; \left(x \cdot \frac{f'(x)}{f(x)} \right) - \left(x \cdot \frac{g'(x)}{g(x)} \right)$$

$$\;=\; \epsilon_f(x) - \epsilon_g(x).$$

d) Hier handelt es sich um einen Sonderfall von c). Da nach c) die Formel $\epsilon_{\frac{f}{g}}(x) = \epsilon_f(x) - \epsilon_g(x)$ gilt, muß man nur noch die Elastizität der Funktion $f(x) = 1$ berechnen. Diese ist mit $f'(x) = 0$ gegeben durch:

$$\epsilon_f(x) \;=\; x \cdot \frac{0}{1} = 0.$$

Somit folgt:

$$\epsilon_{\frac{f}{g}}(x) \;=\; 0 - \epsilon_g(x) \;=\; -\epsilon_g(x).$$

e)
$$\epsilon_{f(g)}(x) \;=\; x \cdot \frac{(f(g(x)))'}{f(g(x))} \;=\; x \cdot \frac{f'(g(x)) \cdot g'(x)}{f(g(x))}$$

$$=\; x \cdot \frac{f'(g(x)) \cdot g'(x)}{f(g(x))} \cdot \frac{g(x)}{g(x)}$$

$$=\; \left(g(x) \cdot \frac{f'(g(x))}{f(g(x))} \right) \cdot \left(x \cdot \frac{g'(x)}{g(x)} \right)$$

$$=\; \epsilon_f(g(x)) \cdot \epsilon_g(x).$$

f)
$$\epsilon_{f \pm g}(x) \;=\; x \cdot \frac{(f(x) \pm g(x))'}{f(x) \pm g(x)} \;=\; x \cdot \frac{f'(x) \pm g'(x)}{f(x) \pm g(x)}.$$

Weiteres Zusammenfassen ist in diesem Fall nicht sinnvoll.

Aufgabe 4.5.18

Berechnen Sie die Elastizitäten der folgenden Funktionen:

a) $f(x) = c$, mit $c \in \mathbb{R}$, \qquad b) $f(x) = x$, \qquad c) $f(x) = mx + b$,

d) $f(x) = x^\alpha$, \qquad e) $f(x) = \sqrt{x}$, \qquad f) $f(x) = b^x$, mit $b > 0$,

g) $f(x) = \sin x$, \qquad h) $f(x) = \cos x$, \qquad i) $f(x) = \ln x$.

Lösung:

Existiert die Elastizität einer Funktion f, so ist diese gegeben durch:

$$\epsilon_f(x) \;=\; x \cdot \frac{f'(x)}{f(x)}.$$

Somit folgt:

a) $f'(x) = 0$ für alle $c \in \mathbb{R}$. Somit erhält man mithilfe der Definition der Elastizität für alle $c \in \mathbb{R} \setminus \{0\}$: $\epsilon_f(x) = 0$.
Für $c = 0$ erhält man dasselbe Ergebnis mittels Grenzübergang.

b) Mit $f'(x) = 1$ folgt: $\epsilon_f(x) \;=\; x \cdot \dfrac{1}{x} = 1$.

c) Mit $f'(x) = m$ folgt: $\epsilon_f(x) \;=\; x \cdot \dfrac{m}{mx + b} = \dfrac{mx}{mx + b}$.

d) Mit $f'(x) = \alpha \cdot x^{\alpha - 1}$ folgt: $\epsilon_f(x) \;=\; x \cdot \dfrac{\alpha \cdot x^{\alpha - 1}}{x^\alpha} = \dfrac{\alpha \cdot x^\alpha}{x^\alpha} = \alpha$.

e) Mit $f'(x) = \dfrac{1}{2\sqrt{x}}$ folgt: $\epsilon_f(x) \;=\; x \cdot \dfrac{\frac{1}{2\sqrt{x}}}{\sqrt{x}} = \dfrac{x}{2x} = \dfrac{1}{2}$.

f) Mit $f'(x) = \ln b \cdot b^x$ folgt: $\epsilon_f(x) = x \cdot \dfrac{\ln b \cdot b^x}{b^x} = x \cdot \ln b$.

g) Mit $f'(x) = \cos x$ folgt: $\epsilon_f(x) = x \cdot \dfrac{\cos x}{\sin x} = x \cdot \cot x$.

h) Mit $f'(x) = -\sin x$ folgt: $\epsilon_f(x) = x \cdot \dfrac{-\sin x}{\cos x} = -x \cdot \tan x$.

i) Mit $f'(x) = \dfrac{1}{x}$ folgt: $\epsilon_f(x) = x \cdot \dfrac{\frac{1}{x}}{\ln x} = \dfrac{1}{\ln x}$.

Aufgabe 4.5.19

Berechnen Sie im Falle der Existenz folgende Grenzwerte:

a) $\displaystyle\lim_{x \to 6} \frac{\ln(x-5)}{\sin(\pi x)}$, b) $\displaystyle\lim_{x \to 3} \frac{\ln(4-x)}{\cos\left(\frac{\pi}{2}x\right)}$, c) $\displaystyle\lim_{x \to 1} \frac{\ln x}{x^3 - 1}$,

d) $\displaystyle\lim_{x \to 0} \frac{\sin x}{e^x - 1}$, e) $\displaystyle\lim_{x \to 0} \frac{e^x - 1}{\sin x}$, f) $\displaystyle\lim_{x \to 0} \frac{x^2}{e^{x^2} - 1}$,

g) $\displaystyle\lim_{x \to 1} \frac{1 + \sin\left(\frac{3\pi}{2}x\right)}{x^2 - 3x + 2}$, h) $\displaystyle\lim_{x \to 0} \frac{e^{2x} - 1}{e^x - e^{3x}}$, i) $\displaystyle\lim_{x \to 0} \frac{2^x - 3^x}{x}$,

j) $\displaystyle\lim_{x \to \infty} \frac{\ln x - \cos x}{x^2}$, k) $\displaystyle\lim_{x \to \infty} \frac{\ln x}{\ln(4x - 1) + 4}$, l) $\displaystyle\lim_{x \to -1} \frac{e^{x+1} + x}{(x+1)^2}$,

m) $\displaystyle\lim_{x \to 0} \frac{\tan x}{x}$, n) $\displaystyle\lim_{x \to 0} \frac{\ln(x + e^{-1}) + \cos x}{x^2}$,

o) $\displaystyle\lim_{x \to \infty} \frac{\ln(x + e^{-1}) + \cos x}{x^2}$.

Lösung:

In dieser Aufgabe benötigt man die Regel von de l'Hôpital. Bevor allerdings die Regel von de l'Hôpital angewendet wird, muß nachgeprüft werden, ob die Voraussetzungen dieses Satzes erfüllt sind. Wird im folgenden das Zeichen $\overset{\text{l'Hôp}}{=}$ verwendet, so wird diese Regel angewandt. Die Voraussetzungen hierfür sind in diesen Fällen erfüllt.

a) $\displaystyle\lim_{x \to 6} \frac{\ln(x-5)}{\sin(\pi x)} \overset{\text{l'Hôp}}{=} \lim_{x \to 6} \frac{\frac{1}{x-5}}{\pi \cos(\pi x)} = \frac{1}{\pi}$.

b) $\displaystyle\lim_{x \to 3} \frac{\ln(4-x)}{\cos\left(\frac{\pi}{2}x\right)} \overset{\text{l'Hôp}}{=} \lim_{x \to 3} \frac{\frac{1}{4-x} \cdot (-1)}{-\sin\left(\frac{\pi}{2}x\right) \cdot \frac{\pi}{2}} = \frac{-1}{\frac{\pi}{2}} = -\frac{2}{\pi}$.

c) $\displaystyle\lim_{x \to 1} \frac{\ln x}{x^3 - 1} \overset{\text{l'Hôp}}{=} \lim_{x \to 1} \frac{\frac{1}{x}}{3x^2} = \lim_{x \to 1} \frac{1}{3x^3} = \frac{1}{3}$.

d) $\displaystyle\lim_{x\to 0}\frac{\sin x}{e^x - 1}\overset{\text{l'Hôp}}{=}\lim_{x\to 0}\frac{\cos x}{e^x}=\frac{1}{1}=1.$

e) $\displaystyle\lim_{x\to 0}\frac{e^x - 1}{\sin x}\overset{\text{l'Hôp}}{=}\lim_{x\to 0}\frac{e^x}{\cos x}=\frac{1}{1}=1.$

f) $\displaystyle\lim_{x\to 0}\frac{x^2}{e^{x^2} - 1}\overset{\text{l'Hôp}}{=}\lim_{x\to 0}\frac{2x}{2xe^{x^2}}=\lim_{x\to 0}\frac{1}{e^{x^2}}=\frac{1}{1}=1.$

g) $\displaystyle\lim_{x\to 1}\frac{1+\sin\left(\frac{3\pi}{2}x\right)}{x^2 - 3x + 2}\overset{\text{l'Hôp}}{=}\lim_{x\to 1}\frac{\cos\left(\frac{3\pi}{2}x\right)\cdot\frac{3\pi}{2}}{2x - 3}=\frac{0}{-1}=0.$

h) $\displaystyle\lim_{x\to 0}\frac{e^{2x} - 1}{e^x - e^{3x}}\overset{\text{l'Hôp}}{=}\lim_{x\to 0}\frac{2e^{2x}}{e^x - 3e^{3x}}=\frac{2}{-2}=-1.$

i) $\displaystyle\lim_{x\to 0}\frac{2^x - 3^x}{x}\overset{\text{l'Hôp}}{=}\lim_{x\to 0}\frac{2^x\ln 2 - 3^x\ln 3}{1}=\ln 2-\ln 3=\ln\left(\frac{2}{3}\right).$

j) $\displaystyle\lim_{x\to\infty}\frac{\ln x-\cos x}{x^2}\overset{\text{l'Hôp}}{=}\lim_{x\to\infty}\frac{\frac{1}{x}+\sin x}{2x}=0.$

k) $\displaystyle\lim_{x\to\infty}\frac{\ln x}{\ln(4x - 1)+4}\overset{\text{l'Hôp}}{=}\lim_{x\to\infty}\frac{\frac{1}{x}}{\frac{1}{4x-1}\cdot 4}=\lim_{x\to\infty}\left(\frac{1}{x}\cdot\frac{4x-1}{4}\right)$

$\displaystyle=\lim_{x\to\infty}\frac{4x-1}{4x}\overset{\text{l'Hôp}}{=}\lim_{x\to\infty}\frac{4}{4}=1.$

l) $\displaystyle\lim_{x\to -1}\frac{e^{x+1}+x}{(x+1)^2}\overset{\text{l'Hôp}}{=}\lim_{x\to -1}\frac{e^{x+1}+1}{2(x+1)}$ existiert nicht, denn

$\displaystyle\lim_{x\to -1-}\frac{e^{x+1}+1}{2(x+1)}=-\infty\ \text{und}\ \lim_{x\to -1+}\frac{e^{x+1}+1}{2(x+1)}=+\infty.$

m) $\displaystyle\lim_{x\to 0}\frac{\tan x}{x}\overset{\text{l'Hôp}}{=}\lim_{x\to 0}\frac{\frac{1}{\cos^2 x}}{1}\lim_{x\to 0}\frac{1}{\cos^2 x}=1.$

n) $\displaystyle\lim_{x\to 0}\frac{\ln(x+e^{-1})+\cos x}{x^2}\overset{\text{l'Hôp}}{=}\lim_{x\to 0}\frac{\frac{1}{x+e^{-1}}-\sin x}{2x}$ existiert nicht, denn

$\displaystyle\lim_{x\to 0-}\frac{\frac{1}{x+e^{-1}}-\sin x}{2x}=-\infty\ \text{und}\ \lim_{x\to 0+}\frac{\frac{1}{x+e^{-1}}-\sin x}{2x}=+\infty.$

o) $\displaystyle\lim_{x\to\infty}\frac{\ln(x+e^{-1})+\cos x}{x^2}\overset{\text{l'Hôp}}{=}\lim_{x\to\infty}\frac{\frac{1}{x+e^{-1}}-\sin x}{2x}=0.$

Aufgabe 4.5.20

Berechnen Sie im Falle der Existenz folgende Grenzwerte:

a) $\lim\limits_{x \to 0} \left(\dfrac{1}{\sin x} - \dfrac{\cos x}{x} \right),$

b) $\lim\limits_{x \to 0} \left(\dfrac{e^{2x} + 2}{e^x - 1} - \dfrac{e^x + 5}{e^{2x} - 1} \right),$

c) $\lim\limits_{x \to -3} \left(\dfrac{2}{x + 3} + \dfrac{10}{x^2 + x - 6} \right).$

Lösung:

In dieser Aufgabe benötigt man die Regel von de l'Hôpital. Bevor allerdings die Regel von de l'Hôpital angewendet wird, muß nachgeprüft werden, ob die Voraussetzungen dieses Satzes erfüllt sind. Wird im folgenden das Zeichen $\overset{\text{l'Hôp}}{=}$ verwendet, so wird diese Regel angewandt. Die Voraussetzungen hierfür sind in diesen Fällen erfüllt.

a) $\lim\limits_{x \to 0} \left(\dfrac{1}{\sin x} - \dfrac{\cos x}{x} \right) = \lim\limits_{x \to 0} \left(\dfrac{x - \sin x \cos x}{x \sin x} \right)$

$\overset{\text{l'Hôp}}{=} \lim\limits_{x \to 0} \left(\dfrac{1 - (\cos^2 x - \sin^2 x)}{\sin x + x \cos x} \right)$

$\overset{\text{l'Hôp}}{=} \lim\limits_{x \to 0} \left(\dfrac{2 \cos x \sin x + 2 \cos x \sin x}{\cos x + (\cos x - x \sin x)} \right)$

$= \lim\limits_{x \to 0} \left(\dfrac{4 \cos x \sin x}{2 \cos x - x \sin x} \right) = \dfrac{0}{2} = 0.$

b) $\lim\limits_{x \to 0} \left(\dfrac{e^{2x} + 2}{e^x - 1} - \dfrac{e^x + 5}{e^{2x} - 1} \right)$

$= \lim\limits_{x \to 0} \left(\dfrac{(e^{2x} + 2)(e^{2x} - 1) - (e^x + 5)(e^x - 1)}{(e^x - 1)(e^{2x} - 1)} \right)$

$= \lim\limits_{x \to 0} \left(\dfrac{e^{4x} - e^{2x} + 2e^{2x} - 2 - (e^{2x} - e^x + 5e^x - 5)}{e^{3x} - e^x - e^{2x} + 1} \right)$

$= \lim\limits_{x \to 0} \left(\dfrac{e^{4x} - 4e^x + 3}{e^{3x} - e^{2x} - e^x + 1} \right) \overset{\text{l'Hôp}}{=} \lim\limits_{x \to 0} \left(\dfrac{4e^{4x} - 4e^x}{3e^{3x} - 2e^{2x} - e^x} \right)$

$\overset{\text{l'Hôp}}{=} \lim\limits_{x \to 0} \left(\dfrac{16e^{4x} - 4e^x}{9e^{3x} - 4e^{2x} - e^x} \right) = \dfrac{12}{4} = 3.$

c) $\lim\limits_{x \to -3} \left(\dfrac{2}{x + 3} + \dfrac{10}{x^2 + x - 6} \right) = \lim\limits_{x \to -3} \left(\dfrac{2}{x + 3} + \dfrac{10}{(x + 3)(x - 2)} \right)$

$$= \lim_{x \to -3} \left(\frac{2(x-2)+10}{(x+3)(x-2)} \right) = \lim_{x \to -3} \left(\frac{2(x+3)}{(x+3)(x-2)} \right)$$

$$= \lim_{x \to -3} \left(\frac{2}{x-2} \right) = -\frac{2}{5}.$$

Aufgabe 4.5.21

Berechnen Sie im Falle der Existenz folgende Grenzwerte:

a) $\lim\limits_{x \to \infty} x^{\frac{1}{x}}$,
 b) $\lim\limits_{x \to 0} x^{\frac{1}{x}}$,
 c) $\lim\limits_{x \to 0+} \left(\frac{1}{x} \right)^x$,

d) $\lim\limits_{x \to 2+} (x^2-4)^{\frac{1}{\ln(x-2)}}$,
 e) $\lim\limits_{x \to 1+} (\ln x)^{\frac{1}{\ln(x-1)}}$,
 f) $\lim\limits_{x \to \infty} (\ln x)^{\frac{1}{\ln(x-1)}}$,

g) $\lim\limits_{x \to 0+} (\sin x)^x$,
 h) $\lim\limits_{x \to 0+} x^{\sin x}$,
 i) $\lim\limits_{x \to 0+} (\sqrt{x})^x$,

j) $\lim\limits_{x \to 0+} x^{\sqrt{x}}$.

Lösung:

In dieser Aufgabe soll zunächst die Transformation $f(x) = e^{\ln f(x)}$ durchgeführt werden. Es gilt dann: $\lim f(x) = e^{\lim(\ln f(x))}$. Danach kann man, falls möglich, die Regel von de l'Hôpital auf den Ausdruck $\lim(\ln f(x))$ anwenden. Um die Regel von de l'Hôpital anweden zu können, müssen Ausdrücke der Form $\frac{\pm\infty}{\pm\infty}$ oder der Form $\frac{0}{0}$ vorliegen. Treten andere, nicht definierte, Ausdrücke auf, wie z. B. $0 \cdot (\pm\infty)$ oder $\frac{0}{\pm\infty}$, so kann man versuchen obige, Ausdrücke durch elementare Umformungen zu erzeugen, um anschließend diese Regel anwenden zu können.

a) $f(x) = x^{\frac{1}{x}} = e^{\frac{\ln x}{x}}$.

$$\lim_{x \to \infty} \frac{\ln x}{x} \overset{\text{l'Hôp}}{=} \lim_{x \to \infty} \frac{\frac{1}{x}}{1} = \lim_{x \to \infty} \frac{1}{x} = 0 \implies$$

$$\lim_{x \to \infty} x^{\frac{1}{x}} = e^{\lim\limits_{x \to \infty} \frac{\ln x}{x}} = e^0 = 1.$$

b) Vorbemerkung:

$$\lim_{x \to 0} \frac{1}{x} \text{ existiert nicht, denn } \lim_{x \to 0-} \frac{1}{x} = -\infty \text{ und } \lim_{x \to 0+} \frac{1}{x} = +\infty.$$

Analog zu Teil a) gilt:

$$\lim_{x \to 0} x^{\frac{1}{x}} = e^{\lim\limits_{x \to 0} \frac{\ln x}{x}}, \text{ falls dieser existiert.}$$

$\displaystyle\lim_{x\to 0-}\frac{\ln x}{x}$ existiert nicht, da $\ln x$ nur für $x > 0$ definiert ist.

Somit existiert auch $\displaystyle\lim_{x\to 0} x^{\frac{1}{x}}$ nicht.

Bemerkung:

$$\lim_{x\to 0+}\frac{\ln x}{x} \overset{\text{l'Hôp}}{=} \lim_{x\to 0+}\frac{\frac{1}{x}}{1} = +\infty \quad\text{und somit gilt:}\quad \lim_{x\to 0+} x^{\frac{1}{x}} = +\infty.$$

c) $f(x) = \left(\dfrac{1}{x}\right)^{x} = e^{x\ln\left(\frac{1}{x}\right)}$.

$$\lim_{x\to 0+}\left(x\cdot\ln\left(\frac{1}{x}\right)\right) = \lim_{x\to 0+}\frac{\ln\left(\frac{1}{x}\right)}{\frac{1}{x}} \overset{\text{l'Hôp}}{=} \lim_{x\to 0+}\frac{\frac{1}{\frac{1}{x}}\cdot\left(-\frac{1}{x^2}\right)}{-\frac{1}{x^2}}$$

$$= \lim_{x\to 0+} x = 0 \implies$$

$$\lim_{x\to 0+}\left(\frac{1}{x}\right)^{x} = \lim_{x\to 0+} e^{x\ln\left(\frac{1}{x}\right)} = e^{\lim\limits_{x\to 0+}\left(x\ln\left(\frac{1}{x}\right)\right)} = e^0 = 1.$$

d) $f(x) = (x^2 - 4)^{\frac{1}{\ln(x-2)}} = e^{\frac{\ln(x^2-4)}{\ln(x-2)}}$.

$$\lim_{x\to 2+}\frac{\ln(x^2-4)}{\ln(x-2)} \overset{\text{l'Hôp}}{=} \lim_{x\to 2+}\frac{\frac{2x}{x^2-4}}{\frac{1}{x-2}} = \lim_{x\to 2+}\frac{2x(x-2)}{x^2-4}$$

$$= \lim_{x\to 2+}\frac{2x(x-2)}{(x-2)(x+2)} = \lim_{x\to 2+}\frac{2x}{x+2} = 1 \implies$$

$$\lim_{x\to 2+}(x^2-4)^{\frac{1}{\ln(x-2)}} = e^{\lim\limits_{x\to 2+}\frac{\ln(x^2-4)}{\ln(x-2)}} = e^1 = e.$$

e) $f(x) = (\ln x)^{\frac{1}{\ln(x-1)}} = e^{\frac{\ln(\ln x)}{\ln(x-1)}}$.

$$\lim_{x\to 1+}\frac{\ln(\ln x)}{\ln(x-1)} \overset{\text{l'Hôp}}{=} \lim_{x\to 1+}\frac{\frac{1}{x\ln x}}{\frac{1}{x-1}} = \lim_{x\to 1+}\frac{x-1}{x\ln x}$$

$$\overset{\text{l'Hôp}}{=} \lim_{x\to 1+}\frac{1}{1+\ln x} = 1 \implies$$

$$\lim_{x\to 1+}(\ln x)^{\frac{1}{\ln(x-1)}} = e^{\lim\limits_{x\to 1+}\frac{\ln(\ln x)}{\ln(x-1)}} = e^1 = e.$$

f) $f(x) = (\ln x)^{\frac{1}{\ln(x-1)}} = e^{\frac{\ln(\ln x)}{\ln(x-1)}}$.

$$\lim_{x\to\infty}\frac{\ln(\ln x)}{\ln(x-1)} \overset{\text{l'Hôp}}{=} \lim_{x\to\infty}\frac{\frac{1}{x\ln x}}{\frac{1}{x-1}} = \lim_{x\to\infty}\frac{x-1}{x\ln x}$$

$$\overset{\text{l'Hôp}}{=} \lim_{x \to \infty} \frac{1}{1 + \ln x} = 0 \implies$$

$$\lim_{x \to \infty} (\ln x)^{\frac{1}{\ln(x-1)}} = e^{\lim_{x \to \infty} \frac{\ln(\ln x)}{\ln(x-1)}} = e^0 = 1.$$

g) $f(x) = (\sin x)^x = e^{x \ln(\sin x)}.$

$$\lim_{x \to 0+} x \ln(\sin x) = \lim_{x \to 0+} \frac{\ln(\sin x)}{\frac{1}{x}} \overset{\text{l'Hôp}}{=} \lim_{x \to 0+} \frac{\frac{\cos x}{\sin x}}{-\frac{1}{x^2}}$$

$$= \lim_{x \to 0+} \frac{-x^2 \cos x}{\sin x} \overset{\text{l'Hôp}}{=} \lim_{x \to 0+} \frac{-2x \cos x + x^2 \sin x}{\cos x} = 0 \implies$$

$$\lim_{x \to 0+} (\sin x)^x = e^{\lim_{x \to 0+} (x \ln(\sin x))} = e^0 = 1.$$

h) $f(x) = x^{\sin x} = e^{(\sin x)(\ln x)}.$

$$\lim_{x \to 0+} (\sin x \ln x) = \lim_{x \to 0+} \frac{\sin x}{\frac{1}{\ln x}} \overset{\text{l'Hôp}}{=} \lim_{x \to 0+} \frac{\cos x}{\frac{1}{x}}$$

$$= \lim_{x \to 0+} (x \cos x) = 0 \implies$$

$$\lim_{x \to 0+} x^{\sin x} = e^{\lim_{x \to 0+} (\sin x)(\ln x)} = e^0 = 1.$$

i) $f(x) = \left(\sqrt{x}\right)^x = e^{x \ln(\sqrt{x})}.$

$$\lim_{x \to 0+} (x \ln(\sqrt{x})) = \lim_{x \to 0+} \frac{\ln(\sqrt{x})}{\frac{1}{x}} = \lim_{x \to 0+} \frac{\left(\frac{1}{\sqrt{x}}\right) \cdot \left(\frac{1}{2\sqrt{x}}\right)}{-\frac{1}{x^2}}$$

$$\overset{\text{l'Hôp}}{=} \lim_{x \to 0+} \frac{\frac{1}{2x}}{-\frac{1}{x^2}} = \lim_{x \to 0+} \left(-\frac{x^2}{2x}\right) = -\lim_{x \to 0+} \frac{x}{2} = 0 \implies$$

$$\lim_{x \to 0+} \left(\sqrt{x}\right)^x = e^{\lim_{x \to 0+} \left(x \ln(\sqrt{x})\right)} = e^0 = 1.$$

j) $f(x) = x^{\sqrt{x}} = e^{\sqrt{x} \ln x}.$

$$\lim_{x \to 0+} (\sqrt{x} \ln x) = \lim_{x \to 0+} \frac{\ln x}{\frac{1}{\sqrt{x}}} \overset{\text{l'Hôp}}{=} \lim_{x \to 0+} \frac{\frac{1}{x}}{-\frac{1}{2\sqrt{x^3}}}$$

$$= \lim_{x \to 0+} \left(-\frac{2\sqrt{x^3}}{x}\right) = \lim_{x \to 0+} (-2\sqrt{x}) = 0 \implies$$

$$\lim_{x \to 0+} x^{\sqrt{x}} = e^{\lim_{x \to 0+} (\sqrt{x} \ln x)} = e^0 = 1.$$

Aufgabe 4.5.22

Berechnen Sie die n-ten Ableitungen der folgenden Funktionen:

a) $f(x) = c$, mit $c \in \mathbb{R}$,   b) $f(x) = \cos x$,

c) $f(x) = x^n$, mit $n \in \mathbb{N}$,   d) $f(x) = e^x$,

e) $f(x) = b^x$, mit $b > 0$,   f) $f(x) = x^\alpha$, $\alpha \in \mathbb{R}$.

Lösung:

a) $f'(x) = 0$ und jede weitere Ableitung ist auch Null.
Somit gilt: $f^{(n)}(x) = 0$ für alle $n \in \mathbb{N}$.

b) $f(x) = \cos x$,
$f'(x) = -\sin x$,
$f''(x) = -\cos x$,
$f'''(x) = \sin x$,
$f^{(4)}(x) = \cos x$.

Allgemein gilt für $f(x) = \cos x$:
$$f^{(2n)}(x) = (-1)^n \cos x \quad \text{mit } n \in \mathbb{N}_0 \text{ und}$$
$$f^{(2n-1)}(x) = (-1)^n \sin x \quad \text{mit } n \in \mathbb{N}.$$

c) Hier handelt es sich um ein Polynom n-ten Grades. Die n-te Ableitung ist somit gegeben durch: $f^{(n)}(x) = n!$.

d) $f'(x) = f(x) = e^x$ und für jede weitere Ableitung gilt dasselbe, d.h.: $f^{(n)}(x) = e^x$ für alle $n \in \mathbb{N}$.

e) $f(x) = b^x$,
$f'(x) = \ln b \cdot b^x$,
$f''(x) = (\ln b)^2 \cdot b^x$,
$f'''(x) = (\ln b)^3 \cdot b^x$.

Allgemein gilt für alle $n \in \mathbb{N}_0$: $f^{(n)}(x) = (\ln b)^n \cdot b^x$.

f) $f(x) = x^\alpha$,
$f'(x) = \alpha \cdot x^{\alpha-1}$,
$f''(x) = \alpha \cdot (\alpha - 1) \cdot x^{\alpha-2}$,
$f'''(x) = \alpha \cdot (\alpha - 1) \cdot (\alpha - 2) \cdot x^{\alpha-3}$.

Allgemein gilt für alle $n \in \mathbb{N}_0$:

$$f^{(n)}(x) \;=\; \alpha \cdot (\alpha - 1) \cdots (\alpha - n + 1) \cdot x^{\alpha - n} \;=\; n! \binom{\alpha}{n} x^{\alpha - n}.$$

Kapitel 5

Kurvendiskussion

Um aus einer Funktionsgleichung das Schaubild der Funktion zu erhalten, müssen einzelne Funktionswerte berechnet werden. Dies kann sehr mühsam sein, da man meistens viele Punkte benötgt, um ein befriedigendes Schaubild zu erhalten. Es ist deshalb sinnvoll, sich auf wenige, typische Punkte zu beschränken, die den Verlauf der Kurve besonders auszeichnen. Bestimmte Eigenschaften einer Funktion liefern wichtige Informationen zum Zeichnen des entsprechenden Schaubilds.

Mithilfe der Differentialrechnung kann man für eine Funktion eine sogenannte **Kurvendiskussion** durchführen. Hierzu gehören folgende wichtige Punkte.

1.) **Bestimmung der Definitions- und Wertemenge ($\mathbb{D}$ bzw. $\mathbb{B}$).**

2.) **Bestimmung der Symmetrie:**
   Gilt $f(-x) = f(x)$ für alle $-x, x \in \mathbb{D}$, so ist die Funktion symmetrisch zur y-Achse (gerade Funktion).
   Gilt $f(-x) = -f(x)$ für alle $-x, x \in \mathbb{D}$, so ist die Funktion symmetrisch zum Ursprung (ungerade Funktion).
   Es können jedoch auch allgemeinere Symmetrien auftauchen.

   Achsensymmetrie:
   Eine Funktion f ist symmetrisch zur vertikalen Achse $x = c$, falls für

alle Werte $c - x$, $c + x \in \mathbb{D}$ gilt:

$$f(c - x) = f(c + x).$$

Spezialfall: $x = 0$, Symmetrie zur y-Achse, gerade Funktion.

Punktsymmetrie:
Eine Funktion f ist symmetrisch zum Punkt $P(a, b)$, falls für alle Werte $a - x$, $a + x \in \mathbb{D}$ gilt:

$$f(a - x) - b = -(f(a + x) + b).$$

Spezialfall: $P(0, 0)$, Symmetrie zum Ursprung, ungerade Funktion.

3.) Asymptotisches Verhalten:
Untersucht wird das Verhalten der Funktion f für x gegen $\pm\infty$, d. h.

$$\lim_{x \to -\infty} f(x) \quad \text{und} \quad \lim_{x \to \infty} f(x).$$

Falls vorhanden, wird auch das Verhalten der Funktion f an den Definitionslücken untersucht.
Vgl. hierzu den Abschnitt über das asymptotische Verhalten von Funktionen im vorangegangenen Kapitel 4.

4.) Bestimmung der Nullstellen:
Zu lösen ist die Gleichung $f(x) = 0$. Hierbei können auch numerische Methoden zur näherungsweisen Berechnung von Nullstellen Verwendung finden, falls obige Gleichung nicht explizit nach x auflösbar ist.

5.) Bestimmung der Extremwerte:
Unter einem **Extremwert**, oder auch **Extremum** genannt, einer Funktion f versteht man ein Maximum oder ein Minimum. Hierbei unterscheidet man **globale (absolute)** und **lokale (relative)** Extremwerte.

Definition 5.0.1

*1.) Eine Funktion f besitzt auf ihrem Definitionsbereich $\mathbb{D}$ an der Stelle $x_{\max}$ ein **globales Maximum**, falls für alle $x \in \mathbb{D}$ gilt:*

$$f(x_{\max}) \geq f(x).$$

2.) *Eine Funktion f besitzt auf ihrem Definitionsbereich* $\mathbb{D}$ *an der Stelle* $x_{\min}$ *ein* **globales Minimum**, *falls für alle* $x \in \mathbb{D}$ *gilt:*

$$f(x_{\min}) \leq f(x).$$

Besser bekannt sind die **lokalen Extremwerte** unter den Bezeichnungen **Tiefpunkt** für ein lokales Minimum und **Hochpunkt** für ein lokales Maximum.

Satz 5.0.1 Notwendige Bedingung für ein lokales Extremum
Die Funktion f sei an der Stelle x_E *ihres Definitionsbereichs differenzierbar. Dann ist* $f'(x_E) = 0$ *eine notwendige Bedingung für das Vorhandensein eines lokalen Extremwerts an der Stelle* x_E.

Bemerkung:
Ist $f'(x_0) \neq 0$, so besitzt die Funktion f an der Stelle x_0 kein lokales Extremum.

Satz 5.0.2 Hinreichende Bedingung für ein lokales Extremum
Die Funktion f sei an der Stelle x_E *ihres Definitionsbereichs zweimal differenzierbar. Desweiteren seien* $f'(x_E) = 0$ *und* $f''(x_E) \neq 0$. *Dann besitzt f an der Stelle* x_E *ein lokales Extremum. Genauer gilt:*
Ist $f''(x_E) < 0$, *so handelt es sich um ein lokales Maximum,*
ist $f''(x_E) > 0$, *so handelt es sich um ein lokales Minimum.*

Allgemeiner gilt:

Satz 5.0.3
Allg. hinreichende Bedingung für ein lokales Extremum
Die Funktion f sei an der Stelle x_E *ihres Definitionsbereichs n-mal differenzierbar, wobei* $n \geq 2$ *gerade ist. Desweiteren seien:*
$f'(x_E) = f''(x_E) = \ldots = f^{(n-1)}(x_E) = 0$ *und* $f^{(n)}(x_E) \neq 0$.
Dann besitzt f an der Stelle x_E *ein lokales Extremum. Genauer gilt:*
Ist $f^{(n)}(x_E) < 0$, *so handelt es sich um ein lokales Maximum,*
ist $f^{(n)}(x_E) > 0$, *so handelt es sich um ein lokales Minimum.*

Bemerkung:
Bei einem lokalen Extremum ändert sich das Monotonieverhalten einer Funktion.

Beispiel 5.0.1

Die Funktion $f(x) = x^4$ besitzt die Ableitungen:

$f'(x) = 4x^3$, $f''(x) = 12x^2$, $f'''(x) = 24x$, $f^{(4)}(x) = 24$ und $f^{(n)}(x) = 0$ für alle $n \geq 5$.

Die notwendige Bedingung für ein lokales Extremum ist $f'(x) = 4x^3 = 0$, d. h. an der Stelle $x = 0$ kann ein lokales Extremum vorhanden sein. Es gilt: $f'(0) = f''(0) = f'''(0) = 0$ und $f^{(4)}(0) = 24 > 0$.

Somit befindet sich an der Stelle $x = 0$ ein lokales Minimum, also ein Tiefpunkt.

6.) Bestimmung der Wendepunkte:

Definition 5.0.2

Die Funktion f besitzt an der Stelle x_W einen **Wendepunkt**, *falls sich in diesem Punkt das Krümmungsverhalten der Kurve ändert, d. h. wenn ein Übergang von einem konvexen in einen konkaven Bereich oder umgekehrt stattfindet. Ist die Steigung der Funktion im Wendepunkt Null, d. h. gilt $f'(x_W) = 0$, so spricht man von einem* **Sattelpunkt**.

Satz 5.0.4 Notwendige Bedingung für einen Wendepunkt

Die Funktion f sei an der Stelle x_W ihres Definitionsbereichs zweimal differenzierbar. Dann ist $f''(x_W) = 0$ eine notwendige Bedingung für das Vorhandensein eines Wendepunkts an der Stelle x_W.

Bemerkung:

Ist $f^{(2)}(x_0) \neq 0$, so besitzt die Funktion f an der Stelle x_0 keinen Wendepunkt.

Satz 5.0.5

Allg. hinreichende Bedingung für einen Wendepunkt

Die Funktion f sei an der Stelle x_W ihres Definitionsbereichs n-mal differenzierbar, wobei $n \geq 3$ ungerade ist. Desweiteren seien:

$f''(x_W) = f'''(x_W) = \ldots = f^{(n-1)}(x_W) = 0$ und $f^{(n)}(x_W) \neq 0$.

Dann besitzt f an der Stelle x_W einen Wendepunkt.

Beispiel 5.0.2

Die Funktion $f(x) = x^3$ besitzt die Ableitungen:

$f'(x) = 3x^2$, $f''(x) = 6x$, $f'''(x) = 6$ und $f^{(n)}(x) = 0$ für alle $n \geq 4$.

Die notwendige Bedingung für einen Wendepunkt ist $f''(x) = 6x = 0$,
d. h. an der Stelle $x = 0$ kann ein Wendepunkt vorhanden sein.

Es gilt: $f'(0) = f''(0) = 0$ und $f'''(0) = 6 \neq 0$.

Somit befindet sich an der Stelle $x = 0$ ein Wendepunkt mit Steigung
Null, also ein Sattelpunkt.

7.) Zeichnen des Schaubilds

Sind von einer Funktion nur gewisse Eigenschaften bekannt, so ist es manchmal möglich, aus diesen Eigenschaften die Funktionsgleichung herzuleiten.

Gesucht sei die Gleichung einer Geraden $g(x) = mx + b$, die durch die beiden Punkte $P_1(x_1, y_1)$ und $P_2(x_2, y_2)$ geht. Diese Geradengleichung kann man explizit mithilfe der **Zwei-Punkte-Form**

$$y - y_1 = \frac{y_2 - y_1}{x_2 - x_1} \cdot (x - x_1)$$

berechnen. Löst man diese Gleichung nach y auf, so erhält man explizit die Geradengleichung:

$$g(x) = y = \frac{y_2 - y_1}{x_2 - x_1} \cdot (x - x_1) + y_1$$

$$= \left(\frac{y_2 - y_1}{x_2 - x_1} \right) x + \left(y_1 - \frac{y_2 - y_1}{x_2 - x_1} \cdot x_1 \right).$$

Die Steigung der Geraden ist, wie erwartet

$$m = \frac{y_2 - y_1}{x_2 - x_1}$$

und der y-Achsenabschnitt ist

$$b = \left(y_1 - \frac{y_2 - y_1}{x_2 - x_1} \cdot x_1 \right).$$

Ist von einer Geraden $g(x) = mx + b$ die Steigung m bekannt und ein Punkt $P(x_1, y_1)$, durch den die Gerade geht, so ist auch in diesem Fall eine eindeutige Bestimmung der Geradengleichung möglich. Hierzu kann man die **Punkt-Steigungs-Form**

$$y - y_1 = m(x - x_1)$$

verwenden. Löst man diese Gleichung nach y auf, so erhält man die Geradengleichung

$$g(x) = y = m(x - x_1) + y_1 = mx + (y_1 - mx_1).$$

Sind für ein Polynom n-ten Grades genau $n + 1$ Punkte $P_i(x_i, y_i)$, $1 \leq i \leq n + 1$ mit $x_i \neq x_j$ für alle $i \neq j$ bekannt, durch die die Kurve verläuft, so ist eine eindeutige Bestimmung der Funktionsgleichung möglich.

Beispiel 5.0.3

Gesucht ist ein Polynom dritten Grades mit den Nullstellen $x_1 = -1$, $x_2 = 0$ und $x_3 = 1$.

1. Lösung:

Ein Polynom dritten Grades mit diesen Nullstellen ist

$$f(x) = (x + 1) \cdot x \cdot (x - 1) = x^3 - x.$$

Dies ist allerdings nicht das einzige Polynom dritten Grades mit den oben vorgegebenen Nullstellen.

Die **Kurvenschar**

$$f_t(x) = t \cdot (x^3 - x) \quad \text{mit} \quad t \in \mathbb{R} \setminus \{0\}$$

beschreibt alle Polynome dritten Grades mit den geforderten Nullstellen.

2. Lösung:

Eine andere Möglichkeit, um auf diese Gleichung zu kommen, liefert die

Methode der Punktprobe.

Ein Polynom dritten Grades hat die allgemeine Form:

$$f(x) = ax^3 + bx^2 + cx + d \quad \text{mit} \quad a \in \mathbb{R} \setminus \{0\}.$$

Jetzt soll gelten:

$$\begin{aligned} f(-1) &= 0 \implies -a+b-c+d = 0, \\ f(0) &= 0 \implies d = 0, \\ f(1) &= 0 \implies a+b+c+d = 0. \end{aligned}$$

Setzt man $d = 0$ in die erste und zweite Gleichung ein, so erhält man die beiden neuen Gleichungen

$$\begin{aligned} -a+b-c &= 0 \implies b = a+c, \\ a+b+c &= 0 \implies b = -(a+c) \end{aligned}$$

und somit $a + c = -(a + c)$, also $c = -a$. Hieraus folgt dann $b = 0$.
Als Funktionsgleichung bekommt man:

$$f(x) = ax^3 + 0x^2 - ax + 0 = ax^3 - ax = a \cdot (x^3 - x)$$

mit $a \in \mathbb{R} \setminus \{0\}$.

Bemerkung:

Es sollte hier die Funktionsgleichung eines Polynoms dritten Grades konstruiert werden. Bekannt waren allerdings nur drei Punkte, durch die das Polynom gehen soll. Da für eine eindeutige Bestimmung vier Punkte nötig sind, erhält man in diesem Beispiel eine Kurvenschar. Wäre noch ein weiterer Punkt bekannt z. B. $P(2,6)$, so könnte man die Unbekannte a durch eine feste Zahl ersetzten. In diesem Fall müßte gelten:

$$f(2) = = a \cdot (8 - 2) = 6a = 6.$$

a wäre also gleich 1 und folglich: $f(x) = x^3 - x$.

Auch Kenntnisse über Symmetrie und Extremwerte einer Funktion können helfen, die Funktionsgleichung zu bestimmen.

Beispiel 5.0.4

Gesucht ist ein Polynom vierten Grades, dessen Schaubild symmetrisch zur
y-Achse verläuft, an den Stellen $x_1 = -2$, $x_2 = 0$ und $x_3 = 2$ Extremwerte
besitzt und durch den Ursprung geht.

Lösung:

Ein Polynom vierten Grades hat die allgemeine Form:

$$f(x) = ax^4 + bx^3 + cx^2 + dx + e \quad \text{mit} \quad a \in \mathbb{R} \setminus \{0\}.$$

Aufgrund der geforderten Symmetrie muß gelten: $f(-x) = f(x)$, d.h.

$$ax^4 - bx^3 + cx^2 - dx + e = ax^4 + bx^3 + cx^2 + dx + e$$
$$-bx^3 - dx = bx^3 + dx$$

also

$$2bx^3 + 2dx = 0 \quad \text{für alle } x \in \mathbb{R}.$$

Somit erhält man die Bedingung $b = d = 0$, d.h. die Polynomgleichung
reduziert sich zu:

$$f(x) = ax^4 + cx^2 + e \quad \text{mit} \quad a \in \mathbb{R} \setminus \{0\}.$$

Da diese Funktion durch den Ursprung gehen soll gilt $f(0) = 0$ und somit
$e = 0$, d.h.

$$f(x) = ax^4 + cx^2 \quad \text{mit} \quad a \in \mathbb{R} \setminus \{0\}.$$

Zur Berechung der Extremwerte benötigt man mindestens die ersten beiden
Ableitungen, diese sind nun:

$$f'(x) = 4ax^3 + 2cx,$$
$$f''(x) = 12ax^2 + 2c.$$

Die notwendige Bedingung für Extremwerte ist $f'(x) = 0$, also muß gelten:

$$f'(-2) = 0 \implies -32a - 4c = 0 \implies c = -8a,$$
$$f'(0) = 0 \implies 0 = 0,$$
$$f'(2) = 0 \implies 32a + 4c = 0 \implies c = -8a.$$

Diese Information ($c = -8a$) in zweite die Ableitung eingesetzt liefert:

$$f''(-2) \; \neq \; 0 \implies 48a + 2c \neq 0 \implies 32a \neq 0,$$
$$f''(0) \; \neq \; 0 \implies 2c \neq 0 \implies -16a \neq 0,$$
$$f''(2) \; \neq \; 0 \implies 48a + 2c \neq 0 \implies 32a \neq 0.$$

Da $a \neq 0$ vorausgesetzt wird, erhält man, durch die berechneten Funktionswerte der zweiten Ableitung, keinen Widerspruch.
Man erhält schließlich die Kurvenschar

$$f(x) \; = \; ax^4 - 8ax^2 \; = \; a \cdot (x^4 - 8x^2) \quad \text{mit} \quad a \in \mathbb{R} \setminus \{0\}.$$

Das Verhältnis zweier Geraden zueinander kann z. B. durch deren Schnittwinkel charakterisiert werden.

Gegeben seien die beiden Geraden $g_1(x) = m_1 x + b_1$ und $g_2(x) = m_2 x + b_2$.
Diese Geraden schneiden sich unter dem Winkel δ, mit

$$\tan \delta \; = \; \frac{m_2 - m_1}{1 + m_1 m_2},$$

d. h. der Schnittwinkel δ ist explizit gegeben durch:

$$\delta \; = \; \arctan\left(\frac{m_2 - m_1}{1 + m_1 m_2}\right).$$

Stehen die beiden Geraden senkrecht aufeinander, d. h. beträgt der Schnittwinkel 90°, so gilt für die Steigungen:

$$m_2 \; = \; -\frac{1}{m_1}.$$

Beispiel 5.0.5
Gegeben seien die Punkte $P_1(-1, 0)$, $P_2(3, 2)$ und $P_3(5, 0)$.

1.) Zu bestimmen ist die Gleichung der Geraden g, die durch die Punkte
P_1 und P_2 geht.

2.) Zu bestimmen ist die Gleichung der Parabel p zweiter Ordnung, die durch die Punkte P_1, P_2 und P_3 geht.

3.) Die Gerade g schneidet die Parabel p in genau zwei Punkten. Gesucht sind diese Schnittpunkte und die Winkel, unter denen die Gerade die Parabel schneidet.

Lösung:

1.) Zur Aufstellung der Geradengleichung verwendet man am Besten die Zwei-Punkte-Form, mit $x_1 = -1$, $y_1 = 0$, $x_2 = 3$ und $y_2 = 2$.

$$y - 0 = \frac{2-0}{3-(-1)} \cdot (x - (-1)) = \frac{1}{2} \cdot (x + 1).$$

Also ist $g(x) = \frac{1}{2} \cdot (x + 1)$.

2.) Die allgemeine Form einer Parabel zweiter Ordnung ist:

$$p(x) = ax^2 + bx + c \qquad \text{mit} \quad a \in \mathbb{R} \setminus \{0\}.$$

Mit der Punktprobe folgt:

$$
\begin{aligned}
p(-1) &= 0 \implies a - b + c = 0, \\
p(3) &= 2 \implies 9a + 3b + c = 2, \\
p(5) &= 0 \implies 25a + 5b + c = 0.
\end{aligned}
$$

Aus der ersten Gleichung erhält man $c = b - a$. Setzt man diese in die dritte Gleichung ein, so folgt $25a + 5b + (b - a) = 0$ oder $b = -4a$. Somit ist $c = -4a - a = -5a$. Diese Identitäten in die zweite Gleichung eingesetzt, liefern $9a + 3 \cdot (-4a) - 5a = 2$, oder $a = -\frac{1}{4}$.

Zusammenfassend gilt:

$$a = -\frac{1}{4}, \qquad b = 1, \qquad c = \frac{5}{4}.$$

Somit ist die Parabel p gegeben durch:

$$p(x) = -\frac{1}{4}x^2 + x + \frac{5}{4} = -\frac{1}{4} \cdot \left(x^2 - 4x - 5\right).$$

3.) Da bei der Aufstellung beider Funktionsgleichungen die Punkte P_1 und
P_2 Verwendung finden und es maximal zwei Schnittpunkte gibt, sind
diese gegeben durch P_1 und P_2.

Um die Schnittwinkel an diesen Punkten berechnen zu können,
benötigt man jeweils die Steigungen zweier Geraden durch diese Punkte. Die eine Gerade ist natürlich g und die zweite Gerade ist die Tangente an die Parabel p durch den Punkt P_1 bzw. P_2. Die Formel der
Tangente an eine Funktion f im Punkt P ist in Kapitel 4 zu finden.

Betrachtet man zunächst den Punkt $P_1(-1, 0)$, so ist die Steigung von
g in P_1 gleich $m_g = \dfrac{1}{2}$.

Die erste Ableitung von p ist

$$p'(x) = -\frac{1}{4} \cdot (2x - 4).$$

Die Steigung der Tangente an p im Punkt P_1 ist demnach $m_p = p'(-1) = -\dfrac{3}{2}$.

Somit ist der Schnittwinkel δ_1 dieser beiden Funktionen im Punkt P_1
gegeben durch:

$$\delta_1 = \arctan\left(\frac{m_p - m_g}{1 + m_g m_p}\right) = \arctan\left(\frac{-\frac{3}{2} - \frac{1}{2}}{1 + \frac{1}{2} \cdot \frac{3}{2}}\right) = 29.74°.$$

Im Punkt $P_2(3, 2)$ ist die Steigung von g in P_2 gleich $m_g = \dfrac{1}{2}$.

Die Steigung der Tangente an p im Punkt P_2 ist $m_p = p'(3) = -\dfrac{1}{2}$.

Somit ist der Schnittwinkel δ_2 dieser beiden Funktionen im Punkt P_2
gegeben durch:

$$\delta_2 = \arctan\left(\frac{m_p - m_g}{1 + m_g m_p}\right) = \arctan\left(\frac{-\frac{1}{2} - \frac{1}{2}}{1 + \frac{1}{2} \cdot \frac{1}{2}}\right) = 82.87°.$$

Allgemeiner gilt:

Gegeben seien die im Schnittpunkt $S(x_s, y_s)$ differenzierbaren Funktionen f_1
und f_2. Dann schneiden sich diese Funktionen in $S(x_s, y_s)$ unter dem Winkel
δ, mit

$$\tan \delta = \frac{f_2'(x_s) - f_1'(x_s)}{1 + f_1'(x_s) \cdot f_2'(x_s)},$$

d. h. der Schnittwinkel δ ist explizit gegeben durch:

$$\delta = \arctan\left(\frac{f_2'(x_s) - f_1'(x_s)}{1 + f_1'(x_s) \cdot f_2'(x_s)}\right).$$

Stehen die beiden Funktionen in $S(x_s, y_s)$ senkrecht aufeinander, d. h. beträgt der Schnittwinkel 90°, so gilt für die Ableitungen (Steigungen)

$$f_2'(x_s) = -\frac{1}{f_1'(x_s)}.$$

Erhält man bei seinen Berechnungen ein negatives δ, so muß man 180° bzw. π dazuaddieren, da die Winkel im mathematisch positiven Sinn, d. h. gegen den Uhrzeigersinn, gemessen werden.

5.1   Aufgaben zu Kapitel 5

Aufgabe 5.1.1
Führen Sie für die Funktion $f(x) = x^3 - x$ eine Kurvendiskussion durch.

Lösung:
Da bei den Untersuchungen mindestens die ersten drei Ableitungen benötigt werden, ist es sinnvoll mit diesen zu beginnen.

$$f'(x) = 3x^2 - 1, \qquad f''(x) = 6x, \qquad f'''(x) = 6.$$

1.) **Definitionsmenge $\mathbb{D}$ und Wertemenge $\mathbb{B}$:**
   Die Funktion f ist für alle $x \in \mathbb{R}$ definiert. Die Wertemenge ist ebenfalls $\mathbb{R}$.

2.) **Symmetrie:**
   Es gilt: $f(-x) = (-x)^3 - (-x) = -x^3 + x = -(x^3 - x) = -f(x)$.
   Somit ist diese Funktion symmetrisch zum Ursprung.

3.) **Asymptotisches Verhalten:**
   Da f auf ganz $\mathbb{R}$ definiert ist, ist nur das Verhalten von f für x gegen $\pm\infty$ zu untersuchen.

$$\lim_{x \to -\infty} (x^3 - x) = -\infty \qquad \text{und} \qquad \lim_{x \to \infty} (x^3 - x) = +\infty.$$

4.) **Nullstellen:**
   Zu lösen ist die Gleichung $f(x) = 0$, also
   $x^3 - x = x(x^2 - 1) = x(x-1)(x+1) = 0$.
   Die Nullstellen sind folglich: $N_1(-1, 0)$, $N_2(0, 0)$ und $N_3(1, 0)$.

5.) **Extremwerte:**
   Die notwendige Bedingung für ein lokales Extremum ist $f'(x) = 0$, also
   $3x^2 - 1 = 0$. Die Lösungen dieser Gleichung sind:

$$x_1 = -\frac{1}{\sqrt{3}} \qquad \text{und} \qquad x_2 = \frac{1}{\sqrt{3}}.$$

   Es ist nun zu untersuchen, ob die zweite Ableitung an den Stellen x_1 und x_2 ungleich Null ist.

$$f''(x_1) = -\frac{6}{\sqrt{3}} < 0 \qquad \text{und} \qquad f''(x_2) = \frac{6}{\sqrt{3}} > 0.$$

Somit befindet sich an der Stelle x_1 ein relatives Maximum (Hochpunkt) und an der Stelle x_2 ein relatives Minimum (Tiefpunkt). Die
Koordinaten des Hochpunkts sind:

$$H\left(-\frac{1}{\sqrt{3}}, f\left(-\frac{1}{\sqrt{3}}\right)\right) = H\left(-\frac{1}{\sqrt{3}}, \frac{2\sqrt{3}}{9}\right).$$

Die Koordinaten des Tiefpunkts sind:

$$T\left(\frac{1}{\sqrt{3}}, f\left(\frac{1}{\sqrt{3}}\right)\right) = T\left(\frac{1}{\sqrt{3}}, -\frac{2\sqrt{3}}{9}\right).$$

6.) **Wendepunkte:**

Die notwendige Bedingung für einen Wendepunkt ist $f''(x) = 0$, also
$6x = 0$. Die Lösung dieser Gleichung ist $x = 0$. Die dritte Ableitung an
der Stelle $x = 0$ ist $f'''(0) = 6 \neq 0$. Also handelt es sich hierbei wirk-
lich um einen Wendepunkt, dessen Koordinaten gegeben sind durch:
$W(0, f(0)) = W(0, 0)$.
Die Steigung in W ist $f'(0) = -1$, somit ist W kein Sattelpunkt.

7.) **Schaubild:**

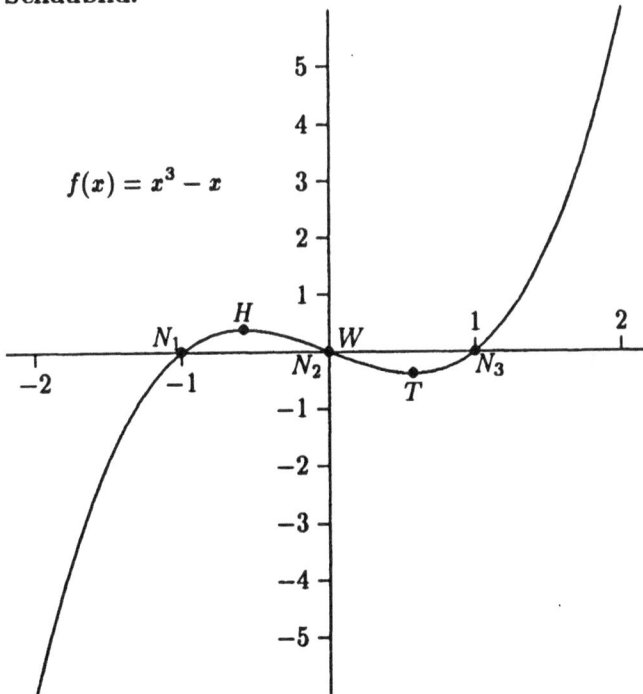

Aufgabe 5.1.2

Führen Sie für die Funktion $f(x) = \dfrac{x}{1 - x^2}$ eine Kurvendiskussion durch.

Lösung:

Vgl. hierzu auch die Aufgabe 4.5.1 c).

Die ersten drei Ableitungen erhält man mithilfe der Quotientenregel.

$$f'(x) = \frac{x^2 + 1}{(1 - x^2)^2}, \quad f''(x) = \frac{2x(x^2 + 3)}{(1 - x^2)^3}, \quad f'''(x) = \frac{6(x^4 + 6x^2 + 1)}{(1 - x^2)^4}.$$

1.) **Definitionsmenge $\mathbb{D}$ und Wertemenge $\mathbb{B}$:**

Die Nullstellen des Nenners sind $x_1 = -1$ und $x_2 = 1$. Folglich ist die Funktion f für alle $x \in \mathbb{R} \setminus \{-1, 1\}$ definiert. Die Wertemenge ist $\mathbb{R}$, da jeder Wert angenommen wird.

2.) **Symmetrie:**

Es gilt: $f(-x) = \dfrac{(-x)}{1 - (-x)^2} = -\dfrac{x}{1 - x^2} = -f(x)$.

Somit ist diese Funktion symmetrisch zum Ursprung.

3.) **Asymptotisches Verhalten:**

Es gilt:

$$\lim_{x \to -\infty} \frac{x}{1 - x^2} = 0 \quad \text{und} \quad \lim_{x \to \infty} \frac{x}{1 - x^2} = 0.$$

Die x-Achse ist also waagrechte Asymptote.

An der Stelle $x_1 = -1$ gilt:

$$\lim_{x \to -1-} \frac{x}{1 - x^2} = +\infty \quad \text{und} \quad \lim_{x \to -1+} \frac{x}{1 - x^2} = -\infty.$$

Die Stelle $x_1 = -1$ ist eine Polstelle mit Vorzeichenwechsel.

An der Stelle $x_2 = 1$ gilt:

$$\lim_{x \to 1-} \frac{x}{1 - x^2} = +\infty \quad \text{und} \quad \lim_{x \to 1+} \frac{x}{1 - x^2} = -\infty.$$

Die Stelle $x_2 = 1$ ist eine Polstelle mit Vorzeichenwechsel.

4.) **Nullstellen:**

Zu lösen ist die Gleichung $f(x) = 0$, also $\dfrac{x}{1 - x^2} = 0$.

Die Nullstelle des Zählers ist $x = 0$.

Die einzige Nullstelle ist somit: $N(0, 0)$.

5.) **Extremwerte:**

Die notwendige Bedingung für ein lokales Extremum ist $f'(x) = 0$, also

$$\frac{x^2 + 1}{(x^2 - 1)^2} = 0.$$

Zu untersuchen ist somit die Gleichung $x^2 + 1 = 0$. Diese besitzt keine reellen Lösungen. Folglich besitzt die Funktion f keine relativen Extremwerte.

6.) **Wendepunkte:**

Die notwendige Bedingung für einen Wendepunkt ist $f''(x) = 0$, also

$$\frac{2x(x^2 + 3)}{(1 - x^2)^3} = 0,$$

d. h. es muß $2x(x^2 + 3) = 0$ sein. Die einzige Lösung dieser Gleichung ist $x = 0$. Die dritte Ableitung von f an der Stelle $x = 0$ ist $f'''(0) = 6 \neq 0$. Also besitzt f an der Stelle $x = 0$ einen Wendepunkt, dessen Koordinaten gegeben sind durch: $W(0, f(0)) = W(0, 0)$.

Die Steigung in W ist $f'(0) = 1$, somit ist W kein Sattelpunkt.

7.) **Schaubild:**

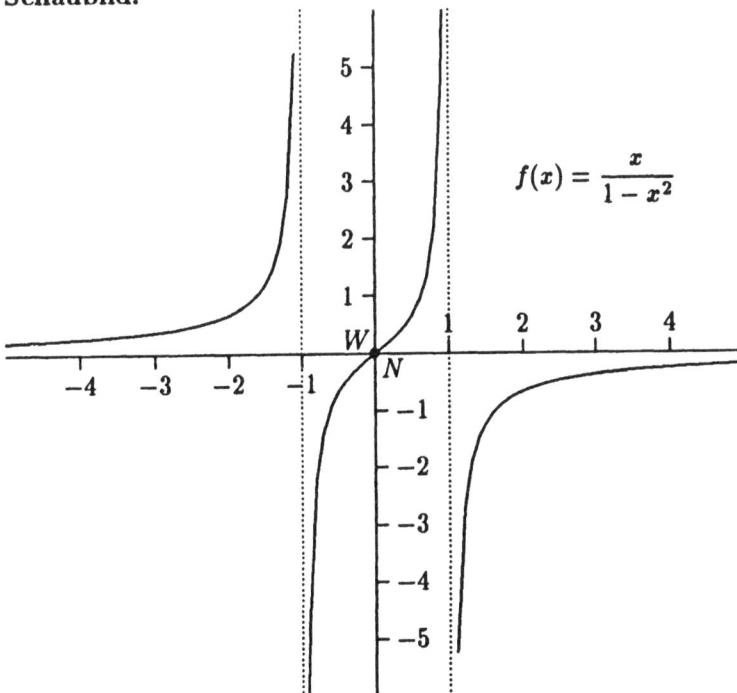

$$f(x) = \frac{x}{1 - x^2}$$

Aufgabe 5.1.3

Führen Sie für die Funktion $f(x) = \dfrac{x^2}{1 - x^2}$ eine Kurvendiskussion durch.

Lösung:

Die ersten drei Ableitungen erhält man mithilfe der Quotientenregel.

$$f'(x) = \frac{2x}{(1 - x^2)^2}, \quad f''(x) = \frac{2(3x^2 + 1)}{(1 - x^2)^3}, \quad f'''(x) = \frac{24x(x^2 + 1)}{(1 - x^2)^4}.$$

1.) **Definitionsmenge $\mathbb{D}$ und Wertemenge $\mathbb{B}$:**

Die Nullstellen des Nenners sind $x_1 = -1$ und $x_2 = 1$. Folglich ist die Funktion f für alle $x \in \mathbb{R} \setminus \{-1, 1\}$ definiert. Die Wertemenge ist $\mathbb{R} \setminus (0, -1]$. Dies ergibt sich aus den nachfolgenden Untersuchungen.

2.) **Symmetrie:**

Es gilt: $f(-x) = \dfrac{(-x)^2}{1 - (-x)^2} = \dfrac{x^2}{1 - x^2} = f(x)$.

Somit ist diese Funktion symmetrisch zur y-Achse.

3.) **Asymptotisches Verhalten:**

Mithife der Polynomdivision erhält man ein weitere Darstellung der Funktion f:

$$f(x) = \frac{x^2}{1 - x^2} = -1 + \frac{1}{1 - x^2}.$$

Es gilt:

$$\lim_{x \to -\infty} \left(-1 + \frac{1}{1 - x^2} \right) = -1 \quad \text{und} \quad \lim_{x \to \infty} \left(-1 + \frac{1}{1 - x^2} \right) = -1.$$

Die Funktion $a(x) = -1$ ist waagrechte Asymptote.

An der Stelle $x_1 = -1$ gilt:

$$\lim_{x \to -1-} \frac{x^2}{1 - x^2} = -\infty \quad \text{und} \quad \lim_{x \to -1+} \frac{x^2}{1 - x^2} = +\infty.$$

Die Stelle $x_1 = -1$ ist eine Polstelle mit Vorzeichenwechsel.

An der Stelle $x_2 = 1$ gilt:

$$\lim_{x \to 1-} \frac{x^2}{1 - x^2} = +\infty \quad \text{und} \quad \lim_{x \to 1+} \frac{x^2}{1 - x^2} = -\infty.$$

Die Stelle $x_2 = 1$ ist eine Polstelle mit Vorzeichenwechsel.

4.) **Nullstellen:**

Zu lösen ist die Gleichung $f(x) = 0$, also $\dfrac{x^2}{1 - x^2} = 0$.

Die doppelte Nullstelle des Zählers ist $x = 0$.
Die Koordinaten der Nullstelle sind: $N(0,0)$.

5.) **Extremwerte:**

Die notwendige Bedingung für ein lokales Extremum ist $f'(x) = 0$, also

$$\frac{2x}{(x^2 - 1)^2} = 0.$$

Zu lösen ist also die Gleichung $2x = 0$. Diese Gleichung besitzt die eindeutige Lösung $x = 0$. Die zweite Ableitung von f an der Stelle $x = 0$ ist $f''(0) = 2 > 0$. Somit befindet sich an der Stelle $x = 0$ ein relatives Minimum (Tiefpunkt).

Die Koordinaten des Tiefpunkts sind: $T(0, f(0)) = T(0,0)$.

6.) **Wendepunkte:**

Die notwendige Bedingung für einen Wendepunkt ist $f''(x) = 0$, also

$$\frac{2(3x^2 + 1)}{(1 - x^2)^3} = 0,$$

d. h. es muß $(3x^2 + 1) = 0$ sein. Diese quadratische Gleichung besitzt keine reellen Lösungen, d. h. die Funktion f hat keinen Wendepunkt.

7.) **Schaubild:**

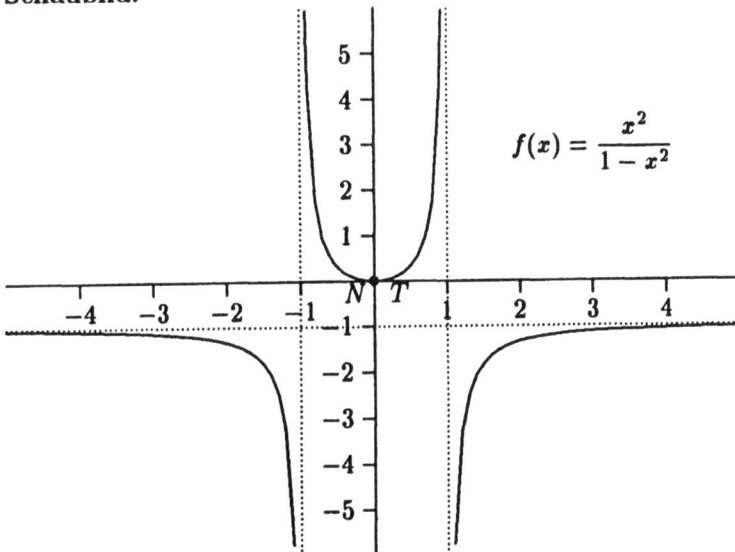

$$f(x) = \frac{x^2}{1 - x^2}$$

Aufgabe 5.1.4

Führen Sie für die Funktion $f(x) = \dfrac{2x^2 - x + 1}{x}$ eine Kurvendiskussion durch.

Lösung:

Die ersten drei Ableitungen erhält man mithilfe der Quotientenregel.

$$f'(x) = \frac{2x^2 - 1}{x^2}, \quad f''(x) = \frac{2}{x^3}, \quad f'''(x) = -\frac{6}{x^4}.$$

1.) **Definitionsmenge $\mathbb{D}$ und Wertemenge $\mathbb{B}$:**

Der Nenner besitzt die Nullstelle $x_1 = 0$. Folglich ist die Funktion f für alle $x \in \mathbb{R} \setminus \{0\}$ definiert.

Die Wertemenge ist $\mathbb{R} \setminus \left(-\dfrac{1}{\sqrt{2}}, \dfrac{1}{\sqrt{2}} \right)$.

Dies ergibt sich aus den nachfolgenden Untersuchungen.

2.) **Symmetrie:**

Es gilt: $f(-x) = \dfrac{2(-x)^2 - (-x) + 1}{(-x)} = -\dfrac{2x^2 + x + 1}{x}$.

Diese Funktion ist also weder symmetrisch zum Ursprung, noch ist sie symmetrisch zur y-Achse.

3.) **Asymptotisches Verhalten:**

Mithife der Polynomdivision erhält man eine weitere Darstellung der Funktion f:

$$f(x) = \frac{2x^2 - x + 1}{x} = 2x - 1 + \frac{1}{x}.$$

Es gilt:

$$\lim_{x \to -\infty} \frac{2x^2 - x + 1}{x} = -\infty \quad \text{und} \quad \lim_{x \to \infty} \frac{2x^2 - x + 1}{x} = +\infty.$$

Aber es gilt:

$$\lim_{x \to -\infty} (f(x) - (2x - 1)) = 0 \quad \text{und} \quad \lim_{x \to \infty} (f(x) - (2x - 1)) = 0.$$

Die Gerade $a(x) = 2x - 1$ ist somit schiefe Asymptote.

An der Stelle $x_1 = 0$ gilt:

$$\lim_{x \to 0-} \frac{2x^2 - x + 1}{x} = -\infty \quad \text{und} \quad \lim_{x \to 0+} \frac{2x^2 - x + 1}{x} = +\infty.$$

Die Stelle $x_1 = 0$ ist eine Polstelle mit Vorzeichenwechsel.

4.) Nullstellen:

Zu lösen ist die Gleichung $f(x) = 0$, also $\dfrac{2x^2 - x + 1}{x} = 0$.

Die Gleichung $2x^2 - x + 1 = 0$ liefert die Nullstellen des Zählers. Die Lösungen sind:

$$x_{2,3} = \frac{1 \pm \sqrt{-7}}{4}.$$

Es handelt sich hierbei um komplexe Nullstellen. Die Funktion f besitzt keine reellen Nullstellen.

5.) Extremwerte:

Die notwendige Bedingung für ein lokales Extremum ist $f'(x) = 0$, also

$$\frac{2x^2 - 1}{x^2} = 0.$$

Zu lösen ist somit die Gleichung $2x^2 - 1 = 0$. Die Lösungen dieser Gleichung sind

$$x_4 = -\frac{1}{\sqrt{2}} \quad \text{und} \quad x_5 = \frac{1}{\sqrt{2}}.$$

Es ist noch zu untersuchen, ob die zweite Ableitung der Funktion f an den Stellen x_4 und x_5 ungleich Null ist.

$$f''(x_4) = -\frac{1}{\sqrt{2}} < 0 \quad \text{und} \quad f''(x_5) = \frac{1}{\sqrt{2}} > 0.$$

Es befindet sich an der Stelle x_4 ein relatives Maximum (Hochpunkt) und an der Stelle x_5 ein relatives Minimum (Tiefpunkt).
Die Koordinaten des Hochpunkts sind:

$$H\left(-\frac{1}{\sqrt{2}}, f\left(-\frac{1}{\sqrt{2}}\right)\right) = H\left(-\frac{1}{\sqrt{2}}, -2\sqrt{2} - 1\right).$$

Die Koordinaten des Tiefpunkts sind:

$$T\left(\frac{1}{\sqrt{2}}, f\left(\frac{1}{\sqrt{2}}\right)\right) = T\left(\frac{1}{\sqrt{2}}, 2\sqrt{2} - 1\right).$$

6.) Wendepunkte:

Die notwendige Bedingung für einen Wendepunkt ist $f''(x) = 0$, also

$$\frac{2}{x^3} = 0.$$

Dies ist nicht möglich, d.h. die Funktion f hat keinen Wendepunkt.

7.) Schaubild:

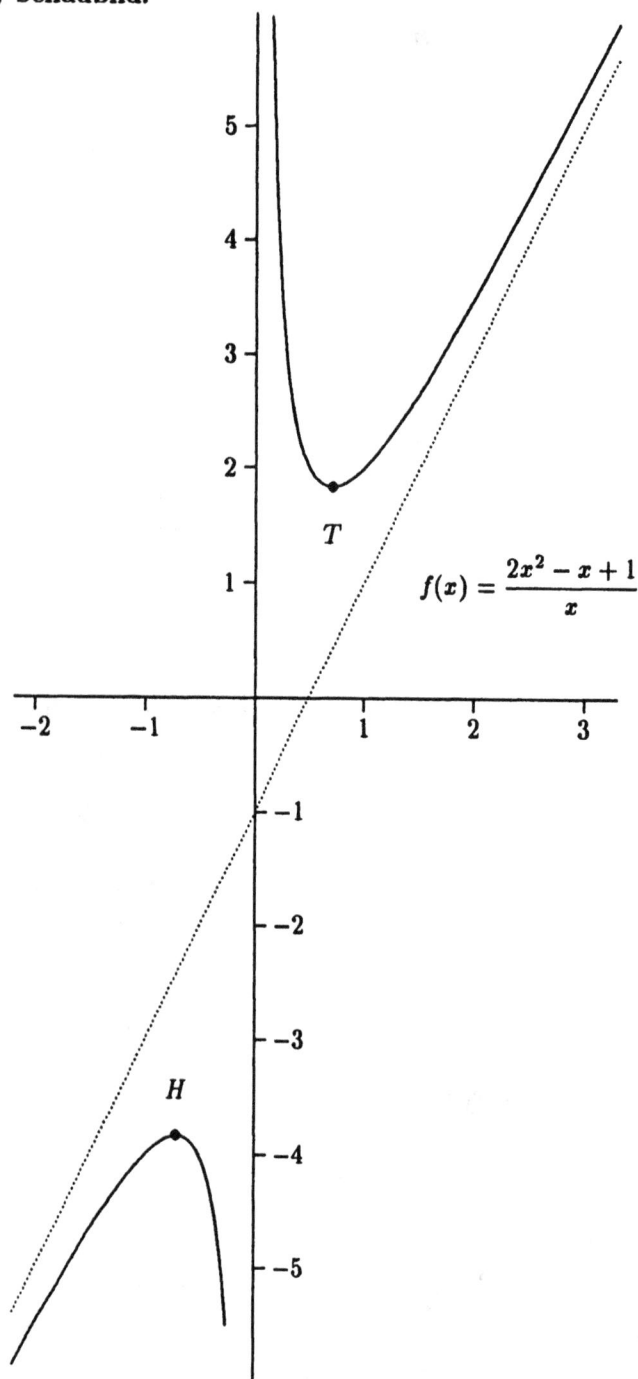

$$f(x) = \frac{2x^2 - x + 1}{x}$$

Aufgabe 5.1.5

Führen Sie für die Funktion $f(x) = \left(\ln\left(\dfrac{1}{x} \right) \right)^2$ eine Kurvendiskussion durch.

Lösung:

Die ersten drei Ableitungen erhält man mithilfe der Kettenregel und den Rechenregeln für Logarithmen.

$$f'(x) = -\frac{2}{x} \ln\left(\frac{1}{x} \right),$$

$$f''(x) = \frac{2}{x^2} \left(1 + \ln\left(\frac{1}{x} \right) \right),$$

$$f'''(x) = -\frac{1}{x^3} \left(6 + 4 \ln\left(\frac{1}{x} \right) \right).$$

1.) **Definitionsmenge $\mathbb{D}$ und Wertemenge $\mathbb{B}$:**

Der Logarithmus ist nur für positive Werte definiert, also muß $\dfrac{1}{x} > 0$ gelten. Dies ist für positive x-Werte erfüllt. Folglich ist die Funktion f für alle $x \in (0, \infty)$ definiert.

Die Funktion f ist eine zusammengesetzte Funktion, wobei die äußerste Funktion die Quadratfunktion ist. Folglich muß $f(x) \geq 0$ sein. Hierbei tritt der Fall $f(x) = 0$ auch auf, da die Logarithmusfunktion im Intervall $(0, \infty)$ eine Nullstelle besitzt. Die Wertemenge ist somit $\mathbb{B} = [0, \infty)$.

2.) **Symmetrie:**

Diese Funktion ist weder symmetrisch zum Ursprung, noch ist sie symmetrisch zur y-Achse, da $\mathbb{D} = (0, \infty)$.

3.) **Asymptotisches Verhalten:**

Es gilt:

$$\lim_{x \to 0+} f(x) = +\infty \quad \text{und} \quad \lim_{x \to \infty} f(x) = +\infty.$$

4.) **Nullstellen:**

Zu lösen ist die Gleichung $f(x) = 0$, also $\left(\ln\left(\dfrac{1}{x} \right) \right)^2 = 0$.

Da $f(x) \geq 0$ ist, erhält man durch Ziehen der Quadratwurzel die Gleichung

$$\ln\left(\frac{1}{x}\right) = 0.$$

Wendet man nun auf beiden Seiten die natürliche Exponentialfunktion an, so bleibt noch die Gleichung

$$\frac{1}{x} = 1,$$

also $x = 1$.

Die Funktion f besitzt die eindeutige Nullstelle $N(1,0)$.

5.) **Extremwerte:**

Die notwendige Bedingung für ein lokales Extremum ist $f'(x) = 0$, also

$$-\frac{2}{x}\ln\left(\frac{1}{x}\right) = 0.$$

Gelöst werden muß die Gleichung $\ln\left(\frac{1}{x}\right) = 0$.

Diese wurde bereits im Abschnitt über die Nullstellen abgehandelt. Die Lösung ist $x = 1$.

Es ist noch zu untersuchen, ob die zweite Ableitung der Funktion f an der Stelle $x = 1$ ungleich Null ist.

$$f''(1) = 2 > 0.$$

Somit befindet sich an der Stelle $x = 1$ ein relatives Minimum, also ein Tiefpunkt.

Die Koordinaten des Tiefpunkts sind: $T(1, f(1)) = T(1,0)$.

6.) **Wendepunkte:**

Die notwendige Bedingung für einen Wendepunkt ist $f''(x) = 0$, also

$$\frac{2}{x^2}\left(1 + \ln\left(\frac{1}{x}\right)\right) = 0,$$

oder besser gesagt

$$1 + \ln\left(\frac{1}{x}\right) = 0.$$

Durch Umformen erhält man $\ln\left(\dfrac{1}{x}\right) = -1 \implies \dfrac{1}{x} = \mathrm{e}^{-1}$, also $x = \mathrm{e}$.

Die dritte Ableitung von f an der Stelle $x = \mathrm{e}$ ist $f'''(\mathrm{e}) = -\dfrac{2}{\mathrm{e}^3} \neq 0$.

Somit besitzt die Funktion f an der Stelle $x = \mathrm{e}$ einen Wendepunkt mit den Koordinaten: $W(\mathrm{e}, 1)$.

7.) Schaubild:

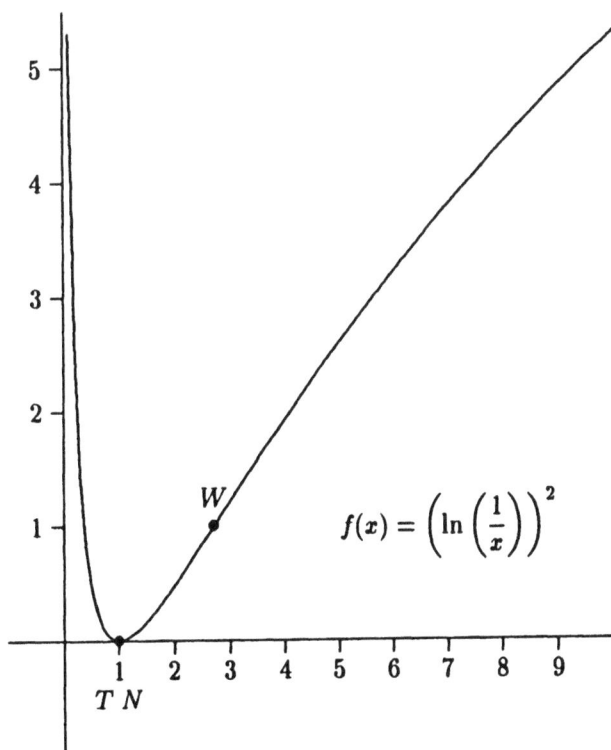

$$f(x) = \left(\ln\left(\frac{1}{x}\right)\right)^2$$

Aufgabe 5.1.6

Berechnen Sie die Schnittwinkel, den die folgenden Funktionen mit der x-Achse bilden:

a) $f(x) = x - 1$,   b) $f(x) = x^2 - 1$,   c) $f(x) = \ln x$,

d) $f(x) = e^x - 1$,   e) $f(x) = x^3$,   f) $f(x) = \sin x$.

Bemerkung:

Die Steigung der x-Achse ($f_1(x) = 0$) ist identisch Null für alle $x \in \mathbb{R}$. Der Schnittwinkel zwischen zwei Funktionen ist explizit gegeben durch:

$$\delta = \arctan\left(\frac{f_2'(x_s) - f_1'(x_s)}{1 + f_1'(x_s) \cdot f_2'(x_s)}\right).$$

Diese Gleichung vereinfacht sich, falls $f_1(x) = 0$ und somit $f_1'(x) = 0$ ist. Folglich gilt:

Gegeben sei die in der Nullstelle $N(x_0, y_0)$ differenzierbare Funktion f. Dann schneidet f die x-Achse in $N(x_0, y_0)$ unter dem Winkel δ, mit

$$\tan \delta = f'(x_0),$$

d. h. der Schnittwinkel δ ist explizit gegeben durch:

$$\delta = \arctan f'(x_0).$$

Lösung:

a) Die Nullstelle von $f(x) = x - 1$ ist $x_0 = 1$ und es ist $f'(x) = 1$. Die Steigung der Funktion f in $x_0 = 1$ beträgt $f'(1) = 1$.
   Also ist der Schnittwinkel

$$\delta = \arctan f'(x_0) = \arctan 1 = 45°.$$

b) Die Nullstellen von $f(x) = x^2 - 1$ sind $x_1 = -1$ und $x_2 = 1$. Die erste Ableitung von f ist $f'(x) = 2x$. Die Steigung der Funktion f

in $x_1 = -1$ beträgt $f'(-1) = -2$. Also bildet f mit der x-Achse in $x_1 = -1$ den Schnittwinkel

$$\delta_1 = \arctan f'(x_1) = \arctan(-2) = 116.57°.$$

Die Steigung der Funktion f in $x_2 = 1$ beträgt $f'(1) = 2$. Also bildet f mit der x-Achse in $x_2 = 1$ den Schnittwinkel

$$\delta_2 = \arctan f'(x_2) = \arctan 2 = 63.43°.$$

c) Die Nullstelle von $f(x) = \ln x$ ist $x_0 = 1$.

Die erste Ableitung von f ist $f'(x) = \dfrac{1}{x}$.

Die Steigung der Funktion f in $x_0 = 1$ beträgt $f'(1) = 1$.

Also bildet f mit der x-Achse in $x_0 = 1$ den Schnittwinkel

$$\delta = \arctan f'(x_0) = \arctan 1 = 45°.$$

d) Die Nullstelle von $f(x) = e^x - 1$ ist $x_0 = 0$. Die erste Ableitung von f ist $f'(x) = e^x$. Die Steigung der Funktion f in $x_0 = 0$ beträgt $f'(0) = 1$. Also bildet f mit der x-Achse in $x_0 = 1$ den Schnittwinkel

$$\delta = \arctan f'(x_0) = \arctan 1 = 45°.$$

e) Die (dreifache) Nullstelle von $f(x) = x^3$ ist $x_0 = 0$. Die erste Ableitung von f ist $f'(x) = 3x^2$. Die Steigung der Funktion f in $x_0 = 0$ beträgt $f'(0) = 0$. Also bildet f mit der x-Achse in $x_0 = 0$ den Schnittwinkel

$$\delta = \arctan f'(x_0) = \arctan 0 = 0°.$$

f) Die Nullstellen von $f(x) = \sin x$ sind $x_m = m\pi$ mit $m \in \mathbf{Z}$. Die erste Ableitung ist $f'(x) = \cos x$, mit

$$f'(x_m) = \cos(m\pi) = \begin{cases} -1 \text{ für } m \in \mathbf{Z}, \ m \text{ ungerade}, \\ 1 \text{ für } m \in \mathbf{Z}, \ m \text{ gerade}. \end{cases}$$

Somit gilt:

$$\cos(2k - 1) = -1 \quad \text{für alle } k \in \mathbf{Z},$$
$$\cos(2k) = 1 \quad \text{für alle } k \in \mathbf{Z}.$$

Also bildet $\sin x$ mit der x-Achse in $x_{2k-1} = (2k-1)\pi$ mit $k \in \mathbf{Z}$ den Schnittwinkel

$$\delta_1 \;=\; \arctan f'(x_{2k-1}) \;=\; \arctan(-1) \;=\; 135°$$

und in $x_{2k} = (2k)\pi$ mit $k \in \mathbf{Z}$ den Schnittwinkel

$$\delta_2 \;=\; \arctan f'(x_{2k}) \;=\; \arctan 1 \;=\; 45°.$$

Aufgabe 5.1.7

Gesucht ist die Parabel $f(x) = ax^2 + bx + c$ mit $a \neq 0$. Sie besitze den von $t \in \mathbb{R} \setminus \{0\}$ abhängigen Extremwert $E_t(t, t^2 - 1)$. Desweiteren sei $f(0) = -1$.

a) Bestimmen Sie alle Parabeln (Kurvenschar) mit obigen Eigenschaften.

b) Geben Sie die Funktionsgleichung der Kurve an, auf der alle Extremwerte der in a) berechneten Kurvenschar liegen (Bestimmung der Ortskurve aller Extremwerte).

Lösung:

a) Für die gesuchten Funktionen gilt: $f'(x) = 2ax + b$, $f''(x) = 2a$.
Der Extremwert $E_t(t, t^2 - 1)$ und der Punkt $P(0, -1)$ sollen auf den Parabeln liegen. Somit muß gelten:

$$\begin{aligned}
f(t) &= at^2 + bt + c = t^2 - 1, \\
f'(t) &= 2at + b = 0, \Longrightarrow b = -2at, \\
f(0) &= c = -1.
\end{aligned}$$

Setzt man die Informationen der zweiten und dritten Gleichung in die erste ein, so erhält man die Gleichung

$$at^2 - 2at^2 - 1 \;=\; -at^2 - 1 = t^2 - 1.$$

Folglich ist $a = -1$, $b = 2t$ und $c = -1$, d.h. die gesuchte Kurvenschar hat die Gleichung

$$f_t(x) \;=\; -x^2 + 2tx - 1.$$

b) Die Extremwerte der Kurvenschar sind $E_t(t, t^2 - 1)$. Die Abszisse dieses Werts ist $x = t$ mit $t \neq 0$ ($\Longrightarrow x \neq 0$). Die Ordinate des Extremwerts ist $y = t^2 - 1$. Setzt man nun $x = t$, oder besser gesagt $t = x$, in die

Gleichung $y = t^2 - 1$ ein, so erhält man die Gleichung $y = x^2 - 1$ mit $x \neq 0$, d. h. alle Extremwerte der Kurvenschar f_t liegen auf der Parabel

$$p(x) \quad = \quad x^2 - 1 \qquad \text{mit } x \in \mathbb{R} \setminus \{0\}.$$

p nennt man **Ortskurve** aller Extremwerte von f_t.

Aufgabe 5.1.8

Führen Sie für die Kurvenschar

$$f_t(x) = e^{-tx} \cdot (tx - 1) \qquad \text{mit } t > 0$$

eine Kurvendiskussion durch.

Geben Sie die n-te Ableitung dieser Funktion an und bestimmen Sie die Ortskurven der Extrem- und Wendepunkte.

Lösung:

Die Ableitungen erhält man mithilfe der Ketten- und Produktregel.

$$f_t'(x) = e^{-tx} \cdot t \cdot (2 - tx),$$

$$f_t''(x) = e^{-tx} \cdot t^2 \cdot (tx - 3),$$

$$f_t'''(x) = e^{-tx} \cdot t^3 \cdot (4 - tx).$$

Sukzessive erhält man für alle $n \in \mathbb{N}_0$:

$$f^{(n)}(x) = e^{-tx} \cdot (-t)^n \cdot (tx - (n + 1)).$$

1.) **Definitionsmenge $\mathbb{D}$ und Wertemenge $\mathbb{B}$:**

Die Funktion ist für alle $x \in \mathbb{R}$ definiert.

Die Wertemenge $\mathbb{B} = (-\infty, e^{-2}]$ ergibt sich aus den nachfolgenden Untersuchungen.

2.) **Symmetrie:**

$$f_t(-x) = e^{-t(-x)} \cdot (t(-x) - 1) = -e^{tx} \cdot (tx + 1).$$

Diese Funktion ist weder symmetrisch zum Ursprung, noch ist sie symmetrisch zur y-Achse.

3.) **Asymptotisches Verhalten:**

Es gilt, da $t > 0$ ist:

$$\lim_{x \to -\infty} f_t(x) = -\infty \qquad \text{und} \qquad \lim_{x \to \infty} f_t(x) = 0.$$

Somit ist die positive x-Achse eine waagrechte Asymptote.

4.) **Nullstellen:**

Zu lösen ist die Gleichung $f_t(x) = 0$, also $e^{-tx} \cdot (tx - 1) = 0$.

$e^{-tx} > 0$ für alle $x \in \mathbb{R}$, somit muß nur die Gleichung $(tx - 1) = 0$ gelöst werden. Die Lösung ist:

$$x = \frac{1}{t}.$$

Die Funktion besitzt die Nullstelle $N_t \left(\frac{1}{t}, 0 \right)$.

5.) **Extremwerte:**

Die notwendige Bedingung für ein lokales Extremum ist $f'_t(x) = 0$, also

$$e^{-tx} \cdot t \cdot (2 - tx) = 0.$$

Da $e^{-tx} \cdot t > 0$ ist, muß nur die Gleichung $2 - tx = 0$ gelöst werden. Die Lösung ist:

$$x = \frac{2}{t}.$$

Die zweite Ableitung der Funktion f_t an der Stelle $x = \frac{2}{t}$ ist:

$$f''_t \left(\frac{2}{t} \right) = -t^2 \cdot e^{-2} < 0,$$

da $t > 0$ vorausgesetzt ist.

Somit befindet sich an der Stelle $x = \frac{2}{t}$ ein relatives Maximum, also ein Hochpunkt. Die Koordinaten des Hochpunkts sind:

$$H_t \left(\frac{2}{t}, f \left(\frac{2}{t} \right) \right)$$

6.) **Wendepunkte:**

Die notwendige Bedingung für einen Wendepunkt ist $f_t''(x) = 0$, also

$$e^{-tx} \cdot t^2 \cdot (tx - 3) = 0$$

oder besser gesagt $tx - 3 = 0$. Die Lösung hiervon ist:

$$x = \frac{3}{t}.$$

Die dritte Ableitung von f_t an dieser Stelle ist $f_t''' \left(\frac{3}{t} \right) = t^3 \cdot e^{-3} \neq 0$.

Somit besitzt die Funktion f_t an der Stelle $x = \frac{3}{t}$ einen Wendepunkt mit den Koordinaten:

$$W_t \left(\frac{3}{t}, 2e^{-3} \right).$$

Die Ordinate des Wendepunkts ist $y = 2e^{-3}$. Sie ist von $t > 0$ unabhängig. Somit ist die Ortskurve aller Wendepunkte eine Parallele zur x-Achse mit $x > 0$, da $3/t > 0$, mit der Gleichung

$$f_W(x) = 2e^{-3}.$$

7.) **Schaubild:**

In dem Schaubild auf der nächsten Seite sind für $t \in \{0.1, 0.5, 1, 2, 10\}$ die Kurvenschar

$$f_t(x) = e^{-tx}(tx - 1)$$

eingezeichnet.

Desweiteren sind die Ortskurve aller Hochpunkte

$$f_H(x) = e^{-2}, \quad x > 0$$

und die Ortskurve aller Wendepunkte

$$f_W(x) = 2e^{-3}, \quad x > 0$$

gepunktet eingezeichnet.

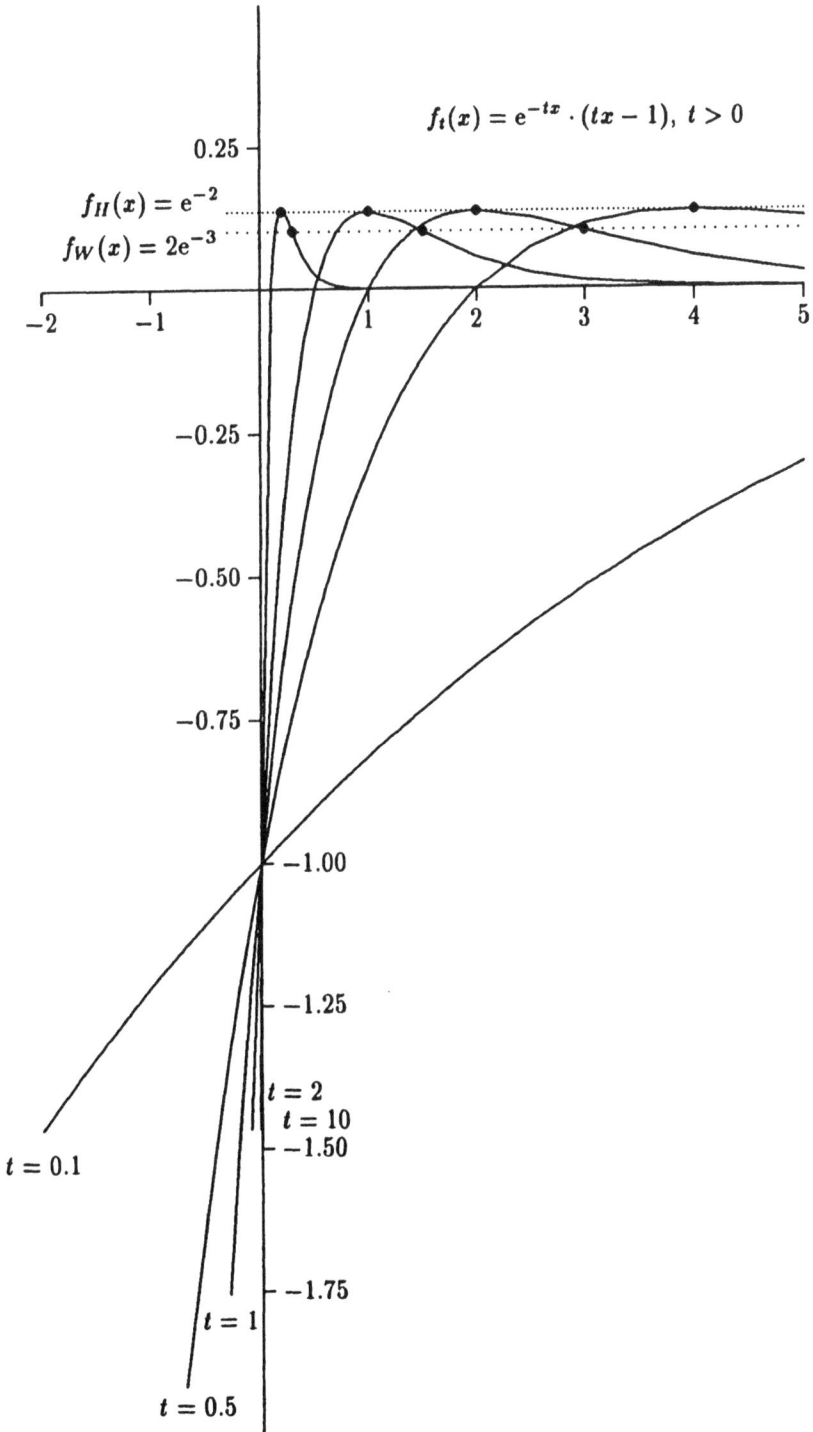

$$f_t(x) = e^{-tx} \cdot (tx - 1), \quad t > 0$$

$f_H(x) = e^{-2}$

$f_W(x) = 2e^{-3}$

$t = 2$

$t = 10$

$t = 0.1$

$t = 1$

$t = 0.5$

Aufgabe 5.1.9

Führen Sie für die Kurvenschar

$$f_t(x) \ = \ x \cdot (x - 4t) \cdot \left(x - \frac{5t}{2} \right) \qquad \text{mit } t \in \mathbb{R}$$

eine Kurvendiskussion durch.

Bestimmen sie auch die Ortskurven der Extrem- und Wendepunkte.

Lösung:

Die Ableitungen erhält man mithilfe der Produktregel.

$$f_t'(x) \ = \ (x - t) \cdot \left(x - \frac{10t}{3} \right),$$

$$f_t''(x) \ = \ 6x - 13t,$$

$$f_t'''(x) \ = \ 6.$$

1.) **Definitionsmenge $\mathbb{D}$ und Wertemenge $\mathbb{B}$:**

Die Funktion ist für alle $x \in \mathbb{R}$ definiert.

Die Wertemenge ist ebenfalls $\mathbb{R}$.

2.) **Symmetrie:**

Die Funktion $f_t(x)$ hat auch die Darstellung

$$f_t(x) \ = \ x^3 - \frac{13t}{2} x^2 + 10tx.$$

Man erkennt, daß diese Funktion weder symmetrisch zum Ursprung, noch symmetrisch zur y-Achse ist (gerade und ungerade Exponenten).

3.) **Asymptotisches Verhalten:**

Es gilt für alle $t \in \mathbb{R}$:

$$\lim_{x \to -\infty} f_t(x) = -\infty \qquad \text{und} \qquad \lim_{x \to \infty} f_t(x) = +\infty.$$

4.) **Nullstellen:**

Zu lösen ist die Gleichung $f_t(x) = 0$, also $x \cdot (x - 4t) \cdot \left(x - \dfrac{5t}{2} \right) = 0$.

Man kann sofort die Nullstellen angeben. Diese sind:

$$N_1(0,0), \qquad N_2(4t,0), \qquad N_3 \left(\frac{5t}{2}, 0 \right).$$

Für $t = 0$ fallen diese Nullstellen zusammen.

5.) **Extremwerte:**

Die notwendige Bedingung für ein lokales Extremum ist $f'_t(x) = 0$, also

$$(x - t) \cdot \left(x - \frac{10t}{3} \right) = 0.$$

Auch hier können die Lösungen sofort angegeben werden. Diese sind:

$$x_1 = t \quad \text{und} \quad x_2 = \frac{10t}{3}.$$

Die zweite Ableitung der Funktion f_t an den Stellen x_1 und x_2 ist

$$f''_t(t) = -7t, \quad f''_t\left(\frac{10t}{3} \right) = 7t.$$

Für $t \neq 0$ besitzt die Funktion an den Stellen x_1 und x_2 Extremwerte, da dann die zweite Ableitung an diesen Stellen ungleich Null ist. Die Koordinaten der Extremwerte sind:

$$E_{1,t}\left(t, \frac{9t^3}{2} \right), \quad E_{2,t}\left(\frac{10t}{3}, -\frac{50t^3}{27} \right).$$

– Für $t > 0$ ist $E_{1,t}$ ein Hochpunkt und $E_{2,t}$ ein Tiefpunkt.

– Für $t < 0$ ist $E_{1,t}$ ein Tiefpunkt und $E_{2,t}$ ein Hochpunkt.

– Für $t = 0$ fallen $E_{1,t}$ und $E_{2,t}$ zusammen. Da allerdings

$$f''_0(x_1) = f''_0(x_2) = 0 \text{ und } f'''_0(x_1) = f'''_0(x_2) = 6 \neq 0$$

gilt, erhält man für $t = 0$ einen Wendepunkt mit den Koordinaten $W_E(0,0)$.

Sei $t \neq 0$: Die Abszisse von $E_{1,t}$ ist $x = t$, also $t = x$.

Setzt man diese Identität in die Ordinate $y = \frac{9}{2}t^3$ des Punkts ein,

so erhält man die Ortskurve aller Extremwerte $E_{1,t}$ für $t \neq 0$. Diese lautet für $x \in \mathbb{R} \setminus \{0\}$:

$$f_{E_1}(x) = \frac{9}{2}x^3.$$

Die Abszisse von $E_{2,t}$ ist $x = \frac{10}{3}t$, also $t = \frac{3}{10}x$.

Setzt man diese Identität in die Ordinate $y = -\frac{50}{27}t^3$ des Punkts ein,

so erhält man die Ortskurve aller Extremwerte $E_{2,t}$ für $t \neq 0$.
Diese lautet für $x \in \mathbb{R} \setminus \{0\}$:

$$f_{E_2}(x) = -\frac{1}{20}x^3.$$

6.) **Wendepunkte:**

Die notwendige Bedingung für einen Wendepunkt ist $f_t''(x) = 0$, also

$$6x - 13t = 0$$

und somit

$$x = \frac{13t}{6}.$$

Die dritte Ableitung von f_t an dieser Stelle ist $f_t'''\left(\frac{13t}{6}\right) = 6 \neq 0$.

Somit besitzt die Funktion f_t an der Stelle $x = \frac{13}{6}t$ einen Wendepunkt
mit den Koordinaten

$$W_t\left(\frac{13t}{6}, \frac{143t^3}{108}\right).$$

Die Abszisse des Wendepunkts W_t ist $x = \frac{13}{6}t$, also $t = \frac{6}{13}x$.

Setzt man diese Identität in die Ordinate $y = \frac{143}{108}t^3$ des Punkts ein,

so erhält man die Ortskurve aller Wendepunkte für $t \in \mathbb{R}$.
Diese lautet für $x \in \mathbb{R}$:

$$f_W(x) = \frac{22}{169}x^3.$$

7.) **Schaubild:**

Auf der nächsten Seite sind im ersten Schaubild für $t = -1$ und im
zweiten Schaubild $t = 0.25$ die Funktion

$$f_t(x) = x \cdot (x - 4t) \cdot \left(x - \frac{5t}{2}\right)$$

eingezeichnet.
Desweiteren sind die Ortskurven der Extremwerte und die Ortskurve
der Wendepunkte gestrichelt eingezeichnet.

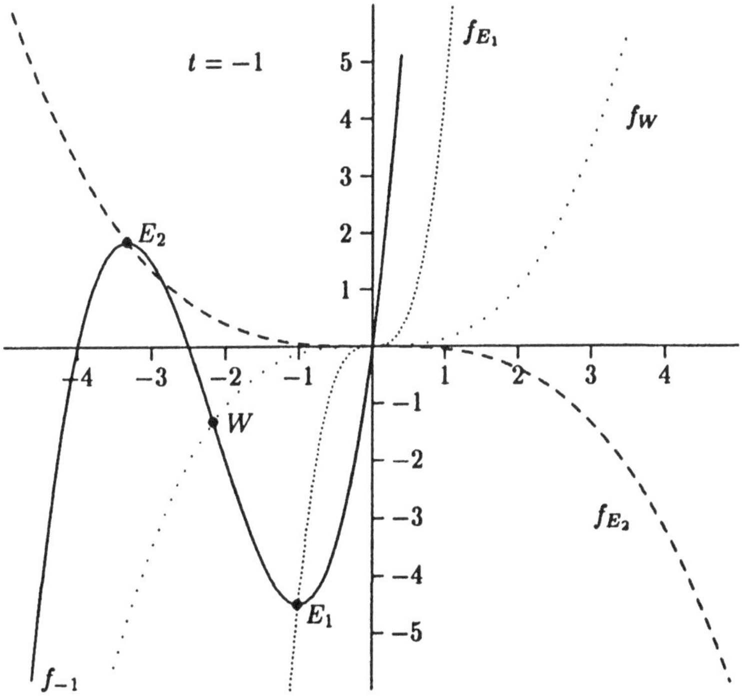
t = −1
f_{E_1}
f_W
f_{E_2}
f_{−1}
E_2
E_1
W

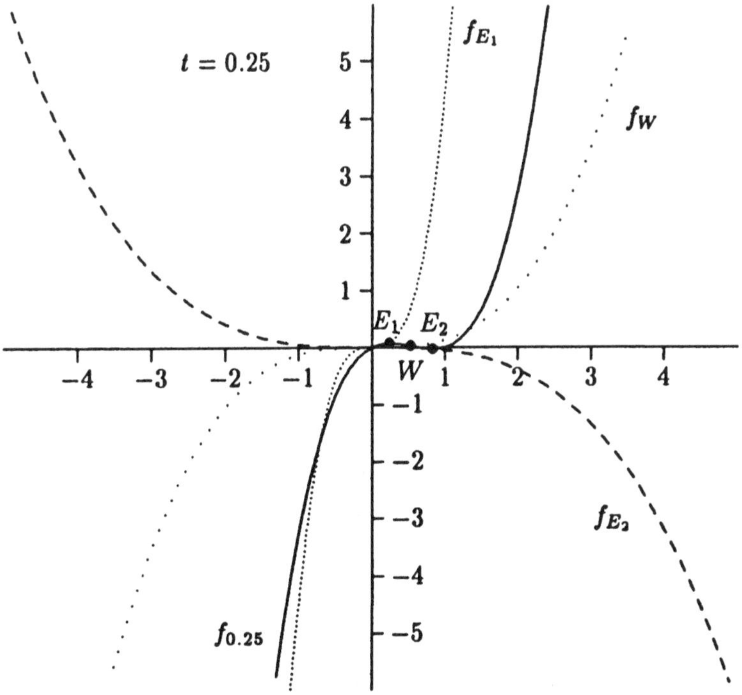
t = 0.25
f_{E_1}
f_W
f_{E_2}
f_{0.25}
E_1
E_2
W

Kapitel 6

Integration

Die Integralrechnung ist neben der **Differentialrechnung** ein wichtiger Bestandteil der Analysis. Hauptanwendungsgebiete der Integralrechnung sind:

- die Berechnung von **Flächeninhalten** krummlinig berandeter Flächenstücke

- die Berechnung von **Rauminhalten** von Rotationskörpern und

- die Berechnung von **Bogenlängen** von Kurven.

6.1   Unbestimmte Integrale und Stammfunktionen

Integrale sind direkt mit dem Begriff der Stammfunktion verknüpft. Hier wird sich zeigen, daß die Integralrechnung eine Art Umkehrung der Differentialrechnung ist.

Definition 6.1.1
*Eine Funktion F heißt eine **Stammfunktion** von f falls gilt:*

$$F'(x) = f(x) \text{ für alle } x \in \mathbb{D}.$$

Das Auffinden einer Stammfunktion stellt das umgekehrte Problem zum Bestimmen einer Ableitung dar. Gegeben ist jetzt eine Ableitung, gesucht ist eine dazugehörige Funktion.

Bemerkung

Ganz im Gegensatz zu den Ableitungen sind Stammfunktionen nicht eindeutig. Sie unterscheiden sich durch eine additive Konstante.

Beispiel 6.1.1

Wegen $\left(x^3\right)' = 3x^2$ ist $F(x) = x^3$ eine Stammfunktion von $f(x) = 3x^2$. Auch die Funktion $G(x) = x^3 + 1.53$ ist wegen $\left(x^3 + 1.53\right)' = 3x^2$ eine Stammfunktion von $f(x) = 3x^2$.

Definition 6.1.2

Die Menge aller Stammfunktionen wird als **unbestimmtes Integral** *bezeichnet. Die Schreibweise lautet:*

$$\int f(x)\,dx = F(x) + c, \ c \in \mathbb{R}.$$

Dabei wird $f(x)$ als **Integrand** *bezeichnet. dx ist das aus der Differentialrechnung bekannte* **Differential**.

Rechenregeln für unbestimmte Integrale:

- $\displaystyle \int (f(x) + g(x))\,dx = \int f(x)\,dx + \int g(x)\,dx.$

- $\displaystyle \int c \cdot f(x)\,dx = c \cdot \int f(x)\,dx, \ c \in \mathbb{R}.$

Die Berechnung des unbestimmten Integrals bzw. einer Stammfunktion einer gegebenen Funktion f ist bei weitem nicht so einfach wie das Ableiten, denn dort gibt es viele Differentiationregeln. Einige dieser Regeln können umgekehrt werden. Dennoch wird es viele Funktionen geben, deren Stammfunktion zwar existiert, sich jedoch nicht als Verknüpfung elementarer Funktionen darstellen läßt.

Möglichkeiten zur Bestimmung von unbestimmten Integralen werden im Abschnitt Integrationsmethoden vorgestellt. Außerdem gibt es Integraltafeln, in denen unzählige Integrale zu finden sind. Eine kleine Auswahl der wichtigsten Integrale sind im Abschnitt Integraltafeln zu finden.

6.2 Bestimmte Integrale

Durch die Hinzunahme von Integrationsgrenzen werden aus unbestimmten Integralen bestimmte Integrale, die bei vielen Anwendungsproblemen eine wichtige Rolle spielen.

Definition 6.2.1

Ist F eine Stammfunktion von f, so heißt

$$\int_a^b f(x)\,dx \quad mit\ a, b \in \mathbb{R}$$

das **bestimmte Integral** *von f von a bis b.*

Dabei gilt (**Hauptsatz der Differential- und Integralrechnung**)*:*

$$\int_a^b f(x)\,dx = \Big[F(x)\Big]_a^b = F(b) - F(a).$$

Durch diesen Zusammenhang reduziert sich die Integralrechnung größtenteils auf die Bestimmung einer Stammfunktion.

Eigenschaften des bestimmten Integrals:

- $\displaystyle\int_a^a f(x)\,dx = 0.$

- $\displaystyle\int_a^b f(x)\,dx = -\int_b^a f(x)\,dx.$

- $\displaystyle\int_a^b f(x)\,dx = \int_a^c f(x)\,dx + \int_c^b f(x)\,dx$ für alle $a \leq c \leq b$.

- $\displaystyle\int_a^b (c \cdot f(x) + d \cdot g(x))\,dx = c \cdot \int_a^b f(x)\,dx + d \cdot \int_a^b g(x)\,dx.$

Aus diesen Eigenschaften sind zwei Integrationsregeln für Verknüpfungen ersichtlich:
Sind G und H Stammfunktionen von g und h, so ist eine Stammfunktion F von f gegeben durch:

- Multiplikative Konstanten bleiben beim Integrieren erhalten:

  $$f(x) = c \cdot g(x) \implies F(x) = c \cdot G(x).$$

- Integrale sind additiv:

$$f(x) = g(x) + h(x) \Longrightarrow F(x) = G(x) + H(x).$$

Allgemeine Integrationsregeln für Produkte und Quotienten gibt es nicht.

Aus den bekannten Differentiationsregeln können, für Potenzfunktionen, Exponentialfunktionen und die trigonometrischen Funktionen, Integrationsregeln aufgestellt werden. Dabei sei stets $c \in \mathbb{R}$.

- $f(x) = x^\alpha, \alpha \in \mathbb{R} \setminus \{-1\} \Longrightarrow F(x) = \dfrac{1}{\alpha + 1} \cdot x^{\alpha+1} + c.$

- $f(x) = x^{-1} = \dfrac{1}{x} \Longrightarrow F(x) = \ln|x| + c.$

- $f(x) = e^x \Longrightarrow F(x) = e^x + c.$

- $f(x) = \sin x \Longrightarrow F(x) = -\cos x + c.$

- $f(x) = \cos x \Longrightarrow F(x) = \sin x + c.$

Beispiel 6.2.1

1.) $f(x) = 4x^2 \Longrightarrow F(x) = 4 \cdot \dfrac{1}{2+1} x^{2+1} + c = 4 \cdot \dfrac{1}{3} x^3 + c = \dfrac{4}{3} x^3 + c.$

2.) $f(x) = 3x + 4e^x - 2\sin x \Longrightarrow F(x) = \dfrac{3}{2} x^2 + 4e^x + 2\cos x + c.$

6.3 Uneigentliche Integrale

Bei der Berechnung von Integralen treten Probleme auf, falls

- der Integrand, also die Funktion f, unbeschränkt ist.

- das Integrationsintervall $[a, b]$ ins Unendliche reicht.

Solche Integrale werden mithilfe von Grenzwerten erklärt. Sie werden **uneigentliche Integrale** genannt.

6.3.1 Integrale über unbeschränkte Integrationsintervalle

Sind die Integrationsintervalle von der Form $[a, \infty)$, $(-\infty, b]$ oder $(-\infty, \infty)$, so werden Integrale über diese Intervalle mithilfe von Grenzwerten erklärt.

Definition 6.3.1
Sei $c \in \mathbb{R}$ und sei F eine Stammfunktion von f.
Weiter sei f auf dem abgeschlossenen Intervall $[a, b]$, $a \le b$, $a, b \in \mathbb{R}$ beschränkt und $a \le c \le b$.
Dann gilt:

1.) $\displaystyle \int_a^\infty f(x)\,dx = \lim_{b \to \infty} \int_a^b f(x)\,dx = \lim_{b \to \infty} (F(b) - F(a)).$

2.) $\displaystyle \int_{-\infty}^b f(x)\,dx = \lim_{a \to -\infty} \int_a^b f(x)\,dx = \lim_{a \to -\infty} (F(b) - F(a)).$

3.) $\displaystyle \int_{-\infty}^\infty f(x)\,dx = \lim_{a \to -\infty} \int_a^c f(x)\,dx + \lim_{b \to \infty} \int_c^b f(x)\,dx$

$\displaystyle = \lim_{b \to \infty} F(b) - \lim_{a \to -\infty} F(a).$

Konvergieren diese Grenzwerte, so heißen die uneigentlichen Integrale konvergent.

Beispiel 6.3.1
Gegeben sei das uneigentliche Integral $\displaystyle \int_1^\infty \frac{1}{x^2}\,dx$.
Dann gilt:

$$\int_1^\infty \frac{1}{x^2}\,dx = \lim_{b \to \infty} \int_1^b \frac{1}{x^2}\,dx = \lim_{b \to \infty} \left[-\frac{1}{x}\right]_1^b = \lim_{b \to \infty} \left(-\frac{1}{b} + 1\right) = 1.$$

Also ist dieses uneigentliche Integral konvergent und hat den Wert 1.

Beispiel 6.3.2
Gegeben sei das uneigentliche Integral $\displaystyle \int_1^\infty \frac{1}{\sqrt{x}}\,dx$.
Dann gilt:

$$\int_1^\infty \frac{1}{\sqrt{x}}\,dx = \lim_{b \to \infty} \int_1^b \frac{1}{\sqrt{x}}\,dx = \lim_{b \to \infty} \left[2\sqrt{x}\right]_1^b = \lim_{b \to \infty} \left(2\sqrt{b} - 2\right) = +\infty.$$

Also ist dieses uneigentliche Integral divergent.

6.3.2 Integrale mit unbeschränktem Integranden

Ist die Funktion f auf dem Intervall $(a, b]$ definiert und für $x \to a, x > a$ unbeschränkt, oder ist die Funktion f auf dem Intervall $[a, b)$ definiert und für $x \to b, x < b$ unbeschränkt, oder ist die Funktion f auf dem Intervall $[a, b]$ definiert und für $x \to d, a < d < b$ unbeschränkt, so wird das Integral von f über diese Intervalle mithilfe von Grenzwerten erklärt.

Definition 6.3.2

1.) Sei F eine Stammfunktion von f.
  Weiter sei f auf $(a, b], a < b, a, b \in \mathbb{R}$ definiert und für $x \to a, x > a$
  unbeschränkt.
  Dann gilt:

$$\int_a^b f(x)\, dx = \lim_{c \to a, c > a} \int_c^b f(x)\, dx = \lim_{c \to a, c > a} (F(b) - F(c)) \,.$$

2.) Sei F eine Stammfunktion von f.
  Weiter sei f auf $[a, b), a < b, a, b \in \mathbb{R}$ definiert und für $x \to b, x < b$
  unbeschränkt.
  Dann gilt:

$$\int_a^b f(x)\, dx = \lim_{c \to b, c < b} \int_a^c f(x)\, dx = \lim_{c \to b, c < b} (F(c) - F(a)) \,.$$

3.) Sei F eine Stammfunktion von f.
  Weiter sei f auf $[a, b], a < b, a, b \in \mathbb{R}$ definiert und für $x \to d$,
  $a < d < b$ unbeschränkt.
  Dann gilt:

$$\begin{aligned}
\int_a^b f(x)\, dx &= \lim_{c \to d, c < d} \int_a^c f(x)\, dx + \lim_{c \to d, c > d} \int_c^b f(x)\, dx \\
&= \lim_{c \to d, c < d} (F(c) - F(a)) + \lim_{c \to d, c > d} (F(b) - F(c)) \\
&= (F(b) - F(a)) + \lim_{c \to d, c < d} F(c) - \lim_{c \to d, c > d} F(c) \,.
\end{aligned}$$

Konvergieren diese Grenzwerte, so heißt das uneigentliche Integral konvergent.

Beispiel 6.3.3

Gegeben sei das uneigentliche Integral $\int_0^1 \frac{1}{x^2}\,dx$.

Dann gilt:

$$\int_0^1 \frac{1}{x^2}\,dx = \lim_{c \to 0, c > 0} \int_c^1 \frac{1}{x^2}\,dx = \lim_{c \to 0, c > 0} \left[-\frac{1}{x}\right]_c^1 = \lim_{c \to 0, c > 0} \left(-1 + \frac{1}{c}\right)$$
$$= +\infty.$$

Also ist dieses uneigentliche Integral divergent.

Beispiel 6.3.4

Gegeben sei das uneigentliche Integral $\int_0^1 \frac{1}{\sqrt{x}}\,dx$.

Dann gilt:

$$\int_0^1 \frac{1}{\sqrt{x}}\,dx = \lim_{c \to 0, c > 0} \int_c^1 \frac{1}{\sqrt{x}}\,dx = \lim_{c \to 0, c > 0} \left[2\sqrt{x}\right]_c^1 = \lim_{c \to 0, c > 0} \left(2 - 2\sqrt{c}\right) = 2.$$

Also ist dieses uneigentliche Integral konvergent und hat den Wert 2.

6.4   Integrationsmethoden

6.4.1   Partielle Integration

Mit der **partiellen Integration** können spezielle Klassen von Produkten integriert werden. Diese Integrationsregel entsteht durch Integration der Produktregel der Differentialrechnung:

$$(f(x)g(x))' = f'(x)g(x) + f(x)g'(x)$$
$$\Longrightarrow f(x)g'(x) = (f(x)g(x))' - f'(x)g(x)$$
$$\Longrightarrow \int f(x)g'(x)\,dx = \int \left((f(x)g(x))' - f'(x)g(x)\right)\,dx$$
$$\Longrightarrow \int f(x)g'(x)\,dx = f(x)g(x) - \int f'(x)g(x)\,dx.$$

Die in der folgenden Formel zusammengefaßte Integrationsregel wird **partielle Integration** genannt:

$$\int f(x)g'(x)\,dx = f(x)g(x) - \int f'(x)g(x)\,dx.$$

Bemerkung:

- Mit dieser Formel können keine allgemeinen Produkte der Form $f(x)g(x)$ integriert werden.

- Da die rechte Seite von einem weiteren, anderen Integral $\int f'(x)g(x)\,dx$ abhängt, führt diese Integrationsmethode nur dann zum Ziel, falls eben dieses Integral auf irgendeine Weise weiterverarbeitet werden kann.

Beispiel 6.4.1

Gesucht ist das Integral $\int_0^2 xe^x\,dx$.

Mit $f(x) = x$ und $g'(x) = e^x$ folgen:

$f'(x) = 1$, $g(x) = e^x$, $f(x)g(x) = xe^x$ und $f'(x)g(x) = e^x$.

Damit gilt dann:

$$\int_0^2 xe^x\,dx = \left[xe^x\right]_0^2 - \int_0^2 e^x\,dx = \left[xe^x\right]_0^2 - \left[e^x\right]_0^2 = \left[xe^x - e^x\right]_0^2$$
$$= 2e^2 - e^2 - \left(0 - e^0\right) = e^2 + 1.$$

Es kann durchaus notwendig sein, die partielle Integration mehrmals hintereinander durchführen zu müssen. Das folgende Beispiel zeigt diesen Sachverhalt auf.

Beispiel 6.4.2

Gesucht ist das Integral $\int_0^\pi x^3 \sin x\,dx$.

Mit $f(x) = x^3$ und $g'(x) = \sin x$ folgen:

$f'(x) = 3x^2$, $g(x) = -\cos x$, $f(x)g(x) = -x^3 \cos x$ und

$f'(x)g(x) = -3x^2 \cos x$.

Damit gilt dann:

$$\int_0^\pi x^3 \sin x\,dx = \left[-x^3 \cos x\right]_0^\pi - \int_0^\pi -3x^2 \cos x\,dx$$

$$= \left[-x^3 \cos x\right]_0^\pi + \int_0^\pi 3x^2 \cos x\,dx.$$

Das entstandene Integral $\int_0^\pi 3x^2 \cos x\,dx$ kann jetzt wieder mit der partiellen

Integration vereinfacht werden.

Mit $f(x) = 3x^2$ und $g'(x) = \cos x$ folgen:

$f'(x) = 6x$, $g(x) = \sin x$, $f(x)g(x) = 3x^2 \sin x$ und $f'(x)g(x) = 6x \sin x$.

Damit gilt dann:

$$\int_0^\pi x^3 \sin x \, dx = \left[-x^3 \cos x \right]_0^\pi + \int_0^\pi 3x^2 \cos x \, dx$$

$$= \left[-x^3 \cos x \right]_0^\pi + \left(\left[3x^2 \sin x \right]_0^\pi - \int_0^\pi 6x \sin x \, dx \right)$$

$$= \left[-x^3 \cos x + 3x^2 \sin x \right]_0^\pi - \int_0^\pi 6x \sin x \, dx.$$

Das entstandene Integral $\int_0^\pi 6x \sin x \, dx$ muß noch ein letztes Mal mit der partiellen Integration vereinfacht werden.

Mit $f(x) = 6x$ und $g'(x) = \sin x$ folgen:

$f'(x) = 6$, $g(x) = -\cos x$, $f(x)g(x) = -x \cos x$ und $f'(x)g(x) = -6 \cos x$.

Damit gilt dann:

$$\int_0^\pi x^3 \sin x \, dx = \left[-x^3 \cos x + 3x^2 \sin x \right]_0^\pi - \int_0^\pi 6x \sin x \, dx$$

$$= \left[-x^3 \cos x + 3x^2 \sin x \right]_0^\pi - \left(\left[-x \cos x \right]_0^\pi - \int_0^\pi (-6 \cos x) \, dx \right)$$

$$= \left[-x^3 \cos x + 3x^2 \sin x + x \cos x \right]_0^\pi + \int_0^\pi 6 \cos x \, dx$$

$$= \left[-x^3 \cos x + 3x^2 \sin x + x \cos x + 6 \sin x \right]_0^\pi$$

$$= -\pi^3 \cos \pi + 3\pi^2 \sin \pi + \pi \cos \pi + 6 \sin \pi$$

$$- (-0^3 \cos 0 + 3 \cdot 0^2 \sin 0 + 0 \cos 0 + 6 \sin 0) = 3\pi^3 - \pi.$$

6.4.2 Integration durch Substitution

Bei der **Integration durch Substitution** werden im Integral $\int_a^b f(x) \, dx$ durch die Substitution $u = f(x)$ die Variable x, die beiden Grenzen a und b, und das Differential dx in eine neue Variable u übersetzt. Dadurch entsteht ein neues Integral, das jetzt von der neuen Variable u abhängt. Dieses neue Integral ist in vielen Fällen einfacher geworden oder es führt auf eine bekannte Integrationsregel. Die Integration durch Substitution wird häufig als eine Art Umkehrung der Kettenregel verwendet.

In den folgenden Beispielen werden viele Varianten der Integration durch Substitution vorgeführt, sowohl relativ einfache, offensichtlich zum Ziel führende, als auch nicht naheliegende Substitutionen.

Beispiel 6.4.3

Gesucht ist das Integral $\int_{-\frac{1}{2}}^{0} (2x+1)^{25}\, dx$.

Mit $u = 2x + 1$ folgt $\dfrac{du}{dx} = 2$ und $dx = \dfrac{du}{2}$.

Damit gilt dann:

$$\int_{-\frac{1}{2}}^{0} (2x+1)^{25}\, dx = \int_{x=-\frac{1}{2}}^{x=0} u^{25} \cdot \frac{du}{2} = \left[\frac{1}{52} u^{26}\right]_{x=-\frac{1}{2}}^{x=0}$$

$$= \left[\frac{1}{52}(2x+1)^{26}\right]_{x=-\frac{1}{2}}^{x=0} = \frac{1}{52} \cdot 1^{26} - \frac{1}{52} \cdot 0^{26} = \frac{1}{52}.$$

Eine weitere Variante ist das gleichzeitige Transformieren der Grenzen, statt der Rücksubstitution der Variablen nach Bildung der Stammfunktion.

Aus $x = 0$ folgt $u = 1$ und aus $x = -\dfrac{1}{2}$ folgt $u = 0$.

Damit gilt dann:

$$\int_{-\frac{1}{2}}^{0} (2x+1)^{25}\, dx = \left[\frac{1}{52} u^{26}\right]_{x=-\frac{1}{2}}^{x=0} = \left[\frac{1}{52} u^{26}\right]_{u=0}^{u=1} = \frac{1}{52} \cdot 1^{26} - \frac{1}{52} \cdot 0^{26} = \frac{1}{52}.$$

Beispiel 6.4.4

Gesucht ist das Integral $\int_{1}^{2} \dfrac{\ln(x+5)}{x+5}\, dx$.

Mit $u = \ln(x+5)$ folgt $\dfrac{du}{dx} = \dfrac{1}{x+5}$ und $dx = (x+5)\, du$.

Damit gilt dann:

$$\int_{1}^{2} \frac{\ln(x+5)}{x+5}\, dx = \int_{x=1}^{x=2} \frac{u}{x+5} \cdot (x+5)\, du = \int_{x=1}^{x=2} u\, du = \left[\frac{1}{2} u^2\right]_{x=1}^{x=2}$$

$$= \left[\frac{1}{2}\ln^2(x+5)\right]_{x=1}^{x=2} = \frac{1}{2} \cdot \ln^2 7 - \frac{1}{2} \cdot \ln^2 6 \approx 0.288.$$

Beispiel 6.4.5

Gesucht ist das Integral $\int_0^{\frac{\pi}{2}} \sin x \cos^{\frac{5}{2}} x \, dx$.

Mit $u = \cos x$ folgt $\dfrac{du}{dx} = -\sin x$ und $dx = -\dfrac{du}{\sin x}$.

Damit gilt dann:

$$\int_0^{\frac{\pi}{2}} \sin x \cos^{\frac{5}{2}} x \, dx = \int_{x=0}^{x=\frac{\pi}{2}} \sin x \cdot u^{\frac{5}{2}} \cdot \frac{du}{-\sin x} = -\int_{x=0}^{x=\frac{\pi}{2}} u^{\frac{5}{2}} \, du$$

$$= \left[-\frac{2}{7} u^{\frac{7}{2}} \right]_{x=0}^{x=\frac{\pi}{2}} = \left[-\frac{2}{7} \cos^{\frac{7}{2}} x \right]_{x=0}^{x=\frac{\pi}{2}} = -\frac{2}{7} \cdot 0 + \frac{2}{7} \cdot 1 = \frac{2}{7}.$$

Im folgenden Beispiel wird die Substitution $x = \sin u$ vorgestellt, die wegen des bekannten Zusammenhangs $\sin^2 u + \cos^2 u = 1$ in einigen speziellen Fällen zum Ziel führt.

Beispiel 6.4.6

Gesucht ist das Integral $\int_0^1 \sqrt{1 - x^2} \, dx$.

Mit $x = \sin u$ folgt $\dfrac{dx}{du} = \cos u$ und $dx = du \cdot \cos u$.

Damit gilt dann:

$$\int_0^1 \sqrt{1 - x^2} \, dx = \int_{x=0}^{x=1} \sqrt{1 - \sin^2 u} \cos u \, du = \int_{x=0}^{x=1} \cos u \cdot \cos u \, du$$

$$= \int_{x=0}^{x=1} \cos^2 u \, du.$$

Dieses Integral wird mit partieller Integration weiterverarbeitet.

Mit $f(u) = \cos u$ und $g'(u) = \cos u$ folgen:

$f'(u) = -\sin u$, $g(u) = \sin u$, $f(u)g(u) = \sin u \cos u$ und

$f'(u)g(u) = -\sin^2 u$.

Damit gilt dann:

$$\int_{x=0}^{x=1} \cos^2 u \, du = \left[\sin u \cos u \right]_{x=0}^{x=1} - \int_{x=0}^{x=1} -\sin^2 u \, du.$$

Jetzt wird noch der Zusammenhang $\sin^2 u + \cos^2 u = 1$ in der Form $\sin^2 u = 1 - \cos^2 u$ ausgenutzt:

$$\int_{x=0}^{x=1} \cos^2 u \, du = \left[\sin u \cos u \right]_{x=0}^{x=1} - \int_{x=0}^{x=1} -\sin^2 u \, du$$

$$= \Big[\sin u \cos u \Big]_{x=0}^{x=1} + \int_{x=0}^{x=1} \left(1 - \cos^2 u \right) du$$

$$= \Big[\sin u \cos u + u \Big]_{x=0}^{x=1} - \int_{x=0}^{x=1} \cos^2 u \, du.$$

Faßt man jetzt

$$\int_{x=0}^{x=1} \cos^2 u \, du = \Big[\sin u \cos u + u \Big]_{x=0}^{x=1} - \int_{x=0}^{x=1} \cos^2 u \, du$$

als Gleichung in $\int_{x=0}^{x=1} \cos^2 u \, du$ auf und addiert $\int_{x=0}^{x=1} \cos^2 u \, du$

auf beiden Seiten, so führt dies zu

$$2 \cdot \int_{x=0}^{x=1} \cos^2 u \, du = \Big[\sin u \cos u + u \Big]_{x=0}^{x=1} \quad \text{oder}$$

$$\int_{x=0}^{x=1} \cos^2 u \, du = \frac{1}{2} \Big[\sin u \cos u + u \Big]_{x=0}^{x=1}.$$

Hier ist es angebracht, die Grenzen zu transformieren.

$$x = 0 \Longrightarrow u = 0 \text{ und } x = 1 \Longrightarrow u = \frac{\pi}{2}.$$

Damit folgt aber

$$\int_0^{\frac{\pi}{2}} \cos^2 u \, du = \frac{1}{2} \Big[\sin u \cos u + u \Big]_0^{\frac{\pi}{2}} = \frac{1}{2} \cdot \left(0 + \frac{\pi}{2} \right) - 0 = \frac{\pi}{4}.$$

Im nächsten Beispiel wird eine Substitution $x = \sinh u$ vorgestellt, die wegen des bekannten Zusammenhangs $\cosh^2 u - \sinh^2 u = 1$ zum Ziel führt.

Beispiel 6.4.7

Gesucht ist das Integral $\int_0^1 \sqrt{1 + x^2} \, dx$.

Mit $x = \sinh u$ folgt $\dfrac{dx}{du} = \cosh u$ und $dx = du \cdot \cosh u$.

Damit gilt dann:

$$\int_0^1 \sqrt{1 + x^2} \, dx = \int_{x=0}^{x=1} \sqrt{1 + \sinh^2 u} \, \cosh u \, du = \int_{x=0}^{x=1} \cosh u \cdot \cosh u \, du$$

$$= \int_{x=0}^{x=1} \cosh^2 u \, du.$$

Dieses Integral wird mit partieller Integration weiterverarbeitet.

Mit $f(u) = \cosh u$ und $g'(u) = \cosh u$ folgen:

$f'(u) = \sinh u$, $g(u) = \sinh u$, $f(u)g(u) = \sinh u \cosh u$ und

$f'(u)g(u) = \sinh^2 u.$

Damit gilt dann:

$$\int_{x=0}^{x=1} \cosh^2 u\, du = \Big[\sinh u \cosh u\Big]_{x=0}^{x=1} - \int_{x=0}^{x=1} \sinh^2 u\, du.$$

Jetzt wird noch der Zusammenhang $\cosh^2 u - \sinh^2 u = 1$ in der Form $\sinh^2 u = \cosh^2 u - 1$ ausgenutzt:

$$\int_{x=0}^{x=1} \cosh^2 u\, du = \Big[\sinh u \cosh u\Big]_{x=0}^{x=1} - \int_{x=0}^{x=1} \sinh^2 u\, du$$

$$= \Big[\sinh u \cosh u\Big]_{x=0}^{x=1} + \int_{x=0}^{x=1} \left(1 - \cosh^2 u\right)\, du$$

$$= \Big[\sinh u \cosh u + u\Big]_{x=0}^{x=1} - \int_{x=0}^{x=1} \cosh^2 u\, du.$$

Faßt man jetzt

$$\int_{x=0}^{x=1} \cosh^2 u\, du = \Big[\sinh u \cosh u + u\Big]_{x=0}^{x=1} - \int_{x=0}^{x=1} \cosh^2 u\, du$$

als Gleichung auf in $\displaystyle\int_{x=0}^{x=1} \cosh^2 u\, du$ und addiert $\displaystyle\int_{x=0}^{x=1} \cosh^2 u\, du$ auf beiden Seiten, so führt dies zu

$$2 \cdot \int_{x=0}^{x=1} \cosh^2 u\, du = \Big[\sinh u \cosh u + u\Big]_{x=0}^{x=1} \quad \text{oder}$$

$$\int_{x=0}^{x=1} \cosh^2 u\, du = \frac{1}{2}\Big[\sinh u \cosh u + u\Big]_{x=0}^{x=1}.$$

Hier ist es angebracht, die Grenzen zu transformieren.

$x = 0 \Longrightarrow u = 0$ und

$x = 1 \Longrightarrow \dfrac{e^u - e^{-u}}{2} = 1 \Longrightarrow e^u - 2 - e^{-u} = 0 \Longrightarrow (e^u)^2 - 2e^u - 1 = 0$

$\Longrightarrow e^u_{1/2} = \dfrac{2 \pm \sqrt{4+4}}{2} = 1 \pm \sqrt{2} \Longrightarrow u = \ln\left(1 + \sqrt{2}\right)$

wegen $e^u > 0$ für alle $u \in \mathbb{R}$.

Damit folgt aber:

$$\int_0^{\ln\left(1+\sqrt{2}\right)} \cosh^2 u\, du = \frac{1}{2}\Big[\sinh u \cosh u + u\Big]_0^{\ln\left(1+\sqrt{2}\right)}$$

$$= \frac{1}{2} \cdot \left(\sinh\left(\ln\left(1+\sqrt{2}\right)\right)\cosh\left(\ln\left(1+\sqrt{2}\right)\right) + \frac{1}{2}\ln\left(1+\sqrt{2}\right)\right) - (0+0)$$

$$= \frac{1}{2} \left(\frac{1 + \sqrt{2} - \frac{1}{1+\sqrt{2}}}{2} \cdot \frac{1 + \sqrt{2} + \frac{1}{1+\sqrt{2}}}{2} \right) + \frac{1}{2} \ln \left(1 + \sqrt{2} \right)$$

$$= \frac{1}{8} \left(1 + \sqrt{2} \right)^2 - \frac{1}{\left(1 + \sqrt{2} \right)^2} + \frac{1}{2} \ln \left(1 + \sqrt{2} \right)$$

$$= \frac{1}{8} \left(3 + 2\sqrt{2} - \frac{1}{3 + 2\sqrt{2}} \right) + \frac{1}{2} \ln \left(1 + \sqrt{2} \right)$$

$$= \frac{1}{8} \left(3 + 2\sqrt{2} - \frac{1}{3 + 2\sqrt{2}} \cdot \frac{3 - 2\sqrt{2}}{3 - 2\sqrt{2}} \right) + \frac{1}{2} \ln \left(1 + \sqrt{2} \right)$$

$$= \frac{1}{8} \left(3 + 2\sqrt{2} - \left(3 - 2\sqrt{2} \right) \right) + \frac{1}{2} \ln \left(1 + \sqrt{2} \right) = \frac{1}{2} \sqrt{2} + \frac{1}{2} \ln \left(1 + \sqrt{2} \right)$$

$$= \frac{1}{2} \left(\sqrt{2} + \ln \left(1 + \sqrt{2} \right) \right) \approx 1.14779.$$

In den nächsten beiden Beispielen werden zwei (nicht ganz naheliegende) Substitutionen gezeigt, die bei Integranden, in denen die trigonometrischen Funktionen vorkommen, oftmals zum Ziel führen.

Beispiel 6.4.8

Gesucht ist das Integral $\int_{\frac{\pi}{4}}^{\frac{\pi}{3}} \frac{1}{\sin^3 x \cos^3 x} \, dx$.

Mit $x = \arctan u$ bzw. $u = \tan x$ folgt $\frac{dx}{du} = \frac{1}{1 + u^2}$ und $dx = \frac{du}{1 + u^2}$.

Desweiteren gilt:

$$\sin x = \frac{\tan x}{\sqrt{1 + \tan^2 x}} = \frac{u}{\sqrt{1 + u^2}} \quad \text{und}$$

$$\cos x = \frac{1}{\sqrt{1 + \tan^2 x}} = \frac{1}{\sqrt{1 + u^2}}.$$

Damit gilt dann:

$$\int_{x = \frac{\pi}{4}}^{x = \frac{\pi}{3}} \frac{1}{\sin^3 x \cos^3 x} \, dx = \int_{x = \frac{\pi}{4}}^{x = \frac{\pi}{3}} \frac{1}{\left(\frac{u}{\sqrt{1+u^2}} \right)^3 \cdot \left(\frac{1}{\sqrt{1+u^2}} \right)^3} \cdot \frac{du}{1 + u^2}$$

$$= \int_{x = \frac{\pi}{4}}^{x = \frac{\pi}{3}} \frac{\left(1 + u^2 \right)^3}{u^3} \cdot \frac{du}{1 + u^2} = \int_{x = \frac{\pi}{4}}^{x = \frac{\pi}{3}} \frac{\left(1 + u^2 \right)^2}{u^3} \, du$$

$$= \int_{x = \frac{\pi}{4}}^{x = \frac{\pi}{3}} \left(u + \frac{2}{u} + \frac{1}{u^3} \right) \, du = \left[\frac{1}{2} u^2 + 2 \ln |u| - \frac{1}{2u^2} \right]_{x = \frac{\pi}{4}}^{x = \frac{\pi}{3}}$$

$$= \left[\frac{1}{2} \tan^2 x + 2 \ln |\tan x| - \frac{1}{2 \tan^2 x} \right]_{x=\frac{\pi}{4}}^{x=\frac{\pi}{3}}$$

$$= \frac{1}{2} \sqrt{3}^2 + 2 \ln \sqrt{3} - \frac{1}{2\sqrt{3}^2} - \left(\frac{1}{2} \cdot 1 + 0 - \frac{1}{2} \right) = \frac{3}{2} + \ln 3 - \frac{1}{6} - \frac{1}{2} + \frac{1}{2}$$

$$= \frac{4}{3} + \ln 3 \approx 2.43194.$$

Beispiel 6.4.9

Gesucht ist das Integral $\int_{\frac{\pi}{3}}^{\frac{\pi}{2}} \frac{1}{\sin x} \, dx$.

Die Lösung erfolgt mittels Substitution.

Mit $x = 2 \arctan u$ bzw. $u = \tan \frac{x}{2}$ folgt $\frac{dx}{du} = \frac{2}{1+u^2}$ und $dx = \frac{2\,du}{1+u^2}$.

Desweiteren gilt:

$$\sin x = \frac{2 \tan \frac{x}{2}}{1 + \tan^2 \frac{x}{2}} = \frac{2u}{1+u^2} \quad \text{und}$$

$$\cos x = \frac{1 - \tan^2 \frac{x}{2}}{1 + \tan^2 \frac{x}{2}} = \frac{1-u^2}{1+u^2}.$$

Damit gilt dann:

$$\int_{\frac{\pi}{3}}^{\frac{\pi}{2}} \frac{1}{\sin x} \, dx = \int_{x=\frac{\pi}{3}}^{x=\frac{\pi}{2}} \frac{1+u^2}{2u} \cdot \frac{2}{1+u^2} \, du = \int_{x=\frac{\pi}{3}}^{x=\frac{\pi}{2}} \frac{1}{u} \, du = \left[\ln |u| \right]_{x=\frac{\pi}{3}}^{x=\frac{\pi}{2}}$$

$$= \left[\ln \left| \tan \frac{x}{2} \right| \right]_{x=\frac{\pi}{3}}^{x=\frac{\pi}{2}} = \ln 1 - \ln \left| \tan \frac{\pi}{6} \right| = - \ln \frac{1}{\sqrt{3}} = \frac{1}{2} \ln 3 \approx 0.5493.$$

6.4.3   Integration mittels Partialbruchzerlegung

Mit dieser Methode können alle echt gebrochenrationalen Funktionen integriert werden. Da eine gebrochenrationale Funktion stets als Summe eines Polynoms und einer echt gebrochenrationalen Funktion dargestellt werden kann, können folglich die Stammfunktionen von allen gebrochenrationalen Funktionen bestimmt werden.

Gegeben sei also eine echt gebrochenrationale Funktion

$$f(x) = \frac{Z_n(x)}{N_m(x)} = \frac{a_n x^n + a_{n-1} x^{n-1} + \ldots + a_1 x + a_0}{b_m x^m + b_{m-1} x^{m-1} + \ldots + b_1 x + b_0}, \; a_n \neq 0, b_m \neq 0.$$

Dann gibt es eine Produktdarstellung des Nenners in der Form

$$\frac{N_m(x)}{b_m} = (x - x_1)^{r_1} \cdot \ldots \cdot (x - x_k)^{r_k} \cdot \left(x^2 + p_1 x + q_1\right)^{s_1} \cdot \ldots \cdot \left(x^2 + p_l x + q_l\right)^{s_l}.$$

Dabei sind die Zahlen x_i, $1 \leq i \leq k$ die reellen Nullstellen von $N_m(x)$. Die quadratischen Polynome $x^2 + p_j x + q_j$, $1 \leq j \leq l$ besitzen keine reellen Nullstellen.

Mithilfe dieser Zerlegung kann der Bruch $\dfrac{Z_n(x)}{N_m(x)}$ auf andere Weise, nämlich als eine Summe von elementaren Brüchen, geschrieben werden.

Der Ansatz für die sogenannte **Partialbruchzerlegung** lautet:

$$f(x) = \frac{Z_n(x)}{N_m(x)} = \frac{a_n x^n + a_{n-1} x^{n-1} + \ldots + a_1 x + a_0}{b_m x^m + b_{m-1} x^{m-1} + \ldots + b_1 x + b_0} =$$

$$\frac{A_{11}}{x - x_1} + \frac{A_{12}}{(x - x_1)^2} + \ldots + \frac{A_{1r_1}}{(x - x_1)^{r_1}} +$$

$$+ \ldots +$$

$$+ \frac{A_{k1}}{x - x_k} + \frac{A_{k2}}{(x - x_k)^2} + \ldots + \frac{A_{kr_k}}{(x - x_k)^{r_k}} +$$

$$+ \frac{B_{11} x + C_{11}}{x^2 + p_1 x + q_1} + \frac{B_{12} x + C_{12}}{(x^2 + p_1 x + q_1)^2} + \ldots + \frac{B_{1s_1} x + C_{1s_1}}{(x^2 + p_1 x + q_1)^{s_1}} +$$

$$+ \ldots +$$

$$+ \frac{B_{l1} x + C_{l1}}{x^2 + p_l x + q_l} + \frac{B_{l2} x + C_{l2}}{(x^2 + p_l x + q_l)^2} + \ldots + \frac{B_{ls_l} x + C_{ls_l}}{(x^2 + p_l x + q_l)^{s_l}}.$$

Mit der Methode des Koeffizientenvergleichs werden dann sämtliche reellwertigen Koeffizienten

A_{iu_i}, $1 \leq i \leq k$, $1 \leq u_i \leq r_i$, B_{ju_j}, $1 \leq j \leq l$, $1 \leq u_j \leq s_j$ und
C_{ju_j}, $1 \leq j \leq l$, $1 \leq u_j \leq s_j$

berechnet.

Die Integrale

$$\int \frac{A}{x - x_0} \, dx, \int \frac{A}{(x - x_0)^m} \, dx, \int \frac{A}{x^2 + px + q} \, dx, \int \frac{A}{(x^2 + px + q)^m} \, dx,$$

$$\int \frac{Bx + C}{x^2 + px + q} \, dx \text{ und } \int \frac{Bx + C}{(x^2 + px + q)^m} \, dx$$

können mit den vorhandenen Integrationsmethoden bestimmt werden.

Es gilt mit $c \in \mathbb{R}$:

$$\int \frac{A}{x - x_0} \, dx = A \ln |x - x_0| + c,$$

$$\int \frac{A}{(x - x_0)^m} \, dx = -\frac{A}{(m - 1)(x - x_0)^{m-1}} + c, \; m \in \mathbb{N} \setminus \{1\},$$

$$\int \frac{A}{x^2 + px + q} \, dx = \frac{2A}{\sqrt{4q - p^2}} \arctan\left(\frac{2x + p}{\sqrt{4q - p^2}}\right) + c,$$

$$\int \frac{A}{(x^2 + px + q)^m} \, dx = \frac{A(2x + p)}{(m - 1)(4q - p^2)(x^2 + px + q)^{m-1}}$$

$$+ \frac{A(4m - 6)}{(m - 1)(4q - p^2)} \int \frac{1}{(x^2 + px + q)^{m-1}} \, dx, \; m \in \mathbb{N} \setminus \{1\},$$

$$\int \frac{Bx + C}{x^2 + px + q} \, dx$$

$$= \frac{B}{2} \ln(x^2 + px + q) + \left(C - \frac{Bp}{2}\right) \frac{2}{\sqrt{4q - p^2}} \arctan\left(\frac{2x + p}{\sqrt{4q - p^2}}\right) + c \text{ und}$$

$$\int \frac{Bx + C}{(x^2 + px + q)^m} \, dx$$

$$= -\frac{B}{2(m - 1)(x^2 + px + q)^{m-1}} \int \frac{1}{(x^2 + px + q)^m} \, dx, \; m \in \mathbb{N} \setminus \{1\}.$$

In den folgenden Beispielen wird die Technik der Partialbruchzerlegung samt
der Methode des Koeffizientenvergleichs gezeigt.

Beispiel 6.4.10

Gesucht ist das Integral $\displaystyle\int \frac{1}{x^2 - x - 6} \, dx$.

Wegen $x^2 - x - 6 = (x - 3)(x + 2)$ erfolgt die Lösung mittels Partialbruch-zerlegung.

Der Ansatz hierzu lautet:

$$\frac{1}{(x - 3)(x + 2)} = \frac{A}{x - 3} + \frac{B}{x + 2}.$$

Multipliziert man mit $x - 3$ durch, so führt dies auf

$$\frac{1}{x + 2} = A + B \cdot \frac{x - 3}{x + 2}.$$

Setzt man nun $x = 3$ ein, so folgt $\frac{1}{5} = A$.

Multipliziert man die Ausgangsgleichung mit $x + 2$ durch, so führt dies auf

$$\frac{1}{x - 3} = A \cdot \frac{x + 2}{x - 3} + B.$$

Setzt man nun $x = -2$ ein, so folgt $-\frac{1}{5} = B$.

Also gilt $\dfrac{1}{(x - 3)(x + 2)} = \dfrac{1}{5} \cdot \dfrac{1}{x - 3} - \dfrac{1}{5} \cdot \dfrac{1}{x + 2}$.

Damit gilt dann:

$$\int \frac{1}{x^2 - x - 6}\, dx = \int \frac{1}{(x - 3)(x + 2)}\, dx = \int \left(\frac{1}{5} \cdot \frac{1}{x - 3} - \frac{1}{5} \cdot \frac{1}{x + 2} \right) dx$$

$$= \frac{1}{5} \cdot \int \frac{1}{x - 3}\, dx - \frac{1}{5} \cdot \int \frac{1}{x + 2}\, dx$$

$$= \frac{1}{5} \ln |x - 3| - \frac{1}{5} \ln |x + 2| + c.$$

Also gilt: $F(x) = \dfrac{1}{5} \ln |x - 3| - \dfrac{1}{5} \ln |x + 2| + c,\ c \in \mathbb{R}$.

Beispiel 6.4.11

Gesucht ist das Integral $\displaystyle\int \frac{2x^2 + 1}{x^3 + x^2 - x - 1}\, dx$.

Wegen $x^3 + x^2 - x - 1 = (x - 1)(x + 1)^2$ erhält man die Lösung mittels Partialbruchzerlegung.

Der Ansatz hierzu lautet:

$$\frac{2x^2 + 1}{x^3 + x^2 - x - 1} = \frac{2x^2 + 1}{(x - 1)(x + 1)^2} = \frac{A}{x - 1} + \frac{B}{x + 1} + \frac{C}{(x + 1)^2}.$$

Multipliziert man mit $x - 1$ durch, so führt dies auf

$$\frac{2x^2 + 1}{(x + 1)^2} = A + B \cdot \frac{x - 1}{x + 1} + C \cdot \frac{x - 1}{(x + 1)^2}.$$

Setzt man nun $x = 1$ ein, so folgt $\dfrac{3}{4} = A$.

Multipliziert man die Ausgangsgleichung mit $(x + 1)^2$ durch, so führt dies auf

$$\frac{2x^2 + 1}{x - 1} = A \cdot \frac{(x + 1)^2}{x - 1} + B(x + 1) + C.$$

Setzt man nun $x = -1$ ein, so folgt $\dfrac{3}{-2} = C$, also $C = -\dfrac{3}{2}$.

Setzt man noch $x = 0$ in die Ausgangsgleichung ein, so folgt mit

$A = \dfrac{3}{4}$ und $C = -\dfrac{3}{2}$ die Gleichung

$-1 = -\dfrac{3}{4} + B - \dfrac{3}{2}$, also $B = \dfrac{5}{4}$.

Also gilt:

$$\frac{2x^2 + 1}{(x - 1)(x + 1)^2} = \frac{3}{4} \cdot \frac{1}{x - 1} + \frac{5}{4} \cdot \frac{1}{x + 1} - \frac{3}{2} \cdot \frac{1}{(x + 1)^2}.$$

Damit gilt dann:

$$\int \frac{2x^2 + 1}{(x - 1)(x + 1)^2}\, dx$$

$$= \int \left(\frac{3}{4} \cdot \frac{1}{x - 1} + \frac{5}{4} \cdot \frac{1}{x + 1} - \frac{3}{2} \cdot \frac{1}{(x + 1)^2} \right) dx$$

$$= \frac{3}{4} \ln |x - 1| + \frac{5}{4} \ln |x + 1| + \frac{3}{2} \cdot \frac{1}{x + 1} + c.$$

Also gilt: $F(x) = \dfrac{3}{4} \ln |x - 1| + \dfrac{5}{4} \ln |x + 1| + \dfrac{3}{2} \cdot \dfrac{1}{x + 1} + c, \ c \in \mathbb{R}$.

Beispiel 6.4.12

Gesucht ist das Integral $\displaystyle\int \frac{x^2 - 1}{(x + 2)(x^2 + 3x + 3)}\, dx$.

Die Lösung erfolgt mittels Partialbruchzerlegung.

Der Ansatz lautet:

$$\frac{x^2 - 1}{(x + 2)(x^2 + 3x + 3)} = \frac{A}{x + 2} + \frac{Bx + C}{x^2 + 3x + 3}.$$

Multipliziert man mit $x + 2$ durch, so erhält man die Gleichung

$$\frac{x^2 - 1}{(x^2 + 3x + 3)} = A + (Bx + C) \cdot \frac{x + 2}{x^2 + 3x + 3}.$$

Setzt man nun $x = -2$ ein, so folgt $\dfrac{3}{1} = A$, also $A = 3$.

Setzt man in der Ausgangsgleichung $x = 0$, so folgt mit $A = 3$:

$\dfrac{-1}{6} = \dfrac{3}{2} + \dfrac{C}{3}$, also $C = -5$.

Setzt man noch $x = 1$ in die Ausgangsgleichung ein, so folgt mit

$A = 3$ und $C = -5$ die Gleichung

$0 = 1 + \dfrac{B}{7} - \dfrac{5}{7}$, also $B = -2$.

Also gilt $\dfrac{x^2 - 1}{(x+2)(x^2 + 3x + 3)} = \dfrac{3}{x+2} + \dfrac{-2x - 5}{x^2 + 3x + 3}$.

Damit gilt dann:

$$\int \frac{x^2 - 1}{(x+2)(x^2 + 3x + 3)}\, dx = \int \left(\frac{3}{x+2} + \frac{-2x - 5}{x^2 + 3x + 3} \right) dx$$

$$= 3 \ln|x + 2| - \frac{4}{3}\sqrt{3} \arctan \left(\frac{1}{3}\sqrt{3}(2x + 3) \right) - \ln \left(x^2 + 3x + 3 \right) + c.$$

Also gilt:

$$F(x) = 3 \ln|x + 2| - \frac{4}{3}\sqrt{3} \arctan \left(\frac{1}{3}\sqrt{3}(2x + 3) \right) - \ln \left(x^2 + 3x + 3 \right) + c,$$

$c \in \mathbb{R}$.

6.5   Integraltafel

Viele häufig in der Praxis vorkommende Integrale sind in Integraltafeln zusammengefaßt. Diese Formeln stammen aus Differentiationsregeln oder sind mithilfe elementarer oder spezieller Integrationsmethoden ermittelt worden. Nachfolgend ist eine kleine Auswahl dieser unzähligen Integrale angegeben. Viele dieser Integrale werden aber explizit in den folgenden Aufgaben berechnet.

6.5.1   Integraltafel für bestimmte Integrale

Es sei stets $c \in \mathbb{R}$. Dann gilt:

1.) $\int k\,dx = kx + c, \ k \in \mathbb{R}.$

2.) $\int x^r\,dx = \begin{cases} \dfrac{x^{r+1}}{r+1} + c & \text{für } r \neq -1 \\[2mm] \ln|x| + c & \text{für } r = -1. \end{cases}$

3.) $\int e^x\,dx = e^x + c.$

4.) $\int \ln x\,dx = x\ln x - x + c.$

5.) $\int \sin x\,dx = -\cos x + c$ und $\int \cos x\,dx = \sin x + c.$

6.) $\int \tan x\,dx = -\ln|\cos x| + c$ und $\int \cot x\,dx = \ln|\sin x| + c.$

7.) $\int \sinh x\,dx = \cosh x + c$ und $\int \cosh x\,dx = \sinh x + c.$

8.) $\int \tanh x\,dx = \ln\cosh x + c$ und $\int \coth x\,dx = \ln\sinh x + c.$

9.) $\int \dfrac{1}{1+x^2}\,dx = \arctan x + c.$

10.) $\int \dfrac{1}{1-x^2}\,dx = \dfrac{1}{2}\ln\left|\dfrac{1+x}{1-x}\right| + c.$

11.) $\int \dfrac{1}{\sqrt{1+x^2}}\,dx = \operatorname{arsinh} x + c.$

12.) $\int \dfrac{1}{\sqrt{1-x^2}}\,dx = \arcsin x + c.$

13.) $\int \dfrac{1}{\cos^2 x}\,dx = \tan x + c$ und $\int \dfrac{1}{\sin^2 x}\,dx = -\cot x + c.$

14.) $\int \dfrac{1}{\cosh^2 x}\,dx = \tanh x + c$ und $\int \dfrac{1}{\sinh^2 x}\,dx = -\coth x + c.$

15.) $\int \arcsin x \, dx = x \arcsin x + \sqrt{1 - x^2} + c$ für $|x| \leq 1$.

16.) $\int \arccos x \, dx = x \arccos x - \sqrt{1 - x^2} + c$ für $|x| \leq 1$.

17.) $\int \arctan x \, dx = x \arctan x - \frac{1}{2} \ln \left(1 + x^2\right) + c$.

18.) $\int \operatorname{arccot} x \, dx = x \operatorname{arccot} x + \frac{1}{2} \ln \left(1 + x^2\right) + c$.

19.) $\int \operatorname{arsinh} x \, dx = x \operatorname{arsinh} x - \sqrt{1 + x^2} + c$.

20.) $\int \operatorname{arcosh} x \, dx = x \operatorname{arcosh} x - \sqrt{x^2 - 1} + c$ für $|x| \geq 1$.

21.) $\int \operatorname{artanh} x \, dx = x \operatorname{artanh} x + \frac{1}{2} \ln \left(1 - x^2\right) + c$ für $|x| < 1$.

22.) $\int \operatorname{arcoth} x \, dx = x \operatorname{arcoth} x + \frac{1}{2} \ln \left(x^2 - 1\right) + c$ für $|x| > 1$.

23.) $\int \sin(ax) \cdot \sin(bx) \, dx = -\frac{1}{2} \left(\frac{\sin(a + b)x}{a + b} - \frac{\sin(a - b)x}{a - b} \right) + c$

für $|a| \neq |b|$.

24.) $\int \cos(ax) \cdot \cos(bx) \, dx = \frac{1}{2} \left(\frac{\sin(a + b)x}{a + b} + \frac{\sin(a - b)x}{a - b} \right) + c$

für $|a| \neq |b|$.

25.) $\int \sin(ax) \cdot \cos(bx) \, dx = -\frac{1}{2} \left(\frac{\cos(a + b)x}{a + b} + \frac{\cos(a - b)x}{a - b} \right) + c$

für $|a| \neq |b|$.

26.) $\int e^{ax} \sin(bx + c) \, dx = e^{ax} \cdot \frac{a \sin(bx + c) - b \cos(bx + c)}{a^2 + b^2} + c$

für $a^2 + b^2 \neq 0$.

27.) $\int e^{ax} \cos(bx + c) \, dx = e^{ax} \cdot \frac{a \cos(bx + c) + b \sin(bx + c)}{a^2 + b^2} + c$

für $a^2 + b^2 \neq 0$.

6.5.2 Integraltafel für uneigentliche Integrale

1.) $\displaystyle\int_{-\infty}^{\infty} \frac{1}{x^2 + a^2}\, dx = \frac{\pi}{a}$ für $a > 0$.

2.) $\displaystyle\int_{0}^{a} \frac{1}{\sqrt{a^2 - x^2}}\, dx = \frac{\pi}{2}$ für $a > 0$.

3.) $\displaystyle\int_{0}^{a} \frac{x}{\sqrt{a^2 - x^2}}\, dx = a$ für $a > 0$.

4.) $\displaystyle\int_{0}^{\infty} e^{-ax}\, dx = \frac{1}{a}$ für $a > 0$.

5.) $\displaystyle\int_{0}^{\infty} x^n e^{-ax}\, dx = \frac{n!}{a^{n+1}}$ für $a > 0$ und $n \in \mathbb{N}_0$.

6.) $\displaystyle\int_{0}^{\infty} \frac{e^{-ax}}{\sqrt{x}}\, dx = \sqrt{\frac{\pi}{a}}$ für $a > 0$.

7.) $\displaystyle\int_{0}^{\infty} e^{-ax} \sin(bx)\, dx = \frac{b}{a^2 + b^2}$ für $a > 0$.

8.) $\displaystyle\int_{0}^{\infty} e^{-ax} \cos(bx)\, dx = \frac{a}{a^2 + b^2}$ für $a > 0$.

9.) $\displaystyle\int_{0}^{\infty} e^{-x^2}\, dx = \frac{\sqrt{\pi}}{2}$.

10.) $\displaystyle\int_{0}^{\infty} e^{-ax^2}\, dx = \frac{1}{2} \cdot \sqrt{\frac{\pi}{a}}$ für $a > 0$.

11.) $\displaystyle\int_{0}^{\infty} x e^{-x^2}\, dx = \frac{1}{2a}$ für $a > 0$.

12.) $\displaystyle\int_{0}^{1} \ln(x^r)\, dx = -r$ für $r \in \mathbb{R}$.

13.) $\displaystyle\int_{0}^{1} (\ln x)^n\, dx = (-1)^n n!$ für $n \in \mathbb{N}_0$.

14.) $\displaystyle\int_{0}^{1} x^n \ln x\, dx = -\frac{1}{(n+1)^2}$ für $n \in \mathbb{N}_0$.

6.6   Anwendungen

6.6.1   Flächenberechnung

Krummlinig berandete Flächen, also Flächen, deren Begrenzungslinien durch
Funktionen gegeben sind, können häufig durch Integrale berechnet werden.
Explizit gelten die folgenden Zusammenhänge:

1.) Die Funktion f mit $f(x) \geq 0$ sei beschränkt für alle $a \leq x \leq b$. Dann
gilt für den Inhalt A der Fläche, die von der Funktion f, der x-Achse
und den beiden Geraden $x = a$ und $x = b$ berandet wird:

$$A = \int_a^b f(x)\,dx = F(b) - F(a).$$

2.) Gegeben sei die Funktion f. Dann gilt für den Inhalt A der Fläche, die
von der Funktion f, der x-Achse und den beiden Geraden $x = a$ und
$x = b$ berandet wird:

$$A = \int_a^b |f(x)|\,dx.$$

In diesem Fall wird anschaulich von Nullstelle zu Nullstelle integriert.

3.) Die Funktionen f und g seien beschränkt für alle $a \leq x \leq b$. Außerdem
gelte $f(x) \geq g(x)$ für alle $x \in [a, b]$. Dann gilt für den Inhalt A der
Fläche, die von den Funktionen f und g und den beiden Geraden $x = a$
und $x = b$ berandet wird:

$$A = \int_a^b \left(f(x) - g(x) \right)\,dx.$$

4.) Die Funktionen f und g seien beschränkt für alle $a \leq x \leq b$. Dann gilt
für den Inhalt A der Fläche, die von den Funktionen f und g und den
beiden Geraden $x = a$ und $x = b$ berandet wird:

$$A = \int_a^b |f(x) - g(x)|\,dx.$$

In diesem Fall wird anschaulich von Schnittpunkt zu Schnittpunkt integriert.

5.) Ist die Funktion f in einem Eckpunkt oder in einem Punkt im Inneren
des Intervalls $[a, b]$ unbeschränkt oder ist das Integrationsintervall von

unendlicher Ausdehnung, werden die dadurch beschriebenen Flächeninhalte (im Falle der Existenz) völlig analog mithilfe uneigentlicher
Integrale berechnet.

In den folgenden Beispielen werden krummlinig berandete Flächen berechnet.

Beispiel 6.6.1

Gesucht ist die Fläche, die die Funktion $f(x) = \frac{1}{2}x^2 + x + 1$ mit der x-Achse
und den beiden Geraden $x = -2$ und $x = 1$ einschließt.

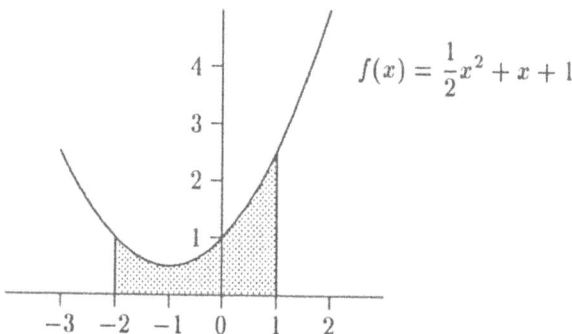

Da die Funktion $f(x) = \frac{1}{2}x^2 + x + 1$ im Intervall [-2, 1] positiv ist und deshalb
dort keine Nullstellen besitzt, folgt sofort:

$$A = \int_{-2}^{1} \left(\frac{1}{2}x^2 + x + 1 \right) dx = \left[\frac{1}{6}x^3 + \frac{1}{2}x^2 + x \right]_{-2}^{1}$$

$$= \frac{1}{6} + \frac{1}{2} + 1 - \left(-\frac{8}{6} + 2 - 2 \right) = \frac{1}{6} + \frac{1}{2} + 1 + \frac{8}{6} - 2 + 2 = 3.$$

Beispiel 6.6.2

Gesucht ist die Fläche, die die Funktion $f(x) = 0.2 \cdot \left(x^3 - x^2 - 4x + 4 \right)$ mit
der x-Achse und den beiden Geraden $x = -3$ und $x = 3$ einschließt.

Es gilt $f(x) = 0.2 \cdot \left(x^3 - x^2 - 4x + 4 \right) = 0.2 \cdot (x+2)(x-1)(x-2)$.

Die Funktion hat die Nullstellen $x_1 = -2$, $x_2 = 1$ und $x_3 = 2$, die alle
in das Intervall $[-3, 3]$ fallen. Deshalb muß das Integrationsintervall in vier
Abschnitte unterteilt werden.

$$f(x) = 0.2 \cdot (x^3 - x^2 - 4x + 4)$$

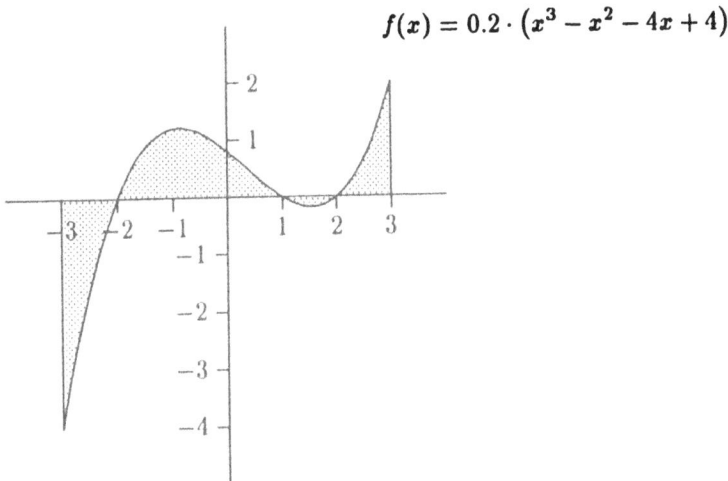

$$A = \int_{-3}^{3} \left| -0.2 \cdot (x^3 - x^2 - 4x + 4) \right| \, dx$$

$$= \int_{-3}^{-2} (-1) \cdot \left(0.2 \cdot (x^3 - x^2 - 4x + 4) \right) \, dx + \int_{-2}^{1} 0.2 \cdot (x^3 - x^2 - 4x + 4) \, dx$$

$$+ \int_{1}^{2} (-1) \cdot \left(0.2 \cdot (x^3 - x^2 - 4x + 4) \right) \, dx + \int_{2}^{3} 0.2 \cdot (x^3 - x^2 - 4x + 4) \, dx$$

$$= \left[-\frac{1}{20}x^4 + \frac{1}{15}x^3 + \frac{2}{5}x^2 - \frac{4}{5}x \right]_{-3}^{-2} + \left[\frac{1}{20}x^4 - \frac{1}{15}x^3 - \frac{2}{5}x^2 + \frac{4}{5}x \right]_{-2}^{1}$$

$$+ \left[-\frac{1}{20}x^4 + \frac{1}{15}x^3 + \frac{2}{5}x^2 - \frac{4}{5}x \right]_{1}^{2} + \left[\frac{1}{20}x^4 - \frac{1}{15}x^3 - \frac{2}{5}x^2 + \frac{4}{5}x \right]_{2}^{3}$$

$$= \left(-\frac{4}{5} - \frac{8}{15} + \frac{8}{5} + \frac{8}{5} - \left(-\frac{81}{20} - \frac{9}{5} + \frac{18}{5} + \frac{12}{5} \right) \right)$$

$$+ \left(\frac{1}{20} - \frac{1}{15} - \frac{2}{5} + \frac{4}{5} - \left(\frac{4}{5} + \frac{8}{15} - \frac{8}{5} - \frac{8}{5} \right) \right)$$

$$+ \left(-\frac{4}{5} + \frac{8}{15} + \frac{8}{5} - \frac{8}{5} - \left(-\frac{1}{20} + \frac{1}{15} + \frac{2}{5} - \frac{4}{5} \right) \right)$$

$$+ \left(\frac{81}{20} - \frac{9}{5} - \frac{18}{5} + \frac{12}{5} - \left(\frac{4}{5} - \frac{8}{15} - \frac{8}{5} + \frac{8}{5} \right) \right)$$

$$= \left(\frac{28}{15} + \frac{3}{20} \right) + \left(\frac{23}{60} + \frac{28}{15} \right) + \left(-\frac{4}{15} + \frac{23}{60} \right) + \left(\frac{21}{20} - \frac{4}{15} \right)$$

$$= \frac{103}{60} + \frac{135}{60} + \frac{7}{60} + \frac{47}{60} = \frac{292}{60} = \frac{73}{15} \approx 4.8666.$$

Die gesamte Fläche hat den Inhalt $\frac{73}{15}$, während die vier Teilflächen (von

links nach rechts gesehen) die Inhalte $\frac{103}{60}$, $\frac{135}{60}$, $\frac{7}{60}$ und $\frac{47}{60}$ besitzen.

Beispiel 6.6.3

Gesucht ist die Fläche, die die Funktionen $f(x) = x + 1$ und
$g(x) = 0.5x^2 + 1.5x - 2$ einschließen.

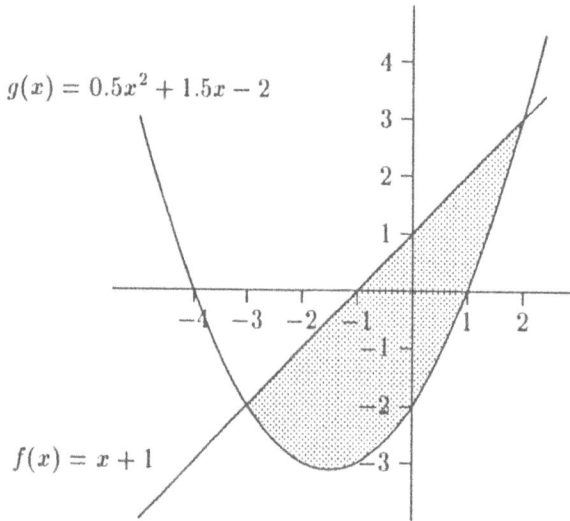

Für die Schnittstellen gilt:

$$0.5x^2 + 1.5x - 2 = x + 1 \quad | -x - 1$$

$$0.5x^2 + 0.5x - 3 = 0 \qquad | \cdot 2$$

$$x^2 + x - 6 = 0$$

$$\Longrightarrow x_{1/2} = \frac{-1 \pm \sqrt{1 + 24}}{2} \Longrightarrow x_1 = -3 \text{ und } x_2 = 2.$$

Da $f(x) \geq g(x)$ auf $[-3, 2]$ ist, folgt:

$$A = \int_{-3}^{2} \left(x + 1 - (0.5x^2 + 1.5x - 2)\right) dx = \int_{-3}^{2} \left(-0.5x^2 - 0.5x + 3\right) dx$$

$$= \left[-\frac{1}{6}x^3 - \frac{1}{4}x^2 + 3x\right]_{-3}^{2} = -\frac{4}{3} - 1 + 6 - \left(\frac{9}{2} - \frac{9}{4} - 9\right)$$

$$= \frac{11}{3} + \frac{27}{4} = \frac{125}{12} \approx 10.4166.$$

Beispiel 6.6.4

Gesucht ist die Fläche, die die Funktionen $f(x) = 0.5x^3 + x + 1$ und $g(x) = 1.5x^3 - 2x^2 - 4x + 7$ einschließt.

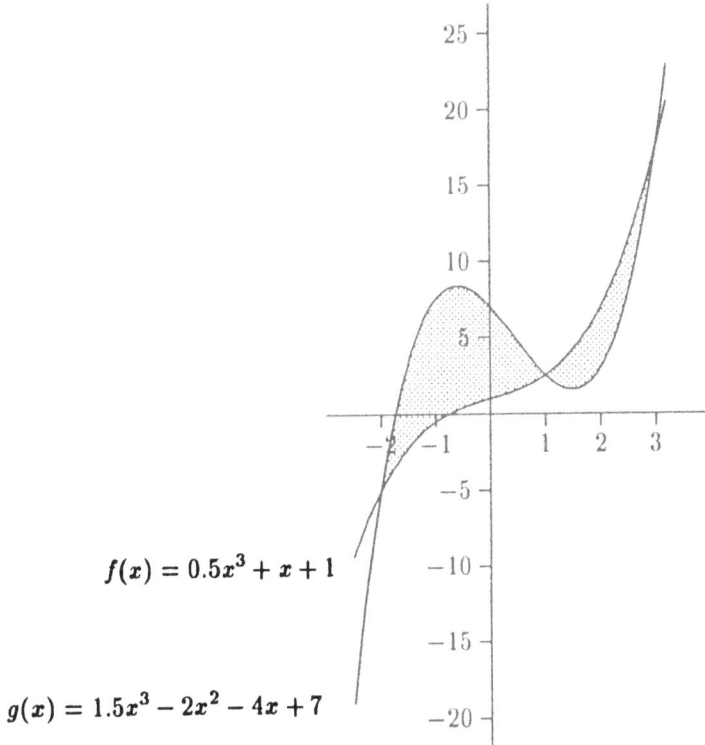

$$f(x) = 0.5x^3 + x + 1$$

$$g(x) = 1.5x^3 - 2x^2 - 4x + 7$$

Für die Schnittstellen gilt:

$$0.5x^3 + x + 1 = 1.5x^3 - 2x^2 - 4x + 7 \quad | -0.5x^3 - x - 1$$

$$0 = x^3 - 2x^2 - 5x + 6$$

Durch Einsetzen der Teiler von 6 (der Konstanten in der Gleichung) findet man $x_1 = 1$ als Lösung dieser Gleichung.

Wegen $\left(x^3 - 2x^2 - 5x + 6\right) : (x - 1) = x^2 - x - 6$ folgt:

$$x_{2/3} = \frac{1 \pm \sqrt{1 + 24}}{2} \implies x_2 = -2 \text{ und } x_3 = 3.$$

Da $g(x) \geq f(x)$ auf $[-2, 1]$ und da $f(x) \geq g(x)$ auf $[1, 3]$ sind, folgt:

$$A = \int_{-2}^{1} \left(1.5x^3 - 2x^2 - 4x + 7 - \left(0.5x^3 + x + 1\right)\right) \, dx$$

$$+ \int_1^3 \left(0.5x^3 + x + 1 - (1.5x^3 - 2x^2 - 4x + 7)\right) \, dx$$

$$= \int_{-2}^1 \left(x^3 - 2x^2 - 5x + 6\right) \, dx + \int_1^3 \left(-x^3 + 2x^2 + 5x - 6\right) \, dx$$

$$= \left[\frac{1}{4}x^4 - \frac{2}{3}x^3 - \frac{5}{2}x^2 + 6x\right]_{-2}^1 + \left[-\frac{1}{4}x^4 + \frac{2}{3}x^3 + \frac{5}{2}x^2 - 6x\right]_1^3$$

$$= \frac{1}{4} - \frac{2}{3} - \frac{5}{2} + 6 - \left(4 + \frac{16}{3} - 10 - 12\right)$$

$$- \frac{81}{4} + 18 + \frac{45}{2} - 18 - \left(-\frac{1}{4} + \frac{2}{3} + \frac{5}{2} - 6\right)$$

$$= \frac{37}{12} + \frac{38}{3} + \frac{9}{4} + \frac{37}{12} = \frac{151}{12} + \frac{64}{12} = \frac{215}{12}.$$

Beispiel 6.6.5

Hat die sich nach rechts ins Unendliche erstreckende Fläche, die die Funktion

$$f(x) = \frac{2}{x^2}$$

mit der x-Achse und der Geraden $x = 1$ einschließt, einen endlichen Flächeninhalt?

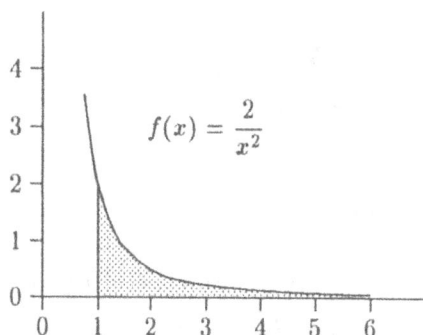

Mithilfe des uneigentlichen Integrales folgt:

$$A = \int_1^\infty \frac{2}{x^2} \, dx = \lim_{b \to \infty} \int_1^b \frac{2}{x^2} \, dx = \lim_{b \to \infty} \left[-\frac{2}{x}\right]_1^b = \lim_{b \to \infty} \left(-\frac{2}{b} + 2\right) = 2.$$

Also ist dieses uneigentliche Integral konvergent und die Fläche hat den Inhalt 2.

Beispiel 6.6.6

Hat die sich nach rechts ins Unendliche erstreckende Fläche, die die Funktion

$$f(x) = \frac{2}{\sqrt{x}}$$

mit der x-Achse und der Geraden $x = 1$ einschließt, einen endlichen Flächeninhalt?

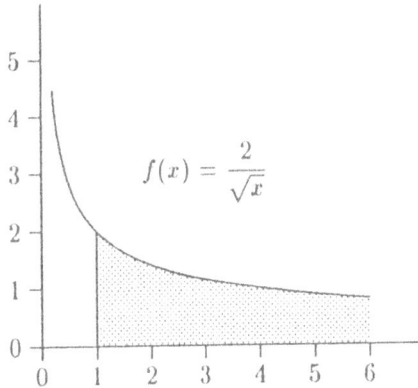

Mithilfe des uneigentlichen Integrales folgt:

$$A = \int_1^\infty \frac{2}{\sqrt{x}}\,dx = \lim_{b\to\infty} \int_1^b \frac{2}{\sqrt{x}}\,dx = \lim_{b\to\infty} \left[4\sqrt{x}\right]_1^b = \lim_{b\to\infty}\left(4\sqrt{b} - 4\right)$$
$$= +\infty.$$

Also ist dieses uneigentliche Integral divergent und die Fläche hat keinen endlichen Flächeninhalt.

6.6.2 Rauminhalt von Rotationskörpern

In diesem Abschnitt wird der Rauminhalt eines Rotationskörpers untersucht, der durch Rotation einer Funktion f um die x-Achse oder um die y-Achse entsteht.
Für derartige Rotationskörper gelten folgende Berechnungsgesetze:

1.) Die Funktion $f(x) \geq 0$ sei stetig auf $[a, b]$.
    Dann gilt für den Rauminhalt des Rotationskörpers, der durch Rotation der Funktion f um die x-Achse entsteht:

$$V_x = \pi \cdot \int_a^b (f(x))^2\,dx.$$

2.) Die Funktion $f(x)$ sei monoton auf $[a, b]$ mit $a > 0$.

Dann gilt für den Rauminhalt des Rotationskörpers, der durch Rotation der Funktion f um die y-Achse entsteht:

$$V_y = \pi \cdot \int_{f(a)}^{f(b)} x^2 \, dy.$$

Der Rauminhalt eines Kegels wird im nächsten Beispiel mithilfe dieser Formeln berechnet.

Beispiel 6.6.7

Ein Kegel mit dem Radius r und der Höhe h entsteht durch Rotation der Funktion $f(x) = \dfrac{r}{h} \cdot x$ auf $[0, h]$ um die x-Achse.

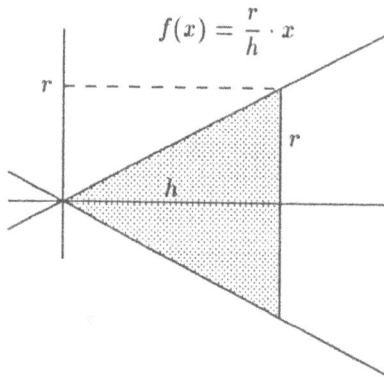

Es gilt:

$$V(r, h) = \pi \cdot \int_0^h \left(\frac{r}{h} x \right)^2 \, dx = \pi \left[\frac{r^2}{3h^2} x^3 \right]_0^h = \pi \cdot \frac{r^2}{3h^2} h^3 - 0 = \frac{1}{3} \pi r^2 h.$$

Eine weitere Möglichkeit ergibt sich durch Rotation der Funktion $f(x) = \dfrac{h}{r} \cdot x$ auf $[0, r]$ um die y-Achse.

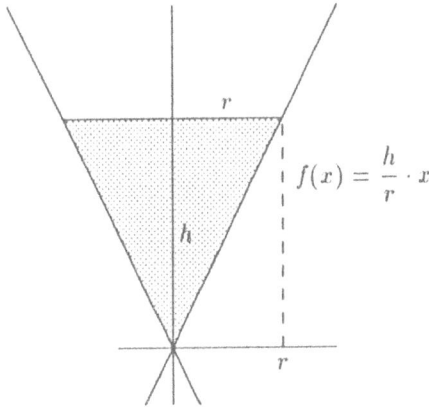

Es gilt :

$$V(r,h) = \pi \cdot \int_{f(0)}^{f(r)} x^2\,dy = \pi \cdot \int_0^h x^2\,dy.$$

Da die Funktion im Integranden von x abhängt, das Differential jedoch von y, kann hier nicht einfach integriert werden, da x und y durch die Funktionsgleichung zusammenhängen. Hier gibt es zwei theoretische Möglichkeiten, die jedoch nicht immer zum Ziel führen müssen.

Die erste Möglichkeit besteht in der Transformation des Differentials und der Grenzen in die Variable x:

Mithilfe des aus der Substitution bekannten Zusammenhangs

$$\frac{dy}{dx} = \left(\frac{h}{r}x\right)' = \frac{h}{r} \text{ folgt } dy = \frac{h}{r}\,dx.$$

Damit gilt aber:

$$\pi \cdot \int_{y=0}^{y=h} x^2\,dy = \pi \cdot \int_0^r x^2 \cdot \frac{h}{r}\,dx = \pi\left[\frac{h}{3r}x^3\right]_0^r = \frac{1}{3}\pi r^2 h.$$

Die zweite Möglichkeit besteht in der Transformation von x^2 in die Variable y, d.h. $y = \frac{h}{r}x \Longrightarrow x = \frac{r}{h}y.$

Damit gilt aber:

$$\pi \cdot \int_0^h x^2 \, dy = \pi \cdot \int_0^h \left(\frac{r}{h}y\right)^2 \, dy = \pi \cdot \int_0^h \frac{r^2}{h^2}y^2 \, dy = \pi \cdot \left[\frac{r^2}{3h^2}y^3\right]_0^h = \frac{1}{3}\pi r^2 h.$$

Damit ist die bekannte Formel in eindrucksvoller Weise bestätigt worden.

Beispiel 6.6.8

Die Funktion $f(x) = x^2$ auf $[0,2]$ rotiere um die x-Achse.

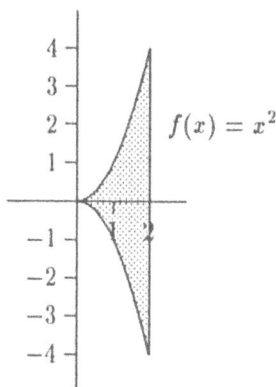

Dann gilt:

$$V_x = \pi \cdot \int_0^2 \left(x^2\right)^2 \, dx = \pi \cdot \int_0^2 x^4 \, dx = \pi \left[\frac{1}{5}x^5\right]_0^2 = \frac{32}{5}\pi \approx 20.106.$$

Die Funktion $f(x) = x^2$ auf $[0,2]$ rotiere um die y-Achse.

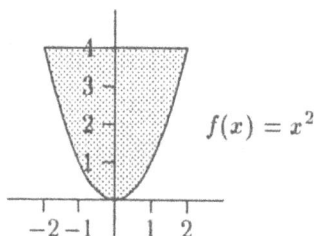

Dann gilt mit $x^2 = y$:

$$V_y = \pi \cdot \int_0^4 x^2 \, dy = \pi \cdot \int_0^4 y \, dy = \pi \left[\frac{1}{2}y^2\right]_0^4 = 8\pi \approx 25.133.$$

6.6.3 Bogenlänge von Kurven

Bogenlängen von ebenen Kurven können ebenfalls mithilfe von Integralen berechnet werden. Dabei gilt die folgende Formel.

Die Länge des Kurvenstücks der stetigen Funktion $f(x)$ auf dem Intervall $[a, b]$ ist gegeben durch

$$L = \int_a^b \sqrt{1 + (f'(x))^2}\, dx.$$

Diese Formel führt oftmals selbst bei einfachen Funktionen auf äußerst unangenehme Integrale, die dann nicht elementar zu lösen sind.

Beispiel 6.6.9

Gesucht ist die Länge des Kurvenstücks der Funktion

$$f(x) = \frac{1}{4}x^3 + \frac{1}{3x} \quad \text{auf dem Intervall} \quad \left[\frac{1}{4}, 3\right].$$

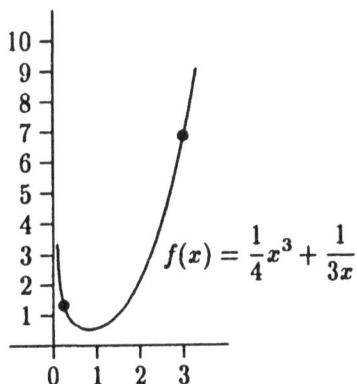

$$f(x) = \frac{1}{4}x^3 + \frac{1}{3x} \implies f'(x) = \frac{3}{4}x^2 - \frac{1}{3x^2}$$

$$\implies L = \int_{\frac{1}{4}}^3 \sqrt{1 + \left(\frac{3}{4}x^2 - \frac{1}{3x^2}\right)^2}\, dx = \int_{\frac{1}{4}}^3 \sqrt{1 + \frac{9}{16}x^4 - \frac{1}{2} + \frac{1}{9x^4}}\, dx$$

$$= \int_{\frac{1}{4}}^3 \sqrt{\frac{9}{16}x^4 + \frac{1}{2} + \frac{1}{9x^4}}\, dx = \int_{\frac{1}{4}}^3 \sqrt{\left(\frac{3}{4}x^2 + \frac{1}{3x^2}\right)^2}\, dx$$

$$= \int_{\frac{1}{4}}^3 \left(\frac{3}{4}x^2 + \frac{1}{3x^2}\right) dx = \left[\frac{1}{4}x^3 - \frac{1}{3x}\right]_{\frac{1}{4}}^3$$

$$= \frac{27}{4} - \frac{1}{9} - \left(\frac{1}{256} - \frac{4}{3}\right) = \frac{239}{36} + \frac{1021}{768} = \frac{18359}{768} \approx 7.968.$$

Beispiel 6.6.10

Gesucht ist die Länge des Kurvenstücks der Funktion $f(x) = x^2$ auf $[-2, 2]$.

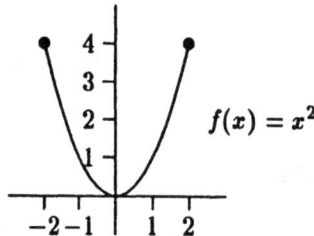

$$L = \int_{-2}^{2} \sqrt{1 + (2x)^2}\, dx = \int_{-2}^{2} \sqrt{1 + 4x^2}\, dx.$$

Die Lösung erfolgt mit partieller Integration.

Mit $f(x) = \sqrt{1 + 4x^2}$ und $g'(x) = 1$ folgen:

$$f'(x) = \frac{4x}{\sqrt{1 + 4x^2}}, \ g(x) = x, \ f(x)g(x) = x\sqrt{1 + 4x^2} \text{ und}$$

$$f'(x)g(x) = \frac{4x^2}{\sqrt{1 + 4x^2}}.$$

Damit folgt:

$$\int \sqrt{1 + 4x^2}\, dx = x\sqrt{1 + 4x^2} - \int \frac{4x^2}{\sqrt{1 + 4x^2}}\, dx$$

$$= x\sqrt{1 + 4x^2} - \int \frac{4x^2 + 1 - 1}{\sqrt{1 + 4x^2}}\, dx$$

$$= x\sqrt{1 + 4x^2} - \left(\int \sqrt{1 + 4x^2}\, dx - \int \frac{1}{\sqrt{1 + 4x^2}}\, dx \right).$$

Nach Addition von $\int \sqrt{1 + 4x^2}\, dx$ auf beiden Seiten der Gleichung und anschließender Division durch 2 erhält man

$$\int \sqrt{1 + 4x^2}\, dx = \frac{1}{2} \left(x\sqrt{1 + 4x^2} + \int \frac{1}{\sqrt{1 + 4x^2}}\, dx \right).$$

Das verbleibende Integral wird mithilfe einer nicht ganz naheliegenden Substitution gelöst:

$$u = 2x + \sqrt{1 + 4x^2}.$$

$$u = 2x + \sqrt{1 + 4x^2} \implies 1 + 4x^2 = u^2 - 4ux + 4x^2 \implies x = \frac{u^2 - 1}{4u}.$$

Daraus folgt aber

$$\frac{1}{\sqrt{1+4x^2}} = \frac{1}{u-2x} = \frac{1}{u-\frac{u^2-1}{2u}} = \frac{1}{\frac{u^2+1}{2u}} = \frac{2u}{u^2+1} \quad \text{und}$$

$$\frac{dx}{du} = \frac{1}{4} + \frac{1}{4u^2} = \frac{u^2+1}{4u^2}.$$

und damit

$$\int \frac{1}{\sqrt{1+4x^2}}\, dx = \int \frac{2u}{u^2+1} \cdot \frac{u^2+1}{4u^2}\, du = \int \frac{1}{2u}\, du = \frac{1}{2}\ln|u|$$

$$= \frac{1}{2}\ln\left(2x + \sqrt{1+4x^2}\right).$$

Insgesamt erhält man

$$L = \int_{-2}^{2} \sqrt{1+4x^2}\, dx = \left[\frac{1}{2}x\sqrt{1+4x^2} + \frac{1}{4}\ln\left(2x+\sqrt{1+4x^2}\right)\right]_{-2}^{2}$$

$$= \sqrt{17} + \frac{1}{4}\ln\left(4+\sqrt{17}\right) + \sqrt{17} - \frac{1}{4}\ln\left(\sqrt{17}-4\right)$$

$$= 2\sqrt{17} + \frac{1}{4}\ln\left(\frac{4+\sqrt{17}}{\sqrt{17}-4}\right) \approx 9.294.$$

6.6.4 Anwendungen aus dem Bereich der Wirtschaftswissenschaften

Zum Abschluß wird noch an zwei Beispielen gezeigt, daß die Integralrechnung auch in einem neueren Zweig der modernen Wissenschaften, den Wirtschaftswissenschaften, Anwendung findet.

In der Konsumtheorie sei $N(p)$ die Nachfragefunktion und $A(p)$ die Angebotsfunktion. Beide hängen vom Preis p ab. Der sogenannte Marktpreis p_M ist ein Gleichgewichtspreis, für den gilt: $N(p) = A(p)$. Der Preis p liegt in einem sinnvollen Intervall $[p_u, p_o]$, wobei stets $p_u \leq p_M \leq p_o$ gilt.

Bei einer stetigen Preissenkung von der oberen Grenze p_o zum Marktpreis p_M ist ein zusätzlicher Umsatz erreichbar (im Vergleich vom Verkauf zum Marktpreis), die sogenannte **Konsumentenrente** K. Es gilt:

$$K = \int_{p_M}^{p_o} N(p)\, dp.$$

Bei einer stetigen Preiserhöhung von der unteren Grenze p_u zum Marktpreis p_M wird ein kleinerer Umsatz erreicht (im Vergleich vom Verkauf zum

Marktpreis), die sogenannte **Produzentenrente** P. Es gilt:

$$P = \int_{p_*}^{p_M} A(p)\, dp.$$

Beispiel 6.6.11

Gegeben seien die Nachfragefunktion $N(p) = \dfrac{4}{p}$ und die Angebotsfunktion

$A(p) = 2\sqrt{p-1}$ mit dem Preisintervall $[1,5]$.

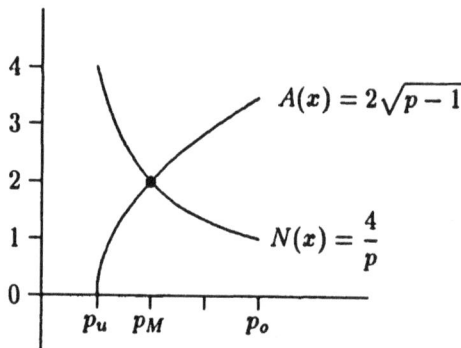

An diesem Bild ist ein in der Praxis häufig auftretendes Verhalten sichtbar:
Die Nachfragefunktion ist monoton fallend, während die Angebotsfunktion
monoton wachsend ist.

Dann folgt der Marktpreis aus der Gleichung:

$$\frac{4}{p} = 2\sqrt{p-1}$$

Diese Gleichung wird quadriert, dann mit p^2 durchmultipliziert und anschließend durch 4 dividiert:

$$4 = p^3 - p^2 \implies p^3 - p^2 - 4 = 0 \implies (p-2)\left(p^2 + p + 2\right) = 0.$$

Da der quadratische Term keine reellen Nullstellen besitzt, folgt $p_M = 2$.

Mit $p_u = 1$, $p_M = 2$ und $p_o = 5$ folgen

$$K = \int_2^5 \frac{4}{p}\, dp = \left[4\ln p\right]_2^5 = 4\ln 5 - 4\ln 2 = 4\ln 2.5 = 3.665 \text{ und}$$

$$P = \int_1^2 2\sqrt{p-1}\, dp = \left[\frac{4}{3}(p-1)^{\frac{3}{2}}\right]_1^2 = \frac{4}{3} \approx 1.333.$$

Beispiel 6.6.12

Gegeben seien die Angebotsfunktion $A(p) = 2p + 3$, das Preisintervall $[1, 10]$ und die Produzentenrente $P = 14$. Berechnen Sie den Marktpreis p_M.

$$P = \int_{p_*}^{p_M} A(p)\, dp = \int_1^{p_M} (2p + 3)\, dp = \left[p^2 + 3p \right]_1^{p_M} = p_M^2 + 3p_M - 4.$$

$$P = 14 \Longrightarrow p_M^2 + 3p_M - 4 = 14 \Longrightarrow p_M^2 + 3p_M - 18 = 0$$

$$\Longrightarrow (p_M)_{1,2} = \frac{-3 \pm \sqrt{9 + 72}}{2} = \frac{-3 \pm 9}{2}$$

$$\Longrightarrow (p_M)_1 = -6 \text{ und } (p_M)_2 = 3.$$

Wegen $3 \in [1, 10]$ und $-6 \notin [1, 10]$ folgt $p_M = 3$.

Ein weiteres Anwendungsgebiet der Integralrechnung ist die näherungsweise Berechnung von Funktionswertänderungen. Eine wichtige Funktion dabei ist die sogenannte Elastizität ϵ_f einer differenzierbaren Funktion $f(x)$.

Diese ist definiert durch (siehe auch Kapitel 4)

$$\epsilon_f(x) = \frac{x f'(x)}{f(x)}$$

und hat die Eigenschaft:

Ändert sich x um $h\%$, so ändert sich $f(x)$ um näherungsweise $\epsilon_f(x) \cdot h\%$. Diese Näherung ist allerdings nur für kleine Werte von h brauchbar.

Ist man vor das Problem gestellt, aus einer gegebenen Elastizität ϵ_f die dazugehörige Funktion f zu berechnen, führt dies häufig auf folgende Integrale:

$$\int (f(x))^n \cdot f'(x)\, dx = \begin{cases} \dfrac{1}{n+1} f^{n+1}(x) + c & \text{für } n \neq -1 \\[2mm] \ln |f(x)| + c & \text{für } n = 1. \end{cases}$$

Dieses Prinzip wird in den folgenden Beispielen gezeigt. Dabei wird die Ausgangsgleichung so umgeformt, daß auf der einen Seite der Gleichung ein Term der Form $(f(x))^n f'(x)$ entsteht.

Beispiel 6.6.13

Gesucht ist eine Funktion $f(x) > 0$, für die gilt: $\epsilon_f(x) = x + 4$.

Setzt man $\dfrac{xf'(x)}{f(x)}$ anstelle von $\epsilon_f(x)$ ein, so folgt:

$$\frac{xf'(x)}{f(x)} = x + 4 \qquad\qquad |:x$$

$$\frac{f'(x)}{f(x)} = \frac{x+4}{x} \qquad\qquad |\int dx$$

$$\int \frac{f'(x)}{f(x)}\, dx = \int \left(1 + \frac{4}{x}\right) dx$$

$$\ln|f(x)| = x + 4\ln|x| + c \qquad |e^{()}$$

$$|f(x)| = e^{x + 4\ln|x| + c}$$

Da $f(x) > 0$ vorausgesetzt war, können die Betragszeichen einfach wegge-lassen werden und es folgt:

$$f(x) = e^{x+4\ln|x|+c} = e^c x^4 e^x = d \cdot x^4 e^x, \ c \in \mathbb{R}, \ d \in \mathbb{R}^+.$$

Beispiel 6.6.14

Gesucht ist eine Funktion $f(x) > 0$, für die gilt: $\epsilon_f(x) = x \ln x \ x > 0$.

Setzt man $\dfrac{xf'(x)}{f(x)}$ anstelle von $\epsilon_f(x)$ ein, so folgt:

$$\frac{xf'(x)}{f(x)} = x \ln x \qquad\qquad |:x$$

$$\frac{f'(x)}{f(x)} = \ln x \qquad\qquad |\int dx$$

$$\int \frac{f'(x)}{f(x)}\, dx = \int \ln x\, dx$$

$$\ln|f(x)| = x \ln|x| - x + c \qquad |e^{()}$$

$$|f(x)| = e^{x \ln|x| - x + c}$$

Da $f(x) > 0$ vorausgesetzt war, können die Betragszeichen einfach wegge-lassen werden und es folgt

$$f(x) = e^{x\ln|x|-x+c} = d \cdot x^x e^{-x}, \ c \in \mathbb{R}, \ d \in \mathbb{R}^+.$$

Beispiel 6.6.15

Gesucht ist eine Funktion $f(x) > 0$ auf dem Intervall [-1, 1] , für die gilt: $\epsilon_f(x) = x^2 f(x)$.

Setzt man $\dfrac{xf'(x)}{f(x)}$ anstelle von $\epsilon_f(x)$ ein, so folgt:

$$\dfrac{xf'(x)}{f(x)} = x^2 f(x) \qquad\qquad | : x \,|: f(x)$$

$$\dfrac{f'(x)}{f^2(x)} = x \qquad\qquad\qquad \Big| \int dx$$

$$\int \dfrac{f'(x)}{f^2(x)}\, dx = \int x\, dx$$

$$-\dfrac{1}{f(x)} = \dfrac{x^2}{2} + c \qquad\qquad | \cdot f(x)$$

$$-1 = \left(\dfrac{x^2}{2} + c\right) \cdot f(x) \quad | : \left(\dfrac{x^2}{2} + c\right)$$

$$\dfrac{-1}{\frac{x^2}{2} + c} = f(x)$$

Daraus folgt: $f(x) = \dfrac{-1}{\frac{x^2}{2} + c} = -\dfrac{2}{x^2 + 2c}$.

Hier muß noch $x^2 + 2c < 0$ gelten, um $f(x) > 0$ sicherstellen zu können:

$$x^2 + 2c < 0 \Longrightarrow c < -\dfrac{x^2}{2} \Longrightarrow c < -\dfrac{1}{2} \text{ wegen } x \in [-1, 1].$$

6.7 Aufgaben zu Kapitel 6

Aufgabe 6.7.1
Bestimmen Sie alle Stammfunktionen der folgenden Funktionen:

a) $f(x) = x + 1,$ b) $f(x) = 3x^3 - 4x^2 + 2,$

c) $f(x) = x^7 + 2x^2 + \sqrt{x},$ d) $f(x) = \dfrac{2}{x^2} + \dfrac{2}{x^3} - \dfrac{1}{2x},$

e) $f(x) = 5\sqrt{x} - \dfrac{1}{3\sqrt{x}},$ f) $f(x) = 2\sqrt{x} - \dfrac{3}{\sqrt{x^3}}.$

Lösung:

a) $f(x) = x + 1$

$$\Longrightarrow F(x) = \frac{1}{2}x^2 + x + c, \ c \in \mathbb{R}.$$

b) $f(x) = 3x^3 - 4x^2 + 2$

$$\Longrightarrow F(x) = 3 \cdot \frac{1}{4}x^4 - 4 \cdot \frac{1}{3}x^3 + 2x + c = \frac{3}{4}x^4 - \frac{4}{3}x^3 + 2x + c, \ c \in \mathbb{R}.$$

c) $f(x) = x^7 + 2x^2 + \sqrt{x} = x^7 + 2x^2 + x^{\frac{1}{2}}$

$$\Longrightarrow F(x) = \frac{1}{8}x^8 + 2 \cdot \frac{1}{3}x^3 + \frac{2}{3}x^{\frac{3}{2}} + c = \frac{1}{8}x^8 + \frac{2}{3}x^3 + \frac{2}{3}x\sqrt{x} + c, \ c \in \mathbb{R}.$$

d) $f(x) = \dfrac{2}{x^2} + \dfrac{2}{x^3} - \dfrac{1}{2x} = 2 \cdot x^{-2} + 2 \cdot x^{-3} - \dfrac{1}{2} \cdot x^{-1}$

$$\Longrightarrow F(x) = 2 \cdot \frac{1}{-1}x^{-1} + 2 \cdot \frac{1}{-2}x^{-2} - \frac{1}{2} \cdot \ln|x| + c$$

$$= -\frac{2}{x} - \frac{1}{x^2} - \frac{1}{2} \cdot \ln|x| + c, \ c \in \mathbb{R}.$$

e) $f(x) = 5\sqrt{x} - \dfrac{1}{3\sqrt{x}} = 5 \cdot x^{\frac{1}{2}} - \dfrac{1}{3} \cdot x^{-\frac{1}{2}}$

$$\Longrightarrow F(x) = 5 \cdot \frac{2}{3}x^{\frac{3}{2}} - \frac{1}{3} \cdot 2 \cdot x^{\frac{1}{2}} + c = \frac{10}{3}x\sqrt{x} - \frac{2}{3}\sqrt{x} + c, \ c \in \mathbb{R}.$$

f) $f(x) = 2\sqrt{x} - \dfrac{3}{\sqrt{x^3}} = 2x^{\frac{1}{2}} - 3x^{-\frac{3}{2}}$

$$\Longrightarrow F(x) = 2 \cdot \frac{2}{3}x^{\frac{3}{2}} - 3 \cdot (-2)x^{-\frac{1}{2}} + c = \frac{4}{3}x\sqrt{x} + \frac{6}{\sqrt{x}} + c, \ c \in \mathbb{R}.$$

Aufgabe 6.7.2

Bestimmen Sie alle Stammfunktionen der folgenden Funktionen:

a) $f(x) = 1 + \sin x$,

b) $f(x) = \dfrac{1}{2} \sin x + \cos x$,

c) $f(x) = \sin(2x) + x$,

d) $f(x) = 2 \sin(3x + \pi) - 0.5 \cos\left(-x + \dfrac{\pi}{2}\right)$,

e) $f(x) = e^x - e^{-x} + e^{5-3x}$,

f) $f(x) = e^{-2x}\left(e^{-1} + e^{2x}\right)$.

Lösung:

a) $f(x) = 1 + \sin x \Longrightarrow F(x) = x - \cos x + c,\ c \in \mathbb{R}$.

b) $f(x) = \dfrac{1}{2} \sin x + \cos x \Longrightarrow F(x) = -\dfrac{1}{2} \cos x + \sin x + c,\ c \in \mathbb{R}$.

c) $f(x) = \sin(2x) + x \Longrightarrow F(x) = -\dfrac{1}{2} \cos(2x) + \dfrac{1}{2} x^2 + c,\ c \in \mathbb{R}$.

d) $f(x) = 2 \sin\left(3x + \pi\right) - 0.5 \cos\left(-x + \dfrac{\pi}{2}\right)$

$= 2(\sin(3x)\cos(\pi) + \sin(\pi)\cos(3x))$

$- 0.5 \left(\cos(-x)\cos\dfrac{\pi}{2} - \sin(-x)\sin\dfrac{\pi}{2}\right) = -2\sin(3x) - 0.5 \sin x$

$\Longrightarrow F(x) = \dfrac{2}{3} \cos(3x) + \dfrac{1}{2} \cos x + c,\ c \in \mathbb{R}$.

e) $f(x) = e^x - e^{-x} + e^{5-3x} \Longrightarrow F(x) = e^x + e^{-x} - \dfrac{1}{3} e^{5-3x} + c,\ c \in \mathbb{R}$.

f) $f(x) = e^{-2x}\left(e^{-1} + e^{2x}\right) = e^{-1-2x} + 1$

$\Longrightarrow F(x) = -\dfrac{1}{2} e^{-1-2x} + x + c,\ c \in \mathbb{R}$.

Aufgabe 6.7.3

Berechnen Sie die folgenden Integrale:

a) $\displaystyle\int_1^3 (x + 3)\, dx$,

b) $\displaystyle\int_{-3}^{-2} \dfrac{1}{x^2}\, dx$,

c) $\displaystyle\int_1^5 \left(\dfrac{1}{x} - \dfrac{1}{x^2} + \dfrac{1}{x^3}\right) dx$,

d) $\displaystyle\int_{-2}^2 \left(x^2 + 2x\right)^2 dx$.

Lösung:

a) $\int_1^3 (x+3)\,dx = \left[\frac{1}{2}x^2 + 3x\right]_1^3 = \frac{9}{2} + 9 - \left(\frac{1}{2} + 3\right) = 10.$

b) $\int_{-3}^{-2} \frac{1}{x^2}\,dx = \left[-\frac{1}{x}\right]_{-3}^{-2} = -\frac{1}{-2} - \left(-\frac{1}{-3}\right) = \frac{1}{2} - \frac{1}{3} = \frac{1}{6}.$

c) $\int_1^5 \left(\frac{1}{x} - \frac{1}{x^2} + \frac{1}{x^3}\right)\,dx = \int_1^5 \left(x^{-1} - x^{-2} + x^{-3}\right)\,dx$

$\quad = \left[\ln|x| + \frac{1}{x} - \frac{1}{2x^2}\right]_1^5 = \ln 5 + \frac{1}{5} - \frac{1}{50} - \left(\ln 1 + 1 - \frac{1}{2}\right)$

$\quad = \ln 5 + \frac{1}{5} - \frac{1}{50} - 1 - \frac{1}{2} = \ln 5 - \frac{8}{25}.$

d) $\int_{-2}^2 \left(x^2 + 2x\right)^2\,dx = \int_{-2}^2 \left(x^4 + 4x^3 + 4x^2\right)\,dx = \left[\frac{1}{5}x^5 + x^4 + \frac{4}{3}x^3\right]_{-2}^2$

$\quad = \frac{32}{5} + 16 + \frac{32}{3} - \left(-\frac{32}{5} + 16 - \frac{32}{3}\right) = \frac{64}{5} + \frac{64}{3} = \frac{512}{15}.$

Aufgabe 6.7.4

Berechnen Sie die folgenden Integrale:

a) $\int_1^{10} \sqrt{x\sqrt{x}}\,dx,$ b) $\int_{-1}^3 \frac{x}{x+2}\,dx,$

c) $\int_0^\pi \cos\left(\frac{1}{2}x + \pi\right)\,dx,$ d) $\int_0^1 \left(\sqrt{e^x} - x\right)\,dx.$

Lösung:

a) $\int_1^{10} \sqrt{x\sqrt{x}}\,dx = \int_1^{10} x^{\frac{3}{4}} = \left[\frac{4}{7}x^{\frac{7}{4}}\right]_1^{10} = \frac{4}{7} \cdot 10^{\frac{7}{4}} - 1.$

b) $\int_{-1}^3 \frac{x}{x+2}\,dx = \int_{-1}^3 \frac{x+2-2}{x+2}\,dx = \int_{-1}^3 \left(1 - \frac{2}{x+2}\right)\,dx$

$\quad = \left[x - 2\ln|x+2|\right]_{-1}^3 = 3 - 2\ln 5 - (-1 - 2\ln 1) = 4 - 2\ln 5.$

c) $\int_0^\pi \cos\left(\frac{1}{2}x + \pi\right)\,dx = \left[2\sin\left(\frac{1}{2}x + \pi\right)\right]_0^\pi = 2\sin\frac{3\pi}{2} - 2\sin\pi = -2.$

d) $\int_0^1 \left(\sqrt{e^x} - x \right) dx = \left[2e^{\frac{1}{2}x} - \frac{x^2}{2} \right]_0^1 = 2e^{\frac{1}{2}} - \frac{1}{2} - (2-0) = 2e^{\frac{1}{2}} - \frac{5}{2}.$

Aufgabe 6.7.5

Bestimmen Sie alle Stammfunktionen der folgenden Funktionen durch partielle Integration:

a) $f(x) = 2xe^{-x}$,   b) $f(x) = (x+2)\sin x$,

c) $f(x) = 3\ln(x-1)$,   d) $f(x) = x^2 \cdot \ln x$.

Lösung:

a) Gesucht ist das unbestimmte Integral $\int 2xe^{-x}\,dx$.

Mit $f(x) = 2x$ und $g'(x) = e^{-x}$ folgen:

$f'(x) = 2$, $g(x) = -e^{-x}$, $f(x)g(x) = -2xe^{-x}$ und $f'(x)g(x) = -2e^{-x}$.

Damit gilt dann:

$\int 2xe^{-x}\,dx = -2xe^{-x} - \int -2e^{-x}\,dx = -2xe^{-x} - 2e^{-x} + c.$

Also ist: $F(x) = -2(x+1)e^{-x} + c,\ c \in \mathbb{R}.$

b) Gesucht ist das unbestimmte Integral $\int (x+2)\sin x\,dx$.

Mit $f(x) = x+2$ und $g'(x) = \sin x$ folgen:

$f'(x) = 1$, $g(x) = -\cos x$, $f(x)g(x) = -(x+2)\cos x$ und
$f'(x)g(x) = -\cos x$.

Damit gilt dann:

$\int (x+2)\sin x\,dx = -(x+2)\cos x - \int -\cos x\,dx$

$= -(x+2)\cos x + \sin x + c.$

Also ist: $F(x) = -(x+2)\cos x + \sin x + c,\ c \in \mathbb{R}.$

c) Gesucht ist das unbestimmte Integral $\int 3\ln(x-1)\,dx$.

Mit $f(x) = \ln(x-1)$ und $g'(x) = 3$ folgen:

$f'(x) = \dfrac{1}{x-1}$, $g(x) = 3x$, $f(x)g(x) = 3x\ln(x-1)$ und

$$f'(x)g(x) = \frac{3x}{x-1}.$$

Damit gilt:

$$\int 3\ln(x-1)\,dx = 3x\ln(x-1) - \int \frac{3x}{x-1}\,dx$$

$$= 3x\ln(x-1) - 3\int \frac{x-1+1}{x-1}\,dx = 3x\ln(x-1) - 3\int \left(1 + \frac{1}{x-1}\right)\,dx$$

$$= 3x\ln(x-1) - 3x - 3\ln(x-1) + c = 3(x-1)\ln(x-1) - 3x + c.$$

Also ist: $F(x) = 3(x-1)\ln(x-1) - 3x + c$, $c \in \mathbb{R}$.

d) Gesucht ist das unbestimmte Integral $\displaystyle\int x^2 \cdot \ln x\,dx$.

Mit $f(x) = \ln x$ und $g'(x) = x^2$ folgen:

$$f'(x) = \frac{1}{x},\ g(x) = \frac{x^3}{3},\ f(x)g(x) = \frac{x^3}{3}\ln x \text{ und}$$

$$f'(x)g(x) = \frac{1}{x} \cdot \frac{x^3}{3} = \frac{x^2}{3}.$$

Damit gilt:

$$\int x^2 \cdot \ln x\,dx = \frac{x^3}{3}\ln x - \int \frac{x^2}{3}\,dx = \frac{x^3}{3}\ln x - \frac{x^3}{9} + c.$$

Also ist: $F(x) = \dfrac{x^3}{3}\ln x - \dfrac{x^3}{9} + c$, $c \in \mathbb{R}$.

Aufgabe 6.7.6

Berechnen Sie die folgenden Integrale mittels partieller Integration:

a) $\displaystyle\int_0^{\frac{\pi}{2}} (3x+7)\sin(2x)\,dx$,   b) $\displaystyle\int_1^3 (3x-2)e^{5x}\,dx$,

c) $\displaystyle\int_1^e \ln\frac{x^4}{6}\,dx$,   d) $\displaystyle\int_0^{\frac{3\pi}{4}} 3\sin^2(2x)\,dx$.

Lösung:

a) Gesucht ist das Integral $\displaystyle\int_0^{\frac{\pi}{2}} (3x+7)\sin(2x)\,dx$.

Mit $f(x) = 3x+7$ und $g'(x) = \sin(2x)$ folgen:

$$f'(x) = 3,\ g(x) = -\frac{1}{2}\cos(2x),\ f(x)g(x) = -\frac{3x+7}{2}\cos(2x)$$

und $f'(x)g(x) = -\frac{3}{2}\cos(2x)$.

Damit gilt:

$$\int_0^{\frac{\pi}{2}} (3x+7)\sin(2x)\,dx = \left[-\frac{3x+7}{2}\cos(2x)\right]_0^{\frac{\pi}{2}} - \int_0^{\frac{\pi}{2}} -\frac{3}{2}\cos(2x)\,dx$$

$$= \left[-\frac{3x+7}{2}\cos(2x) + \frac{3}{4}\sin(2x)\right]_0^{\frac{\pi}{2}} = \left(\frac{\frac{3\pi}{2}+7}{2} + 0\right) - \left(-\frac{7}{2} + 0\right)$$

$$= \frac{3\pi}{4} + 7 \approx 9.3562.$$

b) Gesucht ist das Integral $\int_1^3 (3x-2)e^{5x}\,dx$.

Mit $f(x) = 3x - 2$ und $g'(x) = e^{5x}$ folgen:

$f'(x) = 3$, $g(x) = \frac{1}{5}e^{5x}$, $f(x)g(x) = \frac{3x-2}{5}e^{5x}$ und

$f'(x)g(x) = \frac{3}{5}e^{5x}$.

Damit gilt dann:

$$\int_1^3 (3x-2)e^{5x}\,dx = \left[\frac{3x-2}{5}e^{5x}\right]_1^3 - \int_1^3 \frac{3}{5}e^{5x}\,dx$$

$$= \left[\frac{3x-2}{5}e^{5x} - \frac{3}{25}e^{5x}\right]_1^3 = \frac{7}{5}e^{15} - \frac{3}{25}e^{15} - \left(\frac{1}{5}e^5 - \frac{3}{25}e^5\right)$$

$$= \frac{32}{25}e^{15} - \frac{2}{25}e^5 \approx 418\,433.04.$$

c) Gesucht ist das Integral $\int_1^e \ln\frac{x^4}{6}\,dx$.

Mit $f(x) = \ln\frac{x^4}{6}$ und $g'(x) = 1$ folgen:

$f'(x) = \dfrac{\frac{4x^3}{6}}{\frac{x^4}{6}} = \dfrac{4}{x}$, $g(x) = x$, $f(x)g(x) = x\ln\frac{x^4}{6}$ und

$f'(x)g(x) = \dfrac{4}{x} \cdot x = 4$.

Es gilt:

$$\int_1^e \ln\frac{x^4}{6}\,dx = \left[x\ln\frac{x^4}{6}\right]_1^e - \int_1^e 4\,dx = \left[x\ln\frac{x^4}{6} - 4x\right]_1^e$$

$$= e \ln \frac{e^4}{6} - 4e - \left(\ln \frac{1}{6} - 4 \right) = e \left(\ln e^4 - \ln 6 \right) - 4e + \ln 6 + 4$$

$$= (1 - e) \ln 6 + 4 \approx 0.92125.$$

d) Gesucht ist das Integral $\int_0^{\frac{3\pi}{4}} 3 \sin^2(2x)\, dx = 3 \cdot \int_0^{\frac{3\pi}{4}} \sin^2(2x)\, dx.$

Mit $f(x) = \sin(2x)$ und $g'(x) = \sin(2x)$ folgen:

$$f'(x) = 2\cos(2x),\ g(x) = -\frac{1}{2}\cos(2x),\ f(x)g(x) = -\frac{1}{2}\sin(2x)\cos(2x)$$

und $f'(x)g(x) = -\cos^2(2x).$

Damit gilt:

$$\int \sin^2(2x)\, dx = -\frac{1}{2}\sin(2x)\cos(2x) - \int -\cos^2(2x)\, dx.$$

Mithilfe der Formel $\cos^2(2x) = 1 - \sin^2(2x)$ erhält man

$$\int \sin^2(2x)\, dx = -\frac{1}{2}\sin(2x)\cos(2x) + \int \left(1 - \sin^2(2x) \right) dx$$

$$= -\frac{1}{2}\sin(2x)\cos(2x) + x - \int \sin^2(2x)\, dx.$$

Faßt man dies als Gleichung in $\int \sin^2(2x)\, dx$ auf und addiert diesen Term auf beiden Seiten, so folgt:

$$2 \cdot \int \sin^2(2x)\, dx = -\frac{1}{2}\sin(2x)\cos(2x) + x,\ \text{also}$$

$$\int \sin^2(2x)\, dx = -\frac{1}{4}\sin(2x)\cos(2x) + \frac{1}{2}x.$$

Damit gilt schließlich:

$$3 \cdot \int_0^{\frac{3\pi}{4}} \sin^2(2x)\, dx = 3 \cdot \left[-\frac{1}{4}\sin(2x)\cos(2x) + \frac{1}{2}x \right]_0^{\frac{3\pi}{4}}$$

$$= 0 + \frac{9\pi}{8} - 0 = \frac{9\pi}{8} \approx 3.5343.$$

Aufgabe 6.7.7

Bestimmen Sie alle Stammfunktionen der folgenden Funktionen durch Substitution:

a) $f(x) = xe^{x^2}$, b) $f(x) = \dfrac{8x^2}{x^3 + 5}$,

c) $f(x) = \dfrac{1}{8} \sin x \cdot \cos^3 x$, d) $f(x) = \dfrac{e^x}{\sqrt{1 + e^x}}$.

Lösung:

a) Gesucht ist das unbestimmte Integral $\displaystyle\int xe^{x^2}\, dx$.

Mit $u = x^2$ folgt $\dfrac{du}{dx} = 2x$ und $dx = \dfrac{du}{2x}$.

Damit gilt dann:

$$\int xe^{x^2}\, dx = \int xe^u\, \frac{du}{2x} = \frac{1}{2}\int e^u\, du = \frac{1}{2}e^u + c = \frac{1}{2}e^{x^2} + c.$$

Also gilt: $F(x) = \dfrac{1}{2}e^{x^2} + c, \ c \in \mathbb{R}$.

b) Gesucht ist das unbestimmte Integral $\displaystyle\int \frac{8x^2}{x^3 + 5}\, dx$.

Mit $u = x^3 + 5$ folgt $\dfrac{du}{dx} = 3x^2$ und $dx = \dfrac{du}{3x^2}$.

Es gilt dann:

$$\int \frac{8x^2}{x^3 + 5}\, dx = \int \frac{8x^2}{u}\, \frac{du}{3x^2} = \frac{8}{3}\int \frac{1}{u}\, dx = \frac{8}{3}\ln|u| + c = \frac{8}{3}\ln|x^3 + 5| + c.$$

Also gilt: $F(x) = \dfrac{8}{3}\ln|x^3 + 5| + c, \ c \in \mathbb{R}$.

c) Gesucht ist das unbestimmte Integral $\displaystyle\int \frac{1}{8}\sin x \cdot \cos^3 x\, dx$.

Mit $u = \cos x$ folgt $\dfrac{du}{dx} = -\sin x$ und $dx = \dfrac{du}{-\sin x}$.

Damit gilt dann:

$$\int \frac{1}{8}\sin x \cdot \cos^3 x\, dx = \int \frac{1}{8}\sin x \cdot u^3 \cdot \frac{du}{-\sin x} = -\frac{1}{8}\int u^3\, dx$$

$$= -\frac{1}{32}u^4 + c = -\frac{1}{32}\cos^4 x + c.$$

Also gilt: $F(x) = -\dfrac{1}{32}\cos^4 x + c, \ c \in \mathbb{R}$.

d) Gesucht ist das unbestimmte Integral $\displaystyle\int \frac{e^x}{\sqrt{1 + e^x}}\, dx$.

Mit $u = 1 + e^x$ folgt $\dfrac{du}{dx} = e^x$ und $dx = \dfrac{du}{e^x}$.

Damit gilt dann:

$$\int \frac{e^x}{\sqrt{1 + e^x}}\, dx = \int \frac{e^x}{\sqrt{u}}\frac{du}{e^x} = \int \frac{1}{\sqrt{u}}\, du = 2\sqrt{u} + c = 2\sqrt{1 + e^x} + c.$$

Also gilt: $F(x) = 2\sqrt{1 + e^x} + c,\ c \in \mathbb{R}$.

Aufgabe 6.7.8

Berechnen Sie die folgenden Integrale mittels Substitution:

a) $\displaystyle\int_0^{\frac{\pi}{4}} \tan x\, dx,$ b) $\displaystyle\int_1^{10} x^3\sqrt{1 + 3x^4}\, dx,$

c) $\displaystyle\int_2^3 \frac{6x^2 + 2}{x^3 + x - 2}\, dx,$ d) $\displaystyle\int_{-3}^2 3x e^{-2x^2}\, dx.$

Lösung:

a) Gesucht ist das Integral $\displaystyle\int_0^{\frac{\pi}{4}} \tan x\, dx = \int_0^{\frac{\pi}{4}} \frac{\sin x}{\cos x}\, dx.$

Mit $u = \cos x$ folgt $\dfrac{du}{dx} = -\sin x$ und $dx = \dfrac{du}{-\sin x}$.

Damit gilt dann:

$$\int_0^{\frac{\pi}{4}} \tan x\, dx = \int_0^{\frac{\pi}{4}} \frac{\sin x}{\cos x}\, dx = \int_{x=0}^{x=\frac{\pi}{4}} \frac{\sin x}{u} \cdot \frac{du}{-\sin x} = -\int_{x=0}^{x=\frac{\pi}{4}} \frac{1}{u}\, du$$

$$= \left[-\ln|u|\right]_{x=0}^{x=\frac{\pi}{4}} = \left[-\ln|\cos x|\right]_{x=0}^{x=\frac{\pi}{4}} = -\ln\left(\frac{1}{2}\sqrt{2}\right) - (-\ln 1)$$

$$= -\ln\left(\frac{1}{2}\sqrt{2}\right) = \ln\sqrt{2} \approx 0.3466.$$

b) Gesucht ist das Integral $\displaystyle\int_1^{10} x^3\sqrt{1 + 3x^4}\, dx.$

Mit $u = 1 + 3x^4$ folgt $\dfrac{du}{dx} = 12x^3$ und $dx = \dfrac{du}{12x^3}$.

Damit gilt:

$$\int_1^{10} x^3\sqrt{1 + 3x^4}\, dx = \int_{x=1}^{x=10} x^3\sqrt{u}\,\frac{du}{12x^3} = \frac{1}{12}\int_{x=1}^{x=10} \sqrt{u}\, du$$

$$= \frac{1}{12}\left[\frac{2}{3}u^{\frac{3}{2}}\right]_{x=1}^{x=10} = \frac{1}{18}\left[(1 + 3x^4)^{\frac{3}{2}}\right]_{x=1}^{x=10}$$

$$= \frac{1}{18} \cdot 30\,001^{\frac{3}{2}} - \frac{1}{18} \cdot 4^{\frac{3}{2}} \approx 28\,868.91.$$

c) Gesucht ist das Integral $\int_2^3 \frac{6x^2 + 2}{x^3 + x - 2}\, dx$.

Mit $u = x^3 + x - 2$ folgt $\frac{du}{dx} = 3x^2 + 1$ und $dx = \frac{du}{3x^2 + 1}$.

Damit gilt dann:

$$\int_2^3 \frac{6x^2 + 2}{x^3 + x - 2}\, dx = \int_{x=2}^{x=3} \frac{6x^2 + 2}{u} \cdot \frac{du}{3x^2 + 1} = \int_{x=2}^{x=3} \frac{2}{u}\, du$$

$$= \Big[2\ln|u| \Big]_{x=2}^{x=3} = \Big[2\ln|x^3 + x - 2| \Big]_{x=2}^{x=3}$$

$$= 2\ln 28 - 2\ln 8 = 2(\ln 4 + \ln 7) - 6\ln 2$$

$$= 2\ln \frac{7}{2} \approx 2.50553.$$

d) Gesucht ist das Integral $\int_{-3}^2 3xe^{-2x^2}\, dx$.

Mit $u = -2x^2$ folgt $\frac{du}{dx} = -4x$ und $dx = \frac{du}{-4x}$.

Damit gilt dann:

$$\int_{-3}^2 3xe^{-2x^2}\, dx = \int_{x=-3}^{x=2} 3xe^u \frac{du}{-4x} = -\frac{3}{4}\int_{x=-3}^{x=2} e^u\, du = -\frac{3}{4}\Big[e^u \Big]_{x=-3}^{x=2}$$

$$= -\frac{3}{4}\Big[e^{-2x^2} \Big]_{x=-3}^{x=2} = -\frac{3}{4}\left(e^{-8} - e^{-18} \right) \approx -0.0002516.$$

Aufgabe 6.7.9

Berechnen Sie die folgenden Integrale mittels Substitution:

a) $\displaystyle\int_0^2 \frac{3}{5 + 2x^2}\, dx,$ b) $\displaystyle\int_{-1}^1 \frac{1}{\sqrt{x^2 + 9}}\, dx,$

c) $\displaystyle\int_{-1}^1 \sqrt{4 - x^2}\, dx,$ d) $\displaystyle\int_{\frac{\pi}{6}}^{\frac{\pi}{4}} \frac{1}{\sin^2 x \cos^6 x}\, dx.$

Lösung:

a) Gesucht ist das Integral $\displaystyle\int_0^2 \frac{3}{5 + 2x^2}\, dx = \frac{3}{5}\int_0^2 \frac{1}{1 + \frac{2}{5}x^2}\, dx$.

Mit $u = \sqrt{\frac{2}{5}}x$ folgt $\frac{du}{dx} = \sqrt{\frac{2}{5}}$ und $dx = \sqrt{\frac{5}{2}} \cdot du$.

Man erhält:

$$\int_0^2 \frac{3}{5+2x^2}\,dx = \int_{x=0}^{x=2} \frac{3}{5}\sqrt{\frac{5}{2}} \cdot \frac{1}{1+u^2}\,du$$

$$= \left[\frac{3}{5}\sqrt{\frac{5}{2}}\arctan u\right]_{x=0}^{x=2} = \left[\frac{3}{5}\sqrt{\frac{5}{2}}\arctan\left(\sqrt{\frac{2}{5}}x\right)\right]_{x=0}^{x=2}$$

$$= \frac{3}{10}\sqrt{10}\left(\arctan\left(\frac{2}{5}\sqrt{10}\right) - \arctan 0\right) = \frac{3}{10}\sqrt{10}\arctan\left(\frac{2}{5}\sqrt{10}\right).$$

b) .Gesucht ist das Integral $\displaystyle\int_{-1}^1 \frac{1}{\sqrt{x^2+9}}\,dx$.

Mit $x = 3\sinh u$ folgt $\dfrac{dx}{du} = 3\cosh u$ und $dx = 3\cosh u \cdot du$.

Damit gilt dann:

$$\int_{-1}^1 \frac{1}{\sqrt{x^2+9}}\,dx = \frac{1}{3}\int_{x=-1}^{x=1}\frac{1}{\cosh u}\cdot 3\cosh u\,du = \int_{x=-1}^{x=1} du = \Big[u\Big]_{x=-1}^{x=1}.$$

Jetzt muß die Gleichung $x = 3\sinh u$ nach u aufgelöst werden.

$$x = 3\sinh u = 3\cdot\frac{e^u - e^{-u}}{2}$$

$$\Longrightarrow e^u - e^{-u} - \frac{2}{3}x = 0 \Longrightarrow e^{2u} - \frac{2}{3}xe^u - 1 = 0$$

$$\Longrightarrow e^u_{1,2} = \frac{x}{3} \pm \sqrt{\frac{x^2}{9}} = \frac{1}{3}\left(x \pm \sqrt{x^2+9}\right).$$

Unter Beachtung des Definitionsbereichs der Exponentialfunktion folgt dann

$$u = \ln\left(\frac{1}{3}\left(x + \sqrt{x^2+9}\right)\right).$$

Es ist nun:

$$\int_{-1}^1 \frac{1}{\sqrt{x^2+9}}\,dx = \Big[u\Big]_{x=-1}^{x=1} = \left[\ln\left(\frac{1}{3}\left(x+\sqrt{x^2+9}\right)\right)\right]_{x=-1}^{x=1}$$

$$= \ln\left(\frac{1}{3}\left(1+\sqrt{10}\right)\right) - \ln\left(\frac{1}{3}\left(-1+\sqrt{10}\right)\right) = \ln\frac{1+\sqrt{10}}{-1+\sqrt{10}} \approx 0.6549.$$

c) Gesucht ist das Integral $\displaystyle\int_{-1}^1 \sqrt{4-x^2}\,dx$.

Mit $x = 2\cos u$ folgt $\dfrac{dx}{du} = -2\sin u$ und $dx = -2\sin u \cdot du$.

Damit gilt dann:

$$\int_{-1}^{1} \sqrt{4-x^2}\, dx = \int_{x=-1}^{x=1} \sqrt{4-4\cos^2 u} \cdot (-2\sin u)\, du$$

$$= -\int_{x=-1}^{x=1} 2\sin u \cdot 2\sin u\, du$$

$$= -4\int_{x=-1}^{x=1} \sin^2 u\, du = -4\left[\frac{u}{2} - \frac{\sin u \cos u}{2}\right]_{x=-1}^{x=1}.$$

Hier ist es besser, die Grenzen zu transformieren.

$$-4\left[\frac{u}{2} - \frac{\sin u \cos u}{2}\right]_{x=-1}^{x=1} = -4\left[\frac{u}{2} - \frac{\sin u \cos u}{2}\right]_{u=\arccos(-\frac{1}{2})=\frac{2\pi}{3}}^{u=\arccos\frac{1}{2}=\frac{\pi}{3}}$$

$$= -4\left(\frac{\pi}{6} - \frac{\frac{1}{2}\sqrt{3}\cdot\frac{1}{2}}{2} - \frac{\pi}{3} - \frac{\frac{1}{2}\sqrt{3}\cdot(-\frac{1}{2})}{2}\right) = \frac{2\pi}{3} + \sqrt{3}.$$

d) Gesucht ist das Integral $\displaystyle\int_{\frac{\pi}{6}}^{\frac{\pi}{4}} \frac{1}{\sin^2 x \cos^6 x}\, dx$.

Mit $x = \arctan u$ bzw. $u = \tan x$ folgt $\dfrac{dx}{du} = \dfrac{1}{1+u^2}$ und $dx = \dfrac{du}{1+u^2}$.

Desweiteren gilt:

$$\sin x = \frac{\tan x}{\sqrt{1+\tan^2 x}} = \frac{u}{\sqrt{1+u^2}} \quad \text{und}$$

$$\cos x = \frac{1}{\sqrt{1+\tan^2 x}} = \frac{1}{\sqrt{1+u^2}}.$$

Folglich ist:

$$\int_{\frac{\pi}{6}}^{\frac{\pi}{4}} \frac{1}{\sin^2 x \cos^6 x}\, dx = \int_{x=\frac{\pi}{6}}^{x=\frac{\pi}{4}} \frac{1}{\left(\frac{u}{\sqrt{1+u^2}}\right)^2 \cdot \left(\frac{1}{\sqrt{1+u^2}}\right)^6} \cdot \frac{du}{1+u^2}$$

$$= \int_{x=\frac{\pi}{6}}^{x=\frac{\pi}{4}} \frac{(1+u^2)(1+u^2)^3}{u^2} \cdot \frac{du}{1+u^2} = \int_{x=\frac{\pi}{6}}^{x=\frac{\pi}{4}} \frac{(1+u^2)^3}{u^2}\, du$$

$$= \int_{x=\frac{\pi}{6}}^{x=\frac{\pi}{4}} \left(\frac{1}{u^2} + 3 + 3u^2 + u^4\right) du = \left[-\frac{1}{u} + 3u + u^3 + \frac{u^5}{5}\right]_{x=\frac{\pi}{6}}^{x=\frac{\pi}{4}}$$

$$= \left[-\frac{1}{\tan x} + 3\tan x + \tan^3 x + \frac{\tan^5 x}{5}\right]_{x=\frac{\pi}{6}}^{x=\frac{\pi}{4}}$$

$$= -1 + 3 + 1 + \frac{1}{5} - \left(-\sqrt{3} + \sqrt{3} + \left(\frac{1}{3}\sqrt{3}\right)^3 + \frac{1}{5}\left(\frac{1}{3}\sqrt{3}\right)^5\right)$$

$$= 3 + \frac{1}{5} - \frac{1}{9}\sqrt{3} - \frac{1}{135}\sqrt{3} = \frac{16}{5} - \frac{16}{135}\sqrt{3} \approx 2.9947.$$

Aufgabe 6.7.10

Bestimmen Sie alle Stammfunktionen der folgenden Funktionen durch Partialbruchzerlegung:

a) $f(x) = \dfrac{1}{(x+1)(x-2)}$, b) $f(x) = \dfrac{x}{(x+1)^2(x-2)}$,

c) $f(x) = \dfrac{x^4 - 7x^2 - 4x - 2}{x^2 - x - 6}$, d) $f(x) = \dfrac{x-1}{x^3 + 3x^2 + 3x + 2}$.

Lösung:

a) Gesucht ist das unbestimmte Integral $\displaystyle\int \frac{1}{(x+1)(x-2)}\,dx$.

Die Lösung erfolgt mittels Partialbruchzerlegung.

Der Ansatz hierzu lautet:

$$\frac{1}{(x+1)(x-2)} = \frac{A}{x+1} + \frac{B}{x-2}.$$

Multipliziert man mit $x+1$ durch, so führt dies auf:

$$\frac{1}{x-2} = A + B \cdot \frac{x+1}{x-2}.$$

Setzt man nun $x = -1$ ein, so folgt: $-\dfrac{1}{3} = A$.

Multipliziert man die Ausgangsgleichung mit $x-2$ durch, so führt dies auf:

$$\frac{1}{x+1} = A \cdot \frac{x-2}{x+1} + B.$$

Setzt man nun $x = 2$ ein, so folgt: $\dfrac{1}{3} = B$.

Also gilt: $\dfrac{1}{(x+1)(x-2)} = -\dfrac{1}{3} \cdot \dfrac{1}{x+1} + \dfrac{1}{3} \cdot \dfrac{1}{x-2}$.

Man erhält:

$$\int \frac{1}{(x+1)(x-2)}\,dx = \int \left(-\frac{1}{3} \cdot \frac{1}{x+1} + \frac{1}{3} \cdot \frac{1}{x-2} \right) dx$$

$$= -\frac{1}{3}\ln|x+1| + \frac{1}{3}\ln|x-2| + c.$$

Also gilt: $F(x) = -\dfrac{1}{3}\ln|x+1| + \dfrac{1}{3}\ln|x-2| + c,\ c \in \mathbb{R}$.

b) Gesucht ist das unbestimmte Integral $\int \dfrac{x}{(x+1)^2(x-2)}\, dx$.

Die Lösung erfolgt mittels Partialbruchzerlegung.

Der Ansatz hierzu lautet:

$$\frac{x}{(x+1)^2(x-2)} = \frac{A}{x-2} + \frac{B}{x+1} + \frac{C}{(x+1)^2}.$$

Multipliziert man mit $x-2$ durch, so führt dies auf:

$$\frac{x}{(x+1)^2} = A + B\cdot\frac{x-2}{x+1} + C\cdot\frac{x-2}{(x+1)^2}.$$

Setzt man nun $x=2$ ein, so folgt: $\dfrac{2}{9} = A$.

Multipliziert man die Ausgangsgleichung mit $(x+1)^2$ durch, so führt dies auf:

$$\frac{x}{x-2} = A\cdot\frac{(x+1)^2}{x-2} + B(x+1) + C.$$

Setzt man nun $x=-1$ ein, so folgt: $\dfrac{1}{3} = C$.

Setzt man noch $x=0$ in die Ausgangsgleichung ein, so folgt mit $A = \dfrac{2}{9}$ und $C = \dfrac{1}{3}$:

$$0 = -\frac{1}{9} + B + \frac{1}{3}, \text{ also } B = -\frac{2}{9}.$$

Also gilt: $\dfrac{x}{(x+1)^2(x-2)} = \dfrac{2}{9}\cdot\dfrac{1}{x-2} - \dfrac{2}{9}\cdot\dfrac{1}{x+1} + \dfrac{1}{3}\cdot\dfrac{1}{(x+1)^2}.$

Damit gilt dann:

$$\int \frac{x}{(x+1)^2(x-2)}\, dx$$

$$= \int \left(\frac{2}{9}\cdot\frac{1}{x-2} - \frac{2}{9}\cdot\frac{1}{x+1} + \frac{1}{3}\cdot\frac{1}{(x+1)^2} \right) dx$$

$$= \frac{2}{9}\ln|x-2| - \frac{2}{9}\ln|x+1| - \frac{1}{3}\cdot\frac{1}{x+1} + c.$$

Also gilt: $F(x) = \dfrac{2}{9}\ln|x-2| - \dfrac{2}{9}\ln|x+1| - \dfrac{1}{3}\cdot\dfrac{1}{x+1} + c,\ c\in\mathbb{R}.$

c) Gesucht ist unbestimmte das Integral $\int \dfrac{x^4 - 7x^2 - 4x - 2}{x^2 - x - 6}\, dx$.

Mithilfe der Polynomdivision folgt:

$$\frac{x^4 - 7x^2 - 4x - 2}{x^2 - x - 6} = x^2 + x + \frac{2x - 2}{x^2 - x - 6}.$$

Wegen $x^2 - x - 6 = (x + 2)(x - 3)$ wird der dritte Summand mittels Partialbruchzerlegung weiterverarbeitet.

Der Ansatz hierzu lautet:

$$\frac{2x - 2}{x^2 - x - 6} = \frac{A}{x + 2} + \frac{B}{x - 3}.$$

Multipliziert man mit $x + 2$ durch, so führt dies auf:

$$\frac{2x - 2}{x - 3} = A + B \cdot \frac{x + 2}{x - 3}.$$

Setzt man nun $x = -2$ ein, so folgt: $\frac{6}{5} = A$.

Multipliziert man die Ausgangsgleichung mit $x - 3$ durch, so führt dies auf:

$$\frac{2x - 2}{x + 2} = A \cdot \frac{x - 3}{x + 2} + B.$$

Setzt man nun $x = 3$ ein, so folgt: $\frac{4}{5} = B$.

Also gilt: $\dfrac{2x - 2}{x^2 - x - 6} = \dfrac{6}{5} \cdot \dfrac{1}{x + 2} + \dfrac{4}{5} \cdot \dfrac{1}{x - 3}$.

Damit gilt:

$$\int \frac{x^4 - 7x^2 - 4x - 2}{x^2 - x - 6}\, dx = \int \left(x^2 + x + \frac{2x - 2}{x^2 - x - 6} \right) dx$$

$$= \int \left(x^2 + x + \frac{6}{5} \cdot \frac{1}{x + 2} + \frac{4}{5} \cdot \frac{1}{x - 3} \right) dx$$

$$= \frac{x^3}{3} + \frac{x^2}{2} + \frac{6}{5} \ln|x + 2| + \frac{4}{5} \ln|x - 3| + c.$$

Also gilt: $F(x) = \dfrac{x^3}{3} + \dfrac{x^2}{2} + \dfrac{6}{5} \ln|x + 2| + \dfrac{4}{5} \ln|x - 3| + c, \ c \in \mathbb{R}.$

d) Gesucht ist das unbestimmte Integral $\displaystyle\int \frac{x - 1}{x^3 + 3x^2 + 3x + 2}\, dx$.

Die Lösung erfolgt mittels Partialbruchzerlegung.

Es gilt: $x^3 + 3x^2 + 3x + 2 = (x + 2)(x^2 + x + 1)$.

Der Ansatz lautet:

$$\frac{x - 1}{x^3 + 3x^2 + 3x + 2} = \frac{A}{x + 2} + \frac{Bx + C}{x^2 + x + 1}.$$

Multipliziert man mit $x + 2$ durch, so führt dies auf:

$$\frac{x-1}{(x^2+x+1)} = A + (Bx+C) \cdot \frac{x+2}{x^2+x+1}.$$

Setzt man nun $x = -2$ ein, so folgt: $\frac{-3}{3} = A$, also $A = -1$.

Setzt man in der Ausgangsgleichung $x = 0$, so folgt mit $A = -1$

$\frac{-1}{2} = \frac{1}{2} \cdot (-1) + \frac{C}{1}$, also $C = 0$.

Setzt man noch $x = 1$ in die Ausgangsgleichung ein, so folgt mit $A = -1$ und $C = 0$:

$0 = -\frac{1}{3} + \frac{B}{3}$, also $B = 1$.

Also gilt: $\dfrac{x-1}{x^3+3x^2+3x+2} = -\dfrac{1}{x+2} + \dfrac{x}{x^2+x+1}.$

Damit gilt dann:

$$\int \frac{x-1}{x^3+3x^2+3x+2}\, dx = \int \left(-\frac{1}{x+2} + \frac{x}{x^2+x+1}\right)\, dx$$

$$= -\ln|x+2| - \frac{1}{3}\sqrt{3}\arctan\left(\frac{1}{3}\sqrt{3}(2x+1)\right) + \frac{1}{2}\ln\left(x^2+x+1\right) + c.$$

Also gilt: $F(x) = -\ln|x+2| - \dfrac{1}{3}\sqrt{3}\arctan\left(\dfrac{1}{3}\sqrt{3}(2x+1)\right)$

$+ \dfrac{1}{2}\ln\left(x^2+x+1\right) + c,\ c \in \mathbb{R}.$

Aufgabe 6.7.11

Bestimmen Sie alle Stammfunktionen der folgenden Funktionen:

a) $f(x) = \dfrac{4}{\cos^2 x}$,   b) $f(x) = \cos 3x \cos 4x$,

c) $f(x) = \cos 3x \sin 4x$,   d) $f(x) = \sin 3x \sin 4x$.

Lösung:

a) Gesucht ist das unbestimmte Integral $\displaystyle\int \frac{4}{\cos^2 x}\, dx$.

Wegen $(\tan x)' = \dfrac{1}{\cos^2 x}$ folgt sofort:

$$\int \frac{4}{\cos^2 x}\, dx = 4\tan x + c.$$

Also gilt: $F(x) = 4\tan x + c,\ c \in \mathbb{R}.$

b) Gesucht ist das unbestimmte Integral $\int \cos 3x \cos 4x\, dx$.

Die Lösung erfolgt mittels partieller Integration.

Mit $f(x) = \cos 3x$ und $g'(x) = \cos 4x$ folgen:

$$f'(x) = -3\sin 3x, \quad g(x) = \frac{1}{4}\sin 4x, \quad f(x)g(x) = \frac{1}{4}\cos 3x \sin 4x \quad \text{und}$$

$$f'(x)g(x) = -\frac{3}{4}\sin 3x \sin 4x.$$

Damit gilt:

$$\int \cos 3x \cos 4x\, dx = \frac{1}{4}\cos 3x \sin 4x - \int -\frac{3}{4}\sin 3x \sin 4x.$$

Es muß ein weiteres Mal partielle Integration angewendet werden.

Mit $f(x) = \sin 3x$ und $g'(x) = \sin 4x$ folgen:

$$f'(x) = 3\cos 3x, \quad g(x) = -\frac{1}{4}\cos 4x, \quad f(x)g(x) = -\frac{1}{4}\sin 3x \cos 4x \quad \text{und}$$

$$f'(x)g(x) = -\frac{3}{4}\cos 3x \cos 4x.$$

Damit gilt:

$$\int \cos 3x \cos 4x\, dx$$

$$= \frac{1}{4}\cos 3x \sin 4x - \frac{3}{16}\sin 3x \cos 4x - \int -\frac{9}{16}\cos 3x \cos 4x.$$

Daraus folgt dann:

$$\frac{7}{16}\int \cos 3x \cos 4x\, dx = \frac{1}{4}\cos 3x \sin 4x - \frac{3}{16}\sin 3x \cos 4x$$

$$\Longrightarrow \int \cos 3x \cos 4x\, dx = \frac{16}{7}\left(\frac{1}{4}\cos 3x \sin 4x - \frac{3}{16}\sin 3x \cos 4x\right)$$

$$= \frac{4}{7}\cos 3x \sin 4x - \frac{3}{7}\sin 3x \cos 4x.$$

Also gilt: $F(x) = \frac{4}{7}\cos 3x \sin 4x - \frac{3}{7}\sin 3x \cos 4x + c, \; c \in \mathbb{R}$.

c) Gesucht ist das unbestimmte Integral $\int \cos 3x \sin 4x\, dx$.

Die Lösung erfolgt mittels partieller Integration.

Mit $f(x) = \cos 3x$ und $g'(x) = \sin 4x$ folgen:

$$f'(x) = -3\sin 3x, \quad g(x) = -\frac{1}{4}\cos 4x, \quad f(x)g(x) = -\frac{1}{4}\cos 3x \cos 4x \quad \text{und}$$

$$f'(x)g(x) = \frac{3}{4}\sin 3x \cos 4x.$$

Damit gilt dann:

$$\int \cos 3x \sin 4x \, dx = -\frac{1}{4} \cos 3x \cos 4x - \int \frac{3}{4} \sin 3x \cos 4x.$$

Es muß ein weiteres Mal partielle Integration angewendet werden.

Mit $f(x) = \sin 3x$ und $g'(x) = \cos 4x$ folgen:

$f'(x) = 3 \cos 3x$, $g(x) = \frac{1}{4} \sin 4x$, $f(x)g(x) = \frac{1}{4} \sin 3x \sin 4x$ und

$f'(x)g(x) = \frac{3}{4} \cos 3x \sin 4x.$

Damit gilt:

$$\int \cos 3x \sin 4x \, dx$$

$$= -\frac{1}{4} \cos 3x \cos 4x - \frac{3}{16} \sin 3x \sin 4x - \int -\frac{9}{16} \cos 3x \sin 4x.$$

Daraus folgt dann:

$$\frac{7}{16} \int \cos 3x \sin 4x \, dx = -\frac{1}{4} \cos 3x \cos 4x - \frac{3}{16} \sin 3x \sin 4x$$

$$\implies \int \cos 3x \sin 4x \, dx$$

$$= \frac{16}{7} \left(-\frac{1}{4} \cos 3x \cos 4x - \frac{3}{16} \sin 3x \sin 4x \right)$$

$$= -\frac{4}{7} \cos 3x \cos 4x - \frac{3}{7} \sin 3x \sin 4x.$$

Also gilt: $F(x) = -\frac{4}{7} \cos 3x \cos 4x - \frac{3}{7} \sin 3x \sin 4x + c$, $c \in \mathbb{R}$.

d) Gesucht ist das unbestimmte Integral $\int \sin 3x \sin 4x \, dx$.

Die Lösung erfolgt mittels partieller Integration.

Mit $f(x) = \sin 3x$ und $g'(x) = \sin 4x$ folgen:

$f'(x) = 3 \cos 3x$, $g(x) = -\frac{1}{4} \cos 4x$, $f(x)g(x) = -\frac{1}{4} \sin 3x \cos 4x$ und

$f'(x)g(x) = -\frac{3}{4} \cos 3x \cos 4x.$

Damit gilt dann:

$$\int \sin 3x \sin 4x \, dx = -\frac{1}{4} \sin 3x \cos 4x - \int -\frac{3}{4} \cos 3x \cos 4x.$$

Es muß ein weiteres Mal partielle Integration angewendet werden.

Mit $f(x) = \cos 3x$ und $g'(x) = \cos 4x$ folgen:

$f'(x) = -3\sin 3x$, $g(x) = \dfrac{1}{4}\sin 4x$, $f(x)g(x) = \dfrac{1}{4}\cos 3x \sin 4x$ und

$f'(x)g(x) = -\dfrac{3}{4}\sin 3x \sin 4x$.

Damit gilt:

$$\int \sin 3x \sin 4x\, dx$$

$$= -\frac{1}{4}\sin 3x \cos 4x + \frac{3}{16}\cos 3x \sin 4x - \int -\frac{9}{16}\sin 3x \sin 4x.$$

Daraus folgt dann:

$$\frac{7}{16}\int \sin 3x \sin 4x\, dx = -\frac{1}{4}\sin 3x \cos 4x + \frac{3}{16}\cos 3x \sin 4x$$

$$\Longrightarrow \int \sin 3x \sin 4x\, dx$$

$$= \frac{16}{7}\left(-\frac{1}{4}\sin 3x \cos 4x + \frac{3}{16}\cos 3x \sin 4x\right)$$

$$= -\frac{4}{7}\sin 3x \cos 4x + \frac{3}{7}\cos 3x \sin 4x.$$

Also gilt: $F(x) = -\dfrac{4}{7}\sin 3x \cos 4x + \dfrac{3}{7}\cos 3x \sin 4x + c$, $c \in \mathbb{R}$.

Aufgabe 6.7.12

Bestimmen Sie alle Stammfunktionen der folgenden Funktionen:

a) $f(x) = 3\cos x\, e^{1+\sin x}$, b) $f(x) = x^4 \ln x$,

c) $f(x) = 2x^2 e^{x^3+1}$, d) $f(x) = x^4 \sin x$.

Lösung:

a) Gesucht ist das unbestimmte Integral $\displaystyle\int 3\cos x\, e^{1+\sin x}\, dx$.

Die Lösung erfolgt mittels Substitution.

Mit $u = 1 + \sin x$ folgt $\dfrac{du}{dx} = \cos x$ und $dx = \dfrac{du}{\cos x}$.

Es gilt also:

$$\int 3\cos x\, e^{1+\sin x}\, dx = \int 3\cos x \cdot e^u \cdot \frac{du}{\cos x} = \int 3e^u\, du$$

$$= 3e^u + c = 3e^{1+\sin x} + c.$$

Also gilt: $F(x) = 3e^{1+\sin x} + c$, $c \in \mathbb{R}$.

b) Gesucht ist das unbestimmte Integral $\int x^4 \ln x \, dx$.

Die Lösung erfolgt mit partieller Integration.

Mit $f(x) = \ln x$ und $g'(x) = x^4$ folgen:

$$f'(x) = \frac{1}{x}, \; g(x) = \frac{x^5}{5}, \; f(x)g(x) = \frac{x^5}{5} \ln x \text{ und } f'(x)g(x) = \frac{x^4}{5}.$$

Damit gilt:

$$\int x^4 \ln x \, dx = \frac{x^5}{5} \ln x - \int \frac{x^4}{5} \, dx = \frac{x^5}{5} \ln x - \frac{x^5}{25} + c$$

$$= \frac{x^5}{25} (5 \ln x - 1) + c.$$

Also gilt: $F(x) = \frac{x^5}{25} (5 \ln x - 1) + c, \; c \in \mathbb{R}$.

c) Gesucht ist das unbestimmte Integral $\int 2x^2 e^{x^3+1} \, dx$.

Die Lösung erfolgt mittels Substitution.

Mit $u = x^3 + 1$ folgt $\frac{du}{dx} = 3x^2$ und $dx = \frac{du}{3x^2}$.

Damit gilt:

$$\int 2x^2 e^{x^3+1} \, dx = \int 2x^2 e^u \frac{du}{3x^2} = \frac{2}{3} \int e^u \, du = \frac{2}{3} e^u + c = \frac{2}{3} e^{x^3+1} + c.$$

Also gilt: $F(x) = \frac{2}{3} e^{x^3+1} + c, \; c \in \mathbb{R}$.

d) Gesucht ist das unbestimmte Integral $\int x^4 \sin x \, dx$.

Die Lösung erfolgt mit partieller Integration.

Mit $f(x) = x^4$ und $g'(x) = \sin x$ folgen:

$f'(x) = 4x^3, \; g(x) = -\cos x, \; f(x)g(x) - x^4 \cos x$ und

$f'(x)g(x) = -4x^3 \cos x.$

Damit gilt:

$$\int x^4 \sin x \, dx = -x^4 \cos x - \int -4x^3 \cos x \, dx.$$

Es muß ein weiteres Mal partielle Integration eingesetzt werden.

Mit $f(x) = 4x^3$ und $g'(x) = \cos x$ folgen:

$f'(x) = 12x^2, \; g(x) = \sin x, \; f(x)g(x) = 4x^3 \sin x$ und

$f'(x)g(x) = 12x^2 \sin x.$

Damit gilt:

$$\int x^4 \sin x \, dx = -x^4 \cos x + 4x^3 \sin x - \int 12x^2 \sin x \, dx.$$

Es muß ein weiteres Mal partielle Integration eingesetzt werden.

Mit $f(x) = 12x^2$ und $g'(x) = \sin x$ folgen:

$f'(x) = 24x,\ g(x) = -\cos x,\ f(x)g(x) = -12x^2 \cos x$ und
$f'(x)g(x) = -24x \cos x.$

Damit gilt:

$$\int x^4 \sin x \, dx = -x^4 \cos x + 4x^3 \sin x + 12x^2 \cos x - \int 24x \cos x \, dx.$$

Jetzt muß ein letztes Mal partiell integriert werden.

Mit $f(x) = 24x$ und $g'(x) = \cos x$ folgen:

$f'(x) = 24,\ g(x) = \sin x,\ f(x)g(x) = 24x \sin x$ und
$f'(x)g(x) = 24 \sin x.$

Schließlich erhält man:

$$\int x^4 \sin x \, dx$$

$$= -x^4 \cos x + 4x^3 \sin x + 12x^2 \cos x - 24x \sin x + \int 24 \sin x \, dx$$

$$= -x^4 \cos x + 4x^3 \sin x + 12x^2 \cos x - 24x \sin x - 24 \cos x + c.$$

Also gilt:

$$F(x) = -x^4 \cos x + 4x^3 \sin x + 12x^2 \cos x - 24x \sin x - 24 \cos x + c, \ c \in \mathbb{R}.$$

Aufgabe 6.7.13

Bestimmen Sie alle Stammfunktionen der folgenden Funktionen:

a) $f(x) = e^{\sqrt{x}},$ b) $f(x) = \dfrac{\sqrt{x}}{2 - \sqrt{x}},$

c) $f(x) = \left(2x^3 - x + 2\right) e^{4x-12},$ d) $f(x) = \dfrac{e^{2x} - 1}{e^{2x} + 2}.$

Lösung:

a) Gesucht ist das unbestimmte Integral $\displaystyle\int e^{\sqrt{x}}\, dx.$

Zuerst führt man eine Substitution durch.

Mit $u = \sqrt{x}$ folgt $\dfrac{du}{dx} = \dfrac{1}{2\sqrt{x}}$ und $dx = 2\sqrt{x}\,du$.

Damit gilt:

$$\int e^{\sqrt{x}}\,dx = \int e^u \cdot 2\sqrt{x}\,du = \int 2u e^u\,du.$$

Jetzt folgt noch eine partielle Integration.

Mit $f(u) = 2u$ und $g'(u) = e^u$ folgen:

$f'(u) = 2$, $g(u) = e^u$, $f(u)g(u) = 2u e^u$ und $f'(u)g(u) = 2e^u$.

Damit gilt:

$$\int 2u e^u\,du = 2u e^u - \int 2e^u\,du = 2u e^u - 2e^u + c$$

$$= 2e^u(u-1) + c = 2e^{\sqrt{x}}\left(\sqrt{x} - 1\right) + c.$$

Also gilt: $F(x) = 2e^{\sqrt{x}}\left(\sqrt{x} - 1\right) + c$, $c \in \mathbb{R}$.

b) Gesucht ist das unbestimmte Integral $\displaystyle\int \frac{\sqrt{x}}{2 - \sqrt{x}}\,dx$.

Die Lösung erfolgt mittels Substitution.

Mit $u = \sqrt{x}$ folgt $\dfrac{du}{dx} = \dfrac{1}{2\sqrt{x}}$ und $dx = 2\sqrt{x}\,du$.

Damit gilt:

$$\int \frac{\sqrt{x}}{2 - \sqrt{x}}\,dx = \int \frac{u}{2 - u} \cdot 2\sqrt{x}\,du = \int \frac{2u^2}{2 - u}\,du$$

$$= \int \left(-2u - 4 - \frac{8}{u - 2}\right)\,du = -u^2 - 4u - 8\ln|u - 2| + c$$

$$= -x - 4\sqrt{x} - 8\ln\left|\sqrt{x} - 2\right| + c.$$

Also gilt: $F(x) = -x - 4\sqrt{x} - 8\ln\left|\sqrt{x} - 2\right| + c$, $c \in \mathbb{R}$.

c) Gesucht ist das unbestimmte Integral $\displaystyle\int \left(2x^3 - x + 2\right)e^{4x - 12}\,dx$.

Die Lösung erfolgt mit partieller Integration.

Mit $f(x) = 2x^3 - x + 2$ und $g'(x) = e^{4x-12}$ folgen:

$f'(x) = 6x^2 - 1$, $g(x) = \dfrac{1}{4}e^{4x-12}$, $f(x)g(x) = \dfrac{1}{4}\left(2x^3 - x + 2\right)e^{4x-12}$

und $f'(x)g(x) = \dfrac{1}{4}\left(6x^2 - 1\right)e^{4x-12}$.

Damit gilt:

$$\int \left(2x^3 - x + 2\right) e^{4x-12}\, dx$$

$$= \frac{1}{4}\left(2x^3 - x + 2\right) e^{4x-12} - \int \left(\frac{3}{2}x^2 - \frac{1}{4}\right) e^{4x-12}\, dx.$$

Es muß ein weiteres Mal partielle Integration eingesetzt werden.

Mit $f(x) = \frac{3}{2}x^2 - \frac{1}{4}$ und $g'(x) = e^{4x-12}$ folgen:

$$f'(x) = 3x,\ g(x) = \frac{1}{4}e^{4x-12},\ f(x)g(x) = \frac{1}{4}\left(\frac{3}{2}x^2 - \frac{1}{4}\right) e^{4x-12}\ \text{und}$$

$$f'(x)g(x) = \frac{3}{4}x e^{4x-12}.$$

Nun gilt:

$$\int \left(2x^3 - x + 2\right) e^{4x-12}\, dx$$

$$= \left(\frac{1}{2}x^3 - \frac{1}{4}x + \frac{1}{2}\right) e^{4x-12} - \left(\frac{3}{8}x^2 - \frac{1}{16}\right) e^{4x-12} + \int \frac{3}{4}x e^{4x-12}\, dx.$$

Es muß ein letztes Mal partiell integriert werden.

Mit $f(x) = \frac{3}{4}x$ und $g'(x) = e^{4x-12}$ folgen:

$$f'(x) = \frac{3}{4},\ g(x) = \frac{1}{4}e^{4x-12},\ f(x)g(x) = \frac{3}{16}x e^{4x-12}\ \text{und}$$

$$f'(x)g(x) = \frac{3}{16}e^{4x-12}.$$

Damit gilt:

$$\int \left(2x^3 - x + 2\right) e^{4x-12}\, dx$$

$$= \left(\frac{1}{2}x^3 - \frac{1}{4}x + \frac{1}{2}\right) e^{4x-12} - \left(\frac{3}{8}x^2 - \frac{1}{16}\right) e^{4x-12} + \frac{3}{16}x e^{4x-12}$$

$$- \int \frac{3}{16}e^{4x-12}\, dx$$

$$= \left(\frac{1}{2}x^3 - \frac{1}{4}x + \frac{1}{2} - \frac{3}{8}x^2 + \frac{1}{16} + \frac{3}{16}x - \frac{3}{64}\right) e^{4x-12} + c$$

$$= \left(\frac{1}{2}x^3 - \frac{3}{8}x^2 - \frac{1}{16}x + \frac{33}{64}\right) e^{4x-12} + c.$$

Also gilt: $F(x) = \left(\frac{1}{2}x^3 - \frac{3}{8}x^2 - \frac{1}{16}x + \frac{33}{64}\right) e^{4x-12} + c,\ c \in \mathbb{R}.$

d) Gesucht ist das unbestimmte Integral $\int \dfrac{e^{2x} - 1}{e^{2x} + 2}\, dx.$

Zuerst führt man eine Substitution durch.

Mit $u = e^{2x}$ folgt $\dfrac{du}{dx} = 2e^{2x}$ und $dx = \dfrac{du}{2e^{2x}} = \dfrac{du}{2u}$.

Damit gilt dann:

$$\int \frac{e^{2x} - 1}{e^{2x} + 2}\, dx = \int \frac{u-1}{u+2} \cdot \frac{du}{2u} = \frac{1}{2} \int \frac{u-1}{u(u+2)}\, du.$$

Jetzt folgt noch eine Partialbruchzerlegung.

Der Ansatz hierzu lautet:

$$\frac{u-1}{u(u+2)} = \frac{A}{u} + \frac{B}{u+2}.$$

Multipliziert man mit u durch, so führt dies auf:

$$\frac{u-1}{u+2} = A + B \cdot \frac{u}{u+2}.$$

Setzt man nun $u = 0$ ein, so folgt: $-\dfrac{1}{2} = A$.

Multipliziert man die Ausgangsgleichung mit $u+2$ durch, so führt dies auf:

$$\frac{u-1}{u} = A \cdot \frac{u+2}{u} + B.$$

Setzt man nun $u = -2$ ein, so folgt: $\dfrac{3}{2} = B$.

Also gilt: $\dfrac{u-1}{2u(u+2)} = -\dfrac{1}{4} \cdot \dfrac{1}{u} + \dfrac{3}{4} \cdot \dfrac{1}{u+2}$.

Damit gilt dann:

$$\int \frac{u-1}{2u(u+2)}\, du = \int \left(-\frac{1}{4} \cdot \frac{1}{u} + \frac{3}{4} \cdot \frac{1}{u+2} \right) du$$

$$= -\frac{1}{4} \ln|u| + \frac{3}{4} \ln|u+2| + c = -\frac{1}{4} \ln|e^{2x}| + \frac{3}{4} \ln|e^{2x} + 2| + c$$

$$= -\frac{1}{2}x + \frac{3}{4} \ln|e^{2x} + 2| + c.$$

Also gilt: $F(x) = -\dfrac{1}{2}x + \dfrac{3}{4} \ln|e^{2x} + 2| + c, \; c \in \mathbb{R}$.

Aufgabe 6.7.14

Bestimmen Sie alle Stammfunktionen der folgenden Funktionen:

a) $f(x) = x^2 e^{-x}$, b) $f(x) = \dfrac{(\ln x)^2 - 1}{x}$,

c) $f(x) = \dfrac{\arcsin x}{\sqrt{1 - x^2}}$, d) $f(x) = \dfrac{x}{(x-2)^5}$.

Lösung:

a) Gesucht ist das unbestimmte Integral $\int x^2 e^{-x}\, dx$.

Die Lösung erfolgt mit partieller Integration.

Mit $f(x) = x^2$ und $g'(x) = e^{-x}$ folgen:

$f'(x) = 2x$, $g(x) = -e^{-x}$, $f(x)g(x) = -x^2 e^{-x}$ und

$f'(x)g(x) = -2xe^{-x}$.

Damit gilt dann:

$$\int x^2 e^{-x}\, dx = -x^2 e^{-x} - \int -2xe^{-x}\, dx.$$

Es muß ein weiteres Mal partielle Integration eingesetzt werden.

Mit $f(x) = 2x$ und $g'(x) = e^{-x}$ folgen:

$f'(x) = 2$, $g(x) = -e^{-x}$, $f(x)g(x) = -2xe^{-x}$ und $f'(x)g(x) = -2e^{-x}$.

Damit gilt:

$$\int x^2 e^{-x}\, dx = -x^2 e^{-x} - 2xe^{-x} + \int 2e^{-x}\, dx$$

$$= -x^2 e^{-x} - 2xe^{-x} - 2e^{-x} + c.$$

Also gilt: $F(x) = -x^2 e^{-x} - 2xe^{-x} - 2e^{-x} + c$, $c \in \mathbb{R}$.

b) Gesucht ist das unbestimmte Integral $\int \dfrac{(\ln x)^2 - 1}{x}\, dx$.

Die Lösung erfolgt mittels Substitution.

Mit $u = \ln x$ folgt $\dfrac{du}{dx} = \dfrac{1}{x}$ und $dx = x \cdot du$.

Es gilt:

$$\int \frac{(\ln x)^2 - 1}{x}\, dx = \int \frac{u^2 - 1}{x} \cdot x\, du = \int (u^2 - 1)\, du$$

$$= \frac{u^3}{3} - u + c = \frac{(\ln x)^3}{3} - \ln x + c.$$

Also gilt: $F(x) = \dfrac{(\ln x)^3}{3} - \ln x + c$, $c \in \mathbb{R}$.

c) Gesucht ist das unbestimmte Integral $\int \dfrac{\arcsin x}{\sqrt{1 - x^2}}\, dx$.

Die Lösung erfolgt mittels Substitution.

Mit $u = \arcsin x$ folgt $\dfrac{du}{dx} = \dfrac{1}{\sqrt{1 - x^2}}$ und $dx = \sqrt{1 - x^2} \cdot du$.

Also erhält man:

$$\int \frac{\arcsin x}{\sqrt{1-x^2}}\, dx = \int \frac{u}{\sqrt{1-x^2}} \cdot \sqrt{1-x^2}\, du = \int u\, du = \frac{u^2}{2} + c$$

$$= \frac{1}{2} \arcsin^2 x + c.$$

Also gilt: $F(x) = \frac{1}{2}\arcsin^2 x + c,\ c \in \mathbb{R}$.

d) Gesucht ist das unbestimmte Integral $\displaystyle\int \frac{x}{(x-2)^5}\, dx$.

Die Lösung erfolgt mittels Substitution.

Mit $u = x - 2$ bzw. $x = u + 2$ folgt $\dfrac{du}{dx} = 1$ und $dx = du$.

Damit gilt:

$$\int \frac{x}{(x-2)^5}\, dx = \int \frac{x}{u^5}\, du = \int \frac{u+2}{u^5}\, du = \int \left(\frac{1}{u^4} + \frac{2}{u^5}\right) du$$

$$= -\frac{1}{3u^3} - \frac{1}{2u^4} + c = -\frac{1}{3(x-2)^3} - \frac{1}{2(x-2)^4} + c.$$

Also gilt: $F(x) = -\dfrac{1}{3(x-2)^3} - \dfrac{1}{2(x-2)^4} + c,\ c \in \mathbb{R}$.

Aufgabe 6.7.15

Bestimmen Sie alle Stammfunktionen der folgenden Funktionen:

a) $f(x) = \cos^2 x$, b) $f(x) = e^x \sin x$,

c) $f(x) = e^{2x}\cos(3x)$, d) $f(x) = 2\sin^2(3x)$.

Lösung:

a) Gesucht ist das unbestimmte Integral $\displaystyle\int \cos^2 x\, dx$.

Die Lösung erfolgt mit partieller Integration.

Mit $f(x) = \cos x$ und $g'(x) = \cos x$ folgen:

$f'(x) = -\sin x$, $g(x) = \sin x$, $f(x)g(x) = \sin x \cos x$ und

$f'(x)g(x) = -\sin^2 x$.

Damit gilt:

$$\int \cos^2 x\, dx = \sin x \cos x - \int -\sin^2 x\, dx.$$

Will man jetzt ein weiteres Mal die partielle Integration einsetzen, so hebt sich alles auf und es bleibt $0 = 0$ zurück. Deshalb folgt die weitere Lösung mithilfe der Formel $\sin^2 x = 1 - \cos^2 x$.

$$\int \cos^2 x \, dx = \sin x \cos x + \int \left(1 - \cos^2 x\right) \, dx$$

$$= \sin x \cos x + x - \int \cos^2 x \, dx.$$

Somit gilt: $\int \cos^2 x \, dx = \sin x \cos x + x - \int \cos^2 x \, dx.$

Dies ist offensichtlich eine Gleichung für das gesuchte Integral. Es folgt:

$$2 \cdot \int \cos^2 x \, dx = \sin x \cos x + x \text{ und damit}$$

$$\int \cos^2 x \, dx = \frac{1}{2} \left(\sin x \cos x + x\right).$$

Also gilt: $F(x) = \frac{1}{2} \left(\sin x \cos x + x\right) + c, \ c \in \mathbb{R}.$

b) Gesucht ist das unbestimmte Integral $\int e^x \sin x \, dx.$

Die Lösung erfolgt mit partieller Integration.

Mit $f(x) = e^x$ und $g'(x) = \sin x$ folgen:

$f'(x) = e^x$, $g(x) = -\cos x$, $f(x)g(x) = -e^x \cos x$ und $f'(x)g(x) = -e^x \cos x.$

Damit gilt:

$$\int e^x \sin x \, dx = -e^x \cos x - \int -e^x \cos x \, dx.$$

Es muß ein weiteres Mal die partielle Integration eingesetzt werden.

Mit $f(x) = e^x$ und $g'(x) = \cos x$ folgen:

$f'(x) = e^x$, $g(x) = \sin x$, $f(x)g(x) = e^x \sin x$ und $f'(x)g(x) = e^x \sin x.$

Damit gilt dann:

$$\int e^x \sin x \, dx = -e^x \cos x + e^x \sin x - \int e^x \sin x \, dx.$$

Dies ist offensichtlich eine Gleichung für das gesuchte Integral. Es folgt:

$$2 \cdot \int e^x \sin x \, dx = -e^x \cos x + e^x \sin x \text{ und damit}$$

$$\int e^x \sin x \, dx = \frac{1}{2} (-e^x \cos x + e^x \sin x).$$

Also gilt: $F(x) = \frac{1}{2} (-e^x \cos x + e^x \sin x) + c, \ c \in \mathbb{R}$.

c) Gesucht ist das unbestimmte Integral $\int e^{2x} \cos(3x) \, dx$.

Die Lösung erfolgt mit partieller Integration.

Mit $f(x) = e^{2x}$ und $g'(x) = \cos(3x)$ folgen:

$$f'(x) = 2e^{2x}, \ g(x) = \frac{1}{3} \sin(3x), \ f(x)g(x) = \frac{1}{3} e^{2x} \sin(3x) \text{ und}$$

$$f'(x)g(x) = \frac{2}{3} e^{2x} \sin(3x).$$

Damit gilt:

$$\int e^{2x} \cos(3x) \, dx = \frac{1}{3} e^{2x} \sin(3x) - \int \frac{2}{3} e^{2x} \sin(3x) \, dx.$$

Es muß ein weiteres Mal partielle Integration eingesetzt werden.

Mit $f(x) = \frac{2}{3} e^{2x}$ und $g'(x) = \sin(3x)$ folgen:

$$f'(x) = \frac{4}{3} e^{2x}, \ g(x) = -\frac{1}{3} \cos(3x), \ f(x)g(x) = -\frac{2}{9} e^{2x} \cos(3x) \text{ und}$$

$$f'(x)g(x) = -\frac{4}{9} e^{2x} \cos(3x).$$

Damit gilt:

$$\int e^{2x} \cos(3x) \, dx = \frac{1}{3} e^{2x} \sin(3x) + \frac{2}{9} e^{2x} \cos(3x) - \int \frac{4}{9} e^{2x} \cos(3x) \, dx.$$

Dies ist offensichtlich eine Gleichung für das gesuchte Integral.

Es folgt:

$$\frac{13}{9} \cdot \int e^{2x} \cos(3x) \, dx = \frac{1}{3} e^{2x} \sin(3x) + \frac{2}{9} e^{2x} \cos(3x) \text{ und damit}$$

$$\int e^{2x} \cos(3x) \, dx = e^{2x} \left(\frac{3}{13} \sin(3x) + \frac{2}{13} \cos(3x) \right).$$

Also gilt: $F(x) = e^{2x} \left(\frac{3}{13} \sin(3x) + \frac{2}{13} \cos(3x) \right) + c, \ c \in \mathbb{R}$.

d) Gesucht ist das unbestimmte Integral $\int 2\sin^2(3x) \, dx$.

Die Lösung erfolgt mit partieller Integration.

Mit $f(x) = 2\sin(3x)$ und $g'(x) = \sin(3x)$ folgen:

$f'(x) = 6\cos(3x)$, $g(x) = -\dfrac{1}{3}\cos(3x)$, $f(x)g(x) = -\dfrac{2}{3}\sin(3x)\cos(3x)$
und $f'(x)g(x) = -2\cos^2(3x)$.

Damit gilt:

$$\int 2\sin^2(3x)\,dx = -\frac{2}{3}\sin(3x)\cos(3x) - \int -2\cos^2(3x)\,dx.$$

Will man jetzt ein weiteres Mal die partielle Integration einsetzen, so hebt sich alles auf und es bleibt $0 = 0$ zurück. Deshalb folgt die weitere Lösung mithilfe der Formel $\cos^2(3x) = 1 - \sin^2(3x)$.

$$\int 2\sin^2(3x)\,dx = -\frac{2}{3}\sin(3x)\cos(3x) + \int 2\left(1 - \sin^2(3x)\right)\,dx.$$

Somit gilt:

$$\int 2\sin^2(3x)\,dx = -\frac{2}{3}\sin(3x)\cos(3x) + 2x - \int 2\sin^2(3x)\,dx.$$

Dies ist offensichtlich eine Gleichung für das gesuchte Integral.

Es folgt:

$$\int 4\sin^2(3x)\,dx = -\frac{2}{3}\sin(3x)\cos(3x) + 2x \quad \text{und damit}$$

$$\int 2\sin^2(3x)\,dx = -\frac{1}{3}\sin(3x)\cos(3x) + x.$$

Also gilt: $F(x) = -\dfrac{1}{3}\sin(3x)\cos(3x) + x + c$, $c \in \mathbb{R}$.

Aufgabe 6.7.16

Berechnen Sie die folgenden Integrale:

a) $\displaystyle\int_0^1 \frac{1}{8} \cdot \frac{\arctan\left(\frac{1}{2}x\right)}{4 + x^2}\,dx$, b) $\displaystyle\int_e^{2e} x^3 \ln x\,dx$,

c) $\displaystyle\int_1^e \frac{\sqrt{1 + \ln x}}{3x}\,dx$, d) $\displaystyle\int_0^{\frac{\pi}{2}} \sin x \cos^{12} x\,dx$.

Lösung:

a) Gesucht ist das Integral $\displaystyle\int_0^1 \frac{1}{8} \cdot \frac{\arctan\left(\frac{1}{2}x\right)}{4 + x^2}\,dx$.

Die Lösung erfolgt mittels Substitution.

Mit $u = \arctan\left(\dfrac{1}{2}x\right)$ folgt $\dfrac{du}{dx} = \dfrac{1}{2} \cdot \dfrac{1}{1 + \frac{1}{4}x^2}$ und

$$dx = 2 \cdot \left(1 + \frac{1}{4}x^2\right) du.$$

Damit gilt dann:

$$\int_0^1 \frac{1}{8} \cdot \frac{\arctan\left(\frac{1}{2}x\right)}{4 + x^2} \, dx = \int_{x=0}^{x=1} \frac{1}{8} \cdot \frac{u}{4 + x^2} \cdot 2 \cdot \left(1 + \frac{1}{4}x^2\right) du$$

$$= \int_{x=0}^{x=1} \frac{1}{16} u \, du = \left[\frac{1}{32}u^2\right]_{x=0}^{x=1} = \left[\frac{1}{32}\arctan^2\left(\frac{1}{2}x\right)\right]_0^1$$

$$= \frac{1}{32}\arctan^2\left(\frac{1}{2}\right) - 0 \approx 0.00672.$$

b) Gesucht ist das Integral $\int_e^{2e} x^3 \ln x \, dx$.

Die Lösung erfolgt mit partieller Integration.

Mit $f(x) = \ln x$ und $g'(x) = x^3$ folgen:

$$f'(x) = \frac{1}{x}, \ g(x) = \frac{x^4}{4}, \ f(x)g(x) = \frac{x^4}{4}\ln x$$

und $f'(x)g(x) = \frac{1}{x} \cdot \frac{x^4}{4} = \frac{x^3}{4}$.

Damit gilt:

$$\int_e^{2e} x^3 \ln x \, dx = \left[\frac{x^4}{4}\ln x\right]_e^{2e} - \int_e^{2e} \frac{x^3}{4} \, dx = \left[\frac{x^4}{4}\ln x - \frac{x^4}{16}\right]_e^{2e}$$

$$= \frac{16e^4}{4}\ln(2e) - \frac{16e^4}{16} - \left(\frac{e^4}{4} - \frac{e^4}{4}\right) = 4e^4 \ln 2 + \frac{16e^4}{4} - \frac{16e^4}{16} - \frac{e^4}{4} + \frac{e^4}{4}$$

$$= 4e^4 \ln 2 + \frac{45}{16}e^4 \approx 304.935.$$

c) Gesucht ist das Integral $\int_1^e \frac{\sqrt{1 + \ln x}}{3x} \, dx$.

Die Lösung erfolgt mittels Substitution.

Mit $u = 1 + \ln x$ folgt $\frac{du}{dx} = \frac{1}{x}$ und $dx = x \, du$.

Damit gilt:

$$\int_1^e \frac{\sqrt{1 + \ln x}}{3x} \, dx = \int_{x=1}^{x=e} \frac{\sqrt{u}}{3x} \cdot x \, du = \frac{1}{3}\int_{x=1}^{x=e} \sqrt{u} \, du = \left[\frac{1}{3} \cdot \frac{2}{3}u^{\frac{3}{2}}\right]_{x=1}^{x=e}$$

$$= \left[\frac{2}{9}(1 + \ln x)^{\frac{3}{2}}\right]_1^e = \frac{2}{9} \cdot 2^{\frac{3}{2}} - \frac{2}{9} = \frac{2}{9}\left(2\sqrt{2} - 1\right) \approx 0.40632.$$

d) Gesucht ist das Integral $\displaystyle\int_0^{\frac{\pi}{2}} \sin x \cos^{12} x \, dx$.

Die Lösung erfolgt mittels Substitution.

Mit $u = \cos x$ folgt $\dfrac{du}{dx} = -\sin x$ und $dx = -\dfrac{du}{\sin x}$.

Damit gilt:

$$\int_0^{\frac{\pi}{2}} \sin x \cos^{12} x \, dx = \int_{x=0}^{x=\frac{\pi}{2}} \sin x \cdot u^{12} \frac{du}{-\sin x} = -\int_{x=0}^{x=\frac{\pi}{2}} u^{12} \, du$$

$$= \left[-\frac{u^{13}}{13}\right]_{x=0}^{x=\frac{\pi}{2}} = \left[-\frac{\cos^{13} x}{13}\right]_0^{\frac{\pi}{2}} = 0 + \frac{1}{13} = \frac{1}{13}.$$

Aufgabe 6.7.17

Berechnen Sie die folgenden Integrale:

a) $\displaystyle\int_1^2 \frac{2x + 2}{\sqrt{x^2 + 2x + 4}} \, dx$, b) $\displaystyle\int_0^{\pi} \cos x \sqrt{\sin x} \, dx$,

c) $\displaystyle\int_{\sqrt{2}}^{\sqrt{2e}} \ln \frac{x^2}{2} \, dx$,   d) $\displaystyle\int_1^{\frac{27}{3}} \frac{x}{\sqrt{3x - 2}} \, dx$.

Lösung:

a) Gesucht ist das Integral $\displaystyle\int_1^2 \frac{2x + 2}{\sqrt{x^2 + 2x + 4}} \, dx$.

Die Lösung erfolgt mittels Substitution.

Mit $u = x^2 + 2x + 4$ folgt $\dfrac{du}{dx} = 2x + 2$ und $dx = \dfrac{du}{2x + 2}$.

Damit gilt:

$$\int_1^2 \frac{2x + 2}{\sqrt{x^2 + 2x + 4}} \, dx = \int_{x=1}^{x=2} \frac{2x + 2}{\sqrt{u}} \cdot \frac{du}{2x + 2} = \int_{x=1}^{x=2} \frac{1}{\sqrt{u}} \, du$$

$$= \left[2\sqrt{u}\right]_{x=1}^{x=2} = \left[2\sqrt{x^2 + 2x + 4}\right]_{x=1}^{x=2}$$

$$= 2\sqrt{12} - 2\sqrt{7} = 4\sqrt{3} - 2\sqrt{7} \approx 1.63670.$$

b) Gesucht ist das Integral $\displaystyle\int_0^{\pi} \cos x \sqrt{\sin x} \, dx$.

Die Lösung erfolgt mittels Substitution.

Mit $u = \sin x$ folgt $\dfrac{du}{dx} = \cos x$ und $dx = \dfrac{du}{\cos x}$.

Damit gilt:

$$\int_0^\pi \cos x \sqrt{\sin x}\, dx = \int_{x=0}^{x=\pi} \cos x \cdot \sqrt{u} \cdot \frac{du}{\cos x} = \int_{x=0}^{x=\pi} \sqrt{u}\, du$$

$$= \left[\frac{2}{3} u^{\frac{3}{2}}\right]_{x=0}^{x=\pi} = \left[\frac{2}{3} \sin^{\frac{3}{2}} x\right]_{x=0}^{x=\pi} = 0 - 0 = 0.$$

c) Gesucht ist das Integral $\displaystyle\int_{\sqrt{2}}^{\sqrt{2e}} \ln \frac{x^2}{2}\, dx = \int_{\sqrt{2}}^{\sqrt{2e}} 1 \cdot \ln \frac{x^2}{2}\, dx.$

Die Lösung erfolgt mit partieller Integration.

Mit $f(x) = \ln \dfrac{x^2}{2}$ und $g'(x) = 1$ folgen:

$$f'(x) = \frac{x}{\frac{x^2}{2}} = \frac{2}{x},\ g(x) = x,\ f(x)g(x) = x \ln \frac{x^2}{2}\ \text{und}$$

$$f'(x)g(x) = \frac{2}{x} \cdot x = 2.$$

Damit gilt:

$$\int_{\sqrt{2}}^{\sqrt{2e}} \ln \frac{x^2}{2}\, dx = \left[x \ln \frac{x^2}{2}\right]_{\sqrt{2}}^{\sqrt{2e}} - \int_{\sqrt{2}}^{\sqrt{2e}} 2\, dx = \left[x \ln \frac{x^2}{2} - 2x\right]_{\sqrt{2}}^{\sqrt{2e}}$$

$$= \sqrt{2e} - 2\sqrt{2e} - \left(-2\sqrt{2}\right) = 2\sqrt{2} - \sqrt{2e} \approx 0.49678.$$

d) Gesucht ist das Integral $\displaystyle\int_1^{\frac{27}{3}} \frac{x}{\sqrt{3x-2}}\, dx.$

Die Lösung erfolgt mittels Substitution.

Mit $u = 3x - 2$ bzw. $x = \dfrac{u+2}{3}$ folgt $\dfrac{du}{dx} = 3$ und $dx = \dfrac{du}{3}.$

Damit gilt:

$$\int_1^{\frac{27}{3}} \frac{x}{\sqrt{3x-2}}\, dx = \int_{x=1}^{x=\frac{27}{3}} \frac{x}{\sqrt{u}} \cdot \frac{du}{3}$$

$$= \int_{x=1}^{x=\frac{27}{3}} \frac{u+2}{9\sqrt{u}}\, du = \frac{1}{9} \cdot \int_{x=1}^{x=\frac{27}{3}} \left(\sqrt{u} + \frac{2}{\sqrt{u}}\right) du$$

$$= \frac{1}{9} \left[\frac{2}{3} u^{\frac{3}{2}} + 4\sqrt{u}\right]_{x=1}^{x=\frac{27}{3}} = \left[\frac{2}{27}(3x-2)^{\frac{3}{2}} + \frac{4}{9}\sqrt{3x-2}\right]_{x=1}^{x=\frac{27}{3}}$$

$$= \frac{250}{27} + \frac{20}{9} - \left(\frac{2}{27} + \frac{4}{9}\right) = \frac{248}{27} + \frac{16}{9} = \frac{296}{27} \approx 10.9629.$$

Aufgabe 6.7.18

Berechnen Sie die folgenden Integrale:

a) $\displaystyle\int_0^1 \frac{1}{x^2+4x+5}\,dx,$ b) $\displaystyle\int_0^{\frac{\pi}{3}} \frac{1}{\cos x}\,dx,$

c) $\displaystyle\int_{\frac{\pi}{6}}^{\frac{\pi}{4}} \frac{2x}{\sin^2 x}\,dx,$ d) $\displaystyle\int_0^{\frac{\pi}{2}} \frac{1}{\sin x+\cos x}\,dx.$

Lösung:

a) Gesucht ist das Integral

$$\int_0^1 \frac{1}{x^2+4x+5}\,dx = \int_0^1 \frac{1}{x^2+4x+4+1}\,dx = \int_0^1 \frac{1}{(x+2)^2+1}\,dx.$$

Die Lösung erfolgt mittels Substitution.

Mit $u = x+2$ folgt $\dfrac{du}{dx} = 1$ und $dx = du$.

Damit gilt:

$$\int_0^1 \frac{1}{(x+2)^2+1}\,dx = \int_{x=0}^{x=1} \frac{1}{1+u^2}\,du = \Big[\arctan u\Big]_{x=0}^{x=1}$$

$$= \Big[\arctan(x+2)\Big]_{x=0}^{x=1} = \arctan 3 - \arctan 2 \approx 0.14189.$$

b) Gesucht ist das Integral $\displaystyle\int_0^{\frac{\pi}{3}} \frac{1}{\cos x}\,dx.$

Die Lösung erfolgt mittels Substitution.

Mit $x = 2\arctan u$ bzw. $u = \tan\dfrac{x}{2}$ folgt $\dfrac{dx}{du} = \dfrac{2}{1+u^2}$

und $dx = \dfrac{2\,du}{1+u^2}.$

Desweiteren gilt:

$$\sin x = \frac{2\tan\frac{x}{2}}{1+\tan^2\frac{x}{2}} = \frac{2u}{1+u^2} \quad\text{und}$$

$$\cos x = \frac{1-\tan^2\frac{x}{2}}{1+\tan^2\frac{x}{2}} = \frac{1-u^2}{1+u^2}.$$

Damit gilt:

$$\int_0^{\frac{\pi}{3}} \frac{1}{\cos x}\,dx = \int_{x=0}^{x=\frac{\pi}{3}} \frac{1+u^2}{1-u^2}\cdot\frac{2\,du}{1+u^2} = \int_{x=0}^{x=\frac{\pi}{3}} \frac{2}{1-u^2}\,du.$$

Dieses Integral wird mit Partialbruchzerlegung weiterverarbeitet.

Es gilt: $1-u^2 = (1+u)(1-u).$

Der Ansatz lautet dann:

$$\frac{2}{1-u^2} = \frac{A}{1+u} + \frac{B}{1-u}.$$

Multipliziert man mit $1 + u$ durch, so führt dies auf:

$$\frac{2}{1-u} = A + B \cdot \frac{1+u}{1-u}.$$

Setzt man nun $u = -1$ ein, so folgt: $\frac{2}{2} = A$, also $A = 1$.

Multipliziert man die Ausgangsgleichung mit $1 - u$ durch, so führt dies auf die Gleichung:

$$\frac{2}{1+u} = A \cdot \frac{1-u}{1+u} + B.$$

Setzt man nun $u = 1$ ein, so folgt: $\frac{2}{2} = B$, also $B = 1$.

Also gilt: $\dfrac{2}{1-u^2} = \dfrac{1}{1+u} + \dfrac{1}{1-u}.$

Damit gilt:

$$\int_{x=0}^{x=\frac{\pi}{3}} \frac{2}{1-u^2}\, du = \int_{x=0}^{x=\frac{\pi}{3}} \left(\frac{1}{1+u} + \frac{1}{1-u} \right)\, du$$

$$= \Big[\ln(1+u) - \ln(1-u) \Big]_{x=0}^{x=\frac{\pi}{3}} = \left[\ln\left(1 + \tan\frac{x}{2}\right) - \ln\left(1 - \tan\frac{x}{2}\right) \right]_{x=0}^{x=\frac{\pi}{3}}$$

$$= \ln\left(1 + \frac{1}{3}\sqrt{3}\right) - \ln\left(1 - \frac{1}{3}\sqrt{3}\right) \approx 1.31695.$$

c) Gesucht ist das Integral $\displaystyle\int_{\frac{\pi}{6}}^{\frac{\pi}{4}} \frac{2x}{\sin^2 x}\, dx$.

Die Lösung erfolgt mit partieller Integration.

Mit $f(x) = 2x$ und $g'(x) = \dfrac{1}{\sin^2 x}$ folgen:

$f'(x) = 2,\ g(x) = -\cot x,\ f(x)g(x) = -2x\cot x$ und

$f'(x)g(x) = -2\cot x.$

Damit gilt:

$$\int_{\frac{\pi}{6}}^{\frac{\pi}{4}} \frac{2x}{\sin^2 x}\, dx$$

$$= \Big[-2x\cot x \Big]_{\frac{\pi}{6}}^{\frac{\pi}{4}} - \int_{\frac{\pi}{6}}^{\frac{\pi}{4}} -2\cot x\, dx = \Big[-2x\cot x + 2\ln(\sin x) \Big]_{\frac{\pi}{6}}^{\frac{\pi}{4}}$$

$$= -2 \cdot \frac{\pi}{4} + 2\ln\frac{1}{2}\sqrt{2} - \left(-2 \cdot \frac{\pi}{6} \cdot \sqrt{3} + 2\ln\frac{1}{2} \right) = \ln 2 + \pi\left(\frac{1}{3}\sqrt{3} - \frac{1}{2} \right)$$

$\approx 0.93615.$

d) Gesucht ist das Integral $\int_0^{\frac{\pi}{2}} \dfrac{1}{\sin x + \cos x}\, dx.$

Die Lösung erfolgt mittels Substitution.

Mit $x = 2\arctan u$ bzw. $u = \tan \dfrac{x}{2}$ folgt $\dfrac{dx}{du} = \dfrac{2}{1+u^2}$ und

$$dx = \frac{2\,du}{1+u^2}.$$

Desweiteren gilt:

$$\sin x = \frac{2\tan\frac{x}{2}}{1+\tan^2\frac{x}{2}} = \frac{2u}{1+u^2} \text{ und}$$

$$\cos x = \frac{1-\tan^2\frac{x}{2}}{1+\tan^2\frac{x}{2}} = \frac{1-u^2}{1+u^2}.$$

Damit gilt:

$$\int_0^{\frac{\pi}{2}} \frac{1}{\sin x + \cos x}\, dx = \int_{x=0}^{x=\frac{\pi}{2}} \frac{1}{\frac{2u}{1+u^2} + \frac{1-u^2}{1+u^2}} \cdot \frac{2\,du}{1+u^2}$$

$$= \int_{x=0}^{x=\frac{\pi}{2}} \frac{2}{-u^2 + 2u + 1}\, du = -\int_{x=0}^{x=\frac{\pi}{2}} \frac{2}{u^2 - 2u - 1}\, du.$$

Dieses Integral wird mit Partialbruchzerlegung weiterverarbeitet.

Es gilt: $u^2 - 2u - 1 = \left(u - \left(1+\sqrt{2}\right)\right)\left(u - \left(1-\sqrt{2}\right)\right).$

Der Ansatz lautet:

$$\frac{2}{u^2 - 2u - 1} = \frac{A}{u - \left(1+\sqrt{2}\right)} + \frac{B}{u - \left(1-\sqrt{2}\right)}.$$

Multipliziert man mit $u - \left(1+\sqrt{2}\right)$ durch, so führt dies auf:

$$\frac{2}{u - \left(1-\sqrt{2}\right)} = A + B \cdot \frac{u - \left(1+\sqrt{2}\right)}{u - \left(1-\sqrt{2}\right)}.$$

Setzt man nun $u = 1 + \sqrt{2}$ ein, so folgt: $\dfrac{2}{2\sqrt{2}} = A$, also $A = \dfrac{1}{2}\sqrt{2}$.

Multipliziert man die Ausgangsgleichung mit $u - \left(1-\sqrt{2}\right)$ durch, so erhält man:

$$\frac{2}{u - \left(1+\sqrt{2}\right)} = A \cdot \frac{u - \left(1-\sqrt{2}\right)}{u - \left(1+\sqrt{2}\right)} + B.$$

Setzt man nun $u = 1 - \sqrt{2}$ ein, so folgt: $\dfrac{2}{-2\sqrt{2}} = B$, also $B = -\dfrac{1}{2}\sqrt{2}$.

Also gilt: $\dfrac{2}{u^2 - 2u - 1} = \dfrac{\sqrt{2}}{2\left(u - (1 + \sqrt{2})\right)} - \dfrac{\sqrt{2}}{2\left(u - (1 - \sqrt{2})\right)}$.

Damit gilt:

$$-\int_{x=0}^{x=\frac{\pi}{2}} \frac{2}{u^2 - 2u - 1}\, du$$

$$= -\int_{x=0}^{x=\frac{\pi}{2}} \left(\frac{\sqrt{2}}{2\left(u - (1 + \sqrt{2})\right)} - \frac{\sqrt{2}}{2\left(u - (1 - \sqrt{2})\right)} \right) du$$

$$= \left[-\frac{1}{2}\sqrt{2} \cdot \ln \left| u - \left(1 + \sqrt{2}\right) \right| + \frac{1}{2}\sqrt{2} \cdot \ln \left| u - \left(1 - \sqrt{2}\right) \right| \right]_{x=0}^{x=\frac{\pi}{2}}$$

$$= \left[-\frac{1}{2}\sqrt{2} \cdot \ln \left| \tan \frac{x}{2} - \left(1 + \sqrt{2}\right) \right| + \frac{1}{2}\sqrt{2} \cdot \ln \left| \tan \frac{x}{2} - \left(1 - \sqrt{2}\right) \right| \right]_{0}^{\frac{\pi}{2}}$$

$$= \left[\frac{1}{2}\sqrt{2} \cdot \ln \left| \frac{\tan \frac{x}{2} - \left(1 - \sqrt{2}\right)}{\tan \frac{x}{2} - \left(1 + \sqrt{2}\right)} \right| \right]_{0}^{\frac{\pi}{2}}$$

$$= \frac{1}{2}\sqrt{2} \cdot \ln \left| \frac{1 - \left(1 - \sqrt{2}\right)}{1 - \left(1 + \sqrt{2}\right)} \right| - \frac{1}{2}\sqrt{2} \cdot \ln \left| \frac{-\left(1 - \sqrt{2}\right)}{-\left(1 + \sqrt{2}\right)} \right|$$

$$= \frac{1}{2}\sqrt{2} \cdot \ln 1 - \frac{1}{2}\sqrt{2} \cdot \ln \frac{-1 + \sqrt{2}}{1 + \sqrt{2}} = -\frac{1}{2}\sqrt{2} \cdot \ln \frac{\left(-1 - \sqrt{2}\right)\left(1 - \sqrt{2}\right)}{\left(1 + \sqrt{2}\right)\left(1 - \sqrt{2}\right)}$$

$$= -\frac{1}{2}\sqrt{2} \cdot \ln \left(3 - 2\sqrt{2}\right) \approx 1.24644.$$

Aufgabe 6.7.19

Berechnen Sie die folgenden Integrale:

a) $\displaystyle\int_{-3}^{0} \frac{2e^x}{2 + 3e^x}\, dx$, b) $\displaystyle\int_{0}^{3} x^3 \cdot e^{x^2}\, dx$,

c) $\displaystyle\int_{-1}^{1} \frac{x - 1}{e^{2x}}\, dx$,   d) $\displaystyle\int_{0}^{1} \frac{e^{3x}}{3 - e^x}\, dx$.

Lösung:

a) Gesucht ist das Integral $\displaystyle\int_{-3}^{0} \frac{2e^x}{2 + 3e^x}\, dx$.

Die Lösung erfolgt mittels Substitution.

Mit $u = 2 + 3e^x$ folgt $\dfrac{du}{dx} = 3e^x$ und $dx = \dfrac{du}{3e^x}$.

Damit gilt:

$$\int_{-3}^{0} \frac{2e^x}{2+3e^x}\,dx = \int_{x=-3}^{x=0} \frac{2e^x}{u} \cdot \frac{du}{3e^x} = \frac{2}{3}\int_{x=-3}^{x=0} \frac{1}{u}\,du = \left[\frac{2}{3}\ln|u|\right]_{x=-3}^{x=0}$$

$$= \left[\frac{2}{3}\ln|2+3e^x|\right]_{x=-3}^{x=0} = \frac{2}{3}\ln 5 - \frac{2}{3}\ln\left(2+3e^{-3}\right)$$

$$= \frac{2}{3}\ln\frac{5}{2+3e^{-3}} \approx 0.56284.$$

b) Gesucht ist das Integral $\displaystyle\int_0^3 x^3 \cdot e^{x^2}\,dx$.

Die Lösung erfolgt mittels Substitution.

Mit $u = x^2$ folgt $\dfrac{du}{dx} = 2x$ und $dx = \dfrac{du}{2x}$.

Damit gilt:

$$\int_0^3 x^3 \cdot e^{x^2}\,dx = \int_{x=0}^{x=3} x^3 e^u \cdot \frac{du}{2x} = \frac{1}{2}\int_{x=0}^{x=3} x^2 e^u\,du = \frac{1}{2}\int_{x=0}^{x=3} u e^u\,du.$$

Dieses Integral wird mit partieller Integration weiterverarbeitet.

Mit $f(u) = u$ und $g'(u) = e^u$ folgen:

$f'(u) = 1$, $g(u) = e^u$, $f(u)g(u) = ue^u$ und $f'(u)g(u) = e^u$.

Damit gilt:

$$\frac{1}{2}\int_{x=0}^{x=3} u e^u\,du = \frac{1}{2}\left[ue^u\right]_{x=0}^{x=3} - \frac{1}{2}\int_{x=0}^{x=3} e^u\,du = \left[\frac{1}{2}\left(ue^u - e^u\right)\right]_{x=0}^{x=3}$$

$$= \left[\frac{1}{2}\left(x^2 e^{x^2} - e^{x^2}\right)\right]_{x=0}^{x=3} = \frac{1}{2}\left(9e^9 - e^9\right) - \frac{1}{2}\cdot(-1)$$

$$= 4e^9 + \frac{1}{2} \approx 32\,412.8.$$

c) Gesucht ist das Integral $\displaystyle\int_{-1}^{1} \frac{x-1}{e^{2x}}\,dx = \int_{-1}^{1} (x-1)e^{-2x}\,dx$.

Die Lösung erfolgt mit partieller Integration.

Mit $f(x) = x - 1$ und $g'(x) = e^{-2x}$ folgen:

$f'(x) = 1$, $g(x) = -\dfrac{1}{2}e^{-2x}$, $f(x)g(x) = -\dfrac{1}{2}(x-1)e^{-2x}$ und

$f'(x)g(x) = -\dfrac{1}{2}e^{-2x}$.

Damit gilt:

$$\int_{-1}^{1} (x-1)e^{-2x}\,dx = \left[-\frac{1}{2}(x-1)e^{-2x}\right]_{-1}^{1} - \int_{-1}^{1} -\frac{1}{2}e^{-2x}\,dx$$

$$= \left[-\frac{1}{2}(x-1)e^{-2x} - \frac{1}{4}e^{-2x}\right]_{-1}^{1} = \left[\left(-\frac{1}{2}x + \frac{1}{4}\right)e^{-2x}\right]_{-1}^{1}$$

$$= -\frac{1}{4}e^{-2} - \frac{3}{4}e^{2} \approx -5.57562.$$

d) Gesucht ist das Integral $\displaystyle\int_{0}^{1} \frac{e^{3x}}{3-e^x}\,dx$.

Die Lösung erfolgt mittels Substitution.

Mit $u = e^x$ folgt $\dfrac{du}{dx} = e^x = u$ und $dx = \dfrac{du}{u}$.

Damit gilt:

$$\int_{0}^{1} \frac{e^{3x}}{3-e^x}\,dx = \int_{x=0}^{x=1} \frac{u^3}{3-u}\frac{du}{u} = \int_{x=0}^{x=1} \frac{u^2}{3-u}\,du$$

$$= \int_{x=0}^{x=1} \left(-u - 3 - \frac{9}{u-3}\right) du = \left[-\frac{u^2}{2} - 3u - 9\ln|u-3|\right]_{x=0}^{x=1}$$

$$= \left[-\frac{e^{2x}}{2} - 3e^x - 9\ln|e^x - 3|\right]_{x=0}^{x=1}$$

$$= -\frac{1}{2}e^2 - 3e - 9\ln(3-e) - \left(-\frac{1}{2} - 3 - 9\ln 2\right)$$

$$= \frac{7}{2} - 3e - \frac{1}{2}e^2 - 9\ln\frac{3-e}{2} \approx 9.29058.$$

Aufgabe 6.7.20

Berechnen Sie die folgenden Integrale:

a) $\displaystyle\int_{0}^{0.5} \frac{x}{\sqrt{1-x^2}}\,dx$, b) $\displaystyle\int_{5}^{10} \frac{x+1}{\sqrt{x-1}}\,dx$,

c) $\displaystyle\int_{e}^{e^2} \frac{5}{2x\ln x}\,dx$, d) $\displaystyle\int_{0}^{1} x^2\sqrt{1-x^2}\,dx$.

Lösung:

a) Gesucht ist das Integral $\displaystyle\int_{0}^{0.5} \frac{x}{\sqrt{1-x^2}}\,dx$.

Die Lösung erfolgt mittels Substitution.

Mit $u = 1 - x^2$ folgt $\dfrac{du}{dx} = -2x$ und $dx = \dfrac{du}{-2x}$.

Damit gilt:

$$\int_0^{0.5} \frac{x}{\sqrt{1-x^2}}\, dx = \int_{x=0}^{x=0.5} \frac{x}{\sqrt{u}} \cdot \frac{du}{-2x} = -\frac{1}{2}\int_{x=0}^{x=0.5} \frac{1}{\sqrt{u}}\, du$$

$$= -\frac{1}{2}\Big[2\sqrt{u}\Big]_{x=0}^{x=0.5} = \Big[-\sqrt{u}\Big]_{x=0}^{x=0.5} = \Big[-\sqrt{1-x^2}\Big]_{x=0}^{x=0.5}$$

$$= -\frac{1}{2}\sqrt{3} + 1 \approx 0.13397.$$

b) Gesucht ist das Integral $\displaystyle\int_5^{10} \frac{x+1}{\sqrt{x-1}}\, dx$.

Die Lösung erfolgt mittels Substitution.

Mit $u = x - 1$ folgt $\dfrac{du}{dx} = 1$ und $dx = du$.

Damit gilt:

$$\int_5^{10} \frac{x+1}{\sqrt{x-1}}\, dx = \int_{x=5}^{x=10} \frac{x+1}{\sqrt{u}}\, du = \int_{x=5}^{x=10} \frac{u+2}{\sqrt{u}}\, du$$

$$= \int_{x=5}^{x=10} \left(\sqrt{u} + \frac{2}{\sqrt{u}}\right) du = \left[\frac{2}{3}u^{\frac{3}{2}} + 4\sqrt{u}\right]_{x=5}^{x=10}$$

$$= \left[\frac{2}{3}(x-1)^{\frac{3}{2}} + 4\sqrt{x-1}\right]_{x=5}^{x=10}$$

$$= \frac{2}{3}\cdot 9^{\frac{3}{2}} + 4\cdot 3 - \left(\frac{2}{3}\cdot 4^{\frac{3}{2}} + 4\cdot 2\right) = 18 + 12 - \frac{16}{3} - 8 = \frac{50}{3}.$$

c) Gesucht ist das Integral $\displaystyle\int_e^{e^2} \frac{5}{2x\ln x}\, dx$.

Die Lösung erfolgt mittels Substitution.

Mit $u = \ln x$ folgt $\dfrac{du}{dx} = \dfrac{1}{x}$ und $dx = x \cdot du$.

Damit gilt:

$$\int_e^{e^2} \frac{5}{2x\ln x}\, dx = \int_{x=e}^{x=e^2} \frac{5}{2xu}x\, du = \frac{5}{2}\int_{x=e}^{x=e^2} \frac{1}{u}\, du = \frac{5}{2}\Big[\ln|u|\Big]_{x=e}^{x=e^2}$$

$$= \frac{5}{2}\Big[\ln|\ln x|\Big]_{x=e}^{x=e^2} = \frac{5}{2}\ln 2 - 0 = \frac{5}{2}\ln 2 \approx 1.73286.$$

d) Gesucht ist das Integral $\displaystyle\int_0^1 x^2\sqrt{1-x^2}\, dx$.

Die Lösung erfolgt mittels Substitution.

Mit $x = \sin u$ folgt $\dfrac{dx}{du} = \cos u$ und $dx = \cos u \cdot du$.

Damit gilt:

$$\int_0^1 x^2 \sqrt{1 - x^2}\, dx = \int_{x=0}^{x=1} \sin^2 u \sqrt{1 - \sin^2 u} \cdot \cos u \cdot du$$

$$= \int_{x=0}^{x=1} \sin^2 u \cos^2 u\, du = \int_{x=0}^{x=1} (\sin u \cos u)^2\, du$$

$$= \int_{x=0}^{x=1} \left(\frac{1}{2} \sin(2u)\right)^2 du = \frac{1}{4} \int_{x=0}^{x=1} \sin^2(2u)\, du$$

$$= \frac{1}{4} \left[\frac{u}{2} - \frac{1}{8} \sin(4u)\right]_{x=0}^{x=1} = \left[\frac{1}{8} \arcsin x - \frac{1}{32} \sin(4 \arcsin x)\right]_{x=0}^{x=1}$$

$$= \frac{1}{8} \cdot \frac{\pi}{2} - \frac{1}{32} \cdot 0 - 0 = \frac{\pi}{16}.$$

Aufgabe 6.7.21

Berechnen Sie die folgenden Integrale:

a) $\displaystyle\int_0^{2\pi} \sin(kx) \sin(mx)\, dx, \ k, m \in \mathbb{N}$,

b) $\displaystyle\int_0^{2\pi} \sin(kx) \cos(mx)\, dx, \ k, m \in \mathbb{N}$,

c) $\displaystyle\int_0^{2\pi} \cos(kx) \cos(mx)\, dx, \ k, m \in \mathbb{N}$.

Lösung:

a) Gesucht ist das Integral $\displaystyle\int_0^{2\pi} \sin(kx) \sin(mx)\, dx$.

Die Lösung erfolgt mittels partieller Integration.

Mit $f(x) = \sin(kx)$ und $g'(x) = \sin(mx)$ folgen:

$$f'(x) = k \cos(kx), \ g(x) = -\frac{1}{m} \cos(mx),$$

$$f(x)g(x) = -\frac{1}{m} \sin(kx) \cos(mx) \text{ und}$$

$$f'(x)g(x) = -\frac{k}{m} \cos(kx) \cos(mx).$$

Jetzt gilt:

$$\int_0^{2\pi} \sin(kx) \sin(mx)\, dx$$

$$= \left[-\frac{1}{m} \sin(kx)\cos(mx) \right]_0^{2\pi} - \int_0^{2\pi} -\frac{k}{m}\cos(kx)\cos(mx).$$

Es muß ein weiteres Mal partielle Integration angewendet werden.

Mit $f(x) = \dfrac{k}{m}\cos(kx)$ und $g'(x) = \cos(mx)$ folgen:

$$f'(x) = -\frac{k^2}{m}\sin(kx),\; g(x) = \frac{1}{m}\sin(mx),$$

$$f(x)g(x) = \frac{k}{m^2}\sin(mx)\cos(kx) \text{ und}$$

$$f'(x)g(x) = -\frac{k^2}{m^2}\sin(kx)\sin(mx)\,dx.$$

Nun gilt:

$$\int_0^{2\pi} \sin(kx)\sin(mx)\,dx$$

$$= 0 + \left[-\frac{k}{m^2}\sin(mx)\cos(kx) \right]_0^{2\pi} - \int_0^{2\pi} -\frac{k^2}{m^2}\sin(kx)\sin(mx)\,dx$$

$$\Longrightarrow \left(1 - \frac{k^2}{m^2} \right) \cdot \int_0^{2\pi} \sin(kx)\sin(mx)\,dx = 0.$$

$$\Longrightarrow 1 - \frac{k^2}{m^2} = 0 \text{ oder } \int_0^{2\pi} \sin(kx)\sin(mx)\,dx = 0.$$

Es gilt: $1 - \dfrac{k^2}{m^2} = 0$ für $k = m$.

Also folgt: $\displaystyle\int_0^{2\pi} \sin(kx)\sin(mx)\,dx = 0$ für $k \neq m$.

Für den Sonderfall $k = m$ gilt:

$$\int_0^{2\pi} (\sin(kx))^2\,dx = \int_0^{2\pi} (\cos(kx))^2\,dx = \int_0^{2\pi} \left(1 - (\sin(kx))^2 \right)\,dx$$

$$\Longrightarrow 2 \cdot \int_0^{2\pi} (\sin(kx))^2\,dx = \int_0^{2\pi} 1\,dx = 2\pi$$

$$\Longrightarrow \int_0^{2\pi} (\sin(kx))^2\,dx = \pi.$$

Insgesamt erhält man:

$$\int_0^{2\pi} \sin(kx)\sin(mx)\,dx = \begin{cases} 0 & \text{für } k \neq m \\ \pi & \text{für } k = m. \end{cases}$$

b) Gesucht ist das Integral $\int_0^{2\pi} \sin(kx)\cos(mx)\,dx$.

Die Lösung erfolgt mittels partieller Integration.

Mit $f(x) = \sin(kx)$ und $g'(x) = \cos(mx)$ folgen:

$f'(x) = k\cos(kx)$, $g(x) = \dfrac{1}{m}\sin(mx)$, $f(x)g(x) = \dfrac{1}{m}\sin(kx)\sin(mx)$

und $f'(x)g(x) = \dfrac{k}{m}\sin(mx)\cos(kx)$.

Damit gilt:

$\displaystyle\int_0^{2\pi} \sin(kx)\cos(mx)\,dx$

$\displaystyle = \left[\frac{1}{m}\sin(kx)\sin(mx)\right]_0^{2\pi} - \int_0^{2\pi} \frac{k}{m}\sin(mx)\cos(kx)\,dx.$

Es muß ein weiteres Mal partielle Integration angewendet werden.

Mit $f(x) = \dfrac{k}{m}\cos(kx)$ und $g'(x) = \sin(mx)$ folgen:

$f'(x) = -\dfrac{k^2}{m}\sin(kx)$, $g(x) = -\dfrac{1}{m}\cos(mx)$,

$f(x)g(x) = -\dfrac{k}{m^2}\cos(kx)\cos(mx)$ und

$f'(x)g(x) = \dfrac{k^2}{m^2}\sin(kx)\cos(mx)$.

Nun gilt:

$\displaystyle\int_0^{2\pi} \sin(kx)\cos(mx)\,dx$

$\displaystyle = 0 + \left[\frac{k}{m^2}\cos(mx)\cos(kx)\right]_0^{2\pi} + \int_0^{2\pi} \frac{k^2}{m^2}\sin(kx)\cos(mx)\,dx$

$\displaystyle \Longrightarrow \left(1 - \frac{k^2}{m^2}\right) \cdot \int_0^{2\pi} \sin(kx)\cos(mx)\,dx = 0.$

$\displaystyle \Longrightarrow 1 - \frac{k^2}{m^2} = 0 \text{ oder } \int_0^{2\pi} \sin(kx)\cos(mx)\,dx = 0.$

Es gilt: $1 - \dfrac{k^2}{m^2} = 0$ für $k = m$.

Also folgt: $\displaystyle\int_0^{2\pi} \sin(kx)\cos(mx)\,dx = 0$ für $k \neq m$.

Für den Sonderfall $k = m$ gilt:

$$\int_0^{2\pi} \sin(kx)\cos(kx)\,dx$$

$$= \left[\frac{1}{k}\sin(kx)\sin(kx)\right]_0^{2\pi} - \int_0^{2\pi} \sin(kx)\cos(kx)\,dx.$$

$$\Longrightarrow 2 \cdot \int_0^{2\pi} \sin(kx)\cos(kx)\,dx = 0$$

$$\Longrightarrow \int_0^{2\pi} \sin(kx)\cos(kx)\,dx = 0.$$

Zusammenfassend erhält man:

$$\int_0^{2\pi} \sin(kx)\cos(kx)\,dx = 0.$$

c) Gesucht ist das Integral $\int_0^{2\pi} \cos(kx)\cos(mx)\,dx$.

Die Lösung erfolgt mittels partieller Integration.

Mit $f(x) = \cos(kx)$ und $g'(x) = \cos(mx)$ folgen:

$f'(x) = -k\sin(kx)$, $g(x) = \dfrac{1}{m}\sin(mx)$, $f(x)g(x) = \dfrac{1}{m}\sin(mx)\cos(kx)$

und $f'(x)g(x) = -\dfrac{k}{m}\sin(kx)\sin(mx)$.

Damit gilt:

$$\int_0^{2\pi} \cos(kx)\cos(mx)\,dx$$

$$= \left[\frac{1}{m}\sin(mx)\cos(kx)\right]_0^{2\pi} - \int_0^{2\pi} -\frac{k}{m}\sin(kx)\sin(mx)\,dx.$$

Es muß ein weiteres Mal partielle Integration angewendet werden.

Mit $f(x) = \dfrac{k}{m}\sin(kx)$ und $g'(x) = \sin(mx)$ folgen:

$$f'(x) = \frac{k^2}{m}\cos(kx), \quad g(x) = -\frac{1}{m}\cos(mx),$$

$$f(x)g(x) = -\frac{k}{m^2}\sin(kx)\cos(mx) \quad \text{und}$$

$$f'(x)g(x) = -\frac{k^2}{m^2}\cos(kx)\cos(mx).$$

Es gilt also:

$$\int_0^{2\pi} \cos(kx)\cos(mx)\,dx$$

$$= 0 + \left[\frac{k}{m^2} \sin(kx) \cos(mx) \right]_0^{2\pi} - \int_0^{2\pi} -\frac{k^2}{m^2} \cos(kx) \cos(mx) \, dx$$

$$\Longrightarrow \left(1 - \frac{k^2}{m^2} \right) \cdot \int_0^{2\pi} \cos(kx) \cos(mx) \, dx = 0.$$

$$\Longrightarrow 1 - \frac{k^2}{m^2} = 0 \text{ oder } \int_0^{2\pi} \cos(kx) \cos(mx) \, dx = 0.$$

Es gilt: $1 - \dfrac{k^2}{m^2} = 0$ für $k = m$.

Also folgt: $\displaystyle\int_0^{2\pi} \cos(kx) \cos(mx) \, dx = 0$ für $k \neq m$.

Für den Sonderfall $k = m$ gilt:

$$\int_0^{2\pi} (\cos(kx))^2 \, dx = \int_0^{2\pi} (\sin(kx))^2 \, dx = \int_0^{2\pi} \left(1 - (\cos(kx))^2 \right) \, dx$$

$$\Longrightarrow 2 \cdot \int_0^{2\pi} (\cos(kx))^2 \, dx = \int_0^{2\pi} 1 \, dx = 2\pi$$

$$\Longrightarrow \int_0^{2\pi} (\cos(kx))^2 \, dx = \pi.$$

Insgesamt gilt also:

$$\int_0^{2\pi} \cos(kx) \cos(mx) \, dx = \left\{ \begin{array}{ll} 0 & \text{für } k \neq m \\ \pi & \text{für } k = m. \end{array} \right.$$

Aufgabe 6.7.22

Gegeben sei eine Funktion f mit Umkehrfunktion f^{-1} und Stammfunktion F. Leiten Sie die folgende Formel her:

$$\int f^{-1}(x) \, dx = x f^{-1}(x) - F\left(f^{-1}(x) \right).$$

Berechnen Sie damit Stammfunktionen von $\ln x$ und $\arcsin x$.

Lösung:

Gesucht ist das Integral $\displaystyle\int f^{-1}(x) \, dx$.

Die Lösung erfolgt zuerst mittels Substitution.

Mit $x = f(u)$ folgt $\dfrac{dx}{du} = f'(u)$ und $dx = f'(u) \, du$.

Hieraus erhält man:

$$\int f^{-1}(x)\,dx = \int f^{-1}(f(u)) \cdot f'(u)\,du = \int u \cdot f'(u)\,du.$$

Jetzt erfolgt noch eine weitere partielle Integration.

Mit $g(u) = u$ und $h'(u) = f'(u)$ folgen:

$g'(u) = 1$, $h(u) = f(u)$, $g(u)h(u) = uf(u)$ und $g'(u)h(u) = f(u)$.

Damit gilt:

$$\int u \cdot f'(u)\,du = uf(u) - \int f(u)\,du = uf(u) - F(u)$$

$$= f^{-1}(x) \cdot f\left(f^{-1}(x)\right) - F\left(f^{-1}(x)\right) = xf^{-1}(x) - F\left(f^{-1}(x)\right).$$

Damit gilt:

$$\int f^{-1}(x)\,dx = xf^{-1}(x) - F\left(f^{-1}(x)\right).$$

Für $f^{-1}(x) = \ln x$ gilt $f(x) = e^x$ und $F(x) = e^x$.

Damit gilt:

$$\int \ln x\,dx = x \cdot \ln x - e^{\ln x} = x \cdot \ln x - x.$$

Für $f^{-1}(x) = \arcsin x$ gilt $f(x) = \sin x$ und $F(x) = -\cos x$.

Damit gilt dann:

$$\int \arcsin x\,dx = x \cdot \arcsin x - (-\cos(\arcsin x))$$

$$= x \cdot \arcsin x + \sqrt{1 - \sin^2(\arcsin x)} = x \cdot \arcsin x + \sqrt{1 - x^2}.$$

Aufgabe 6.7.23

Ermitteln Sie eine Formel für $\displaystyle\int x^n e^x\,dx$ für alle $n \in \mathbb{N}$ und beweisen Sie diese Formel mittels vollständiger Induktion.

Lösung:
Für $n = 1$ gilt:

$$\int xe^x\,dx = xe^x - \int e^x\,dx = xe^x - e^x.$$

Für $n = 2$ gilt:

$$\int x^2 e^x\,dx = x^2 e^x - 2\int xe^x\,dx = x^2 e^x - 2xe^x + 2e^x.$$

Für $n = 3$ gilt:

$$\int x^3 e^x \, dx = x^3 e^x - 3 \int x^2 e^x \, dx = x^3 e^x - 3x^2 e^x + 6x e^x - 6e^x.$$

Für $n = 4$ gilt:

$$\int x^4 e^x \, dx = x^4 e^x - 4 \int x^3 e^x \, dx = x^4 e^x - 4x^3 e^x + 12x^2 e^x - 24x e^x + 24 e^x.$$

Aus diesen 4 Fällen kann man die folgende Formel ablesen:

$$\int x^n e^x \, dx = \sum_{k=0}^{n} (-1)^{n-k} \frac{n!}{k!} x^k e^x.$$

Diese Formel wird mithilfe der vollständigen Induktion bewiesen.

Induktionsanfang:

Für $n = 1$ gilt:

$$\int x e^x \, dx = -e^x + x e^x = \sum_{k=0}^{1} (-1)^{1-k} \frac{1!}{k!} x^k e^x = x e^x - e^x.$$

Induktionsschritt:

Es gelte: $\displaystyle \int x^n e^x \, dx = \sum_{k=0}^{n} (-1)^{n-k} \frac{n!}{k!} x^k e^x.$

Damit und mithilfe der partiellen Integration folgt:

$$\int x^{n+1} e^x \, dx$$

$$= x^{n+1} e^x - (n+1) \int x^n e^x \, dx$$

$$= x^{n+1} e^x - (n+1) \cdot \sum_{k=0}^{n} (-1)^{n-k} \frac{n!}{k!} x^k e^x$$

$$= \left(\sum_{k=0}^{n} (-1)^{(n+1)-k} \cdot \frac{(n+1)!}{k!} x^k e^x \right) + x^{n+1} e^x$$

$$= \sum_{k=0}^{n+1} (-1)^{(n+1)-k} \cdot \frac{(n+1)!}{k!} x^k e^x.$$

Damit ist die Behauptung bewiesen.

Aufgabe 6.7.24

Ermitteln Sie eine Formel für $\int x^n e^{-x}\, dx$ für alle $n \in \mathbb{N}$ und beweisen Sie diese Formel mittels vollständiger Induktion.

Lösung:

Für $n = 1$ gilt:

$$\int x e^{-x}\, dx = -x e^{-x} + \int e^{-x}\, dx = -x e^{-x} - e^{-x}.$$

Für $n = 2$ gilt:

$$\int x^2 e^{-x}\, dx = -x^2 e^{-x} + 2 \int x e^{-x}\, dx = -x^2 e^{-x} - 2x e^{-x} - 2e^{-x}.$$

Für $n = 3$ gilt:

$$\int x^3 e^{-x}\, dx = -x^3 e^{-x} + 3 \int x^2 e^{-x}\, dx = -x^3 e^{-x} - 3x^2 e^{-x} - 6x e^{-x} - 6e^{-x}.$$

Für $n = 4$ gilt:

$$\int x^4 e^{-x}\, dx = -x^4 e^{-x} + 4 \int x^3 e^{-x}\, dx =$$

$$-x^4 e^{-x} - 4x^3 e^{-x} - 12x^2 e^{-x} - 24x e^{-x} - 24e^{-x}.$$

Aus diesen 4 Fällen kann man die folgende Formel ablesen:

$$\int x^n e^{-x}\, dx = -\sum_{k=0}^{n} \frac{n!}{k!} x^k e^{-x}.$$

Diese Formel wird mithilfe der vollständigen Induktion bewiesen.

Induktionsanfang:

Für $n = 1$ gilt:

$$\int x e^{-x}\, dx = -e^{-x} - x e^{-x} = -\sum_{k=0}^{1} \frac{1!}{k!} x^k e^{-x} = -e^{-x} - x e^{-x}.$$

Induktionsschritt:

Es gelte: $\int x^n e^{-x}\, dx = \sum_{k=0}^{n} \frac{n!}{k!} x^k e^{-x}.$

Damit und mithilfe der partiellen Integration folgt:

$$\int x^{n+1} e^{-x}\, dx$$

$$= -x^{n+1} e^{-x} + (n+1) \int x^n e^{-x}\, dx$$

$$= -x^{n+1}e^{-x} + (n+1)\left(-\sum_{k=0}^{n}\frac{n!}{k!}x^k e^{-x}\right)$$

$$= -x^{n+1}e^{-x} - \sum_{k=0}^{n}\frac{(n+1)!}{k!}x^k e^{-x}$$

$$= -\sum_{k=1}^{n+1}\frac{(n+1)!}{k!}x^k e^{-x}.$$

Damit ist die Behauptung bewiesen.

Aufgabe 6.7.25

Berechnen Sie die folgenden uneigentlichen Integrale im Falle der Existenz:

a) $\displaystyle\int_0^1 \frac{5}{x^4}\,dx$, b) $\displaystyle\int_0^1 \frac{3}{\sqrt{x}}\,dx$,

c) $\displaystyle\int_0^1 \frac{2}{\sqrt{1-x^2}}\,dx$, d) $\displaystyle\int_{\frac{\pi}{4}}^{\frac{\pi}{2}} \tan x\,dx$.

Lösung:

a) $\displaystyle\int_0^1 \frac{5}{x^4}\,dx = \lim_{a\to 0,a>0}\int_a^1 \frac{5}{x^4}\,dx = \lim_{a\to 0,a>0}\left[-\frac{5}{3x^4}\right]_a^1$

$$= \lim_{a\to 0,a>0}\left(-\frac{5}{3}+\frac{5}{3a^4}\right) = +\infty.$$

Also existiert dieses uneigentliche Integral nicht.

b) $\displaystyle\int_0^1 \frac{3}{\sqrt{x}}\,dx = \lim_{a\to 0,a>0}\int_a^1 \frac{3}{\sqrt{x}}\,dx = \lim_{a\to 0,a>0}\left[6\sqrt{x}\right]_a^1$

$$= \lim_{a\to 0,a>0}\left(6-6\sqrt{a}\right) = 6.$$

c) $\displaystyle\int_0^1 \frac{2}{\sqrt{1-x^2}}\,dx = \lim_{a\to 0,a>0}\int_a^1 \frac{2}{\sqrt{1-x^2}}\,dx = \lim_{a\to 0,a>0}\left[2\arcsin x\right]_a^1$

$$= \lim_{a\to 0,a>0} 2\left(\arcsin 1 - \arcsin a\right) = \pi.$$

d) $\displaystyle\int_{\frac{\pi}{4}}^{\frac{\pi}{2}} \tan x\,dx = \lim_{b\to\frac{\pi}{2},b<\frac{\pi}{2}}\int_{\frac{\pi}{4}}^{b} \tan x\,dx = \lim_{b\to\frac{\pi}{2},b<\frac{\pi}{2}}\left[-\ln|\cos x|\right]_{\frac{\pi}{4}}^{b}$

$$= \lim_{b\to\frac{\pi}{2},b<\frac{\pi}{2}}\left(-\ln|\cos b| + \ln\frac{1}{2}\sqrt{2}\right) = +\infty.$$

Also existiert dieses uneigentliche Integral nicht.

Aufgabe 6.7.26

Berechnen Sie die folgenden uneigentlichen Integrale im Falle der Existenz:

a) $\int_0^3 \dfrac{1}{\sqrt[3]{x-2}}\,dx$, b) $\int_0^3 \dfrac{1}{\sqrt[3]{(x-2)^4}}\,dx$,

c) $\int_2^3 \dfrac{x}{\sqrt{x^2-4}}\,dx$, d) $\int_0^1 \dfrac{\ln x}{x}\,dx$.

Lösung:

a) $\displaystyle\int_0^3 \frac{1}{\sqrt[3]{x-2}}\,dx = \lim_{c\to 2, c<2}\int_0^c \frac{1}{\sqrt[3]{x-2}}\,dx + \lim_{c\to 2, c>2}\int_c^3 \frac{1}{\sqrt[3]{x-2}}\,dx$

$\displaystyle = \lim_{c\to 2, c<2}\left[\frac{3}{2}(x-2)^{\frac{2}{3}}\right]_0^c + \lim_{c\to 2, c>2}\left[\frac{3}{2}(x-2)^{\frac{2}{3}}\right]_c^3$

$\displaystyle = \lim_{c\to 2, c<2}\left(\frac{3}{2}(c-2)^{\frac{2}{3}} - \frac{3}{2}(-2)^{\frac{2}{3}}\right) + \lim_{c\to 2, c<2}\left(\frac{3}{2} - \frac{3}{2}(c-2)^{\frac{2}{3}}\right)$

$\displaystyle = -\frac{3}{2}\sqrt[3]{4} + \frac{3}{2} = \frac{3}{2}\left(1 - \sqrt[3]{4}\right) \approx -0.88110.$

b) $\displaystyle\int_0^3 \frac{1}{\sqrt[3]{(x-2)^4}}\,dx$

$\displaystyle = \lim_{c\to 2, c<2}\int_0^c \frac{1}{\sqrt[3]{(x-2)^4}}\,dx + \lim_{c\to 2, c>2}\int_c^3 \frac{1}{\sqrt[3]{(x-2)^4}}\,dx$

$\displaystyle = \lim_{c\to 2, c<2}\left[-3(x-2)^{-\frac{1}{3}}\right]_0^c + \lim_{c\to 2, c>2}\left[-3(x-2)^{-\frac{1}{3}}\right]_c^3$

$\displaystyle = \lim_{c\to 2, c<2}\left(\frac{-3}{\sqrt[3]{c-2}} + 3\cdot(-2)^{-\frac{1}{3}}\right) + \lim_{c\to 2, c>2}\left(-3 + \frac{3}{\sqrt[3]{c-2}}\right).$

Da beide Grenzwerte nicht existieren, existiert auch das uneigentliche Integral nicht.

c) $\displaystyle\int_2^3 \frac{x}{\sqrt{x^2-4}}\,dx = \lim_{a\to 2, a>2}\int_a^3 \frac{x}{\sqrt{x^2-4}}\,dx.$

Die Lösung erfolgt mittels Substitution.

Mit $u = x^2 - 4$ folgt $\dfrac{du}{dx} = 2x$ und $dx = \dfrac{du}{2x}$.

Damit gilt dann:

$\displaystyle\lim_{a\to 2, a>2}\int_a^3 \frac{x}{\sqrt{x^2-4}}\,dx = \lim_{a\to 2, a>2}\int_{x=a}^{x=3} \frac{x}{\sqrt{u}}\cdot\frac{du}{2x}$

$\displaystyle = \lim_{a\to 2, a>2}\int_{x=a}^{x=3} \frac{1}{2\sqrt{u}}\,du = \lim_{a\to 2, a>2}\left[\sqrt{u}\right]_{x=a}^{x=3} = \lim_{a\to 2, a>2}\left[\sqrt{x^2-4}\right]_{x=a}^{x=3}$

$$= \lim_{a\to 2, a>2} \left(\sqrt{5} - \sqrt{a^2 - 4} \right) = \sqrt{5}.$$

d) $\displaystyle\int_0^1 \frac{\ln x}{x}\, dx = \lim_{a\to 0, a>0} \int_a^1 \frac{\ln x}{x}\, dx.$

Die Lösung erfolgt mittels Substitution.

Mit $u = \ln x$ folgt $\dfrac{du}{dx} = \dfrac{1}{x}$ und $dx = x \cdot du$.

Damit gilt:

$$\lim_{a\to 0, a>0} \int_a^1 \frac{\ln x}{x}\, dx = \lim_{a\to 0, a>0} \int_{x=a}^{x=1} \frac{u}{x} \cdot x\, du = \lim_{a\to 0, a>0} \int_{x=a}^{x=1} u\, du$$

$$= \lim_{a\to 0, a>0} \left[\frac{1}{2} u^2 \right]_{x=a}^{x=1} = \lim_{a\to 0, a>0} \left[\frac{1}{2} \ln^2 x \right]_{x=a}^{x=1}$$

$$= \lim_{a\to 0, a>0} \left(0 - \frac{1}{2} \ln^2 a \right) = -\infty.$$

Also existiert dieses uneigentliche Integral nicht.

Aufgabe 6.7.27

Berechnen Sie die folgenden uneigentlichen Integrale im Falle der Existenz:

a) $\displaystyle\int_1^\infty \frac{5}{x^4}\, dx,$ b) $\displaystyle\int_4^\infty \frac{1}{\sqrt{x}}\, dx,$

c) $\displaystyle\int_0^\infty 2e^{-2x}\, dx,$ d) $\displaystyle\int_0^\infty \sin(2x)\, dx.$

Lösung:

a) $\displaystyle\int_1^\infty \frac{5}{x^4}\, dx = \lim_{b\to\infty} \int_1^b \frac{5}{x^4}\, dx = \lim_{b\to\infty} \left[-\frac{5}{3x^3} \right]_1^b$

$$= \lim_{b\to\infty} \left(-\frac{5}{3b^3} + \frac{5}{3} \right) = \frac{5}{3}.$$

b) $\displaystyle\int_4^\infty \frac{1}{\sqrt{x}}\, dx = \lim_{b\to\infty} \int_4^b \frac{1}{\sqrt{x}}\, dx = \lim_{b\to\infty} \left[2\sqrt{x} \right]_4^b$

$$= \lim_{b\to\infty} \left(2\sqrt{b} - 4 \right) = +\infty.$$

Also existiert dieses uneigentliche Integral nicht.

c) $\displaystyle\int_0^\infty 2e^{-2x}\, dx = \lim_{b\to\infty} \int_0^b 2e^{-2x}\, dx = \lim_{b\to\infty} \left[-e^{-2x} \right]_0^b$

$$= \lim_{b\to\infty} \left(-e^{-2b} + 1 \right) = 1.$$

d) $\int_0^\infty \sin(2x)\,dx = \lim_{b\to\infty} \int_0^b \sin(2x)\,dx = \lim_{b\to\infty}\left[-\frac{1}{2}\cos(2x)\right]_0^b$

$= \lim_{b\to\infty}\left(-\frac{1}{2}\cos(2b) + \frac{1}{2}\right).$

Also existiert dieses uneigentliche Integral nicht.

Aufgabe 6.7.28

Berechnen Sie die folgenden uneigentlichen Integrale im Falle der Existenz:

a) $\int_1^\infty \frac{1}{1+e^x}\,dx,$ b) $\int_{-\infty}^0 \frac{2}{1+x^2}\,dx,$

c) $\int_0^\infty xe^{-x^2}\,dx,$ d) $\int_{-\infty}^\infty 4xe^{-\frac{1}{2}x^2}\,dx.$

Lösung:

a) $\int_1^\infty \frac{1}{1+e^x}\,dx = \lim_{b\to\infty}\int_1^b \frac{1}{1+e^x}\,dx.$

Die Lösung erfolgt mittels Substitution.

Mit $u = e^x$ folgt $\frac{du}{dx} = e^x$ und $dx = \frac{du}{e^x} = \frac{du}{u}$.

Damit gilt:

$\lim_{b\to\infty}\int_1^b \frac{1}{1+e^x}\,dx = \lim_{b\to\infty}\int_{x=1}^{x=b}\frac{1}{1+u}\cdot\frac{du}{u}.$

Dieses Integral wird mit Partialbruchzerlegung weiterverarbeitet.

Der Ansatz lautet:

$\frac{1}{u(u+1)} = \frac{A}{u} + \frac{B}{u+1}.$

Multipliziert man mit u durch, so führt dies auf:

$\frac{1}{u+1} = A + B\cdot\frac{u}{u+1}.$

Setzt man nun $u = 0$ ein, so folgt: $\frac{1}{1} = A$, also $A = 1$.

Multipliziert man die Ausgangsgleichung mit $u+1$ durch, so führt dies auf:

$\frac{1}{u} = A\cdot\frac{u+1}{u} + B.$

Setzt man nun $u = -1$ ein, so folgt: $\frac{1}{-1} = B$, also $B = -1$.

Also gilt $\dfrac{1}{u(u+1)} = \dfrac{1}{u} - \dfrac{1}{u+1}$ und

$$\lim_{b \to \infty} \int_{x=1}^{x=b} \frac{1}{u(1+u)} \, du = \lim_{b \to \infty} \int_{x=1}^{x=b} \left(\frac{1}{u} - \frac{1}{u+1} \right) \, du$$

$$= \lim_{b \to \infty} \Big[\ln |u| - \ln |u+1| \Big]_1^b = \lim_{b \to \infty} \left[\ln \left| \frac{e^x}{1+e^x} \right| \right]_1^b$$

$$= \lim_{b \to \infty} \left(\ln \frac{e^b}{1+e^b} - \ln \frac{e}{1+e} \right)$$

$$= -\ln \frac{e}{1+e} = \ln \frac{e+1}{e} = \ln(e+1) - 1 \approx 0.31326.$$

b) $\displaystyle \int_{-\infty}^0 \frac{2}{1+x^2} \, dx = \lim_{a \to -\infty} \int_a^0 \frac{2}{1+x^2} \, dx = \lim_{a \to -\infty} \Big[2 \arctan x \Big]_a^0$

$$= \lim_{a \to -\infty} (-2 \arctan a) = -2 \cdot \left(-\frac{\pi}{2} \right) = \pi.$$

c) $\displaystyle \int_0^\infty x e^{-x^2} \, dx = \lim_{b \to \infty} \int_0^b x e^{-x^2} \, dx.$

Die Lösung erfolgt mittels Substitution.

Mit $u = -x^2$ folgt $\dfrac{du}{dx} = -2x$ und $dx = \dfrac{du}{-2x}$.

Damit gilt:

$$\lim_{b \to \infty} \int_0^b x e^{-x^2} \, dx = \lim_{b \to \infty} \int_{x=0}^{x=b} x e^u \cdot \frac{du}{-2x} = \lim_{b \to \infty} \int_{x=0}^{x=b} -\frac{1}{2} e^u \, du$$

$$= \lim_{b \to \infty} \left[-\frac{1}{2} e^u \right]_{x=0}^{x=b} = \lim_{b \to \infty} \left[-\frac{1}{2} e^{-x^2} \right]_0^b = \lim_{b \to \infty} \left(-\frac{1}{2} e^{-b^2} + \frac{1}{2} \right) = \frac{1}{2}.$$

d) $\displaystyle \int_{-\infty}^\infty 4x e^{-\frac{1}{2}x^2} \, dx = \int_{-\infty}^0 4x e^{-\frac{1}{2}x^2} \, dx + \int_0^\infty 4x e^{-\frac{1}{2}x^2} \, dx$

$$= \lim_{a \to -\infty} \int_a^0 4x e^{-\frac{1}{2}x^2} \, dx + \lim_{b \to \infty} \int_0^b 4x e^{-\frac{1}{2}x^2} \, dx.$$

Das Integral $\displaystyle \int 4x e^{-\frac{1}{2}x^2} \, dx$ wird durch Substitution gelöst.

Mit $u = -\dfrac{1}{2}x^2$ folgt $\dfrac{du}{dx} = -x$ und $dx = \dfrac{du}{-x}$.

Damit gilt:

$$\int 4x e^{-\frac{1}{2}x^2} \, dx = \int 4x e^u \cdot \frac{du}{-x} = -\int 4 e^u \, du = -4 e^u = -4 e^{-\frac{1}{2}x^2}.$$

Man erhält:

$$\lim_{a \to -\infty} \int_a^0 4x e^{-\frac{1}{2}x^2}\, dx + \lim_{b \to \infty} \int_0^b 4x e^{-\frac{1}{2}x^2}\, dx$$

$$= \lim_{a \to -\infty} \left[-4 e^{-\frac{1}{2}x^2} \right]_a^0 + \lim_{b \to \infty} \left[-4 e^{-\frac{1}{2}x^2} \right]_0^b$$

$$= \lim_{a \to -\infty} \left(-4 + 4 e^{-\frac{1}{2}a^2} \right) + \lim_{b \to \infty} \left(-e^{-\frac{1}{2}b^2} + 4 \right) = -4 + 4 = 0.$$

Aufgabe 6.7.29

Berechnen Sie die folgenden uneigentlichen Integrale im Falle der Existenz:

a) $\displaystyle\int_1^\infty (x+1)e^{-x}\, dx$,   b) $\displaystyle\int_0^\infty \sin(2x) \cdot e^{-5x}\, dx$,

c) $\displaystyle\int_1^\infty \frac{5}{(1+x)\sqrt{x}}\, dx$,

Lösung:

a) $\displaystyle\int_1^\infty (x+1)e^{-x}\, dx = \lim_{b \to \infty} \int_1^b (x+1)e^{-x}\, dx.$

Die Lösung erfolgt mit partieller Integration.

Mit $f(x) = x+1$ und $g'(x) = e^{-x}$ folgen:

$f'(x) = 1$, $g(x) = -e^{-x}$, $f(x)g(x) = -(x+1)e^{-x}$ und

$f'(x)g(x) = -e^{-x}$.

Damit gilt:

$$\lim_{b \to \infty} \int_1^b (x+1)e^{-x}\, dx = \lim_{b \to \infty} \left[-(x+1)e^{-x} \right]_1^b - \lim_{b \to \infty} \int_1^b -e^{-x}\, dx$$

$$= \lim_{b \to \infty} \left[-(x+1)e^{-x} - e^{-x} \right]_1^b$$

$$= \lim_{b \to \infty} \left(-(b+1)e^{-b} - e^{-b} - (-2e^{-1} - e^{-1}) \right) = \frac{3}{e}.$$

b) $\displaystyle\int_0^\infty \sin(2x) \cdot e^{-5x}\, dx = \lim_{b \to \infty} \int_0^b \sin(2x) \cdot e^{-5x}\, dx.$

Das Integral $\displaystyle\int \sin(2x) \cdot e^{-5x}\, dx$ wird mit partieller Integration gelöst.

Mit $f(x) = \sin(2x)$ und $g'(x) = e^{-5x}$ folgen:

$f'(x) = 2\cos(2x)$, $g(x) = -\dfrac{1}{5}e^{-5x}$, $f(x)g(x) = -\dfrac{1}{5}\sin(2x) \cdot e^{-5x}$ und

$f'(x)g(x) = -\dfrac{2}{5}\cos(2x) \cdot e^{-5x}.$

Damit gilt:

$$\int \sin(2x) \cdot e^{-5x} \, dx = -\frac{1}{5}\sin(2x) \cdot e^{-5x} - \int -\frac{2}{5}\cos(2x) \cdot e^{-5x} \, dx.$$

Es muß ein weiteres Mal die partielle Integration eingesetzt werden.

Mit $f(x) = \frac{2}{5}\cos(2x)$ und $g'(x) = e^{-5x}$ folgen:

$$f'(x) = -\frac{4}{5}\sin(2x), \; g(x) = -\frac{1}{5}e^{-5x}, \; f(x)g(x) = -\frac{2}{25}\cos(2x) \cdot e^{-5x}$$

und $f'(x)g(x) = \frac{4}{25}\sin(2x) \cdot e^{-5x}$.

Also ist:

$$\int \sin(2x) \cdot e^{-5x} \, dx$$

$$= -\frac{1}{5}\sin(2x) \cdot e^{-5x} - \frac{2}{25}\cos(2x) \cdot e^{-5x} - \int \frac{4}{25}\sin(2x) \cdot e^{-5x} \, dx.$$

Dies ist offensichtlich eine Gleichung für das gesuchte Integral.

Es folgt:

$$\frac{29}{25} \cdot \int \sin(2x) \cdot e^{-5x} \, dx = -\frac{1}{5}\sin(2x) \cdot e^{-5x} - \frac{2}{25}\cos(2x) \cdot e^{-5x}$$

und damit

$$\int \sin(2x) \cdot e^{-5x} \, dx = -\frac{5}{29}\sin(2x) \cdot e^{-5x} - \frac{2}{29}\cos(2x) \cdot e^{-5x}.$$

Also gilt: $\displaystyle\lim_{b \to \infty} \int_0^b \sin(2x) \cdot e^{-5x} \, dx$

$$= \lim_{b \to \infty} \left[-\frac{5}{29}\sin(2x) \cdot e^{-5x} - \frac{2}{29}\cos(2x) \cdot e^{-5x} \right]_0^b$$

$$= \lim_{b \to \infty} \left(-\frac{5}{29}\sin(2b) \cdot e^{-5b} - \frac{2}{29}\cos(2b) \cdot e^{-5b} - \left(0 - \frac{2}{29} \right) \right) = \frac{2}{29}.$$

c) $\displaystyle\int_1^\infty \frac{5}{(1+x)\sqrt{x}} \, dx = \lim_{b \to \infty} \int_1^b \frac{5}{(1+x)\sqrt{x}} \, dx.$

Die Lösung erfolgt mittels Substitution.

Mit $u = \sqrt{x}$ folgt $\dfrac{du}{dx} = \dfrac{1}{2\sqrt{x}}$ und $dx = 2\sqrt{x}\,du = 2u\,du.$

Weiter ist:

$$\lim_{b \to \infty} \int_1^b \frac{5}{(1+x)\sqrt{x}} \, dx = \lim_{b \to \infty} \int_{x=1}^{x=b} \frac{5}{(1+x)u} \cdot 2u\,du$$

$$= \lim_{b \to \infty} \int_{x=1}^{x=b} \frac{10}{1+x} \, du = \lim_{b \to \infty} \int_{x=1}^{x=b} \frac{10}{1+u^2} \, du$$

$$= \lim_{b \to \infty} \left[10 \arctan u \right]_{x=1}^{x=b} = \lim_{b \to \infty} \left[10 \arctan \sqrt{x} \right]_1^b$$

$$= \lim_{b \to \infty} \left(10 \arctan \sqrt{b} - 10 \arctan 1 \right) = 10 \cdot \frac{\pi}{2} - 10 \cdot \frac{\pi}{4} = \frac{5}{2} \pi.$$

Aufgabe 6.7.30

a) Es sei $b > 2$ und $a \neq 0$. Für welche $c \in \mathbb{Z}$ existiert das uneigentliche Integral $\int_2^\infty \frac{a}{(b-x)^c} \, dx$?

b) Für welche $n \in \mathbb{N}$ existiert das uneigentliche Integral $\int_1^\infty x^n e^{-x} \, dx$?

c) Für welche $\lambda > 0$ existiert das uneigentliche Integral $\int_0^\infty \lambda t e^{-\lambda t} \, dt$?

Lösung:

a) $\int_2^\infty \frac{a}{(b-x)^c} \, dx = \lim_{s \to \infty} \int_2^s \frac{a}{(b-x)^c} \, dx$.

Wegen $\int \frac{a}{(b-x)^c} \, dx = \begin{cases} \dfrac{a}{(c-1)(b-x)^{c-1}} & \text{für } c > 1 \\[2mm] -a \ln |b-x| & \text{für } c = 1 \\[2mm] \dfrac{a}{c-1} \cdot (b-x)^{1-c} & \text{für } c < 1 \end{cases}$

müssen 3 Fälle unterschieden werden.

1. Fall: $c > 1$

$$\lim_{s \to \infty} \int_2^s \frac{a}{(b-x)^c} \, dx = \lim_{s \to \infty} \left[\frac{a}{(c-1)(b-x)^{c-1}} \right]_2^s$$

$$= \lim_{s \to \infty} \left(\frac{a}{(c-1)(b-s)^{c-1}} - \frac{a}{(c-1)(b-2)^{c-1}} \right)$$

$$= -\frac{a}{(c-1)(b-2)^{c-1}}.$$

Also konvergiert das uneigentliche Integral in diesem Fall.

2. Fall: $c = 1$

$$\lim_{s \to \infty} \int_2^s \frac{a}{(b-x)} \, dx = \lim_{s \to \infty} \left[-a \ln |b-x| \right]_2^s$$

$$= \lim_{s \to \infty} \left(-a \ln |b - s| + a \ln |b - 2| \right) = -\infty.$$

Also konvergiert das uneigentliche Integral in diesem Fall nicht.

3. Fall: $c < 1$

$$\lim_{s \to \infty} \int_2^s \frac{a}{(b-x)^c} \, dx = \lim_{s \to \infty} \left[\frac{a}{c-1} \cdot (b-x)^{1-c} \right]_2^s$$

$$= \lim_{s \to \infty} \left(\frac{a}{c-1} \cdot (b-s)^{1-c} - \frac{a}{c-1} \cdot (b-2)^{1-c} \right)$$

$$= \begin{cases} +\infty & \text{für } |c| \text{ gerade} \\ -\infty & \text{für } |c| \text{ ungerade.} \end{cases}$$

Also konvergiert das uneigentliche Integral auch in diesem Fall nicht.

Das uneigentliche Integral konvergiert nur für $c > 1$.

b) $\displaystyle \int_1^\infty x^n e^{-x} \, dx = \lim_{b \to \infty} \int_1^b x^n e^{-x} \, dx.$

Setzt man die Beziehung aus Aufgabe 6.6.23 ein, so folgt:

$$\lim_{b \to \infty} \int_1^b x^n e^{-x} \, dx = \lim_{b \to \infty} \left[-\sum_{k=0}^n \frac{n!}{k!} x^k e^{-x} \right]_1^b$$

$$= \lim_{b \to \infty} \left(-\sum_{k=0}^n \frac{n!}{k!} b^k e^{-b} + \sum_{k=0}^n \frac{n!}{k!} \cdot 1^k e^{-1} \right)$$

$$= \frac{1}{e} \cdot \sum_{k=0}^n \frac{n!}{k!}, \text{ da } \lim_{b \to \infty} b^k e^{-b} = 0$$

für alle $k \in \mathbb{N}$ gilt.

Damit ist das uneigentliche Integral konvergent für alle $n \in \mathbb{N}$.

c) $\displaystyle \int_0^\infty \lambda t e^{-\lambda t} \, dt = \lim_{b \to \infty} \int_0^b \lambda t e^{-\lambda t} \, dt.$

Die Lösung erfolgt mit partieller Integration.

Mit $f(t) = t$ und $g'(t) = \lambda e^{-\lambda t}$ folgen:

$f'(t) = 1, g(t) = -e^{-\lambda t}, f(t)g(t) = -t e^{-\lambda t}$ und $f'(t)g(t) = -e^{-\lambda t}.$

Damit gilt:

$$\lim_{b \to \infty} \int_0^b \lambda t e^{-\lambda t} \, dt$$

$$= \lim_{b \to \infty} \left[-t e^{-\lambda t} \right]_0^b - \lim_{b \to \infty} \int_0^b -e^{-\lambda t} \, dt = \lim_{b \to \infty} \left[-t e^{-\lambda t} - \frac{1}{\lambda} e^{-\lambda t} \right]_0^b$$

$$= \lim_{b \to \infty} \left(-be^{-\lambda b} - \frac{1}{\lambda} e^{-\lambda b} - \left(0 - \frac{1}{-\lambda} \right) \right) = \frac{1}{\lambda}.$$

Damit ist das uneigentliche Integral konvergent für alle $\lambda > 0$.

Aufgabe 6.7.31

Berechnen Sie die Fläche, die die Funktion f auf dem angegebenen Intervall mit der x-Achse einschließt.

a) $f(x) = x^3 - 5x$ auf $[-2, -1]$,

b) $f(x) = 2x - \dfrac{5}{x}$ auf $[2, 4]$,

c) $f(x) = 1 - \sin x$ auf $[0, 2\pi]$,

d) $f(x) = \sqrt{x} - 3$ auf $[1, 4]$,

e) $f(x) = 2\ln x$ auf $[1, e]$,

f) $f(x) = e^x - e^{2x}$ auf $[-3, 0]$.

Lösung:

a) Berechnung der Nullstellen:

$$x^3 - 5x = 0 \Longrightarrow x\left(x^2 - 5\right) = 0 \Longrightarrow x_1 = 0,\ x_2 = -\sqrt{5},\ x_3 = \sqrt{5}.$$

Also sind in $[-2, -1]$ keine Nullstellen.

Wegen $f(-1) = 4 > 0$ gilt dann:

$$A = \int_{-2}^{-1} \left(x^3 - 5x\right)\, dx = \left[\frac{1}{4}x^4 - \frac{5}{2}x^2\right]_{-2}^{-1} = \frac{1}{4} - \frac{5}{2} - (4 - 10)$$

$$= -\frac{9}{4} + 6 = \frac{15}{4}.$$

b) Berechnung der Nullstellen:

$$2x - \frac{5}{x} = 0 \Longrightarrow 2x^2 - 5 = 0 \Longrightarrow x_1 = -\sqrt{\frac{5}{2}},\ x_2 = \sqrt{\frac{5}{2}}.$$

Also sind in $[2, 4]$ weder Nullstellen noch Definitionslücken.

Wegen $f(2) = \dfrac{3}{2} > 0$ gilt:

$$A = \int_2^4 \left(2x - \frac{5}{x}\right)\, dx = \left[x^2 - 5\ln x\right]_2^4 = 16 - 5\ln 4 - (4 - 5\ln 2)$$

$$= 12 - 5\ln 2 \approx 8.534.$$

c) Wegen $\sin x \leq 1$ gibt es keine Nullstellen, sondern höchstens Berühr-
stellen, die bei der Flächenberechnung keine Rolle spielen.

Wegen $f(0) = 1$ gilt:

$$A = \int_0^{2\pi} (1 - \sin x)\, dx = \Big[x + \cos x \Big]_0^{2\pi} = 2\pi + 1 - (0 + 1) = 2\pi.$$

d) Berechnung der Nullstellen:

$$\sqrt{x} - 3 = 0 \implies \sqrt{x} = 3 \implies x = 9.$$

Also sind in $[1, 4]$ keine Nullstellen.

Wegen $f(1) = -2 < 0$ gilt dann:

$$A = \int_1^4 |(\sqrt{x} - 3)|\, dx = \int_1^4 (3 - \sqrt{x})\, dx = \Big[3x - \frac{2}{3} x^{\frac{3}{2}} \Big]_1^4$$

$$= 12 - \frac{16}{3} - \left(3 - \frac{2}{3}\right) = \frac{20}{3} - \frac{7}{3} = \frac{13}{3}.$$

e) Berechnung der Nullstellen:

$$2 \ln x = 0 \implies \ln x = 0 \implies x = 1.$$

Also sind im Inneren von $[1, e]$ keine Nullstellen.

Wegen $f(2) = 2 \ln 2 > 0$ gilt dann:

$$A = \int_1^e 2 \ln x\, dx = \Big[2\,(x \ln x - x) \Big]_1^e = 2e - 2e - (0 - 2) = 2.$$

f) Berechnung der Nullstellen:

$$e^x - e^{2x} = 0 \implies e^x\,(1 - e^x) = 0 \implies 1 - e^x = 0 \implies e^x = 1 \implies x = 0.$$

Also sind im Inneren von $[-3, 0]$ keine Nullstellen.

Wegen $f(-1) = \dfrac{1}{e} - \dfrac{1}{e^2} = \dfrac{e - 1}{e^2} > 0$ erhält man:

$$A = \int_{-3}^0 (e^x - e^{2x})\, dx = \Big[e^x - \frac{1}{2} e^{2x} \Big]_{-3}^0 = 1 - \frac{1}{2} - \left(e^{-3} - \frac{1}{2} e^{-6}\right)$$

$$= \frac{1}{2} - \frac{1}{e^3} + \frac{1}{2e^6} \approx 0.451.$$

Aufgabe 6.7.32

Berechnen Sie die Fläche, die die Funktion f mit der x-Achse einschließt.

a) $f(x) = x^2 - x - 6,$

b) $f(x) = x^3 - 5x$,

c) $f(x) = \frac{1}{10}\left(x^3 - 4x^2 - 7x + 10\right)$,

d) $f(x) = \frac{3x^3 + 11x^2 + 8x}{x^2 + 4x + 4}$,

e) $f(x) = 5x \ln x$.

Lösung:

a) Berechnung der Nullstellen:

$$x^2 - x - 6 = 0 \implies x_{1,2} = \frac{1 \pm \sqrt{1 + 24}}{2} = \frac{1 \pm 5}{2} \implies x_1 = -2,\ x_2 = 3.$$

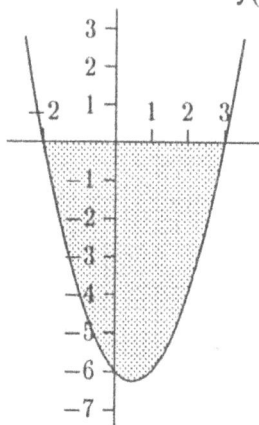

$$f(x) = x^2 - x - 6$$

Wegen $f(0) = -6 < 0$ folgt:

$$A = \int_{-2}^{3} |x^2 - x - 6|\, dx = \left|\left[\frac{1}{3}x^3 - \frac{1}{2}x^2 - 6x\right]_{-2}^{3}\right|$$

$$= \left|9 - \frac{9}{2} - 18 - \left(-\frac{8}{3} - 2 + 12\right)\right| = \frac{125}{6} \approx 20.833.$$

b) Berechnung der Nullstellen:

$$x^3 - 5x = 0 \implies x\left(x^2 - 5\right) = 0 \implies x_1 = 0,\ x_2 = -\sqrt{5},\ x_3 = \sqrt{5}.$$

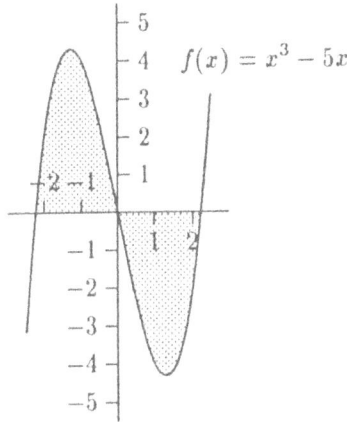

Wegen $f(-1) = 4 > 0$ und $f(1) = -4$ gilt:

$$A = \int_{-\sqrt{5}}^{0} (x^3 - 5x)\, dx + \left| \int_{0}^{\sqrt{5}} (x^3 - 5x)\, dx \right| = \left[\frac{1}{4}x^4 - \frac{5}{2}x^2 \right]_{-\sqrt{5}}^{0}$$

$$+ \left| \left[\frac{1}{4}x^4 - \frac{5}{2}x^2 \right]_{0}^{\sqrt{5}} \right| = 0 - \left(\frac{25}{4} - \frac{25}{2} \right) - \left| \frac{25}{4} - \frac{25}{2} - 0 \right| = \frac{25}{2} = 12.5.$$

c) Berechnung der Nullstellen:

$$\frac{1}{10}\left(x^3 - 4x^2 - 7x + 10 \right) = 0 \Longrightarrow x^3 - 4x^2 - 7x + 10 = 0.$$

Durch Einsetzen der Teiler von 10 findet man die Nullstelle $x_1 = 1$.

Wegen $\left(x^3 - 4x^2 - 7x + 10 \right) : (x - 1) = x^2 - 3x - 10$ folgt:

$$x_{2/3} = \frac{3 \pm \sqrt{9 + 40}}{2} = \frac{3 \pm 7}{2} \Longrightarrow x_2 = -2,\ x_3 = 5.$$

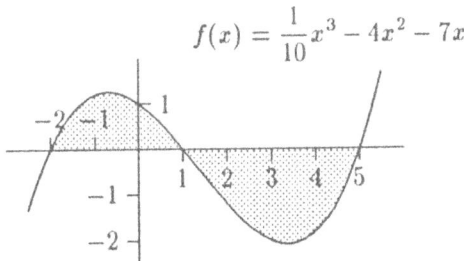

Wegen $f(-1) = 2 > 0$ und $f(2) = -1.2$ gilt dann:

$$A = \int_{-2}^{1} \frac{1}{10}\left(x^3 - 4x^2 - 7x + 10 \right) dx$$

$$+ \left| \int_1^5 \frac{1}{10} \left(x^3 - 4x^2 - 7x + 10 \right) dx \right|$$

$$= \left[\frac{1}{10} \cdot \left(\frac{1}{4}x^4 - \frac{4}{3}x^3 - \frac{7}{2}x^2 + 10x \right) \right]_{-2}^{1}$$

$$+ \left| \left[\frac{1}{10} \cdot \left(\frac{1}{4}x^4 - \frac{4}{3}x^3 - \frac{7}{2}x^2 + 10x \right) \right]_1^5 \right|$$

$$= \frac{1}{10} \cdot \left(\frac{1}{4} - \frac{4}{3} - \frac{7}{2} + 10 - \left(4 + \frac{32}{3} - 14 - 20 \right) \right)$$

$$+ \left| \frac{1}{10} \cdot \left(\frac{625}{4} - \frac{500}{3} - \frac{175}{2} + 50 \right) - \left(\frac{1}{4} - \frac{4}{3} - \frac{7}{2} + 10 \right) \right|$$

$$= \frac{99}{40} + \frac{16}{3} = \frac{937}{120} \approx 7.808.$$

d) $f(x) = \dfrac{3x^3 + 11x^2 + 8x}{x^2 + 4x + 4} = 3x - 1 + \dfrac{4}{(x+2)^2}.$

Berechnung der Nullstellen:

$$\frac{3x^3 + 11x^2 + 8x}{x^2 + 4x + 4} = 0 \implies 3x^3 + 11x^2 + 8x = 0$$

$$\implies x \left(3x^2 + 11x + 8 \right) = 0 \implies x_1 = 0 \text{ und}$$

$$x_{2,3} = \frac{-11 \pm \sqrt{121 - 96}}{2} = \frac{-11 \pm 5}{6} \implies x_2 = -\frac{8}{3}, \ x_3 = -1.$$

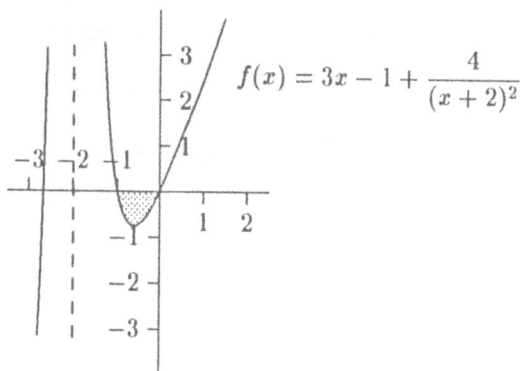

$$f(x) = 3x - 1 + \frac{4}{(x+2)^2}$$

Da sich an der Stelle $x = -2$ ein Pol befindet, wird zuerst die sich ins Unendliche erstreckende Fläche auf $[-2, -1]$ mithilfe eines uneigentlichen Integrals untersucht.

$$A = \int_{-2}^{-1} \left(3x - 1 + \frac{4}{(x+2)^2} \right) dx$$

$$= \lim_{a \to -2, a > -2} \int_a^{-1} \left(3x - 1 + \frac{4}{(x+2)^2} \right) dx$$

$$= \lim_{a \to -2, a > -2} \left[\frac{3}{2}x^2 - x - \frac{4}{x+2} \right]_a^{-1}$$

$$= \lim_{a \to -2, a > -2} \left(\frac{3}{2} - 1 - \frac{4}{3} - \left(\frac{3}{2}a^2 - a - \frac{4}{a+2} \right) \right) = +\infty.$$

Also hat diese Fläche keinen endlichen Flächeninhalt. Völlig analog dazu hat auch die Fläche auf $\left[-\frac{8}{3}, -2 \right]$ keinen endlichen Flächeninhalt und es folgt:

$$A = \left| \int_{-1}^0 \left(3x - 1 + \frac{4}{(x+2)^2} \right) dx \right| = \left| \left[\frac{3}{2}x^2 - x - \frac{4}{x+2} \right]_{-1}^0 \right|$$

$$= \left| -2 - \left(\frac{3}{2} + 1 - 4 \right) \right| = \frac{1}{2}.$$

e) Berechnung der Nullstellen:

$5x \ln x = 0 \Longrightarrow x = 0$ oder $\ln x = 0 \Longrightarrow x = 1$ ist einzige Nullstelle, da die Funktion an der Stelle $x = 0$ nicht definiert ist.

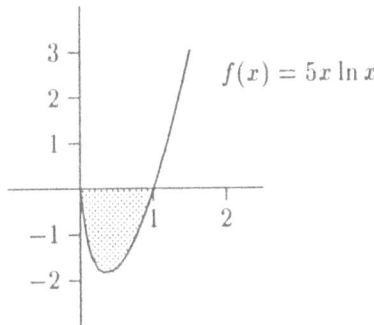

Wegen $\lim\limits_{a \to 0, a > 0} 5x \ln x = 0$ folgt:

$$A = \left| \int_0^1 (5x \ln x) \, dx \right| = \lim_{a \to 0, a > 0} \left| \int_a^1 (5x \ln x) \, dx \right|.$$

Dieses Integral wird mit partieller Integration gelöst.

Mit $f(x) = \ln x$ und $g'(x) = 5x$ folgen:

$$f'(x) = \frac{1}{x}, \; g(x) = \frac{5}{2}x^2, \; f(x)g(x) = \frac{5}{2}x^2 \ln x \text{ und}$$

$$f'(x)g(x) = \frac{1}{x} \cdot \frac{5}{2}x^2 = \frac{5}{2}x.$$

Damit gilt dann:

$$\lim_{a\to 0, a>0}\left|\int_a^1 (5x\ln x)\,dx\right| = \lim_{a\to 0, a>0}\left|\left[\frac{5}{2}x^2\ln x\right]_a^1 - \int_a^1 \frac{5}{2}x\,dx\right|$$

$$= \lim_{a\to 0, a>0}\left|\left[\frac{5}{2}x^2\ln x - \frac{5}{4}x^2\right]_a^1\right| = \lim_{a\to 0, a>0}\left|-\frac{5}{4} - \frac{5}{2}a^2\ln a + \frac{5}{4}a^2\right| = \frac{5}{4}.$$

Aufgabe 6.7.33

Berechnen Sie die Flächeninhalte der folgenden elementargeometrischen Figuren mithilfe der Integralrechnung.

a) Quadrat mit der Seitenlänge a.

b) Rechteck mit den Seitenlängen a und b.

c) Dreieck mit der Grundseitenlänge c und der Höhe h_c.

d) Parallelogramm mit der Grundseitenlänge a und der Höhe h_a.

e) Kreis mit dem Radius r.

f) Ellipse mit den Halbachsenlängen a und b.

Lösung:

a) Ein Quadrat mit der Seitenlänge a wird mithilfe der Funktion $f(x) = a$ auf $[0, a]$ dargestellt.

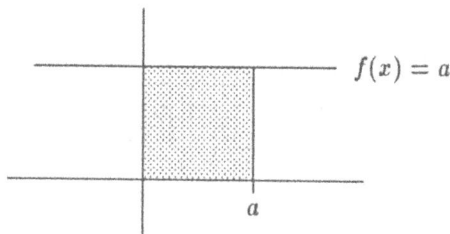

Für die Fläche gilt dann:

$$A = \int_0^a a\,dx = \left[ax\right]_0^a = a^2 - 0 = a^2.$$

b) Ein Rechteck mit den Seiten a und b wird mithilfe der Funktion

$f(x) = b$ auf $[0, a]$ dargestellt.

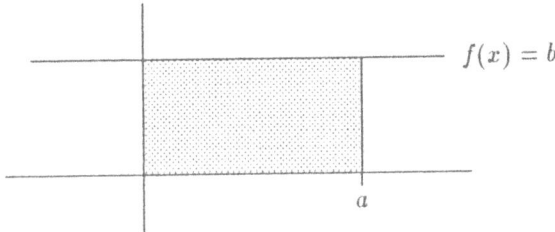

Für die Fläche gilt dann:

$$A = \int_0^a b\,dx = \Big[bx\Big]_0^a = ab - 0 = ab.$$

c) Ein Dreieck mit der Grundseitenlänge c und der Höhe h_c ist im folgenden Bild dargestellt.

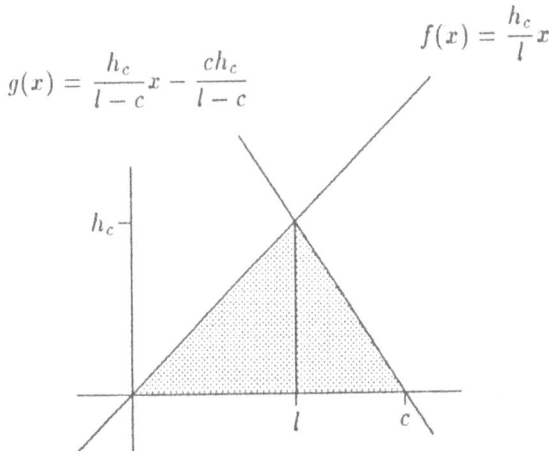

Da die Punkte $(0,0)$ und (l, h_c) auf der Geraden $f(x)$ liegen, folgt:

$$f(x) = \frac{h_c}{l}x.$$

Da die Punkte (l, h_c) und $(c, 0)$ auf der Geraden $g(x)$ liegen, folgt:

$$g(x) = \frac{h_c}{l - c}x - \frac{ch_c}{l - c}, \, l \neq c.$$

Jetzt müssen drei Fälle unterschieden werden:

1. Fall: $0 < l < c$:

Für die Fläche gilt dann:

$$A = \int_0^l \frac{h_c}{l} x \, dx + \int_l^c \left(\frac{h_c}{l-c} x - \frac{ch_c}{l-c} \right) dx$$

$$= \left[\frac{h_c}{2l} x^2 \right]_0^l + \left[\frac{h_c}{2(l-c)} x^2 - \frac{ch_c}{l-c} x \right]_l^c$$

$$= \frac{1}{2} h_c l + \frac{1}{2} \frac{h_c c^2}{l-c} - \frac{c^2 h_c}{l-c} - \frac{1}{2} \frac{l^2 h_c}{l-c} + \frac{ch_c l}{l-c}$$

$$= \frac{1}{2} h_c l + \frac{1}{2} h_c \cdot \frac{c^2 - 2c^2 - l^2 + 2lc}{l-c}$$

$$= \frac{1}{2} h_c l - \frac{1}{2} h_c \cdot \frac{(c-l)^2}{l-c} = \frac{1}{2} h_c l - \frac{1}{2} h_c \cdot (l-c) = \frac{1}{2} ch_c.$$

2. Fall: $0 < c < l$:

Für die Fläche gilt dann:

$$A = \int_0^l \frac{h_c}{l} x \, dx - \int_c^l \left(\frac{h_c}{l-c} x - \frac{ch_c}{l-c} \right) dx$$

$$= \int_0^l \frac{h_c}{l} x \, dx + \int_l^c \left(\frac{h_c}{l-c} x - \frac{ch_c}{l-c} \right) dx = \frac{1}{2} ch_c.$$

3. Fall: $0 < c = l$:

Für die Fläche gilt dann:

$$A = \int_0^c \frac{h_c}{l} x \, dx = \int_0^c \frac{h_c}{c} x \, dx = \left[\frac{1}{2} \frac{h_c}{c} x^2 \right]_0^c = \frac{1}{2} ch_c.$$

In allen Fällen ergibt sich für die Fläche des Dreiecks: $A = \dfrac{1}{2} ch_c.$

d) Die Fläche eines Parallelogramms wird auf die Fläche eines Rechtecks zurückgeführt.

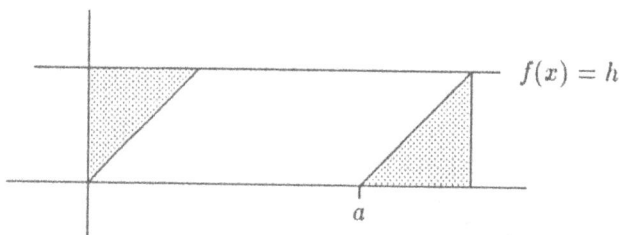

$f(x) = h$

a

Die beiden schraffierten Dreiecke sind flächengleich.

Für die Fläche des Parallelogramms gilt dann:

$$A = \int_0^a h\,dx = \Big[hx\Big]_0^a = ah - 0 = ah.$$

e) Ein Halbkreis mit dem Radius r wird beschrieben durch die Funktion $f(x) = \sqrt{r^2 - x^2}$ auf $[-r, r]$.

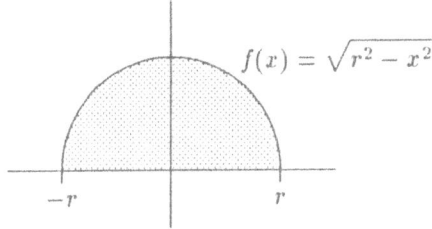

Für die Fläche des ganzen Kreises gilt dann:

$$A = 2 \cdot \int_{-r}^r \sqrt{r^2 - x^2}\,dx.$$

Zuerst erfolgt eine Substitution.

Mit $x = r \cdot \sin u$ folgt $\dfrac{dx}{du} = r \cdot \cos u$ und $dx = r \cos u\,du$.

Damit gilt:

$$A = 2 \cdot \int_{-r}^r \sqrt{r^2 - x^2}\,dx = 2 \cdot \int_{x=-r}^{x=r} \sqrt{r^2 - r^2 \sin^2 u}\,r \cos u\,du$$

$$= 2r^2 \int_{x=-r}^{x=r} \cos^2 u\,du.$$

Dieses Integral wird mit partieller Integration weiterverarbeitet.

Mit $f(u) = \cos u$ und $g'(u) = \cos$ folgen:

$f'(u) = -\sin u$, $g(u) = \sin u$, $f(u)g(u) = \sin u \cos u$ und
$f'(u)g(u) = -\sin^2 u$.

Damit gilt:

$$\int_{x=-r}^{x=r} \cos^2 u\,du = \Big[\sin u \cos u\Big]_{x=-r}^{x=r} - \int_{x=-r}^{x=r} -\sin^2 u\,du.$$

Jetzt wird noch der Zusammenhang $\sin^2 u + \cos^2 u = 1$ in der Form $\sin^2 u = 1 - \cos^2 u$ ausgenutzt:

$$\int_{x=-r}^{x=r} \cos^2 u\,du = \Big[\sin u \cos u\Big]_{x=-r}^{x=r} - \int_{x=-r}^{x=r} -\sin^2 u\,du$$

$$= \Big[\sin u \cos u\Big]_{x=-r}^{x=r} + \int_{x=-r}^{x=r} \left(1 - \cos^2 u\right)\,du$$

$$= \left[\sin u \cos u + u \right]_{x=-r}^{x=r} - \int_{x=-r}^{x=r} \cos^2 u \, du.$$

Faßt man jetzt

$$\int_{x=-r}^{x=r} \cos^2 u \, du = \left[\sin u \cos u + u \right]_{x=-r}^{x=r} - \int_{x=-r}^{x=r} \cos^2 u \, du$$

als Gleichung auf und addiert

$$\int_{x=-r}^{x=r} \cos^2 u \, du$$

auf beiden Seiten, so führt dies auf:

$$2 \cdot \int_{x=-r}^{x=r} \cos^2 u \, du = \left[\sin u \cos u + u \right]_{x=-r}^{x=r} \quad \text{oder}$$

$$2r^2 \int_{x=-r}^{x=r} \cos^2 u \, du = r^2 \left[\sin u \cos u + u \right]_{x=-r}^{x=r}.$$

Jetzt werden noch die Grenzen transformiert:

$$x = -r \implies u = -\frac{\pi}{2} \quad \text{und} \quad x = r \implies u = \frac{\pi}{2}.$$

Damit folgt aber:

$$2r^2 \int_{x=-r}^{x=r} \cos^2 u \, du = r^2 \left[\sin u \cos u + u \right]_{x=-r}^{x=r}$$

$$= r^2 \left[\sin u \cos u + u \right]_{u=-\frac{\pi}{2}}^{u=\frac{\pi}{2}} = r^2 \cdot \left(0 + \frac{\pi}{2} - 0 + \frac{\pi}{2} \right) - 0 = \pi r^2.$$

Damit gilt also: $A = \pi r^2$.

f) Eine Halbellipse mit den Halbachsen a und b wird beschrieben durch die Funktion

$$f(x) = \frac{b}{a} \sqrt{a^2 - x^2} \text{ auf } [-a, a].$$

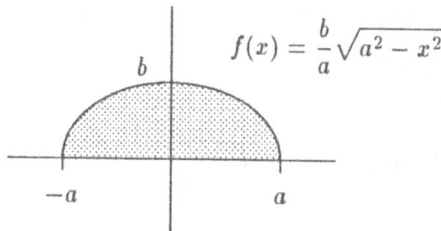

Für die Fläche der ganzen Ellipse gilt dann:

$$A = 2 \cdot \int_{-a}^{a} \frac{b}{a} \sqrt{a^2 - x^2} \, dx = 2 \cdot \frac{b}{a} \cdot a^2 \frac{\pi}{2} = \pi ab.$$

Das zu berechnende Integral ist das gleiche wie in Aufgabenteil e).

Aufgabe 6.7.34

Bestimmen Sie m so, daß das Flächenstück, das die Funktionen

$f(x) = -x^2 + \frac{3}{4}x + \frac{1}{2}$ und $g(x) = mx$ einschließen, den Inhalt 16 hat.

Lösung:

Berechnung der Schnittpunkte:

$$-x^2 + \frac{3}{4}x + \frac{1}{2} = mx \Longrightarrow x^2 + \left(m - \frac{3}{4}\right)x - \frac{1}{2} = 0$$

$$\Longrightarrow x_{1,2} = \frac{\frac{3}{4} - m \pm \sqrt{\left(m - \frac{3}{4}\right)^2 + 2}}{2} = \frac{\frac{3}{4} - m \pm \sqrt{m^2 - \frac{3}{2}m + \frac{9}{16} + 2}}{2}$$

$$= \frac{3}{8} - \frac{m}{2} \pm \frac{\sqrt{m^2 - \frac{3}{2}m + \frac{41}{16}}}{2} = \frac{3 - 4m}{8} \pm \frac{\sqrt{16m^2 - 24m + 41}}{8}.$$

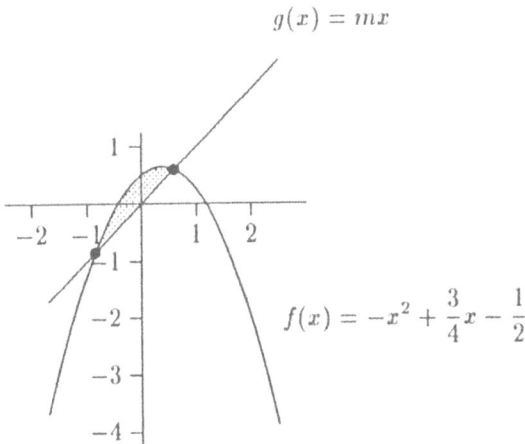

$g(x) = mx$

$f(x) = -x^2 + \frac{3}{4}x - \frac{1}{2}$

Für die Fläche gilt dann:

$$A = \int_{\frac{3-4m}{8} - \frac{\sqrt{16m^2-24m+41}}{8}}^{\frac{3-4m}{8} + \frac{\sqrt{16m^2-24m+41}}{8}} \left(-x^2 + \frac{3}{4}x + \frac{1}{2} - mx\right) dx$$

$$= \left[-\frac{1}{3}x^3 + \left(\frac{3}{8} - \frac{m}{2}\right)x^2 + \frac{1}{2}x\right]_{\frac{3-4m}{8} - \frac{\sqrt{16m^2-24m+41}}{8}}^{\frac{3-4m}{8} + \frac{\sqrt{16m^2-24m+41}}{8}}$$

$$= -\frac{1}{3}\left(\frac{3 - 4m}{8} + \frac{\sqrt{16m^2 - 24m + 41}}{8}\right)^3$$

$$+ \left(\frac{3}{8} - \frac{m}{2}\right)\left(\frac{3-4m}{8} + \frac{\sqrt{16m^2 - 24m + 41}}{8}\right)^2$$

$$+ \frac{1}{2}\left(\frac{3-4m}{8} + \frac{\sqrt{16m^2 - 24m + 41}}{8}\right)$$

$$- \left(-\frac{1}{3}\left(\frac{3-4m}{8} - \frac{\sqrt{16m^2 - 24m + 41}}{8}\right)^3\right.$$

$$+ \left(\frac{3}{8} - \frac{m}{2}\right)\left(\frac{3-4m}{8} - \frac{\sqrt{16m^2 - 24m + 41}}{8}\right)^2$$

$$\left.+ \frac{1}{2}\left(\frac{3-4m}{8} - \frac{\sqrt{16m^2 - 24m + 41}}{8}\right)\right)\right)$$

$$= -\frac{\left(16m^2 - 24m + 41\right)^{\frac{3}{2}}}{1536} - \frac{m^2\sqrt{16m^2 - 24m + 41}}{32}$$

$$+ \frac{3m\sqrt{16m^2 - 24m + 41}}{64} - \frac{9\sqrt{16m^2 - 24m + 41}}{512}$$

$$+ \frac{m^3}{6} - \frac{3m^2}{8} + \frac{17m}{32} - \frac{33}{128}$$

$$+ \frac{m^2\sqrt{16m^2 - 24m + 41}}{16} - \frac{3m\sqrt{16m^2 - 24m + 41}}{32} + \frac{9\sqrt{16m^2 - 24m + 41}}{256}$$

$$- \frac{m^3}{4} + \frac{9m^2}{16} - \frac{43m}{64} + \frac{75}{256} + \frac{\sqrt{16m^2 - 24m + 41}}{16} - \frac{m}{4} + \frac{3}{16}$$

$$- \left(\frac{\left(16m^2 - 24m + 41\right)^{\frac{3}{2}}}{1536} + \frac{m^2\sqrt{16m^2 - 24m + 41}}{32}\right.$$

$$- \frac{3m\sqrt{16m^2 - 24m + 41}}{64} + \frac{9\sqrt{16m^2 - 24m + 41}}{512}$$

$$+ \frac{m^3}{6} - \frac{3m^2}{8} + \frac{17m}{32} - \frac{33}{128}$$

$$- \frac{m^2\sqrt{16m^2 - 24m + 41}}{16} + \frac{3m\sqrt{16m^2 - 24m + 41}}{32} - \frac{9\sqrt{16m^2 - 24m + 41}}{256}$$

$$\left.- \frac{m^3}{4} + \frac{9m^2}{16} - \frac{43m}{64} + \frac{75}{256} - \frac{\sqrt{16m^2 - 24m + 41}}{16} - \frac{m}{4} + \frac{3}{16}\right)$$

$$= \frac{\left(16m^2 - 24m + 41\right)^{\frac{3}{2}}}{768} - \frac{m^3}{12} + \frac{3m^2}{16} - \frac{25m}{64} + \frac{57}{256}$$

$$-\left(-\frac{(16m^2 - 24m + 41)^{\frac{3}{2}}}{768} - \frac{m^3}{12} + \frac{3m^2}{16} - \frac{25m}{64} + \frac{57}{256}\right)$$

$$= \frac{(16m^2 - 24m + 41)^{\frac{3}{2}}}{384}.$$

Damit erhält man schließlich folgende Gleichung:

$$\frac{(16m^2 - 24m + 41)^{\frac{3}{2}}}{384} = 16$$

$$\Longrightarrow (16m^2 - 24m + 41)^{\frac{3}{2}} = 6144$$

$$\Longrightarrow 16m^2 - 24m + 41 = 128 \cdot \sqrt[3]{18}$$

$$\Longrightarrow 16m^2 - 24m + \left(41 - 128 \cdot \sqrt[3]{18}\right) = 0$$

$$\Longrightarrow m_{1,2} = \frac{24 \pm \sqrt{576 - 64\left(41 - 128 \cdot \sqrt[3]{18}\right)}}{32}$$

$$= \frac{3}{4} \pm \frac{1}{4} \cdot \sqrt{9 - 41 - 128 \cdot \sqrt[3]{18}} = \frac{3}{4} \pm \frac{1}{4} \cdot \sqrt{128 \cdot \sqrt[3]{18} - 32} = \frac{3}{4} \pm \sqrt{8 \cdot \sqrt[3]{18} - 2}.$$

Aufgabe 6.7.35

Bestimmen Sie $a > 0$ so, daß das Flächenstück, das die Funktionen

$f(x) = 4a^2x^2$ und $g(x) = ax$ einschließen, den Inhalt 5 hat.

Lösung:

Berechnung der Schnittpunkte:

$$4a^2x^2 = ax \Longrightarrow 4a^2x^2 - ax = 0 \Longrightarrow ax(4ax - 1) \Longrightarrow x_1 = 0 \text{ und } x_2 = \frac{1}{4a}.$$

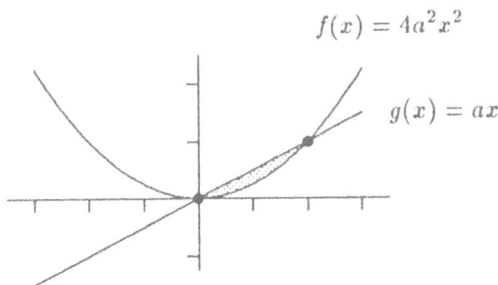

$f(x) = 4a^2x^2$

$g(x) = ax$

Für die Fläche gilt dann:

$$A = \int_0^{\frac{1}{4a}} \left(ax - 4a^2x^2\right) dx = \left[\frac{1}{2}ax^2 - \frac{4}{3}a^2x^3\right]_0^{\frac{1}{4a}}$$

$$= \frac{1}{2}a \cdot \frac{1}{16a^2} - \frac{4}{3}a^2 \cdot \frac{1}{64a^3} - 0 = \frac{1}{32a} - \frac{1}{48a} = \frac{1}{96a}.$$

Damit erhält man folgende Gleichung:

$$\frac{1}{96a} = 5 \Longrightarrow a = \frac{1}{480}.$$

Aufgabe 6.7.36

Das Flächenstück im ersten Quadranten der Funktion $f(x) = -\sqrt{x}(x-4)$ rotiere um die x-Achse und um die y-Achse. Berechnen Sie die Rauminhalte der beiden Rotationskörper.

Lösung:

Berechnung der Nullstellen:

$$-\sqrt{x}(x-4) = 0 \Longrightarrow x_1 = 0 \text{ und } x_2 = 4.$$

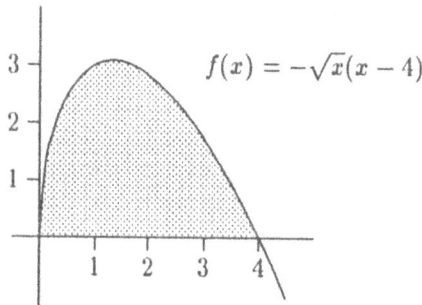

Für den Rauminhalt bei der Rotation von f um die x-Achse gilt:

$$V_x = \pi \cdot \int_0^4 \left(-\sqrt{x}(x-4)\right)^2 \, dx = \pi \cdot \int_0^4 x\left(x^2 - 8x + 16\right) \, dx$$

$$= \pi \cdot \int_0^4 \left(x^3 - 8x^2 + 16x\right) \, dx = \pi \cdot \left[\frac{1}{4}x^4 - \frac{8}{3}x^3 + 8x^2\right]_0^4$$

$$= \pi \cdot \left(64 - \frac{512}{3} + 128\right) = \frac{64}{3}\pi \approx 67.02.$$

Berechnung des Extremwerts:

$$f(x) = -\sqrt{x}(x-4) \Longrightarrow f'(x) = -\frac{3}{2}x^{\frac{1}{2}} + \frac{2}{\sqrt{x}}.$$

$$f'(x) = 0 \Longrightarrow -\frac{3}{2}x^{\frac{1}{2}} + \frac{2}{\sqrt{x}} = 0 \Longrightarrow 3x - 4 = 0 \Longrightarrow x = \frac{4}{3}.$$

Für den Rauminhalt bei der Rotation von f um die y-Achse gilt:

$$V_y = \pi \cdot \int_{x=4}^{x=\frac{4}{3}} x^2 \, dy - \pi \cdot \int_{x=0}^{x=\frac{4}{3}} x^2 \, dy = \pi \cdot \int_{x=4}^{x=0} x^2 \, dy.$$

Wegen $\dfrac{dy}{dx} = -\dfrac{3}{2}x^{\frac{1}{2}} + \dfrac{2}{\sqrt{x}} \implies dy = \left(-\dfrac{3}{2}x^{\frac{1}{2}} + \dfrac{2}{\sqrt{x}}\right) dx$ folgt dann:

$$V_y = \pi \cdot \int_{x=4}^{x=0} x^2 \, dy = \pi \cdot \int_{4}^{0} x^2 \left(-\frac{3}{2}x^{\frac{1}{2}} + \frac{2}{\sqrt{x}}\right) dx$$

$$= \pi \cdot \int_4^0 \left(-\frac{3}{2}x^{\frac{5}{2}} + 2x^{\frac{3}{2}}\right) dx = \pi \cdot \left[-\frac{3}{7}x^{\frac{7}{2}} + \frac{4}{5}x^{\frac{5}{2}}\right]_4^0$$

$$= \pi \cdot \left(0 - \left(-\frac{384}{7} + \frac{128}{5}\right)\right) = \frac{1024}{35}\pi \approx 91.914.$$

Aufgabe 6.7.37

Ein sehr dünnes Sektglas entsteht durch Rotation der Funktion $y = 2x^{\frac{3}{2}}$ um die y-Achse. Wie hoch ist das Glas, wenn über der Markierung 100 ml noch 1.5 cm Raum sein soll?

Lösung:

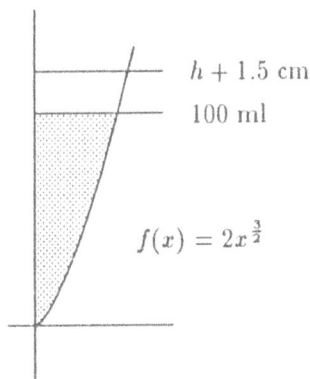

$h + 1.5$ cm

100 ml

$f(x) = 2x^{\frac{3}{2}}$

$$V_y = \pi \cdot \int_0^h x^2 \, dy.$$

Aus $y = 2x^{\frac{3}{2}}$ folgt $x^{\frac{3}{2}} = \dfrac{y}{2}$ oder $x^2 = \left(\dfrac{y}{2}\right)^{\frac{4}{3}}$.

$$V_y = \pi \cdot \int_0^h x^2 \, dy = \pi \cdot \int_0^h \left(\frac{y}{2}\right)^{\frac{4}{3}} dy = \pi \cdot \int_0^h \left(\frac{1}{2}\right)^{\frac{4}{3}} \cdot y^{\frac{4}{3}} \, dy$$

$$= \pi \cdot \left[\left(\frac{1}{2}\right)^{\frac{4}{3}} \cdot \frac{3}{7}y^{\frac{7}{3}}\right]_0^h = \pi \cdot \left(\frac{1}{2}\right)^{\frac{4}{3}} \cdot \frac{3}{7}h^{\frac{7}{3}} = \pi \cdot \frac{1}{2} \cdot \frac{1}{\sqrt[3]{2}} \cdot \frac{3}{7}h^{\frac{7}{3}} = \frac{3}{28} \cdot \sqrt[3]{4}\pi h^{\frac{7}{3}}.$$

Aus $V = 100$ ml $= 100$ cm^3 folgt

$$\frac{3}{28} \cdot \sqrt[3]{4}\pi h^{\frac{7}{3}} = 100 \Longrightarrow h^{\frac{7}{3}} = \frac{2800}{3} \cdot \frac{1}{\sqrt[3]{4}} \cdot \frac{1}{\pi}$$

$$\Longrightarrow h = \left(\frac{1400}{3} \cdot \sqrt[3]{2} \cdot \frac{1}{\pi}\right)^{\frac{3}{7}} = 2 \cdot \sqrt[7]{\frac{2^3 \cdot 5^6 \cdot 7^3}{3^3 \cdot \pi^3}} = 2 \cdot \sqrt[7]{\frac{42\,875\,000}{27\pi^3}}$$

$$= 9.415.$$

Also ist die gesamte Glashöhe dann 9.415 cm $+$ 1.5 cm $=$ 10.915 cm.

Aufgabe 6.7.38

Zeigen Sie, daß für $x \geq 2$ die ins Unendliche reichende Fläche zwischen der

Funktion $f(x) = \frac{2}{x}$ und der x-Achse

keinen endlichen Flächeninhalt besitzt, aber der Rotationskörper bei Rotation um die x-Achse einen endlichen Rauminhalt hat.

Lösung:

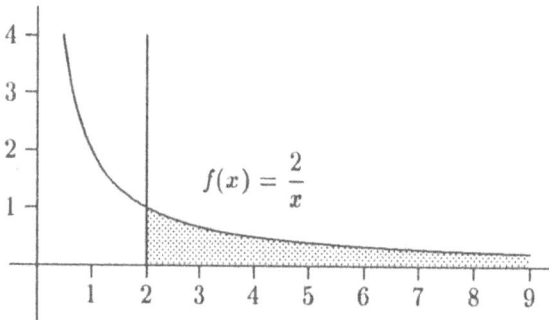

Für den Flächeninhalt der ins Unendlich reichenden Fläche gilt:

$$A = \int_2^\infty \frac{2}{x}\,dx = \lim_{b \to \infty} \int_2^b \frac{2}{x}\,dx = \lim_{b \to \infty} \left[2\ln|x|\right]_2^b$$

$$= \lim_{b \to \infty} (2\ln|b| - 2\ln 2) = +\infty.$$

Also hat diese Fläche keinen endlichen Flächeninhalt.

Für den Rauminhalt bei Rotation um die x-Achse gilt:

$$V_x = \pi \cdot \int_2^\infty \left(\frac{2}{x}\right)^2 dx = \lim_{b \to \infty} \pi \cdot \int_2^b \frac{4}{x^2}\,dx = \lim_{b \to \infty} \pi \cdot \left[-\frac{4}{x}\right]_2^b$$

$$= \lim_{b \to \infty} \pi \cdot \left(-\frac{4}{b} + 2 \right) = 2\pi.$$

Aufgabe 6.7.39

Die Funktionen $f(x) = \sqrt{17 - 2x}$ und $g(x) = \sqrt{16 - x^2}$ beranden mit der x-Achse im ersten Quadranten ein Flächenstück. Berechnen Sie den Inhalt dieses Flächenstücks sowie die Rauminhalte der Rotationskörper bei Rotation dieses Flächenstücks um die x-Achse bzw. um die y-Achse.

Lösung:

Berechnung der Schnittpunkte:

$$\sqrt{17 - 2x} = \sqrt{16 - x^2} \quad |()^2$$
$$17 - 2x = 16 - x^2 \quad | - 16 + x^2$$
$$x^2 - 2x + 1 = 0$$
$$(x - 1)^2 = 0$$
$$\implies x = 1.$$

Also ist der Schnittpunkt $(1, \sqrt{15})$.

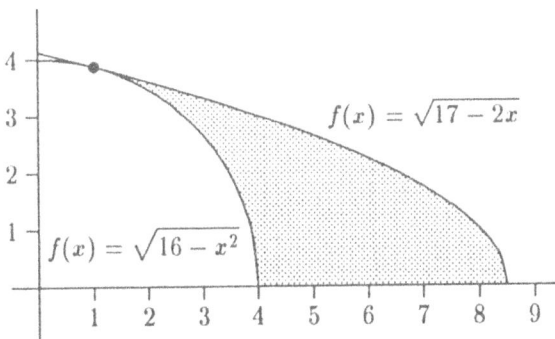

Für den Flächeninhalt des Flächenstücks gilt:

$$A = \int_1^{8.5} \sqrt{17 - 2x}\, dx - \int_1^4 \sqrt{16 - x^2}\, dx$$

$$= \left[-\frac{1}{3}(17 - 2x)^{\frac{3}{2}} \right]_1^{8.5} - 8 \left[\sin u \cos u + u \right]_{x=1}^{x=4},$$

wobei das rechte Integral mithilfe der Substitution $x = 4 \sin u$ in Aufgabe 6.7.33 e) berechnet wurde.

Es folgt:

$$\left[-\frac{1}{3}(17-2x)^{\frac{3}{2}}\right]_1^{8.5} - 8\left[\sin u \cos u + u\right]_{x=1}^{x=4}$$

$$= \frac{1}{3}\sqrt{15^3} - 8\left[\frac{x}{4}\sqrt{1-\left(\frac{x}{4}\right)^2} + \arcsin\left(\frac{x}{4}\right)\right]_{x=1}^{x=4}$$

$$= 5\sqrt{15} - 8\left(\arcsin 1 - \frac{1}{4}\sqrt{\frac{15}{16}} - \arcsin\left(\frac{1}{4}\right)\right)$$

$$= 5\sqrt{15} - 4\pi + \frac{1}{2}\sqrt{15} + 8\arcsin\left(\frac{1}{4}\right) = 19.365 - 8.608 \approx 10.757.$$

Für den Rauminhalt bei der Rotation um die x-Achse gilt:

$$V_x = \pi \cdot \int_1^{8.5} \left(\sqrt{17-2x}\right)^2 dx - \pi \cdot \int_1^4 \left(\sqrt{16-x^2}\right)^2 dx$$

$$= \pi \cdot \int_1^{8.5} (17-2x)\, dx - \pi \cdot \int_1^4 (16-x^2)\, dx$$

$$= \pi \cdot \left[17x - x^2\right]_1^{8.5} - \pi \cdot \left[16x - \frac{x^3}{3}\right]_1^4$$

$$= \pi \cdot \left(\frac{289}{2} - 72.25 - 17 + 1\right) - \pi \cdot \left(64 - \frac{64}{3} - 16 + \frac{1}{3}\right)$$

$$= 56.25\pi - 27\pi = 29.25\pi \approx 91.89.$$

Für den Rauminhalt bei der Rotation um die y-Achse gilt:

$$V_y = \pi \cdot \left|\int_{x=1}^{x=8.5} x^2 \, dy_1\right| - \pi \cdot \left|\int_{x=1}^{x=4} x^2 \, dy_2\right|$$

$$= \pi \cdot \left|\int_{y_1=\sqrt{15}}^{y_1=0} x^2 \, dy_1\right| - \pi \cdot \left|\int_{y_2=\sqrt{15}}^{y_2=0} x^2 \, dy_2\right|.$$

Dabei gilt für die Funktionen y_1 und y_2.

$$y_1 = \sqrt{17-2x} \implies y_1^2 = 17 - 2x \implies x = \frac{1}{2}\left(17 - y_1^2\right)$$

$$\implies x^2 = \frac{1}{4}(17-y_1)^2 = \frac{289}{4} - \frac{17}{2}y_1^2 + \frac{1}{4}y_1^4 \quad \text{und}$$

$$y_2 = \sqrt{16-x^2} \implies y_2^2 = 16 - x^2 \implies x^2 = 16 - y_2^2.$$

Es folgt (y_1 und y_2 durch y ersetzt):

$$\pi \cdot \left| \int_{y=\sqrt{15}}^{y=0} x^2 \, dy \right| - \pi \cdot \left| \int_{y=\sqrt{15}}^{y=0} x^2 \, dy \right|$$

$$= \pi \cdot \int_0^{\sqrt{15}} \left(\frac{289}{4} - \frac{17}{2} y^2 + \frac{1}{4} y^4 \right) dy - \pi \cdot \int_0^{\sqrt{15}} \left(16 - y^2 \right) dy$$

$$= \pi \cdot \left[\frac{289}{4} y - \frac{17}{6} y^3 + \frac{1}{20} y^5 \right]_0^{\sqrt{15}} - \pi \cdot \left[16y - \frac{1}{3} y^3 \right]_0^{\sqrt{15}}$$

$$= \pi \cdot \left(\frac{289}{4} \sqrt{15} - \frac{255}{6} \sqrt{15} + \frac{225}{20} \sqrt{15} \right) - \pi \cdot \left(16\sqrt{15} - 5\sqrt{15} \right)$$

$$= 41\sqrt{15}\pi - 11\sqrt{15}\pi = 30\sqrt{15}\pi \approx 365.02.$$

Aufgabe 6.7.40

Berechnen Sie die Rauminhalte der folgenden elementargeometrischen Figuren mithilfe der Integralrechnung.

a) Kugel mit Radius r.

b) Ring (Rotation eines Kreises mit Radius r und Mittelpunkt $(0, a)$, $r < a$ um die x-Achse).

Lösung:

a) Eine Kugel mit Radius r entsteht durch Rotation eines Halbkreises mit Radius r und Mittelpunkt $(0,0)$ um die x-Achse.

Ein Halbkreis mit Radius r wird beschrieben durch die Funktion

$f(x) = \sqrt{r^2 - x^2}$ auf $[-r, r]$.

Für das Volumen bei Rotation um die x-Achse gilt dann::

$$V = \pi \int_{-r}^{r} \left(\sqrt{r^2 - x^2} \right)^2 dx = \pi \int_{-r}^{r} \left(r^2 - x^2 \right) dx = \pi \left[r^2 x - \frac{1}{3} x^3 \right]_{-r}^{r}$$

$$= \pi \left(r^3 - \frac{1}{3} r^3 - \left(-r^3 + \frac{1}{3} r^3 \right) \right) = \frac{4}{3} \pi r^3.$$

b) Der Ring entsteht durch Rotation eines Kreises mit Radius r und dem Mittelpunkt $(0, a), r < a$ um die x-Achse.

Die beiden Randfunktionen sind

$f_1(x) = a + \sqrt{r^2 - x^2}$ und $f_2(x) = a - \sqrt{r^2 - x^2}$.

Für das Volumen bei Rotation um die x-Achse gilt dann:

$$V = \pi \int_{-r}^{r} \left(a + \sqrt{r^2 - x^2} \right)^2 dx - \pi \int_{-r}^{r} \left(a - \sqrt{r^2 - x^2} \right)^2 dx =$$

$$\pi \int_{-r}^{r} \left(a^2 + 2a\sqrt{r^2 - x^2} + r^2 - x^2 - a^2 + 2a\sqrt{r^2 - x^2} - r^2 + x^2 \right) dx$$

$$= \pi \int_{-r}^{r} 4a\sqrt{r^2 - x^2} \, dx = 4\pi a \int_{-r}^{r} \sqrt{r^2 - x^2} \, dx = 4\pi a \frac{\pi r^2}{2} = 2\pi^2 a r^2.$$

Aufgabe 6.7.41

Das Flächenstück, das die Funktion $f(x) = -x^2 + 4x$ mit der x-Achse auf $[0, 4]$ einschließt, rotiert um die y-Achse. Berechnen Sie den Rauminhalt des Rotationskörpers.

Spiegeln Sie die Funktion $f(x)$ an der 1. Winkelhalbierenden und bestätigen Sie dann das oben berechnete Volumen bei Rotation um die x-Achse.

Lösung:

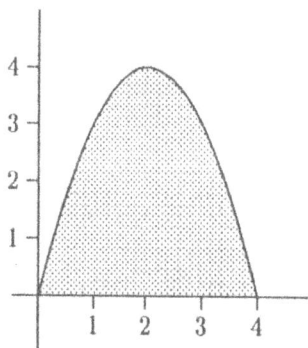

Bei Rotation um die y-Achse gilt:

$$V_y = \pi \int_4^2 x^2 \, dy - \pi \int_0^2 x^2 \, dy = \pi \int_4^0 x^2 \, dy$$

Wegen $\frac{dy}{dx} = -2x + 4$ gilt $dy = (-2x + 4)\, dx$ und damit

$$\pi \int_4^0 x^2 \, dy = \pi \int_4^0 x^2 \cdot (-2x + 4)\, dx = \pi \int_4^0 \left(-2x^3 + 4x^2 \right) dx$$

$$= \pi \left[-\frac{1}{2} x^4 + \frac{4}{3} x^3 \right]_4^0 = \pi \left(0 - \left(-128 + \frac{256}{3} \right) \right) = \frac{128}{3} \pi.$$

Spiegelt man $f(x) = y = -x^2 + 4x$ an der 1. Winkelhalbierenden folgt:

$$y = -x^2 + 4x \implies x^2 - 4x + y = 0 \implies x_{1/2} = \frac{4 \pm \sqrt{16 - 4y}}{2} = 2 \pm \sqrt{4 - y}.$$

Unter Beachtung der Monotonieäste von $f(x)$ folgt:

$$f_{1,2}^{-1}(x) = 2 \pm \sqrt{4 - x}.$$

Bei Rotation dieser beiden Funktionen um die x-Achse gilt:

$$V_x = \pi \int_0^4 \left(2 + \sqrt{4 - x}\right)^2 dx - \pi \int_0^4 \left(2 - \sqrt{4 - x}\right)^2 dx$$

$$= \pi \int_0^4 8\sqrt{4 - x}\, dx = \pi \left[-\frac{16}{3}(4 - x)^{\frac{3}{2}}\right]_0^4 = \pi \cdot \left(0 - \left(-\frac{16}{3} \cdot 8\right)\right) = \frac{128}{3}\pi.$$

Aufgabe 6.7.42

Berechnen Sie die Bogenlängen der Kurven der folgenden Funktionen auf den angegebenen Intervallen.

a) $f(x) = 2\ln x - \dfrac{1}{16}x^2$ auf $[1, 5]$,

b) $f(x) = \dfrac{1}{48}x^6 + \dfrac{1}{2x^4}$ auf $[1, 2]$,

c) $f(x) = \ln \cos x$ auf $\left[0, \dfrac{\pi}{4}\right]$.

Lösung:

a) Gesucht ist die Länge des Kurvenstücks der Funktion

$$f(x) = 2\ln x - \frac{1}{16}x^2 \quad \text{auf } [1, 5].$$

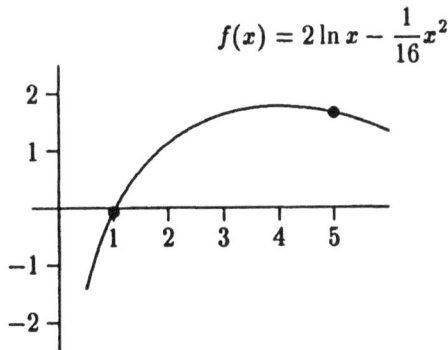

$$f(x) = 2\ln x - \frac{1}{16}x^2$$

$$f(x) = 2\ln x - \frac{1}{16}x^2 \implies f'(x) = \frac{2}{x} - \frac{1}{8}x$$

$$\Longrightarrow L = \int_1^5 \sqrt{1 + \left(\frac{2}{x} - \frac{1}{8}x\right)^2}\, dx = \int_1^5 \sqrt{1 + \frac{4}{x^2} - \frac{1}{2} + \frac{1}{64}x^2}\, dx$$

$$= \int_1^5 \sqrt{\frac{4}{x^2} + \frac{1}{2} + \frac{1}{64}x^2}\, dx = \int_1^5 \sqrt{\left(\frac{2}{x} + \frac{1}{8}x\right)^2}\, dx$$

$$= \int_1^5 \left(\frac{2}{x} + \frac{1}{8}x\right)\, dx = \left[2\ln x + \frac{1}{16}x^2\right]_1^5$$

$$= 2\ln 5 + \frac{25}{16} - \left(0 - \frac{1}{16}\right) = 2\ln 5 + \frac{3}{2} \approx 4.719.$$

b) Gesucht ist die Länge des Kurvenstücks der Funktion

$$f(x) = \frac{1}{48}x^6 - \frac{1}{2x^4} \text{ auf } [1,2].$$

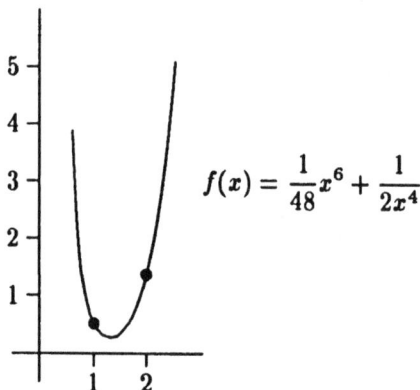

$$f(x) = \frac{1}{48}x^6 + \frac{1}{2x^4}$$

$$f(x) = \frac{1}{48}x^6 - \frac{1}{2x^4} \Longrightarrow f'(x) = \frac{1}{8}x^5 - \frac{2}{x^5}$$

$$\Longrightarrow L = \int_1^2 \sqrt{1 + \left(\frac{1}{8}x^5 - \frac{2}{x^5}\right)^2}\, dx = \int_1^2 \sqrt{1 + \frac{1}{64}x^{10} - \frac{1}{2} + \frac{4}{x^{10}}}\, dx$$

$$= \int_1^2 \sqrt{\frac{1}{64}x^{10} + \frac{1}{2} + \frac{4}{x^{10}}}\, dx = \int_1^2 \sqrt{\left(\frac{1}{8}x^5 + \frac{2}{x^5}\right)^2}\, dx$$

$$= \int_1^2 \left(\frac{1}{8}x^5 + \frac{2}{x^5}\right)\, dx = \left[\frac{1}{48}x^6 - \frac{1}{2x^4}\right]_1^2$$

$$= \frac{4}{3} - \frac{1}{32} - \left(\frac{1}{48} - \frac{1}{2}\right) = \frac{128 - 3 - 2 + 48}{96} = \frac{171}{96} = \frac{57}{32} \approx 1.781.$$

c) Gesucht ist die Länge des Kurvenstücks der Funktion

$$f(x) = \ln\cos x \text{ auf } \left[0, \frac{\pi}{4}\right].$$

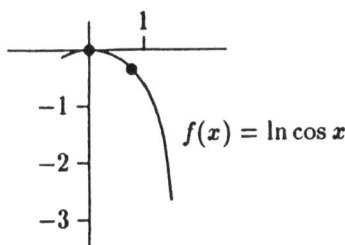

$$f(x) = \ln \cos x \Longrightarrow f'(x) = \frac{-\sin x}{\cos x} = -\tan x$$

$$\Longrightarrow L = \int_0^{\frac{\pi}{4}} \sqrt{1 + \tan^2 x}\, dx = \int_0^{\frac{\pi}{4}} \sqrt{\frac{\cos^2 x + \sin^2 x}{\cos^2 x}}\, dx$$

$$= \int_0^{\frac{\pi}{4}} \frac{1}{\cos x}\, dx.$$

Die weitere Lösung erfolgt mittels Substitution.

Mit $x = 2 \arctan u$ bzw. $u = \tan \dfrac{x}{2}$ folgt $\dfrac{dx}{du} = \dfrac{2}{1 + u^2}$ und

$$dx = \frac{2\, du}{1 + u^2}.$$

Desweiteren gilt:

$$\cos x = \frac{1 - \tan^2 \frac{x}{2}}{1 + \tan^2 \frac{x}{2}} = \frac{1 - u^2}{1 + u^2}.$$

Damit gilt dann:

$$\int_0^{\frac{\pi}{4}} \frac{1}{\cos x}\, dx = \int_{x=0}^{x=\frac{\pi}{4}} \frac{1 + u^2}{1 - u^2} \cdot \frac{2\, du}{1 + u^2} = \int_{x=0}^{x=\frac{\pi}{4}} \frac{2}{1 - u^2}\, du.$$

Dieses Integral wird mit Partialbruchzerlegung weiterverarbeitet.

Es gilt: $1 - u^2 = (1 + u)(1 - u)$.

Der Ansatz lautet:

$$\frac{2}{1 - u^2} = \frac{A}{1 + u} + \frac{B}{1 - u}.$$

Multipliziert man mit $1 + u$ durch, so führt dies auf:

$$\frac{2}{1 - u} = A + B \cdot \frac{1 + u}{1 - u}.$$

Setzt man nun $u = -1$ ein, so folgt: $\dfrac{2}{2} = A$, also $A = 1$.

Multipliziert man die Ausgangsgleichung mit $1 - u$ durch, so führt dies auf:

$$\frac{2}{1+u} = A \cdot \frac{1-u}{1+u} + B.$$

Setzt man nun $u = 1$ ein, so folgt: $\frac{2}{2} = B$, also $B = 1$.

Also gilt: $\frac{2}{1-u^2} = \frac{1}{1+u} + \frac{1}{1-u}$.

Damit gilt dann:

$$\int_{x=0}^{x=\frac{\pi}{4}} \frac{2}{1-u^2}\, du = \int_{x=0}^{x=\frac{\pi}{4}} \left(\frac{1}{1+u} + \frac{1}{1-u}\right) du$$

$$= \Big[\ln(1+u) - \ln(1-u)\Big]_{x=0}^{x=\frac{\pi}{4}} = \left[\ln\left(1 + \tan\frac{x}{2}\right) - \ln\left(1 - \tan\frac{x}{2}\right)\right]_{x=0}^{x=\frac{\pi}{4}}$$

$$= \ln\left(1 + \tan\frac{\pi}{8}\right) - \ln\left(1 - \tan\frac{\pi}{8}\right) = \ln\sqrt{2} - \ln\left(2 - \sqrt{2}\right)$$

$$= \ln\left(1 + \sqrt{2}\right) \approx 0.881.$$

Aufgabe 6.7.43

Berechnen Sie die Bogenlänge der Kurve der Funktion $f(x) = \ln x$ auf $[1, 7]$.

Lösung:

Gesucht ist die Länge des Kurvenstücks der Funktion

$f(x) = \ln x$ auf $[1, 7]$.

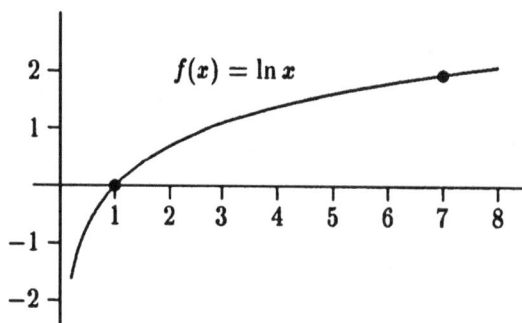

$$f(x) = \ln x \Longrightarrow f'(x) = \frac{1}{x}$$

$$\Longrightarrow L = \int_1^7 \sqrt{1 + \left(\frac{1}{x^2}\right)^2}\, dx = \int_1^7 \sqrt{\frac{x^2+1}{x^2}}\, dx = \int_1^7 \frac{1}{x}\sqrt{1+x^2}\, dx.$$

Die weitere Lösung erfolgt mittels Substitution.

Mit $x = \sinh u$ folgt $\dfrac{dx}{du} = \cosh u$ und $dx = \cosh u\, du$.

Damit gilt dann:

$$\int \frac{1}{x}\sqrt{1+x^2}\, dx = \int \frac{1}{\sinh u} \cdot \sqrt{1+\sinh^2 u} \cdot \cosh u\, du = \int \frac{\cosh^2 u}{\sinh u}\, du$$

$$= \int \frac{1+\sinh^2 u}{\sinh u}\, du = \int \left(\frac{1}{\sinh u} + \sinh u \right)\, du = \int \frac{1}{\sinh u}\, du + \cosh u.$$

Das Integral $\displaystyle\int \frac{1}{\sinh u}\, du = \int \frac{2}{e^u - e^{-u}}\, du$ wird durch eine weitere Substitution gelöst.

Mit $w = e^u$ folgt $\dfrac{dw}{du} = e^u$ und $du = \dfrac{dw}{e^u} = \dfrac{dw}{w}$.

Damit gilt dann:

$$\int \frac{2}{e^u - e^{-u}}\, du = \int \frac{2}{w - \frac{1}{w}} \cdot \frac{1}{w}\, dw = \int \frac{2}{w^2 - 1}\, dw$$

$$= \int \frac{2}{(w-1)(w+1)}\, dw = \int \left(\frac{1}{w-1} - \frac{1}{w+1} \right)\, dw$$

$$= \ln(w-1) - \ln(w+1) = \ln\left(e^u - 1\right) - \ln\left(e^u + 1\right).$$

Daraus folgt:

$$\int \frac{1}{\sinh u}\, du + \cosh u = \ln\left(e^u - 1\right) - \ln\left(e^u + 1\right) + \cosh u.$$

Jetzt muß nur noch die Variable u in die Variable x rücksubstituiert werden.

$$x = \sinh u \Longrightarrow x = \frac{e^u - e^{-u}}{2} \Longrightarrow e^u - 2x - e^{-u} = 0$$

$$\Longrightarrow e^u_{1,2} = \frac{2x \pm \sqrt{4x^2 + 4}}{2} = x \pm \sqrt{x^2 + 1},$$

oder unter Beachtung des Definitionsbereichs der Exponentialfunktion

$$u = \ln\left(x + \sqrt{x^2 + 1}\right).$$

Daraus folgt schließlich:

$$L = \int_1^7 \sqrt{1 + \left(\frac{1}{x^2}\right)^2}\, dx = \left[\ln\left(e^u - 1\right) - \ln\left(e^u + 1\right) + \cosh u \right]_{x=1}^{x=7}$$

$$= \left[\ln \frac{e^u - 1}{e^u + 1} + \cosh u \right]_{x=1}^{x=7} = \left[\ln \frac{x + \sqrt{x^2+1} - 1}{x + \sqrt{x^2+1} + 1} + \sqrt{x^2+1} \right]_{x=1}^{x=7}$$

$$= \left[\ln \frac{\left(x - 1 + \sqrt{x^2+1}\right)\left(x + 1 - \sqrt{x^2+1}\right)}{\left(x + 1 + \sqrt{x^2+1}\right)\left(x + 1 - \sqrt{x^2+1}\right)} + \sqrt{x^2+1} \right]_{x=1}^{x=7}$$

$$= \left[\ln \frac{x^2 - 1 - x^2 - 1 + 2\sqrt{x^2+1}}{2x} + \sqrt{x^2+1} \right]_{x=1}^{x=7}$$

$$= \left[\ln \frac{\sqrt{x^2+1}}{x} + \sqrt{x^2+1} \right]_{x=1}^{x=7} = \ln \frac{\sqrt{50}-1}{7} + \sqrt{50} - \ln\left(\sqrt{2}-1\right) - \sqrt{2}$$

$$= 4\sqrt{2} + \ln \frac{5\sqrt{2}-1}{7\left(\sqrt{2}-1\right)} = 4\sqrt{2} + \ln \frac{\left(5\sqrt{2}-1\right)\left(\sqrt{2}+1\right)}{7\left(\sqrt{2}-1\right)\left(\sqrt{2}+1\right)}$$

$$= 4\sqrt{2} + \ln \frac{9+4\sqrt{2}}{7} \approx 6.395.$$

Aufgabe 6.7.44

Bestimmen Sie bei gegebener Elastizität $\epsilon_f(x)$ die dazugehörigen Funktionen $f(x) > 0$.

a) $\epsilon_f(x) = x^2$,   b) $\epsilon_f(x) = xe^x$,

c) $\epsilon_f(x) = x^2 \sin x$,   d) $\epsilon_f(x) = \sqrt{1 + \ln x}$.

Lösung:

a) Gesucht sind Funktionen mit $\epsilon_f(x) = x^2$.

$$\epsilon_f(x) = x^2$$

$$\frac{x f'(x)}{f(x)} = x^2 \qquad |:x$$

$$\frac{f'(x)}{f(x)} = x \qquad \left| \int dx \right.$$

$$\int \frac{f'(x)}{f(x)}\, dx = \int x\, dx$$

$$\ln|f(x)| = \frac{x^2}{2} + c \qquad |e^{()}$$

$$|f(x)| = e^{\frac{x^2}{2}+c}$$

Daraus folgt $f(x) = e^{\frac{x^2}{2}+c} = d \cdot e^{\frac{x^2}{2}}$, $c \in \mathbb{R}$, $d \in \mathbb{R}^+$.

b) Gesucht sind Funktionen mit $\epsilon_f(x) = x e^x$.

$$\epsilon_f(x) = x e^x$$

$$\frac{x f'(x)}{f(x)} = x e^x \qquad |:x$$

$$\frac{f'(x)}{f(x)} = e^x \qquad |\int dx$$

$$\int \frac{f'(x)}{f(x)}\, dx = \int e^x\, dx$$

$$\ln|f(x)| = e^x + c \qquad |e^{()}$$

$$|f(x)| = e^{e^x + c}$$

Daraus folgt $f(x) = e^{e^x + c} = d \cdot e^{e^x}$, $c \in \mathbb{R}$, $d \in \mathbb{R}^+$.

c) Gesucht sind Funktionen mit $\epsilon_f(x) = x^2 \sin x$.

$$\epsilon_f(x) = x^2 \sin x$$

$$\frac{x f'(x)}{f(x)} = x^2 \sin x \qquad |:x$$

$$\frac{f'(x)}{f(x)} = x \sin x \qquad |\int dx$$

$$\int \frac{f'(x)}{f(x)}\, dx = \int x \sin x\, dx$$

Auf der rechten Seite der Gleichung wird eine partielle Integration durchgeführt.

Mit $g(x) = x$ und $h'(x) = \sin x$ folgen:

$g'(x) = 1$, $h(x) = -\cos x$, $g(x)h(x) = -x \cos x$ und

$g'(x)h(x) = -\cos x$.

Damit gilt dann:

$$\int x \sin x\, dx = -x \cos x + \int \cos x\, dx = -x \cos x + \sin x + c.$$

Daraus folgt:

$$\ln|f(x)| = -x \cos x + \sin x + c$$

$$\Longrightarrow |f(x)| = e^{-x \cos x + \sin x + c}$$

$$\Longrightarrow f(x) = e^{-x \cos x + \sin x + c} = d \cdot e^{-x \cos x + \sin x}, \ c \in \mathbb{R}, \ d \in \mathbb{R}^+.$$

d) Gesucht sind Funktionen mit $\epsilon_f(x) = \sqrt{1 + \ln x}$.

$$\epsilon_f(x) = \sqrt{1 + \ln x}$$

$$\frac{x f'(x)}{f(x)} = \sqrt{1 + \ln x} \qquad | : x$$

$$\frac{f'(x)}{f(x)} = \frac{1}{x}\sqrt{1 + \ln x} \qquad \left| \int dx \right.$$

$$\int \frac{f'(x)}{f(x)}\, dx = \int \frac{1}{x}\sqrt{1 + \ln x}\, dx$$

Auf der rechten Seite der Gleichung wird eine Substitution durchgeführt.

Mit $u = 1 + \ln x$ folgt $\dfrac{du}{dx} = \dfrac{1}{x}$ und $dx = x\, du$.

Damit gilt:

$$\int \frac{1}{x}\sqrt{1 + \ln x}\, dx = \int \frac{\sqrt{u}}{x} \cdot x\, du = \int \sqrt{u}\, du = \frac{2}{3} u^{\frac{3}{2}} + c$$

$$= \frac{2}{3}\sqrt{(1 + \ln x)^3} + c.$$

Daraus folgt:

$$\ln |f(x)| = \frac{2}{3}\sqrt{(1 + \ln x)^3} + c$$

$$\Longrightarrow |f(x)| = e^{\frac{2}{3}\sqrt{(1+\ln x)^3}+c}$$

$$\Longrightarrow f(x) = e^{\frac{2}{3}\sqrt{(1+\ln x)^3}+c} = d \cdot e^{\frac{2}{3}\sqrt{(1+\ln x)^3}}, \; c \in \mathbb{R}, \, d \in \mathbb{R}^+.$$

Aufgabe 6.7.45

Bestimmen Sie die Funktionen $f(x) > 0$ aus den angegebenen Gleichungen für deren Elastizität $\epsilon_f(x)$.

a) $\epsilon_f(x) = -\dfrac{3}{2}x \cdot \left(\dfrac{x}{f(x)}\right)^2$,   b) $\dfrac{\epsilon_f(x)}{x} = x e^{x^2}$,

c) $\epsilon_f^2(x) = f'(x) \cdot \ln\left(2 + \dfrac{1}{x}\right)$,   d) $(\epsilon_f(x) - 1)^2 = x^2 e^{2x}$,

e) $\sqrt{\epsilon_f(x) + x} = x e^{\frac{x^2}{2}}$,   f) $\sqrt{\epsilon_f(x)} = f'(x) \cdot \sqrt[4]{x}$.

Lösung:

a) Gesucht sind Funktionen mit $\epsilon_f(x) = -\dfrac{3}{2}x \cdot \left(\dfrac{x}{f(x)}\right)^2$.

$$\epsilon_f(x) = -\frac{3}{2}x \cdot \left(\frac{x}{f(x)}\right)^2$$

$$\frac{xf'(x)}{f(x)} = -\frac{3}{2}x \cdot \left(\frac{x}{f(x)}\right)^2 \qquad |:x| \cdot f^2(x)$$

$$f'(x) \cdot f(x) = -\frac{3}{2}x^2 \qquad \left| \int dx \right.$$

$$\int f'(x) \cdot f(x)\, dx = \int -\frac{3}{2}x^2\, dx$$

$$\frac{1}{2}f^2(x) = -\frac{1}{2}x^3 + c \qquad |\cdot 2$$

$$f^2(x) = -x^3 + 2c$$

$$f(x) = \sqrt{-x^3 + 2c}$$

Daraus folgt $f(x) = \sqrt{-x^3 + 2c}$, $x^3 \leq 2c$, $c \in \mathbb{R}$.

b) Gesucht sind Funktionen mit $\dfrac{\epsilon_f(x)}{x} = xe^{x^2}$.

$$\frac{\epsilon_f(x)}{x} = xe^{x^2}$$

$$\frac{\frac{xf'(x)}{f(x)}}{x} = xe^{x^2}$$

$$\frac{f'(x)}{f(x)} = xe^{x^2} \qquad \left| \int dx \right.$$

$$\int \frac{f'(x)}{f(x)}\, dx = \int xe^{x^2}\, dx$$

$$\ln|f(x)| = \frac{1}{2}e^{x^2} + c \qquad |e^{()}$$

$$f(x) = e^{\frac{1}{2}e^{x^2}+c}$$

Daraus folgt $f(x) = e^{\frac{1}{2}e^{x^2}+c} = de^{\frac{1}{2}e^{x^2}}$, $c \in \mathbb{R}$, $d \in \mathbb{R}^+$.

c) Gesucht sind Funktionen mit $\epsilon_f^2(x) = f'(x) \cdot \ln\left(2 + \frac{1}{x}\right)$.

$$\epsilon_f^2(x) = f'(x) \cdot \ln\left(2 + \frac{1}{x}\right)$$

$$\left(\frac{x f'(x)}{f(x)}\right)^2 = f'(x) \cdot \ln\left(2 + \frac{1}{x}\right)$$

$$\frac{x^2 \left(f'(x)\right)^2}{f^2(x)} = f'(x) \cdot \ln\left(2 + \frac{1}{x}\right) \qquad |:f'(x)|:x^2$$

$$\frac{f'(x)}{f^2(x)} = \frac{1}{x^2} \ln\left(2 + \frac{1}{x}\right) \qquad \left| \int dx \right.$$

$$\int \frac{f'(x)}{f^2(x)}\, dx = \int \frac{1}{x^2} \ln\left(2 + \frac{1}{x}\right)\, dx$$

$$-\frac{1}{f(x)} = \int \frac{1}{x^2} \ln\left(2 + \frac{1}{x}\right)\, dx$$

Auf der rechten Seite der Gleichung wird eine Substitution durchgeführt.

Mit $u = 2 + \frac{1}{x}$ folgt $\frac{du}{dx} = -\frac{1}{x^2}$ und $dx = -x^2 \cdot du$.

Damit gilt:

$$\int \frac{1}{x^2} \ln\left(2 + \frac{1}{x}\right)\, dx = \int \frac{1}{x^2} \cdot \ln u \cdot (-x^2)\, du = -\int \ln u\, du$$

$$= -u \ln u + u + c = -\left(2 + \frac{1}{x}\right) \ln\left(2 + \frac{1}{x}\right) + \left(2 + \frac{1}{x}\right) + c.$$

Es folgt:

$$-\frac{1}{f(x)} = -\left(2 + \frac{1}{x}\right) \ln\left(2 + \frac{1}{x}\right) + \left(2 + \frac{1}{x}\right) + c$$

$$\Longrightarrow f(x) = \frac{1}{\left(2 + \frac{1}{x}\right) \ln\left(2 + \frac{1}{x}\right) - \left(2 + \frac{1}{x}\right) - c}, \quad c \in \mathbb{R}.$$

d) Gesucht sind Funktionen mit $(\epsilon_f(x) - 1)^2 = x^2 e^{2x}$.

$$(\epsilon_f(x) - 1)^2 = x^2 e^{2x}$$

$$\left(\frac{x f'(x)}{f(x)} - 1\right)^2 = x^2 e^{2x} \qquad\qquad |\sqrt{}$$

$$\frac{x f'(x)}{f(x)} - 1 = x e^x \qquad\qquad |+1$$

$$\frac{x f'(x)}{f(x)} = x e^x + 1 \qquad\qquad |:x$$

$$\frac{f'(x)}{f(x)} = e^x + \frac{1}{x} \qquad\qquad |\int dx$$

$$\int \frac{f'(x)}{f(x)}\, dx = \int \left(e^x + \frac{1}{x}\right) dx$$

$$\ln|f(x)| = \ln|x| + e^x + c$$

$$|f(x)| = e^{\ln|x| + e^x + c}$$

Daraus folgt: $f(x) = e^{\ln|x| + e^x + c} = d \cdot |x| e^{e^x}$, $c \in \mathbb{R}$, $d \in \mathbb{R}^+$.

e) Gesucht sind Funktionen mit $\sqrt{\epsilon_f(x) + x} = x e^{\frac{x^2}{2}}$.

$$\sqrt{\epsilon_f(x) + x} = x e^{\frac{x^2}{2}}$$

$$\sqrt{\frac{x f'(x)}{f(x)} + x} = x e^{\frac{x^2}{2}} \qquad\qquad |()^2$$

$$\frac{x f'(x)}{f(x)} + x = x^2 e^{x^2} \qquad\qquad |-x$$

$$\frac{x f'(x)}{f(x)} = x^2 e^{x^2} - x \qquad\qquad |:x$$

$$\frac{f'(x)}{f(x)} = x e^{x^2} - 1 \qquad\qquad |\int dx$$

$$\int \frac{f'(x)}{f(x)}\, dx = \int \left(x e^{x^2} - 1\right) dx$$

$$\ln|f(x)| = \frac{1}{2} e^{x^2} - x + c$$

$$|f(x)| = e^{\frac{1}{2} e^{x^2} - x + c}$$

Daraus folgt: $f(x) = e^{\frac{1}{2} e^{x^2} - x + c} = d \cdot e^{\frac{1}{2} e^{x^2} - x}$, $c \in \mathbb{R}$, $d \in \mathbb{R}^+$.

f) Gesucht sind Funktionen mit $\sqrt{\epsilon_f(x)} = f'(x) \cdot \sqrt[4]{x}$.

$$\sqrt{\epsilon_f(x)} = f'(x) \cdot \sqrt[4]{x}$$

$$\sqrt{\frac{x f'(x)}{f(x)}} = f'(x) \cdot \sqrt[4]{x} \qquad\qquad |\,()^2$$

$$\frac{x f'(x)}{f(x)} = (f'(x))^2 \cdot \sqrt{x} \qquad\qquad |\cdot f(x)$$

$$x f'(x) = f(x)(f'(x))^2 \cdot \sqrt{x} \quad |:\sqrt{x}\,|:f'(x)$$

$$\sqrt{x} = f'(x) f(x) \qquad\qquad \left|\int dx\right.$$

$$\int \sqrt{x}\,dx = \int f'(x) f(x)\,dx$$

$$\frac{2}{3} x^{\frac{3}{2}} + c = \frac{1}{2} f^2(x) \qquad\qquad |\cdot 2$$

$$\frac{4}{3} x^{\frac{3}{2}} + 2c = f^2(x) \qquad\qquad |\sqrt{}$$

$$|f(x)| = \sqrt{\frac{4}{3} x^{\frac{3}{2}} + 2c}$$

Daraus folgt: $f(x) = \sqrt{\dfrac{4}{3} x^{\frac{3}{2}} + 2c},\ c \in \mathbb{R}^+$.

Kapitel 7

Approximationsmethoden

Approximationsmethoden oder Näherungsverfahren spielen in der Mathematik eine große Rolle. Sie kommen spätestens dann ins Spiel, wenn ein numerischer Wert gesucht ist, der nicht exakt durch Auflösen einer Gleichung berechnet werden kann. Abhilfe schafft oftmals eine Näherung für diesen Wert. Diese Näherung muß den gesuchten Wert in irgendeiner vordefinierten Weise möglichst gut approximieren. Ein Beispiel für eine solche Genauigkeit ist eine Dezimaldarstellung der Zahl π, die in den ersten fünf Stellen nach dem Komma mit der reellen Zahl π übereinstimmt.

In diesem Kapitel werden Approximationsmethoden für drei verschiedene Anwendungsgebiete vorgestellt:

- Nullstellenverfahren,

- Approximation von Funktionen mittels Taylorentwicklung und

- numerische Berechnung von Integralen.

7.1   Nullstellenverfahren

Sind die Lösungen der Gleichung $f(x) = 0$ gesucht und kann diese Gleichung mit vorhandenen Formeln oder mittels Termumformungen nicht nach x aufgelöst werden, müssen Verfahren gefunden werden, um die Lösungen näherungsweise zu berechnen.

In diesem Abschnitt werden für stetige Funktionen f drei unterschiedliche Verfahren vorgestellt:

- die Intervallschachtelung,

- die Regula falsi und

- das Newton-Verfahren.

7.1.1   Intervallschachtelung

Die Methode der Intervallschachtelung ist ein sehr einfaches Verfahren. Ausgehend von einem Startintervall $[a_1, b_1]$, in dem die gesuchte Nullstelle liegt, wird der Funktionswert an der Stelle $m_1 = \dfrac{a_1 + b_1}{2}$ berechnet und dann überprüft, in welchem der beiden Intervalle $[a_1, m_1]$ oder $[m_1, b_1]$ die Nullstelle liegt. Danach geht das Verfahren mit dem neuen, nur noch halb so großen Intervall weiter.

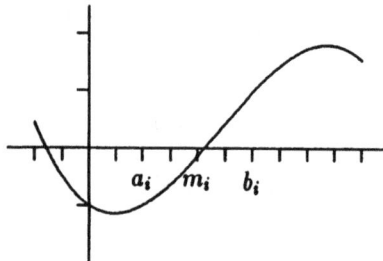

Intervallschachtelung:

Startintervall ist ein beliebiges Intervall $I_1 = [a_1, b_1]$ mit $f(a_1) \cdot f(b_1) < 0$, in dem die gesuchte Nullstelle liegt.

Die folgenden Intervalle $I_n, n \geq 2, n \in \mathbb{N}$ ergeben sich durch:

$$
I_n = \begin{cases} \left[a_{n-1}, \dfrac{a_{n-1}+b_{n-1}}{2}\right] & \text{falls } f(a_{n-1}) \cdot f\left(\dfrac{a_{n-1}+b_{n-1}}{2}\right) < 0 \\[3ex] \left[\dfrac{a_{n-1}+b_{n-1}}{2}, b_{n-1}\right] & \text{falls } f\left(\dfrac{a_{n-1}+b_{n-1}}{2}\right) \cdot f(b_{n-1}) < 0. \end{cases}
$$

Gilt in einer der beiden Bedingungen die Gleichheit, so wurde die Nullstelle durch einen Intervalleckpunkt genau getroffen und das Verfahren bricht ab. Ansonsten wird durch die Folge der Intervalle $I_n, n \in \mathbb{N}$ die Nullstelle beliebig genau eingeschachtelt.

Beispiel 7.1.1

Gesucht ist eine auf 8 Stellen nach dem Komma genaue Näherung der reellen Zahl $\sqrt{2}$.

Da $\sqrt{2}$ eine Nullstelle der Funktion $f(x) = x^2 - 2$ ist, also die Gleichung $x^2 - 2 = 0$ löst, kann mithilfe dieser Funktion die gewünschte Näherung berechnet werden.

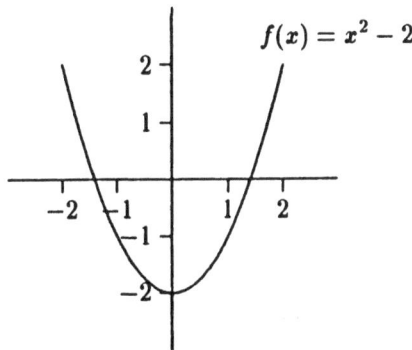

Aus folgender Tabelle kann das Startintervall für die Näherung abgelesen werden.

x	0	1	2
$f(x)$	-2	-1	2

Da die gegebene Funktion $f(x) = x^2 - 2$ auf dem abgeschlossenen Intervall $[1, 2]$ stetig ist, befindet sich nach dem Nullstellensatz von Bolzano im Intervall $(1, 2)$ eine Nullstelle.

Mit $a_1 = 1$ und $b_1 = 2$ folgen:

i	a_i	b_i	$f(a_i)$	$f(b_i)$
1	1.00000000	2.00000000	-1.00000000	2.00000000
2	1.00000000	1.50000000	-1.00000000	0.25000000
3	1.25000000	1.50000000	-0.43750000	0.25000000
4	1.37500000	1.50000000	-0.10937500	0.25000000
5	1.37500000	1.43750000	-0.10937500	0.06640625
6	1.40625000	1.43750000	-0.02246094	0.06640625
7	1.40625000	1.42187500	-0.02246094	0.02172852
8	1.41406250	1.42187500	-0.00042725	0.02172852
9	1.41406250	1.41796875	-0.00042725	0.01063538
10	1.41406250	1.41601563	-0.00042725	0.00510025
11	1.41406250	1.41503906	-0.00042725	0.00233555
12	1.41406250	1.41455078	-0.00042725	0.00095391
13	1.41406250	1.41430664	-0.00042725	0.00026327
14	1.41418457	1.41430664	-0.00008200	0.00026327
15	1.41418457	1.41424561	-0.00008200	0.00009063
16	1.41418457	1.41421509	-0.00008200	0.00000431
17	1.41419983	1.41421509	-0.00003884	0.00000431
18	1.41420746	1.41421509	-0.00001726	0.00000431
19	1.41421127	1.41421509	-0.00000647	0.00000431
20	1.41421318	1.41421509	-0.00000108	0.00000431
21	1.41421318	1.41421413	-0.00000108	0.00000162
22	1.41421318	1.41421366	-0.00000108	0.00000027
23	1.41421342	1.41421366	-0.00000041	0.00000027
24	1.41421354	1.41421366	-0.00000007	0.00000027
25	1.41421354	1.41421360	-0.00000007	0.00000010
26	1.41421354	1.41421357	-0.00000007	0.00000002
27	1.41421355	1.41421357	-0.00000003	0.00000002
28	1.41421356	1.41421357	-0.00000001	0.00000002
29	1.41421356	1.41421356	-0.00000001	0.00000001
30	1.41421356	1.41421356	-0.00000001	0.00000000
31	1.41421356	1.41421356	-0.00000000	0.00000000

Die gesuchte Näherung für die Zahl $\sqrt{2}$ lautet 1.41421356 mit einer Genauigkeit von 8 Stellen.

Beispiel 7.1.2

Gesucht sind alle Lösungen der Gleichung $x^3 - 2x^2 - 3x + 2 = 0$ mit einer Genauigkeit von 8 Stellen nach dem Komma.

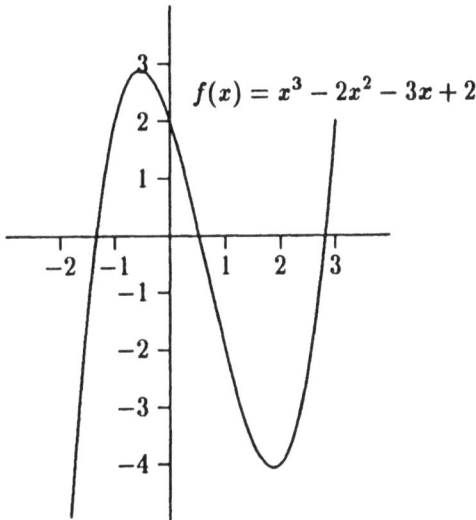

$$f(x) = x^3 - 2x^2 - 3x + 2$$

Aus folgender Tabelle kann das jeweilige Startintervall für die Näherungen abgelesen werden.

x	-3	-2	-1	0	1	2	3	4
$f(x)$	-34	-8	2	2	-2	-4	2	22

Da die gegebene Funktion auf $\mathbb{R}$ stetig ist, befinden sich die gesuchten Nullstellen in den Intervallen $(-2, -1)$, $(0, 1)$ und $(2, 3)$. Dies sind alle Nullstellen, da ein Polynom dritten Grades höchstens drei Nullstellen haben kann.

Mit $a_1 = -2$ und $b_1 = -1$ folgen:

i	a_i	b_i	$f(a_i)$	$f(b_i)$
1	-2.00000000	-1.00000000	-8.00000000	2.00000000
2	-1.50000000	-1.00000000	-1.37500000	2.00000000
3	-1.50000000	-1.25000000	-1.37500000	0.67187500
4	-1.37500000	-1.25000000	-0.25585938	0.67187500
5	-1.37500000	-1.31250000	-0.25585938	0.23120117
6	-1.34375000	-1.31250000	-0.00643921	0.23120117
7	-1.34375000	-1.32812500	-0.00643921	0.11384201
8	-1.34375000	-1.33593750	-0.00643921	0.05406809
9	-1.34375000	-1.33984375	-0.00643921	0.02390629
10	-1.34375000	-1.34179688	-0.00643921	0.00875653
11	-1.34375000	-1.34277344	-0.00643921	0.00116441
12	-1.34326172	-1.34277344	-0.00263596	0.00116441
13	-1.34301758	-1.34277344	-0.00073542	0.00116441
14	-1.34301758	-1.34289551	-0.00073542	0.00021458
15	-1.34295654	-1.34289551	-0.00026039	0.00021458
16	-1.34292603	-1.34289551	-0.00002290	0.00021458
17	-1.34292603	-1.34291077	-0.00002290	0.00009584
18	-1.34292603	-1.34291840	-0.00002290	0.00003647
19	-1.34292603	-1.34292221	-0.00002290	0.00000679
20	-1.34292412	-1.34292221	-0.00000806	0.00000679
21	-1.34292316	-1.34292221	-0.00000063	0.00000679
22	-1.34292316	-1.34292269	-0.00000063	0.00000308
23	-1.34292316	-1.34292293	-0.00000063	0.00000122
24	-1.34292316	-1.34292305	-0.00000063	0.00000029
25	-1.34292310	-1.34292305	-0.00000017	0.00000029
26	-1.34292310	-1.34292307	-0.00000017	0.00000006
27	-1.34292309	-1.34292307	-0.00000006	0.00000006
28	-1.34292309	-1.34292308	-0.00000006	0.00000000
29	-1.34292309	-1.34292308	-0.00000003	0.00000000
30	-1.34292308	-1.34292308	-0.00000001	0.00000000

Die gesuchte Näherung für die Nullstelle im Intervall $(-2, -1)$ lautet -1.34292308 mit einer Genauigkeit von 8 Stellen.

Mit $a_1 = 0$ und $b_1 = 1$ folgen:

i	a_i	b_i	$f(a_i)$	$f(b_i)$
1	0.00000000	1.00000000	2.00000000	−2.00000000
2	0.50000000	1.00000000	0.12500000	−2.00000000
3	0.50000000	0.75000000	0.12500000	−0.95312500
4	0.50000000	0.62500000	0.12500000	−0.41210938
5	0.50000000	0.56250000	0.12500000	−0.14233398
6	0.50000000	0.53125000	0.12500000	−0.00827026
7	0.51562500	0.53125000	0.05847549	−0.00827026
8	0.52343750	0.53125000	0.02512884	−0.00827026
9	0.52734375	0.53125000	0.00843567	−0.00827026
10	0.52929688	0.53125000	0.00008427	−0.00827026
11	0.52929688	0.53027344	0.00008427	−0.00409260
12	0.52929688	0.52978516	0.00008427	−0.00200407
13	0.52929688	0.52954102	0.00008427	−0.00095987
14	0.52929688	0.52941895	0.00008427	−0.00043779
15	0.52929688	0.52935791	0.00008427	−0.00017676
16	0.52929688	0.52932739	0.00008427	−0.00004624
17	0.52931213	0.52932739	0.00001902	−0.00004624
18	0.52931213	0.52931976	0.00001902	−0.00001361
19	0.52931595	0.52931976	0.00000270	−0.00001361
20	0.52931595	0.52931786	0.00000270	−0.00000546
21	0.52931595	0.52931690	0.00000270	−0.00000138
22	0.52931643	0.52931690	0.00000066	−0.00000138
23	0.52931643	0.52931666	0.00000066	−0.00000036
24	0.52931654	0.52931666	0.00000015	−0.00000036
25	0.52931654	0.52931660	0.00000015	−0.00000010
26	0.52931657	0.52931660	0.00000002	−0.00000010
27	0.52931657	0.52931659	0.00000002	−0.00000004
28	0.52931657	0.52931658	0.00000002	−0.00000001
29	0.52931658	0.52931658	0.00000001	−0.00000001

Die gesuchte Näherung für die Nullstelle im Intervall $(0, 1)$ lautet 0.52931658 mit einer Genauigkeit von 8 Stellen.

Mit $a_1 = 2$ und $b_1 = 3$ folgen:

i	a_i	b_i	$f(a_i)$	$f(b_i)$
1	2.00000000	3.00000000	−4.00000000	2.00000000
2	2.50000000	3.00000000	−2.37500000	2.00000000
3	2.75000000	3.00000000	−0.57812500	2.00000000
4	2.75000000	2.87500000	−0.57812500	0.60742188
5	2.81250000	2.87500000	−0.01049805	0.60742188
6	2.81250000	2.84375000	−0.01049805	0.29208374
7	2.81250000	2.82812500	−0.01049805	0.13920975
8	2.81250000	2.82031250	−0.01049805	0.06396151
9	2.81250000	2.81640625	−0.01049805	0.02663332
10	2.81250000	2.81445313	−0.01049805	0.00804306
11	2.81347656	2.81445313	−0.00123364	0.00804306
12	2.81347656	2.81396484	−0.00123364	0.00340318
13	2.81347656	2.81372070	−0.00123364	0.00108439
14	2.81359863	2.81372070	−0.00007472	0.00108439
15	2.81359863	2.81365967	−0.00007472	0.00050481
16	2.81359863	2.81362915	−0.00007472	0.00021504
17	2.81359863	2.81361389	−0.00007472	0.00007016
18	2.81360626	2.81361389	−0.00000228	0.00007016
19	2.81360626	2.81361008	−0.00000228	0.00003394
20	2.81360626	2.81360817	−0.00000228	0.00001583
21	2.81360626	2.81360722	−0.00000228	0.00000677
22	2.81360626	2.81360674	−0.00000228	0.00000224
23	2.81360650	2.81360674	−0.00000002	0.00000224
24	2.81360650	2.81360662	−0.00000002	0.00000111
25	2.81360650	2.81360656	−0.00000002	0.00000055
26	2.81360650	2.81360653	−0.00000002	0.00000026
27	2.81360650	2.81360652	−0.00000002	0.00000012
28	2.81360650	2.81360651	−0.00000002	0.00000005
29	2.81360650	2.81360650	−0.00000002	0.00000002

Die gesuchte Näherung für die Nullstelle im Intervall $(2, 3)$ lautet 2.81360650 mit einer Genauigkeit von 8 Stellen.

7.1.2 Regula falsi

Bei der Regula falsi wird die gegebene stetige Funktion f linear an zwei, nahe der gesuchten Nullstelle liegenden, Werten x_0 und x_1 interpoliert. Die Nullstelle der Geraden durch die Punkte $(x_0, f(x_0))$ und $(x_1, f(x_1))$ ergibt den nächsten Iterationswert x_2. Danach geht das Verfahren mit den Werten x_1 und x_2 weiter.

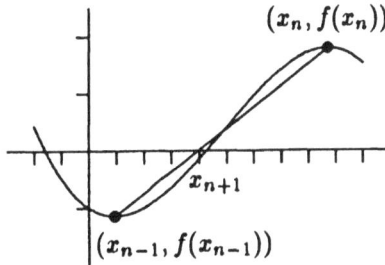

Die Gerade durch die Punkte $(x_0, f(x_0))$ und $(x_1, f(x_1))$ lautet:

$$y = \frac{f(x_1) - f(x_0)}{x_1 - x_0} \cdot x + \frac{x_1 f(x_0) - x_0 f(x_1)}{x_1 - x_0}.$$

Vergleiche hierzu die Zwei-Punkte-Form einer Geraden in Kapitel 5.

Die Nullstelle $x = x_2$ dieser Geraden folgt aus der Gleichung $y = 0$:

$$
\begin{aligned}
x_2 &= \frac{x_0 f(x_1) - x_1 f(x_0)}{f(x_1) - f(x_0)} \\
&= \frac{x_1 f(x_1) - x_1 f(x_0) - x_1 f(x_1) + x_1 f(x_0) + x_0 f(x_1) - x_1 f(x_0)}{f(x_1) - f(x_0)} \\
&= x_1 - f(x_1) \cdot \frac{x_1 - x_0}{f(x_1) - f(x_0)}.
\end{aligned}
$$

Völlig analog dazu folgt das allgemeine Bildungsgesetz.

Regula falsi:

Startwerte sind zwei verschiedene, nahe der gesuchten Nullstelle liegende, Werte x_0 und x_1.

Ausgehend von diesen zwei Werten wird rekursiv für alle $n \in \mathbb{N}, n \geq 1$ durch
die Vorschrift

$$x_{n+1} = x_n - f(x_n) \cdot \frac{x_n - x_{n-1}}{f(x_n) - f(x_{n-1})}$$

eine Folge berechnet.

Diese Folge konvergiert in den meisten Fällen gegen die gesuchte Nullstelle,
wenn die beiden Startwerte nahe der gesuchten Nullstelle sind und die Funktion nicht allzu flach verläuft.
Exakte Kriterien für die Konvergenz dieser Folge findet der interessierte Leser in der weiterführenden Literatur zur numerischen Mathematik.

In der Praxis wird einfach ein sinnvoll erscheinendes Startintervall ausgewählt. Dann werden rekursiv solange Folgenglieder berechnet, bis die gewünschte Genauigkeit erreicht ist.

Beispiel 7.1.3
Gesucht ist eine auf 8 Stellen nach dem Komma genaue Näherung der reellen
Zahl $\sqrt{2}$.
Da $\sqrt{2}$ eine Nullstelle der Funktion $f(x) = x^2 - 2$ ist, also die Gleichung
$x^2 - 2 = 0$ löst, kann mithilfe dieser Funktion die gewünschte Näherung
berechnet werden.

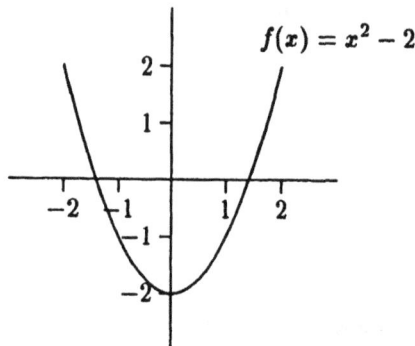

Die Rekursionsvorschrift lautet:

$$\begin{aligned}
x_{n+1} &= x_n - f(x_n) \cdot \frac{x_n - x_{n-1}}{f(x_n) - f(x_{n-1})} \\
&= x_n - (x_n^2 - 2) \cdot \frac{x_n - x_{n-1}}{(x_n^2 - 2) - (x_{n-1}^2 - 2)} \\
&= x_n - (x_n^2 - 2) \cdot \frac{x_n - x_{n-1}}{x_n^2 - x_{n-1}^2} \\
&= x_n - (x_n^2 - 2) \cdot \frac{x_n - x_{n-1}}{(x_n - x_{n-1})(x_n + x_{n-1})} \\
&= x_n - (x_n^2 - 2) \cdot \frac{1}{x_n + x_{n+1}}.
\end{aligned}$$

Aus folgender Tabelle können die Startwerte für die Näherung abgelesen werden.

x	0	1	2
$f(x)$	-2	-1	2

Mit den Startwerten $x_0 = 1$ und $x_1 = 1$ folgen:

$x_2 = 1.33333333$

$x_3 = 1.40000000$

$x_4 = 1.41463415$

$x_5 = 1.41421144$

$x_6 = 1.41421356$ und

$x_7 = 1.41421356$.

Nimmt man die etwas weiter voneinander entfernten Startwerte $x_0 = 0$ und $x_1 = 3$, so konvergiert die Folge immer noch:

$x_2 = 0.66666667$

$x_3 = 1.09090910$

$x_4 = 1.55172410$

$x_5 = 1.39739027$

$x_6 = 1.41342913$

$x_7 = 1.41421826$

$x_8 = 1.41421356$ und

$x_9 = 1.41421356$.

Selbst bei den Startwerten $x_0 = 0$ und $x_1 = 20$ folgen:

$x_2 = 0.10000000$

$x_3 = 0.19900498$

$x_4 = 6.75540225$
$x_5 = 0.48089773$
$x_6 = 0.72532339$
$x_7 = 1.94724308$
$x_8 = 1.27681799$
$x_9 = 1.39149815$
$x_{10} = 1.41538321$
$x_{11} = 1.41420410$
$x_{12} = 1.41421356$ und
$x_{13} = 1.41421356$.

Das Verfahren konvergiert auch hier.

Somit gilt: $\sqrt{2} \approx 1.41421356$ mit einer Genauigkeit von 8 Stellen.

Beispiel 7.1.4

Gesucht sind alle Lösungen der Gleichung $x^3 - 2x^2 - 3x + 2 = 0$ mit einer Genauigkeit von 8 Stellen nach dem Komma.

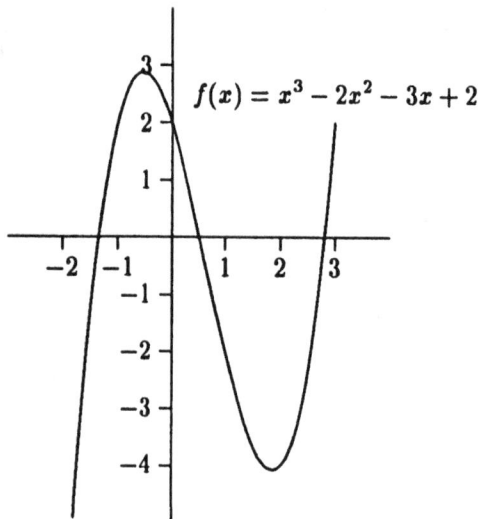

Die Rekursionsvorschrift lautet:

$$
\begin{aligned}
x_{n+1} &= x_n - f(x_n) \cdot \frac{x_n - x_{n-1}}{f(x_n) - f(x_{n-1})} \\
&= x_n - \frac{\left(x_n^3 - 2x_n^2 - 3x_n + 2\right)\left(x_n - x_{n-1}\right)}{\left(x_n^3 - 2x_n^2 - 3x_n + 2\right) - \left(x_{n-1}^3 - 2x_{n-1}^2 - 3x_{n-1} + 2\right)}
\end{aligned}
$$

$$= x_n - \frac{x_n^3 - 2x_n^2 - 3x_n + 2}{x_n^2 + x_n(x_{n-1} - 2) + x_{n-1}^2 - 2x_{n-1} - 3}.$$

Aus folgender Tabelle können die Startwerte für die Näherung abgelesen werden.

x	-3	-2	-1	0	1	2	3	4
$f(x)$	-34	-8	2	2	-2	-4	2	22

Da die gegebene Funktion auf $\mathbb{R}$ stetig ist, befinden sich die gesuchten Nullstellen in den Intervallen $(-2, -1)$, $(0, 1)$ und $(2, 3)$.

Mit den Startwerten $x_0 = -2$ und $x_1 = -1$ folgen:

$x_2 = -1.20000000$

$x_3 = -1.39682539$

$x_4 = -1.33662101$

$x_5 = -1.34266736$

$x_6 = -1.34292434$

$x_7 = -1.34292308$ und

$x_8 = -1.34292308$.

Mit den Startwerten $x_0 = 0$ und $x_1 = 1$ folgen:

$x_2 = 0.50000000$

$x_3 = 0.52941176$

$x_4 = 0.52931629$

$x_5 = 0.52931658$ und

$x_6 = 0.52931658$.

Mit den Startwerten $x_0 = 2$ und $x_1 = 3$ folgen:

$x_2 = 2.66666667$

$x_3 = 2.79545454$

$x_4 = 2.81558604$

$x_5 = 2.81358192$

$x_6 = 2.81360647$

$x_7 = 2.81360650$ und

$x_8 = 2.81360650$.

Die Koordinaten für die drei Nullstellen sind somit näherungsweise gegeben durch $N_1(-1.34292308, 0)$, $N_2(0.52931658, 0)$ und $N_3(2.81360650, 0)$.

7.1.3   Newton-Verfahren

Beim Newton-Verfahren (Sir Isaac Newton, 1643-1727) wird die gegebene
stetige und einmal differenzierbare Funktion f durch Tangenten genähert.
Ausgehend von einem in der Nähe der gesuchten Nullstelle liegenden Startwert x_1 wird im Punkt $P_1(x_1, f(x_1))$ die Tangente an die Funktion f berechnet. Die Nullstelle dieser Tangente ergibt den nächsten Iterationswert
x_2. Danach geht das Verfahren mit dem Wert x_2 weiter.

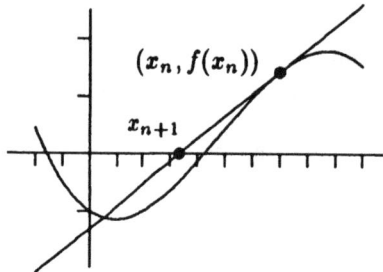

Die Tangente im Punkt $P_1(x_1, f(x_1))$ lautet:

$$y = f'(x_1) \cdot x + (f(x_1) - f'(x_1) \cdot x_1).$$

Vergleiche hierzu in Kapitel 4: Tangente an f in einem Kurvenpunkt P.

Die Nullstelle dieser Geraden folgt aus der Gleichung $y = 0$:

$$x = x_2 = \frac{-f(x_1) + f'(x_1) \cdot x_1}{f'(x_1)} = x_1 - \frac{f(x_1)}{f'(x_1)}.$$

Völlig analog dazu folgt das allgemeine Bildungsgesetz.

Newton-Verfahren:

Startwert ist ein, nahe der gesuchten Nullstelle liegender, Wert x_1.
Ausgehend von diesem Wert wird rekursiv für alle $n \in \mathbb{N}, n \geq 1$ durch die
Vorschrift

$$x_{n+1} = x_n - \frac{f(x_n)}{f'(x_n)}$$

eine Folge berechnet.

Diese Folge konvergiert in den meisten Fällen gegen die gesuchte Nullstelle, wenn der Startwert günstig zur gesuchten Nullstelle liegt und die Funktion nicht allzu flach verläuft.
Exakte Kriterien für die Konvergenz dieser Folge findet der interessierte Leser in der weiterführenden Literatur zur numerischen Mathematik.

In der Praxis wird einfach ein sinnvoll erscheinender Startwert ausgewählt. Dann werden rekursiv solange Folgenglieder berechnet, bis die gewünschte Genauigkeit erreicht ist.

Beispiel 7.1.5
Gesucht ist eine auf 8 Stellen nach dem Komma genaue Näherung der reellen Zahl $\sqrt{2}$.
Da $\sqrt{2}$ eine Nullstelle der Funktion $f(x) = x^2 - 2$ ist, also die Gleichung $x^2 - 2 = 0$ löst, kann mithilfe dieser Funktion die gewünschte Näherung berechnet werden.

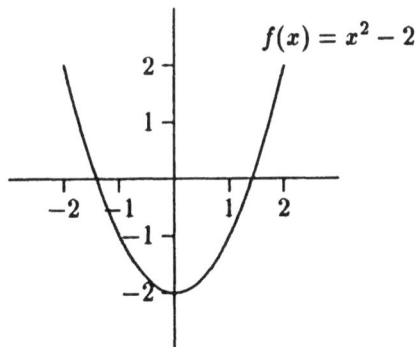

Die Rekursionsvorschrift lautet:

$$x_{n+1} = x_n - \frac{x_n^2 - 2}{2x_n} = \frac{x_n^2 + 2}{2x_n}.$$

Aus folgender Tabelle kann der Startwert für die Näherung abgelesen werden.

x	0	1	2
$f(x)$	−2	−1	2

Mit dem Startwert $x_1 = 1$ folgen:

$x_2 = 1.50000000$

$x_3 = 1.41666667$

$x_4 = 1.41421569$

$x_5 = 1.41421356$ und

$x_6 = 1.41421356$.

Mit dem Startwert $x_1 = 2$ folgen:

$x_2 = 1.50000000$

$x_3 = 1.41666667$

$x_4 = 1.41421569$

$x_5 = 1.41421356$ und

$x_6 = 1.41421356$.

Mit dem Startwert $x_1 = 0$ folgen:

$x_2 = 2.00000000$

$x_3 = 1.50000000$

$x_4 = 1.41666667$

$x_5 = 1.41421569$

$x_6 = 1.41421356$ und

$x_7 = 1.41421356$.

Mit dem Startwert $x_1 = 3$ folgen:

$x_2 = 1.83333333$

$x_3 = 1.46212121$

$x_4 = 1.41499843$

$x_5 = 1.41421378$

$x_6 = 1.41421356$ und

$x_7 = 1.41421356$.

Somit gilt in allen Fällen mit den unterschiedlichen Startwerten:
$\sqrt{2} \approx 1.41421356$ mit einer Genauigkeit von 8 Stellen.

Beispiel 7.1.6

Gesucht sind alle Lösungen der Gleichung $x^3 - 2x^2 - 3x + 2 = 0$ mit einer Genauigkeit von 8 Stellen nach dem Komma.

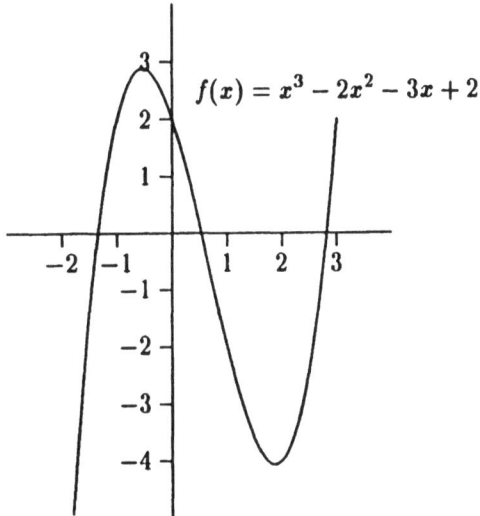

Die Rekursionsvorschrift lautet:

$$x_{n+1} = x_n - \frac{x_n^3 - 2x_n^2 - 3x_n + 2}{3x_n^2 - 4x_n - 3}.$$

Aus folgender Tabelle können wieder die Startwerte für die Näherungen abgelesen werden.

x	-3	-2	-1	0	1	2	3	4
$f(x)$	-34	-8	2	2	-2	-4	2	22

Mit dem Startwert $x_1 = -1$ folgen:

$x_2 = -1.50000000$

$x_3 = -1.35897436$

$x_4 = -1.34311885$

$x_5 = -1.34292311$

$x_6 = -1.34292308$ und

$x_7 = -1.34292308$.

Mit dem Startwert $x_1 = 1$ folgen:

$x_1 = 1.00000000$

$x_2 = 0.50000000$

$x_3 = 0.52941176$

$x_4 = 0.52931658$ und

$x_5 = 0.52931658.$

Mit dem Startwert $x_1 = 3$ folgen:

$x_1 = 3.00000000$

$x_2 = 2.83333333$

$x_3 = 2.81386515$

$x_4 = 2.81360655$

$x_5 = 2.81360650$ und

$x_6 = 2.81360650.$

Die Koordinaten für die drei Nullstellen sind somit näherungsweise gegeben durch $N_1(-1.34292308, 0)$, $N_2(0.52931658, 0)$ und $N_3(2.81360650, 0)$.

Zusammenfassend zeigen diese Beispiele, daß das Newton-Verfahren und die Regula falsi (im Falle der Konvergenz) der Intervallschachtelung vorzuziehen sind, da bei diesen beiden Verfahren weit weniger Rechenaufwand betrieben werden muß. Dennoch hat die Intervallschachtelung ihre Anwendungsgebiete, nämlich dann, wenn das Newton-Verfahren oder die Regula falsi nicht verwendet werden können, weil die Voraussetzungen nicht erfüllt sind oder weil diese Verfahren nicht konvergieren.

7.2 Taylorentwicklung

Die **Taylorentwicklung** (Brook Taylor, 1685-1731) ist ein Näherungsverfahren, um komplizierte bzw. für eine notwendige Berechnung unhandliche Funktionen durch einfacher strukturierte Funktionen zu approximieren. Anwendungsmöglichkeiten für die Taylorentwicklung sind:

- näherungsweise Berechnung von Funktionswerten,

- näherungsweise Berechnung von Nullstellen und

- numerische Berechnung von Integralen.

Die einfacher strukturierten Funktionen sind dabei Polynome n-ten Grades mit der Eigenschaft, daß sie an einer festen Stelle x_0 im Funktionswert und den ersten n Ableitungen mit den Werten der Ausgangsfunktion übereinstimmen.

Definition 7.2.1
Gegeben sei eine unendlich oft differenzierbare Funktion f und eine Stelle x_0 im Inneren des Definitionsbereichs von f. Dann heißt

$$f(x) = \sum_{k=0}^{\infty} \frac{f^{(k)}(x_0)}{k!} \cdot (x - x_0)^k$$

eine **Taylorreihe**, *falls diese Reihe konvergiert. Die Stelle x_0 heißt dabei die* **Entwicklungsstelle**.

Für eine Näherung ist die gesamte Taylorreihe nicht geeignet, da sie aus unendlich vielen Summanden besteht. Um dennoch eine Approximation durchführen zu können, wird diese Reihe nach einer endlichen Anzahl von Summanden abgebrochen, d.h. es werden nur die Summanden bis zu einem festen Index $n \in \mathbb{N}$ berücksichtigt. Ist der verbleibende Rest, der natürlich aus unendlich vielen Summanden besteht, klein, macht diese Näherungsmethode einen Sinn und es gilt:

$$f(x) \approx \sum_{k=0}^{n} \frac{f^{(k)}(x_0)}{k!} \cdot (x - x_0)^k.$$

Definition 7.2.2
Die Funktion

$$T_n(x) = \sum_{k=0}^{n} \frac{f^{(k)}(x_0)}{k!} \cdot (x - x_0)^k, \, n \in \mathbb{N}_0$$

heißt **Taylorpolynom** *n-ten Grades von f um x_0.*

Die beschriebene Näherung wird also mit den Funktionen $T_n(x)$ durchgeführt. Setzt man $f(x) \approx T_n(x)$, so ist es unbedingt erforderlich, Aussagen

über die Qualität dieser Näherung machen zu können, denn ohne Information über die Größenordnung des Fehlers, der bei einer Näherung immer
entsteht, ist jedes Näherungsverfahren wertlos.

Bei der Taylorentwicklung gibt es die sogenannte **Restgliedabschätzung**,
eine Formel, die den maximalen Fehler, also den abgeschnittenen Reihenrest
nach oben abschätzt:

$$|f(x) - T_n(x)| \leq \max_{\eta \in (x, x_0)} \left| \frac{f^{(n+1)}(\eta)}{(n+1)!} \cdot (x - x_0)^{n+1} \right|.$$

Aus dieser Formel ist ersichtlich, daß die Näherung nur auf einem Intervall
geeigneter Größe, in dem die Entwicklungsstelle liegt, sinnvoll ist. Deshalb
ist es bei diesen Näherungen notwendig, die Entwicklungsstelle dem Problem
angepaßt so auszuwählen, daß die Näherung die gewünschte Güte hat und
daß die Funktionswerte $f(x_0)$ und $f^{(n)}(x_0)$ leicht zu berechnen sind.

In den folgenden drei Beispielen werden die oben beschriebenen Anwendungsmöglichkeiten der Taylorentwicklung vorgeführt.

Beispiel 7.2.1
Gesucht ist ein Näherungswert für die Zahl $\sqrt{10}$.

Dazu wird die Funktion $f(x) = \sqrt{x + 9}$ in eine Taylorreihe um die Stelle
$x_0 = 0$ entwickelt.
Die erforderlichen Ableitungen lauten:

$$f(x) = \sqrt{x + 9}, \qquad f'(x) = \frac{1}{2\sqrt{x + 9}},$$

$$f''(x) = -\frac{1}{4\sqrt{(x + 9)^3}}, \qquad f'''(x) = \frac{3}{8\sqrt{(x + 9)^5}},$$

$$f^{(4)}(x) = -\frac{15}{16\sqrt{(x + 9)^7}}.$$

Für die Funktionswerte an der Stelle 0 gilt:

$$f(0) = 3, \; f'(0) = \frac{1}{6}, \; f''(0) = -\frac{1}{108} \text{ und } f'''(0) = \frac{3}{1\,944}.$$

Daraus können die Taylorpolynome 1., 2. und 3. Grades berechnet werden.

$$T_1(x) \;=\; f(x_0) + f'(x_0)(x - x_0)$$

$$= f(0) + f'(0) \cdot x$$

$$= 3 + \frac{1}{6}x.$$

$$T_2(x) = f(x_0) + f'(x_0)(x - x_0) + \frac{1}{2} \cdot f''(x_0)(x - x_0)^2$$

$$= f(0) + f'(0) \cdot x + \frac{1}{2} \cdot f''(0) \cdot x^2$$

$$= 3 + \frac{1}{6}x - \frac{1}{216}x^2.$$

$$T_3(x) = f(x_0) + f'(x_0)(x - x_0) + \frac{1}{2} \cdot f''(x_0)(x - x_0)^2$$

$$+ \frac{1}{6} \cdot f'''(x_0)(x - x_0)^3$$

$$= f(0) + f'(0) \cdot x + \frac{1}{2} \cdot f''(0) \cdot x^2 + \frac{1}{6} \cdot f'''(0) \cdot x^3$$

$$= 3 + \frac{1}{6}x - \frac{1}{216}x^2 - \frac{1}{3\,888}x^3.$$

Damit können jetzt die Näherungen durchgeführt werden:

1.) Näherung mit $T_1(x)$:

$$\sqrt{10} \approx T_1(1) = \frac{19}{6}.$$

Für den Fehler gilt dann:

$$|f(x) - T_1(x)| \leq \max_{\eta \in (0,1)} \left| \frac{1}{2} \left(-\frac{1}{4\sqrt{(\eta + 9)^3}} \right) \cdot (1 - 0)^2 \right|$$

$$= \frac{1}{2 \cdot 4 \cdot 27} = \frac{1}{216}.$$

2.) Näherung mit $T_2(x)$:

$$\sqrt{10} \approx T_2(1) = \frac{683}{216}.$$

Für den Fehler gilt dann:

$$|f(x) - T_2(x)| \leq \max_{\eta \in (0,1)} \left| \frac{1}{6} \cdot \frac{3}{8\sqrt{(\eta + 9)^5}} \cdot (1 - 0)^3 \right|$$

$$= \frac{3}{6 \cdot 8 \cdot 243} = \frac{1}{3\,888}.$$

3.) Näherung mit $T_3(x)$:

$$\sqrt{10} \approx T_3(1) = \frac{12\,295}{3\,888}.$$

Für den Fehler gilt dann:

$$|f(x) - T_3(x)| \leq \max_{\eta \in (0,1)} \left| \frac{1}{24} \left(-\frac{15}{16\sqrt{(\eta + 9)^7}} \right) (1 - 0)^4 \right|$$

$$= \frac{15}{24 \cdot 16 \cdot 2\,187} = \frac{5}{279\,936}.$$

Bei allen Restgliedabschätzungen wurde ausgenutzt, daß die dazu benötigten Ableitungen jeweils monoton fallend waren.

In der folgenden Tabelle sind die Näherungen und die Restgliedabschätzungen zusammengefaßt, wobei ein bei Taylorapproximationen oftmals auftretender Sachverhalt ersichtlich ist: Je größer der Grad des Taylorpolynoms ist, umso kleiner wird der maximale Fehler.

Taylorpolynom	Näherung	maximaler Fehler	tatsächlicher Fehler
$T_1(x)$	3.1666666666	0.0046296296	0.0043890064
$T_2(x)$	3.1620370370	0.0002520164	0.0002406231
$T_3(x)$	3.1622942387	0.0000178612	0.0000165785

Bemerkung:
Der tatsächlich Fehler ist $|f(x) - T_n(x)|$.

Beispiel 7.2.2
Gesucht sind die Nullstellen der Funktion $f(x) = \sin x - e^{-x} - 2.5x^2 + 2$.

Eine algebraische Lösung der Gleichung $\sin x - e^{-x} - 2.5x^2 + 2 = 0$ ist nicht möglich. Mithilfe der oben beschriebenen Nullstellenverfahren können die Lösungen dieser Gleichung näherungsweise bestimmt werden.
Eine weitere Möglichkeit bieten die Taylorpolynome zweiten Grades. Deren Nullstellen können ebenfalls, jedoch häufig nur als grobe Näherungen, verwendet werden.

Dazu wird die Funktion $f(x) = \sin x - e^{-x} - 2.5x^2 + 2$ in eine Taylorreihe um die Stelle $x_0 = 0$ entwickelt.
Die erforderlichen Ableitungen lauten:

$$f(x) = \sin x - e^{-x} - 2.5x^2 + 2, \quad f'(x) = \cos x + e^{-x} - 5x,$$
$$f''(x) = -\sin x - e^{-x} - 5, \quad f'''(x) = -\cos x + e^{-x}.$$

Für die Funktionswerte an der Stelle 0 gilt:

$f(0) = 1$, $f'(0) = 2$ und $f''(0) = -6$.

Für das Taylorpolynom 2. Grades folgt dann:

$$T_2(x) = f(0) + f'(0) \cdot x + \frac{1}{2} \cdot f''(0) \cdot x^2 = 1 + 2x - 3x^2.$$

Für die Nullstellen dieses Polynoms gilt:

$$
\begin{aligned}
-3x^2 + 2x + 1 &= 0 \\
x_{1,2} &= \frac{-2 \pm \sqrt{4 + 12}}{-6} \\
x_{1,2} &= \frac{-2 \pm 4}{-6} \\
x_1 &= -\frac{1}{3} \\
x_2 &= 1.
\end{aligned}
$$

Die Abweichung in x-Richtung, also die Information, um wieviel sich der genäherte x-Wert vom tatsächlichen x-Wert maximal unterscheidet, kann mithilfe der Restgliedabschätzung leider nicht ermittelt werden. Mithilfe der Restgliedabschätzung erhält man aber die Information, um wieviel der Funktionswert an der genäherten Nullstelle von 0 höchstens abweicht.

Restgliedabschätzung für $x_1 = -\frac{1}{3}$:

$$|f(x) - T_2(x)| \le \max_{\eta \in (-\frac{1}{3}, 0)} \left| \frac{1}{6} \cdot (-\cos \eta - e^{-\eta}) \cdot \left(-\frac{1}{3} - 0\right)^3 \right|.$$

Da die 3. Ableitung nicht monoton ist, muß dieser Ausdruck abgeschätzt werden:

$$\left| -\cos \eta - e^{-\eta} \right| \le |-\cos \eta| + \left| e^{-\eta} \right| \le 1 + e^{-\frac{1}{3}} \le 1 + \frac{1}{2} = \frac{3}{2}.$$

Daraus folgt dann:

$$|f(x) - T_2(x)| \le \frac{1}{6} \cdot \frac{3}{2} \cdot \frac{1}{27} = \frac{1}{108}.$$

Restgliedabschätzung für $x_1 = 1$:

$$|f(x) - T_2(x)| \le \max_{\eta \in (0, 1)} \left| \frac{1}{6} \cdot (-\cos \eta - e^{-\eta}) \cdot (1 - 0)^3 \right|.$$

Da die 3. Ableitung nicht monoton ist, muß dieser Ausdruck erneut abgeschätzt werden:

$$\left|-\cos\eta - e^{-\eta}\right| \le \left|-\cos\eta\right| + \left|e^{-\eta}\right| \le 1 + e^0 \le 1 + 1 = 2.$$

Daraus folgt dann:

$$|f(x) - T_2(x)| \le \frac{1}{6} \cdot 2 \cdot \frac{1}{27} = \frac{1}{81}.$$

Beispiel 7.2.3

Gesucht ist das Integral $\int_0^1 e^{-x^2}\, dx$.

Dazu wird die Funktion $f(x) = e^{-x^2}$ in Taylorpolynome um die Entwicklungsstelle $x_0 = 0$ entwickelt.

Die erforderlichen Ableitungen lauten:

$$f(x) = e^{-x^2}, \qquad\qquad f'(x) = -2xe^{-x^2},$$
$$f''(x) = 2\left(2x^2 - 1\right)e^{-x^2}, \qquad f'''(x) = 4x\left(3 - 2x^2\right)e^{-x^2} \text{ und}$$
$$f^{(4)}(x) = 4\left(4x^4 - 12x^2 + 3\right)e^{-x^2}.$$

Für die Funktionswerte an der Stelle 0 gilt:

$f(0) = 1$, $f'(0) = 0$, $f''(0) = -2$ und $f'''(0) = 0$.

Für die Taylorpolynome 1. bis 3. Grades folgt dann:

$$\begin{aligned}
T_1(x) &= 1 \\
T_2(x) &= 1 - x^2 \\
T_3(x) &= 1 - x^2.
\end{aligned}$$

Jetzt werden die Taylorpolynome integriert.

1.) Näherung mit $T_1(x)$:

$$\int_0^1 e^{-x^2}\, dx \approx \int_0^1 1\, dx = \left[x\right]_0^1 = 1.$$

Der Fehler, der beim Integrieren entsteht, berechnet sich nach der Formel:

Fehler beim Integral = Fehler bei Taylor $\times$ Länge des Integrationsintervalls.

Für den Fehler bei Taylor gilt dann:

$$|f(x) - T_1(x)| \leq \max_{\eta \in (0,1)} \left| \frac{1}{2} \cdot 2\left(2\eta^2 - 1\right) e^{-\eta^2} \cdot (1-0)^2 \right|$$

$$= \frac{1}{2} \cdot 2 \cdot 1 = 1.$$

Berücksichtigt wurde hier, daß $f''(x)$ monoton wachsend ist auf $[0,1]$.

Da die Länge des Integrationsintervalls gleich 1 ist, ist der Fehler, der beim Integrieren entsteht höchstens gleich $1 \cdot 1 = 1$.

2.) Näherung mit $T_2(x)$:

$$\int_0^1 e^{-x^2} \, dx \approx \int_0^1 \left(1 - x^2\right) \, dx = \left[x - \frac{x^3}{3} \right]_0^1 = \frac{2}{3}.$$

Für den Fehler bei Taylor gilt dann:

$$|f(x) - T_2(x)| \leq \max_{\eta \in (0,1)} \left| \frac{1}{6} \cdot 4\eta \left(3 - 2\eta^2\right) e^{-\eta^2} \cdot (1-0)^2 \right|$$

$$= \frac{1}{6} \cdot 6 \cdot 1 = 1.$$

Berücksichtigt wurde hier, daß $f'''(x)$ zwar nicht monoton ist auf $[0,1]$, aber betragsmäßig stets unterhalb von 6 ist.

Damit ist der Fehler, der beim Integrieren entsteht höchstens gleich $1 \cdot 1 = 1$.

3.) Näherung mit $T_3(x)$:

$$\int_0^1 e^{-x^2} \, dx \approx \int_0^1 \left(1 - x^2\right) \, dx = \left[x - \frac{x^3}{3} \right]_0^1 = \frac{2}{3}.$$

Für den Fehler bei Taylor gilt dann:

$$|f(x) - T_3(x)| \leq \max_{\eta \in (0,1)} \left| \frac{1}{24} \cdot 4 \left(4\eta^4 - 12\eta^2 + 3\right) e^{-\eta^2} (1-0)^3 \right|$$

$$= \frac{1}{24} \cdot 12 \cdot 1 = \frac{1}{2}.$$

Berücksichtigt wurde hier, daß $f^{(4)}(x)$ monoton fallend ist auf $[0,1]$.

Damit ist der Fehler, der beim Integrieren entsteht höchstens gleich $\frac{1}{2} \cdot 1 = \frac{1}{2}$.

Dieses Beispiel zeigt, daß die Qualität der Näherung bei der Taylorentwicklung nicht immer zufriedenstellend ist.

7.3   Numerische Integration

Da es viele Funktionen f gibt, deren Stammfunktion sich nicht als Verknüpfung elementarer Funktionen darstellen läßt, sind numerische Verfahren notwendig, um auch in diesen Fällen den Wert des Integrals $\int_a^b f(x)\,dx$
näherungsweise mit einer vorgegebenen Genauigkeit zu berechnen.

In der gängigen Literatur gibt es viele Verfahren zur numerischen Integration. Von diesen Verfahren wird im folgenden Abschnitt die **Sehnen-Trapez-
Regel** vorgestellt.

7.3.1   Die Sehnen-Trapez-Regel

Gegeben sei eine Funktion f mit $f(x) \geq 0$ auf einem abgeschlossenen Intervall $[a, b]$. Dieses Intervall wird in N gleichlange Teile zerlegt, wobei die
Länge der Teilintervalle dann $h = \dfrac{b-a}{N}$ beträgt.

Für die einzelnen Intervalle $I_k, 1 \leq k \leq N$ gilt dann:

$$I_k = [x_{k-1}, x_k]$$

mit $a = x_0 < x_1 < x_2 < \ldots < n_{N-1} < x_N = b$.

In jedem dieser Intervalle wird die Funktion durch die Strecke zwischen den
Punkten $(x_{k-1}, f(x_{k-1}))$ und $(x_k, f(x_k))$ approximiert.

Da die Näherungsfunktionen Geraden sind, sind die dadurch beschriebenen
Flächen Trapeze und es gilt:

$$\int_{x_{k-1}}^{x_k} f(x)\,dx \approx \frac{h}{2} \cdot (f(x_{k-1}) + f(x_k)).$$

Summiert man diese Teilintegrale auf, erhält man die **Sehnen-Trapez-
Regel**:

$$\int_a^b f(x)\,dx \approx \frac{h}{2} \cdot (f(x_0) + 2f(x_1) + 2f(x_2) + \ldots + 2f(x_{N-1}) + f(x_N)).$$

Für den Fehler R, der bei dieser Näherung entsteht, gilt:

$$R \le \left| \frac{(b-a)^3}{12N^2} \cdot \max_{\eta \in (a,b)} f''(\eta) \right|.$$

Durch diese Formel ist gewährleistet, daß man jede gewünschte Genauigkeit erreichen kann, indem man N groß genug wählt.

Beispiel 7.3.1

Gegeben sei das Integral $\displaystyle\int_0^1 x^2 \, dx$.

Dieses Integral kann leicht exakt berechnet werden:

$$\int_0^1 x^2 \, dx = \left[\frac{x^3}{3} \right]_0^1 = \frac{1}{3} \approx 0.33333333.$$

Im Vergleich dazu werden jetzt verschiedene Näherungswerte mit der Sehnen-Trapez-Regel berechnet.

Wegen $f(x) = x^2 \Longrightarrow f''(x) = 2$ folgt für den Fehler:

$$R \le \left| \frac{(b-a)^3}{12N^2} \cdot \max_{\eta \in (a,b)} f''(\eta) \right| = \frac{1}{12N^2} \cdot 2 = \frac{1}{6N^2}.$$

Für $N = 2$ folgt mit $h = \dfrac{1-0}{2} = \dfrac{1}{2}$:

$$\int_0^1 x^2 \, dx \approx \frac{1}{4} \cdot \left(f(0) + 2f\left(\frac{1}{2}\right) + f(1) \right)$$

$$= \frac{1}{4} \cdot \left(0 + 2 \cdot \frac{1}{4} + 1 \right) = \frac{1}{4} \cdot \frac{3}{2} = \frac{3}{8} = 0.37500000.$$

Der Fehler ist höchstens $\dfrac{1}{6 \cdot 2^2} = \dfrac{1}{24} \approx 0.0416667.$

Für $N = 3$ folgt mit $h = \dfrac{1-0}{3} = \dfrac{1}{3}$:

$$\int_0^1 x^2 \, dx \approx \frac{1}{6} \cdot \left(f(0) + 2f\left(\frac{1}{3}\right) + 2f\left(\frac{2}{3}\right) + f(1) \right)$$

$$= \frac{1}{6} \cdot \left(0 + 2 \cdot \frac{1}{9} + 2 \cdot \frac{4}{9} + 1 \right) = \frac{1}{6} \cdot \frac{19}{9} = \frac{19}{54} = 0.35185185.$$

Der Fehler ist höchstens $\dfrac{1}{6 \cdot 3^2} = \dfrac{1}{54} \approx 0.0185185$.

Für $N = 4$ folgt mit $h = \dfrac{1-0}{4} = \dfrac{1}{4}$:

$$\int_0^1 x^2 \, dx \approx \frac{1}{8} \cdot \left(f(0) + 2f\left(\frac{1}{4}\right) + 2f\left(\frac{2}{4}\right) + 2f\left(\frac{3}{4}\right) + f(1) \right)$$

$$= \frac{1}{8} \cdot \left(0 + 2 \cdot \frac{1}{16} + 2 \cdot \frac{4}{16} + 2 \cdot \frac{9}{16} + 1 \right) = \frac{1}{8} \cdot \frac{44}{16} = \frac{11}{32} = 0.34375000.$$

Der Fehler ist höchstens $\dfrac{1}{6 \cdot 4^2} = \dfrac{1}{96} \approx 0.0104167$.

Für $N = 10$ folgt $\displaystyle\int_0^1 x^2 \, dx \approx 0.33500000$.

Der Fehler ist höchstens $\dfrac{1}{6 \cdot 10^2} \approx 0.0016667$.

Für $N = 25$ folgt $\displaystyle\int_0^1 x^2 \, dx \approx 0.33375000$.

Der Fehler ist höchstens $\dfrac{1}{6 \cdot 25^2} \approx 0.0002667$.

Für $N = 50$ folgt $\displaystyle\int_0^1 x^2 \, dx \approx 0.33340000$.

Der Fehler ist höchstens $\dfrac{1}{6 \cdot 50^2} \approx 0.0000667$.

Für $N = 100$ folgt $\displaystyle\int_0^1 x^2 \, dx \approx 0.33335000$.

Der Fehler ist höchstens $\dfrac{1}{6 \cdot 100^2} \approx 0.0000167$.

Beispiel 7.3.2

Gegeben sei das Integral $\displaystyle\int_0^1 e^{-x^2} \, dx$.

Dieses Integral kann nicht exakt berechnet werden. Deshalb werden verschiedene Näherungswerte mit der Sehnen-Trapez-Regel berechnet.

Wegen $f(x) = e^{-x^2} \implies f''(x) = (4x^2 - 2) \cdot e^{-x^2}$ folgt aufgrund der Monotonie von f'' und $f''(0) = -2$ für den Fehler:

$$R \le \left| \frac{(b-a)^3}{12N^2} \cdot \max_{\eta \in (a,b)} f''(\eta) \right| = \frac{1}{12N^2} \cdot |-2| = \frac{1}{6N^2}.$$

Für $N = 2$ folgt mit $h = \dfrac{1-0}{2} = \dfrac{1}{2}$:

$$\int_0^1 e^{-x^2}\, dx \approx \frac{1}{4} \cdot \left(f(0) + 2f\left(\frac{1}{2}\right) + f(1) \right)$$

$$= \frac{1}{4} \cdot \left(0 + 2 \cdot e^{-\frac{1}{4}} + e^{-1} \right) = 0.73137026.$$

Der Fehler ist höchstens $\dfrac{1}{6 \cdot 2^2} = \dfrac{1}{24} \approx 0.0416667.$

Für $N = 3$ folgt mit $h = \dfrac{1-0}{3} = \dfrac{1}{3}$:

$$\int_0^1 e^{-x^2}\, dx \approx \frac{1}{6} \cdot \left(f(0) + 2f\left(\frac{1}{3}\right) + 2f\left(\frac{2}{3}\right) + f(1) \right)$$

$$= \frac{1}{6} \cdot \left(0 + 2 \cdot e^{-\frac{1}{9}} + 2 \cdot e^{-\frac{4}{9}} + e^{-1} \right) = 0.73998649.$$

Der Fehler ist höchstens $\dfrac{1}{6 \cdot 3^2} = \dfrac{1}{54} \approx 0.0185185.$

Für $N = 4$ folgt mit $h = \dfrac{1-0}{4} = \dfrac{1}{4}$:

$$\int_0^1 e^{-x^2}\, dx \approx \frac{1}{8} \cdot \left(f(0) + 2f\left(\frac{1}{4}\right) + 2f\left(\frac{2}{4}\right) + 2f\left(\frac{3}{4}\right) + f(1) \right)$$

$$= \frac{1}{8} \cdot \left(0 + 2 \cdot e^{-\frac{1}{16}} + 2 \cdot e^{-\frac{4}{16}} + 2 \cdot e^{-\frac{9}{16}} + e^{-1} \right) = 0.74298411.$$

Der Fehler ist höchstens $\dfrac{1}{6 \cdot 4^2} = \dfrac{1}{96} \approx 0.0104167.$

Für $N = 10$ folgt $\displaystyle\int_0^1 e^{-x^2}\, dx \approx 0.74621079.$

Der Fehler ist höchstens $\dfrac{1}{6 \cdot 10^2} \approx 0.0016667.$

Für $N = 25$ folgt $\displaystyle\int_0^1 e^{-x^2}\, dx \approx 0.74672603.$

Der Fehler ist höchstens $\dfrac{1}{6 \cdot 25^2} \approx 0.0002667.$

Für $N = 100$ folgt $\displaystyle\int_0^1 e^{-x^2}\, dx \approx 0.74681800.$

Der Fehler ist höchstens $\dfrac{1}{6 \cdot 100^2} \approx 0.0000167.$

7.4   Aufgaben zu Kapitel 7

Aufgabe 7.4.1

Bestimmen Sie alle im Intervall $[-2, 3]$ liegenden Nullstellen der Funktion

$$f(x) = \sin x - x^2 + e^{\frac{1}{4}x}$$

mit einer Genauigkeit von 8 Stellen nach dem Komma mit der Regula falsi und mit dem Newton-Verfahren.

Lösung:

Schaubild der Funktion

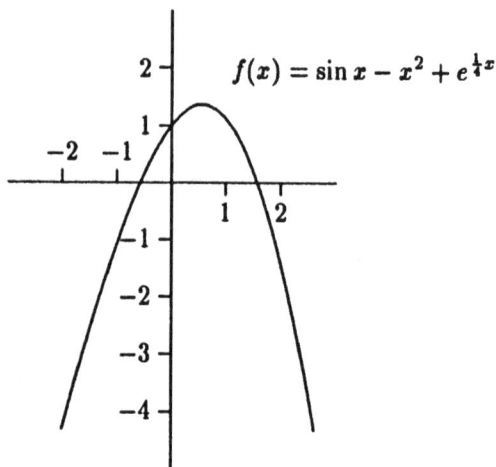

Aus folgender Tabelle können Startwerte für die Näherungen abgelesen werden.

x	-2	-1	0	1	2	3
$f(x)$	-4.303	-1.063	1	1.126	-1.442	-6.742

Regula falsi:

Die Rekursionsvorschrift lautet:

$$x_{n+1} = x_n - \frac{\left(\sin x_n - x_n^2 + e^{\frac{1}{4}x_n}\right)(x_n - x_{n-1})}{\left(\sin x_n - x_n^2 + e^{\frac{1}{4}x_n}\right) - \left(\sin x_{n-1} - x_{n-1}^2 + e^{\frac{1}{4}x_{n-1}}\right)}.$$

Mit den Startwerten $x_0 = -1$ und $x_1 = 0$ folgen:

$x_2 = -0.48480847$

$x_3 = -0.59469411$

$x_4 = -0.57053753$

$x_5 = -0.57120233$

$x_6 = -0.57120730$ und

$x_7 = -0.57120730$.

Mit den Startwerten $x_0 = 1$ und $x_1 = 2$ folgen:

$x_2 = 1.43836657$

$x_3 = 1.54934176$

$x_4 = 1.57774427$

$x_5 = 1.57565218$

$x_6 = 1.57568088$

$x_7 = 1.57568091$ und

$x_8 = 1.57568091$.

Die Koordinaten für die Nullstellen sind somit näherungsweise gegeben durch $N_1(-0.57120730, 0)$ und $N_2(1.57568091, 0)$.

Newton-Verfahren:

Die Rekursionsvorschrift lautet:

$$x_{n+1} = x_n - \frac{\sin x_n - x_n^2 + e^{\frac{1}{4}x_n}}{\cos x_n - 2x_n + \frac{1}{4} \cdot e^{\frac{1}{4}x_n}}.$$

Mit dem Startwert $x_1 = -1$ folgen:

$x_2 = -0.61145549$

$x_3 = -0.57170383$

$x_4 = -0.57120738$

$x_5 = -0.57120730$ und

$x_6 = -0.57120730$.

Mit dem Startwert $x_1 = 2$ folgen:

$x_2 = 1.63986180$

$x_3 = 1.57769410$

$x_4 = 1.57568302$

$x_5 = 1.57568091$ und

$x_6 = 1.57568091$.

Die Koordinaten für die Nullstellen sind somit näherungsweise gegeben durch
$N_1(-0.57120730, 0)$ und $N_2(1.57568091, 0)$.

Aufgabe 7.4.2
Bestimmen Sie alle Nullstellen der Funktion

$$f(x) = \ln\left(x^2 + 1\right) - x^3 + x^2 - 0.25$$

mit einer Genauigkeit von 8 Stellen nach dem Komma mit der Regula falsi
und mit dem Newton-Verfahren.

Lösung:
Schaubild der Funktion

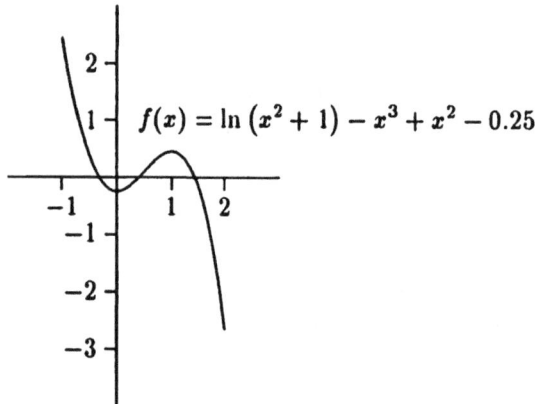

Aus folgender Tabelle können Startwerte für die Näherungen abgelesen werden.

x	-2	-1	0	1	2	3
$f(x)$	13.359	2.433	-0.25	0.443	-2.641	-15.947

Regula falsi:
Die Rekursionsvorschrift lautet:

$$x_{n+1} = x_n - \left(\ln\left(x_n^2 + 1\right) - x_n^3 + x_n^2 - 0.25\right) \times$$

$$\times \frac{x_n - x_{n-1}}{\left(\ln\left(x_n^2 + 1\right) - x_n^3 + x_n^2 - 0.25\right) - \left(\ln\left(x_{n-1}^2 + 1\right) - x_{n-1}^3 + x_{n-1}^2 - 0.25\right)}.$$

Mit den Startwerten $x_0 = -1$ und $x_1 = 0$ folgen:

$x_2 = -0.09282820$

$x_3 = -1.28948501$

$x_4 = -0.15105232$

$x_5 = -0.19939613$

$x_6 = -0.40799320$

$x_7 = -0.31233124$

$x_8 = -0.32886165$

$x_9 = -0.33120761$

$x_{10} = -0.33113189$

$x_{11} = -0.33113219$ und

$x_{12} = -0.33113219$.

Mit den Startwerten $x_0 = 0$ und $x_1 = 1$ folgen:

$x_2 = 0.36067376$

$x_3 = 0.41906226$

$x_4 = 0.40524290$

$x_5 = 0.40551273$

$x_6 = 0.40551410$ und

$x_7 = 0.40551410$.

Mit den Startwerten $x_0 = 1$ und $x_1 = 2$ folgen:

$x_2 = 1.14370589$

$x_3 = 1.25597173$

$x_4 = 1.56804243$

$x_5 = 1.38683088$

$x_6 = 1.41627462$

$x_7 = 1.42353824$

$x_8 = 1.42314576$

$x_9 = 1.42314973$ und

$x_{10} = 1.42314973$.

Die Koordinaten für die Nullstellen sind somit näherungsweise gegeben durch $N_1(-0.33113219, 0)$, $N_2(0.40551410, 0)$ und $N_3(1.42314973, 0)$.

Newton-Verfahren:

Die Rekursionsvorschrift lautet:

$$x_{n+1} = x_n - \frac{\ln\left(x_n^2 + 1\right) - x_n^3 + x_n^2 - 0.25}{\frac{2x_n}{x_n^2 + 1} - 3x_n^2 + 2x_n}.$$

Mit dem Startwert $x_1 = -1$ folgen:

$x_2 = -0.59280880$

$x_3 = -0.39682941$

$x_4 = -0.33729170$

$x_5 = -0.33119590$

$x_6 = -0.33113219$ und

$x_7 = -0.33113219.$

Mit dem Startwert $x_1 = 1$ folgen:

$x_2 = 0.25000000$

$x_3 = 0.43197231$

$x_4 = 0.40573185$

$x_5 = 0.40551412$

$x_6 = 0.40551410$ und

$x_7 = 0.40551410.$

Mit dem Startwert $x_1 = 2$ folgen:

$x_2 = 1.63325527$

$x_3 = 1.46689896$

$x_4 = 1.42571453$

$x_5 = 1.42315939$

$x_6 = 1.42314973$ und

$x_7 = 1.42314973.$

Die Koordinaten für die Nullstellen sind somit näherungsweise gegeben durch $N_1(-0.33113219, 0)$, $N_2(0.40551410, 0)$ und $N_3(1.42314973, 0)$.

Aufgabe 7.4.3

Bestimmen Sie alle Nullstellen der Funktion

$$f(x) = e^{x^2} - \ln x - 2\sin x - 2$$

mit einer Genauigkeit von 8 Stellen nach dem Komma mit der Regula falsi und mit dem Newton-Verfahren.

Lösung:

Schaubild der Funktion

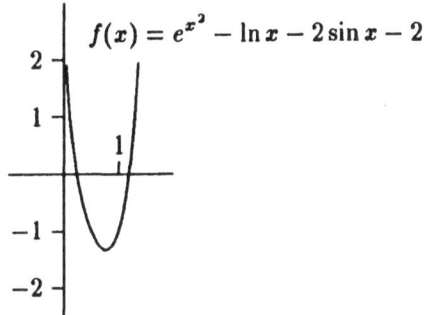

$$f(x) = e^{x^2} - \ln x - 2\sin x - 2$$

Aus folgender Tabelle können Startwerte für die Näherungen abgelesen werden.

x	0.1	0.3	0.5	0.7	0.9	1.1	1.3	1.5
$f(x)$	1.113	-0.293	-0.982	-1.299	-1.213	-0.524	1.230	5.087

Regula falsi:

Die Rekursionsvorschrift lautet:

$$x_{n+1} = x_n - \left(e^{x_n^2} - \ln x_n - 2\sin x_n - 2\right) \times$$

$$\times \frac{x_n - x_{n-1}}{\left(e^{x_n^2} - \ln x_n - 2\sin x_n - 2\right) - \left(e^{x_{n-1}^2} - \ln x_{n-1} - 2\sin x_{n-1} - 2\right)}.$$

Mit den Startwerten $x_0 = 0.1$ und $x_1 = 0.3$ folgen:

$x_2 = 0.25833256$

$x_3 = 0.24031522$

$x_4 = 0.24201959$

$x_5 = 0.24197151$

$x_6 = 0.24197136$ und

$x_7 = 0.24197136$.

Mit den Startwerten $x_0 = 1.1$ und $x_1 = 1.3$ folgen:

$x_2 = 1.15976835$

$x_3 = 1.17439331$

$x_4 = 1.17893602$

$x_5 = 1.17875653$

$x_6 = 1.17875816$ und
$x_7 = 1.17875816$.

Die Koordinaten für die Nullstellen sind somit näherungsweise gegeben durch
$N_1(0.24197136, 0)$ und $N_2(1.17875816, 0)$.

Newton-Verfahren:

Die Rekursionsvorschrift lautet:

$$x_{n+1} = x_n - \frac{e^{x_n^2} - \ln x_n - 2\sin x_n - 2}{2x_n^2 e^{x_n^2} - \frac{1}{x_n} - 2\cos x_n}.$$

Mit dem Startwert $x_1 = 0.1$ folgen:
$x_2 = 0.19298132$
$x_3 = 0.23536379$
$x_4 = 0.24148386$
$x_5 = 0.24193920$
$x_6 = 0.24196926$
$x_7 = 0.24197122$
$x_8 = 0.24197135$
$x_9 = 0.24197136$ und
$x_{10} = 0.24197136$.

Mit dem Startwert $x_1 = 1$ folgen:
$x_2 = 1.28744693$
$x_3 = 1.22059415$
$x_4 = 1.18999038$
$x_5 = 1.18104391$
$x_6 = 1.17917585$
$x_7 = 1.17883263$
$x_8 = 1.17877138$
$x_9 = 1.17876051$
$x_{10} = 1.17875858$
$x_{11} = 1.17875824$
$x_{12} = 1.17875818$
$x_{13} = 1.17875817$
$x_{14} = 1.17875816$ und
$x_{15} = 1.17875816$.

Die Koordinaten für die Nullstellen sind somit näherungsweise gegeben durch $N_1(0.24197136, 0)$ und $N_2(1.17875816, 0)$.

Aufgabe 7.4.4

Bestimmen Sie alle Nullstellen der Funktion

$$f(x) = 0.5 \cdot \left(x^3 - 6x + 2\right)$$

mit einer Genauigkeit von 8 Stellen nach dem Komma mit der Regula falsi und mit dem Newton-Verfahren.

Lösung:

Schaubild der Funktion

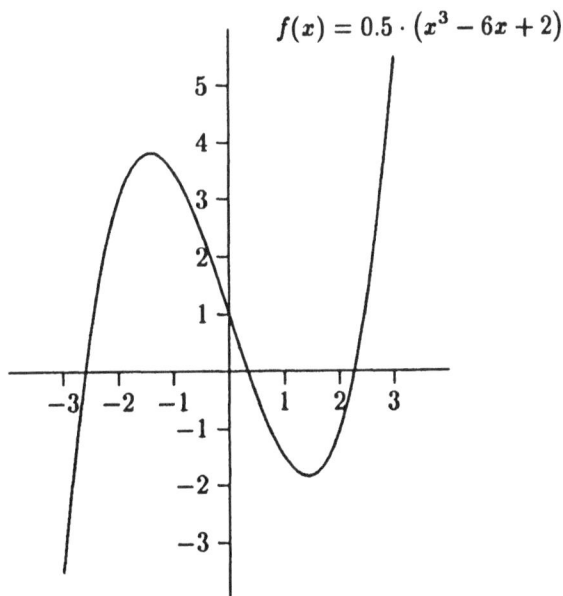

$$f(x) = 0.5 \cdot \left(x^3 - 6x + 2\right)$$

Aus folgender Tabelle können Startwerte für die Näherungen abgelesen werden.

x	-4	-3	-2	-1	0	1	2	3	4
$f(x)$	-19	-3.5	3	3.5	1	-1.5	-1	5.5	21

Regula falsi:

Die Rekursionsvorschrift lautet:

$$x_{n+1} = x_n - \frac{\left(0.5 \cdot \left(x_n^3 - 6x_n + 2\right)\right)\left(x_n - x_{n-1}\right)}{\left(0.5 \cdot \left(x_n^3 - 6x_n + 2\right)\right) - \left(0.5 \cdot \left(x_{n-1}^3 - 6x_{n-1} + 2\right)\right)}$$

$$= x_n - \frac{x_n^3 - 6x_n + 2}{x_n^2 + x_n x_{n-1} + x_{n-1}^2 - 6}.$$

Mit den Startwerten $x_0 = -3$ und $x_1 = -2$ folgen:

$x_2 = -2.46153846$

$x_3 = -2.66798420$

$x_4 = -2.59645248$

$x_5 = -2.60149478$

$x_6 = -2.60167966$

$x_7 = -2.60167913$ und

$x_8 = -2.60167913$

Mit den Startwerten $x_0 = 0$ und $x_1 = 1$ folgen:

$x_2 = 0.40000000$

$x_3 = 0.32432433$

$x_4 = 0.34005442$

$x_5 = 0.33987738$

$x_6 = 0.33987689$ und

$x_7 = 0.33987689$

Mit den Startwerten $x_0 = 2$ und $x_1 = 3$ folgen:

$x_2 = 2.15384615$

$x_3 = 2.21989089$

$x_4 = 2.26539857$

$x_5 = 2.26169035$

$x_6 = 2.26180195$

$x_7 = 2.26180225$ und

$x_8 = 2.26180225$.

Die Koordinaten für die Nullstellen sind somit näherungsweise gegeben durch $N_1(-2.60167913, 0)$, $N_2(0.33987689, 0)$ und $N_3(2.26180225, 0)$.

Newton-Verfahren:

Die Rekursionsvorschrift lautet:

$$x_{n+1} = x_n - \frac{0.5 \cdot \left(x_n^3 - 6x_n + 2\right)}{0.5 \cdot \left(3x_n^2 - 6\right)} = x_n - \frac{x_n^3 - 6x_n + 2}{3x_n^2 - 6}.$$

Mit dem Startwert $x_1 = -3$ folgen:

$x_2 = -2.66666667$

$x_3 = -2.60386473$

$x_4 = -2.60168173$

$x_5 = -2.60167913$ und

$x_6 = -2.60167913$.

Mit dem Startwert $x_1 = 0$ folgen:

$x_2 = 0.33333333$

$x_3 = 0.33986928$

$x_4 = 0.33987689$ und

$x_5 = 0.33987689$.

Mit dem Startwert $x_1 = 3$ folgen:

$x_2 = 2.47619048$

$x_3 = 2.28855435$

$x_4 = 2.26230618$

$x_5 = 2.26180243$

$x_6 = 2.26180225$ und

$x_7 = 2.26180225$.

Die Koordinaten für die Nullstellen sind somit näherungsweise gegeben durch $N_1(-2.60167913, 0)$, $N_2(0.33987689, 0)$ und $N_3(2.26180225, 0)$.

Aufgabe 7.4.5

Bestimmen Sie alle Nullstellen der Funktion

$$f(x) = e^x - x^2 - 2$$

mit einer Genauigkeit von 8 Stellen nach dem Komma mit der Regula falsi und mit dem Newton-Verfahren.

Lösung:

Schaubild der Funktion

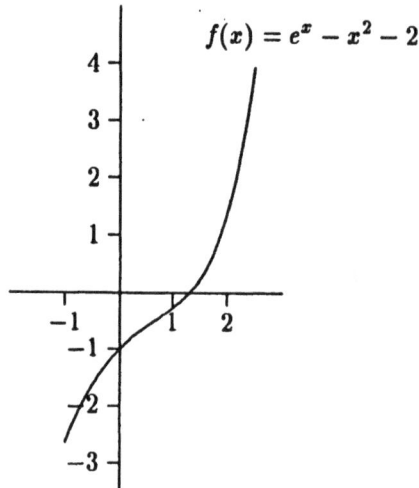

$$f(x) = e^x - x^2 - 2$$

Aus folgender Tabelle können Startwerte für die Näherung abgelesen werden.

x	-1	0	1	2	3
$f(x)$	-2.632	-1	-0.282	1.389	9.086

Regula falsi:

Die Rekursionsvorschrift lautet:

$$x_{n+1} = x_n - \frac{\left(e^{x_n} - x_n^2 - 2\right)(x_n - x_{n-1})}{\left(e^{x_n} - x_n^2 - 2\right) - \left(e^{x_{n-1}} - x_{n-1}^2 - 2\right)}.$$

Mit den Startwerten $x_0 = 1$ und $x_1 = 2$ folgen:

$x_2 = 1.16861534$

$x_3 = 1.24872997$

$x_4 = 1.32745038$

$x_5 = 1.31860702$

$x_6 = 1.31907059$

$x_7 = 1.31907368$ und

$x_8 = 1.31907368.$

Die Koordinaten für die Nullstelle sind somit näherungsweise gegeben durch $N_1(1.31907368, 0)$.

Newton-Verfahren:

Die Rekursionsvorschrift lautet:

$$x_{n+1} = x_n - \frac{e^{x_n} - x_n^2 - 2}{e^{x_n} - 2x_n}.$$

Mit dem Startwert $x_1 = 1$ folgen:

$x_2 = 1.39221119$

$x_3 = 1.32323319$

$x_4 = 1.31908733$

$x_5 = 1.31907368$ und

$x_6 = 1.31907368$.

Die Koordinaten für die Nullstelle sind somit näherungsweise gegeben durch $N_1(1.31907368, 0)$.

Aufgabe 7.4.6

Bestimmen Sie alle im Intervall $[0, 3]$ liegenden Nullstellen der Funktion

$$f(x) = \ln(0.5x) - \tan(0.5x) - 2$$

mit einer Genauigkeit von 8 Stellen nach dem Komma mit der Regula falsi und mit dem Newton-Verfahren.

Lösung:

Schaubild der Funktion

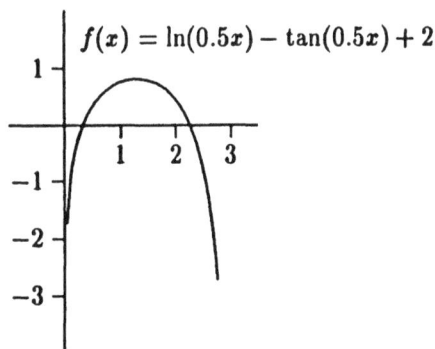

Aus folgender Tabelle können Startwerte für die Näherungen abgelesen werden.

x	0.2	0.4	0.6	0.8	1.0	1.2	1.4
$f(x)$	-0.403	0.188	0.487	0.661	0.761	0.805	0.801

x	1.6	1.8	2.0	2.2	2.4
$f(x)$	0.747	0.635	0.443	0.132	-0.390

Regula falsi:

Die Rekursionsvorschrift lautet:

$$x_{n+1} = x_n - (\ln(0.5x_n) - \tan(0.5x_n) - 2) \times$$

$$\times \frac{x_n - x_{n-1}}{(\ln(0.5x_n) - \tan(0.5x_n) - 2) - (\ln(0.5x_{n-1}) - \tan(0.5x_{n-1}) - 2)}.$$

Mit den Startwerten $x_0 = 0.2$ und $x_1 = 0.4$ folgen:

$x_2 = 0.33640453$

$x_3 = 0.31481774$

$x_4 = 0.31779985$

$x_5 = 0.31769853$

$x_6 = 0.31769797$ und

$x_7 = 0.31769797$.

Mit den Startwerten $x_0 = 2.2$ und $x_1 = 2.4$ folgen:

$x_2 = 2.25017502$

$x_3 = 2.25914278$

$x_4 = 2.26109688$

$x_5 = 2.26106930$

$x_6 = 2.26106937$ und

$x_7 = 2.26106937$.

Die Koordinaten für die Nullstellen sind somit näherungsweise gegeben durch $N_1(0.31769797, 0)$ und $N_2(2.26106937, 0)$.

Newton-Verfahren:

Die Rekursionsvorschrift lautet:

$$x_{n+1} = x_n - \frac{\ln(0.5x_n) - \tan(0.5x_n) - 2}{\dfrac{1}{x_n} - \dfrac{0.5}{\cos^2(0.5x_n)}}.$$

Mit dem Startwert $x_1 = 0.4$ folgen:

$x_2 = 0.30509907$

$x_3 = 0.31739564$

$x_4 = 0.31769780$

$x_5 = 0.31769797$ und

$x_6 = 0.31769797$.

Mit dem Startwert $x_1 = 2.2$ folgen:

$x_2 = 2.26608163$

$x_3 = 2.26110214$

$x_4 = 2.26106938$

$x_5 = 2.26106937$ und

$x_6 = 2.26106937$.

Die Koordinaten für die Nullstellen sind somit näherungsweise gegeben durch $N_1(0.31769797, 0)$ und $N_2(2.26106937, 0)$.

Aufgabe 7.4.7

Bestimmen Sie alle Nullstellen der Funktion

$$f(x) = \sin x - x^2 + 3$$

mit einer Genauigkeit von 8 Stellen nach dem Komma mit der Regula falsi und mit dem Newton-Verfahren.

Lösung:

Schaubild der Funktion

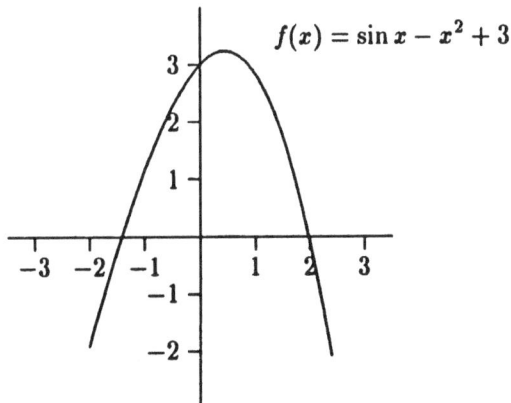

Aus folgender Tabelle können Startwerte für die Näherungen abgelesen werden.

x	-3	-2	-1	0	1	2	3	4
$f(x)$	-6.141	-1.909	1.159	3	2.842	-0.091	-5.859	-13.757

Regula falsi:

Die Rekursionsvorschrift lautet:

$$x_{n+1} = x_n - \frac{\left(\sin x_n - x_n^2 + 3\right)\left(x_n - x_{n-1}\right)}{\left(\sin x_n - x_n^2 + 3\right) - \left(\sin x_{n-1} - x_{n-1}^2 + 3\right)}.$$

Mit den Startwerten $x_0 = -2$ und $x_1 = -1$ folgen:

$x_2 = -1.37763838$

$x_3 = -1.42156178$

$x_4 = -1.41828752$

$x_5 = -1.41831008$

$x_6 = -1.41831009$ und

$x_7 = -1.41831009$.

Mit den Startwerten $x_0 = 1$ und $x_1 = 2$ folgen:

$x_2 = 1.96906644$

$x_3 = 1.97924941$

$x_4 = 1.97932039$

$x_5 = 1.97932015$ und

$x_6 = 1.97932015$.

Die Koordinaten für die Nullstellen sind somit näherungsweise gegeben durch $N_1(-1.41831009, 0)$ und $N_2(1.97932015, 0)$.

Newton-Verfahren:

Die Rekursionsvorschrift lautet:

$$x_{n+1} = x_n - \frac{\sin x_n - x_n^2 + 3}{\cos x_n - 2x_n}.$$

Mit dem Startwert $x_1 = -2$ folgen:

$x_2 = -1.46725010$

$x_3 = -1.41870716$

$x_4 = -1.41831012$

$x_5 = -1.41831009$ und

$x_6 = -1.41831009.$

Mit dem Startwert $x_1 = 2$ folgen:

$x_2 = 1.97946115$

$x_3 = 1.97932015$ und

$x_4 = 1.97932015.$

Die Koordinaten für die Nullstellen sind somit näherungsweise gegeben durch
$N_1(-1.41831009, 0)$ und $N_2(1.97932015, 0)$.

Aufgabe 7.4.8

Bestimmen Sie alle Nullstellen der Funktion

$$f(x) = x^5 - x^4 - 3x^3 + 3x^2 - 0.2$$

mit einer Genauigkeit von 8 Stellen nach dem Komma mit der Regula falsi
und mit dem Newton-Verfahren.

Lösung:

Schaubild der Funktion

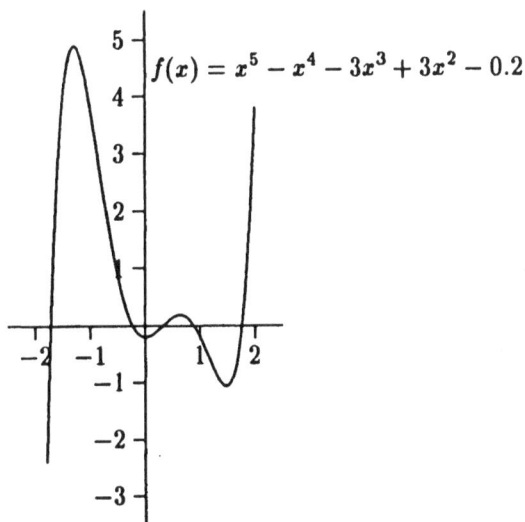

Aus folgender Tabelle können Startwerte für die Näherungen abgelesen werden.

x	-3	-2.5	-2	-1.5	-1	-0.5	0
$f(x)$	-216.2	-71.294	-12.2	4.019	3.8	0.831	-0.2

x	0.5	1	1.5	2	2.5	3
$f(x)$	0.144	-0.2	-1.044	3.8	30.269	107.8

Regula falsi:

Die Rekursionsvorschrift lautet:

$$x_{n+1} = x_n - \left(x_n^5 - x_n^4 - 3x_n^3 + 3x_n^2 - 0.2\right) \times$$

$$\times \frac{x_n - x_{n-1}}{\left(x_n^5 - x_n^4 - 3x_n^3 + 3x_n^2 - 0.2\right) - \left(x_{n-1}^5 - x_{n-1}^4 - 3x_{n-1}^3 + 3x_{n-1}^2 - 0.2\right)}.$$

Mit den Startwerten $x_0 = -2$ und $x_1 = -1.5$ folgen:

$x_2 = -1.62389211$

$x_3 = -1.79163665$

$x_4 = -1.71215636$

$x_5 = -1.72345085$

$x_6 = -1.72494972$

$x_7 = -1.72491485$

$x_8 = -1.72491494$ und

$x_9 = -1.72491494$

Mit den Startwerten $x_0 = -0.5$ und $x_1 = 0$ folgen:

$x_2 = -0.09696970$

$x_3 = -0.62869700$

$x_4 = -0.15161376$

$x_5 = -0.18779557$

$x_6 = -0.24822857$

$x_7 = -0.23279540$

$x_8 = -0.23448275$

$x_9 = -0.23454202$

$x_{10} = -0.23454176$ und

$x_{11} = -0.23454176.$

Mit den Startwerten $x_0 = 0$ und $x_1 = 0.5$ folgen:

$x_2 = 0.29090910$

$x_3 = 0.32193976$

$x_4 = 0.31808906$

$x_5 = 0.31808091$ und
$x_6 = 0.31808091$.

Mit den Startwerten $x_0 = 0.5$ und $x_1 = 1$ folgen:
$x_2 = 0.70909090$
$x_3 = 0.84071511$
$x_4 = 0.91221495$
$x_5 = 0.88238740$
$x_6 = 0.88465247$
$x_7 = 0.88476980$
$x_8 = 0.88476926$
$x_9 = 0.88476927$ und
$x_{10} = 0.88476927$.

Mit den Startwerten $x_0 = 1.5$ und $x_1 = 2$ folgen:
$x_2 = 1.60774194$
$x_3 = 1.67959586$
$x_4 = 1.80584529$
$x_5 = 1.74621673$
$x_6 = 1.75534670$
$x_7 = 1.75664167$
$x_8 = 1.75660641$
$x_9 = 1.75660652$ und
$x_{10} = 1.75660652$.

Die Koordinaten für die Nullstellen sind somit näherungsweise gegeben durch $N_1(-1.72491494, 0)$, $N_2(-0.23454176, 0)$, $N_3(0.31808091, 0)$, $N_4(0.88476927, 0)$ und $N_5(1.75660652, 0)$.

Newton-Verfahren:
Die Rekursionsvorschrift lautet:
$$x_{n+1} = x_n - \frac{x_n^5 - x_n^4 - 3x_n^3 + 3x_n^2 - 0.2}{5x_n^4 - 4x_n^3 - 9x_n^2 + 6x_n}.$$

Mit dem Startwert $x_1 = -2$ folgen:
$x_2 = -1.80937500$
$x_3 = -1.73582694$
$x_4 = -1.72512754$
$x_5 = -1.72491503$

$x_6 = -1.72491494$ und
$x_7 = -1.72491494$.

Mit dem Startwert $x_1 = -0.5$ folgen:
$x_2 = -0.31267606$
$x_3 = -0.24598337$
$x_4 = -0.23485751$
$x_5 = -0.23454201$
$x_6 = -0.23454176$ und
$x_7 = -0.23454176$.

Mit dem Startwert $x_1 = 0$ folgen:
$x_2 = 0.20000000$
$x_3 = 0.32901961$
$x_4 = 0.31805230$
$x_5 = 0.31808091$ und
$x_6 = 0.31808091$.

Mit dem Startwert $x_1 = 1$ folgen:
$x_2 = 0.90000000$
$x_3 = 0.88517863$
$x_4 = 0.88476958$
$x_5 = 0.88476927$ und
$x_6 = 0.88476927$.

Mit dem Startwert $x_1 = 2$ folgen:
$x_2 = 1.84166667$
$x_3 = 1.77134222$
$x_4 = 1.75715038$
$x_5 = 1.75660730$
$x_6 = 1.75660652$ und
$x_7 = 1.75660652$.

Die Koordinaten für die Nullstellen sind somit näherungsweise gegeben durch $N_1(-1.72491494, 0)$, $N_2(-0.23454176, 0)$, $N_3(0.31808091, 0)$,
$N_4(0.88476927, 0)$ und $N_5(1.75660652, 0)$.

Aufgabe 7.4.9
Bestimmen Sie die Taylorpolynome 1., 2. und 3. Grades der Funktion
$f(x) = e^x$ um $x_0 = 0$ und um $x_0 = 2$.

Lösung:
Die erforderlichen Ableitungen lauten:

$$f(x) = f'(x) = f''(x) = f'''(x) = e^x.$$

Für die Funktionswerte an der Stelle 0 gilt:

$$f(0) = f'(0) = f''(0) = f'''(0) = 1.$$

Daraus können die Taylorpolynome 1., 2. und 3. Grades um $x_0 = 0$ berechnet werden:

$$
\begin{aligned}
T_1(x) &= f(x_0) + f'(x_0)(x - x_0) \\
&= f(0) + f'(0) \cdot x \\
&= 1 + x. \\
T_2(x) &= f(x_0) + f'(x_0)(x - x_0) + \frac{1}{2} \cdot f''(x_0)(x - x_0)^2 \\
&= f(0) + f'(0) \cdot x + \frac{1}{2} \cdot f''(0) \cdot x^2 \\
&= 1 + x + \frac{1}{2}x^2. \\
T_3(x) &= f(x_0) + f'(x_0)(x - x_0) + \frac{1}{2} \cdot f''(x_0)(x - x_0)^2 \\
&\quad + \frac{1}{6} \cdot f'''(x_0)(x - x_0)^3 \\
&= f(0) + f'(0) \cdot x + \frac{1}{2} \cdot f''(0) \cdot x^2 + \frac{1}{6} \cdot f'''(0) \cdot x^3 \\
&= 1 + x + \frac{1}{2}x^2 + \frac{1}{6}x^3.
\end{aligned}
$$

Für die Funktionswerte an der Stelle 2 gilt:

$$f(2) = f'(2) = f''(2) = f'''(2) = e^2.$$

Daraus können die Taylorpolynome 1., 2. und 3. Grades um $x_0 = 2$ berechnet werden:

$$
\begin{aligned}
T_1(x) &= f(x_0) + f'(x_0)(x - x_0) \\
&= f(2) + f'(2) \cdot (x - 2) \\
&= e^2 + e^2 \cdot (x - 2). \\
T_2(x) &= f(x_0) + f'(x_0)(x - x_0) + \frac{1}{2} \cdot f''(x_0)(x - x_0)^2
\end{aligned}
$$

$$= f(2) + f'(2) \cdot (x-2) + \frac{1}{2} \cdot f''(2) \cdot (x-2)^2$$

$$= e^2 + e^2 \cdot (x-2) + \frac{1}{2} \cdot e^2 \cdot (x-2)^2.$$

$$T_3(x) = f(x_0) + f'(x_0)(x-x_0) + \frac{1}{2} \cdot f''(x_0)(x-x_0)^2$$

$$+ \frac{1}{6} \cdot f'''(x_0)(x-x_0)^3$$

$$= f(2) + f'(2) \cdot (x-2) + \frac{1}{2} \cdot f''(2) \cdot (x-2)^2$$

$$+ \frac{1}{6} \cdot f'''(2) \cdot (x-2)^3$$

$$= e^2 + e^2 \cdot (x-2) + \frac{1}{2} \cdot e^2 \cdot (x-2)^2 + \frac{1}{6} \cdot e^2 \cdot (x-2)^3.$$

Aufgabe 7.4.10
Bestimmen Sie die Taylorpolynome 1., 2. und 3. Grades der Funktion
$f(x) = \cos x$ um $x_0 = 0$ und um $x_0 = \pi$.

Lösung:
Die erforderlichen Ableitungen lauten:

$$f(x) = \cos x, \qquad f'(x) = -\sin x,$$

$$f''(x) = -\cos x, \quad f'''(x) = \sin x.$$

Für die Funktionswerte an der Stelle 0 gilt:

$f(0) = 1$, $f'(0) = 0$, $f''(0) = -1$ und $f'''(0) = 0$.

Daraus können die Taylorpolynome 1., 2. und 3. Grades um $x_0 = 0$ berechnet werden:

$$T_1(x) = f(x_0) + f'(x_0)(x-x_0)$$

$$= f(0) + f'(0) \cdot x$$

$$= 1.$$

$$T_2(x) = f(x_0) + f'(x_0)(x-x_0) + \frac{1}{2} \cdot f''(x_0)(x-x_0)^2$$

$$= f(0) + f'(0) \cdot x + \frac{1}{2} \cdot f''(0) \cdot x^2$$

$$= 1 - \frac{1}{2}x^2.$$

$$T_3(x) = f(x_0) + f'(x_0)(x-x_0) + \frac{1}{2} \cdot f''(x_0)(x-x_0)^2$$

$$+ \frac{1}{6} \cdot f'''(x_0)(x-x_0)^3$$

$$= f(0) + f'(0) \cdot x + \frac{1}{2} \cdot f''(0) \cdot x^2 + \frac{1}{6} \cdot f'''(0) \cdot x^3$$

$$= 1 - \frac{1}{2}x^2.$$

Für die Funktionswerte an der Stelle π gilt:

$f(\pi) = -1, f'(\pi) = 0, f''(\pi) = 1$ und $f'''(\pi) = 0$.

Daraus können die Taylorpolynome 1., 2. und 3. Grades um $x_0 = 2$ berechnet werden:

$$\begin{aligned}
T_1(x) &= f(x_0) + f'(x_0)(x - x_0) \\
&= f(\pi) + f'(\pi) \cdot (x - \pi) \\
&= -1. \\
T_2(x) &= f(x_0) + f'(x_0)(x - x_0) + \frac{1}{2} \cdot f''(x_0)(x - x_0)^2 \\
&= f(\pi) + f'(\pi) \cdot (x - \pi) + \frac{1}{2} \cdot f''(\pi) \cdot (x - \pi)^2 \\
&= -1 + \frac{1}{2} \cdot (x - \pi)^2. \\
T_3(x) &= f(x_0) + f'(x_0)(x - x_0) + \frac{1}{2} \cdot f''(x_0)(x - x_0)^2 \\
&\quad + \frac{1}{6} \cdot f'''(x_0)(x - x_0)^3 \\
&= f(\pi) + f'(\pi) \cdot (x - \pi) + \frac{1}{2} \cdot f''(\pi) \cdot (x - \pi)^2 \\
&\quad + \frac{1}{6} \cdot f'''(\pi) \cdot (x - \pi)^3 \\
&= -1 + \frac{1}{2} \cdot (x - \pi)^2.
\end{aligned}$$

Aufgabe 7.4.11

Bestimmen Sie die Taylorpolynome n-ten Grades, $n \in \mathbb{N}$ der Funktion $f(x) = e^x$ um $x_0 = 0$.

Lösung:

Die erforderlichen Ableitungen lauten:

$$f(x) = f'(x) = f''(x) = f'''(x) = \ldots = f^{(n)}(x) = e^x.$$

Für die Funktionswerte an der Stelle 0 gilt:

$$f(0) = f'(0) = f''(0) = f'''(0) = \ldots = f^{(n)}(0) = 1.$$

Daraus können die Taylorpolynome n-ten Grades um $x_0 = 0$ berechnet werden:

$$T_n(x) = \sum_{k=0}^{n} \frac{f^{(k)}(x_0)}{k!} \cdot (x - x_0)^k$$

$$= \sum_{k=0}^{n} \frac{f^{(k)}(0)}{k!} \cdot x^k$$

$$= \sum_{k=0}^{n} \frac{1}{k!} \cdot x^k.$$

Aufgabe 7.4.12

Bestimmen Sie die Taylorpolynome n-ten Grades, $n \in \mathbb{N}$ der Funktion

$$f(x) = \frac{1}{1+x} \text{ um } x_0 = 0.$$

Lösung:

Die erforderlichen Ableitungen lauten:

$$f(x) = \frac{1}{1+x}, \qquad f'(x) = -\frac{1}{(1+x)^2},$$
$$f''(x) = \frac{2}{(1+x)^3}, \qquad f'''(x) = -\frac{6}{(1+x)^4}.$$

Aus den ersten drei Ableitungen kann eine allgemeine Formel für die n-te Ableitung aufgestellt werden:

$$f^{(n)}(x) = (-1)^n \cdot \frac{n!}{(1+x)^{n+1}}.$$

Der Nachweis dieser Formel kann durch vollständige Induktion erfolgen.

Für die Funktionswerte an der Stelle 0 gilt:

$$f^{(n)}(0) = (-1)^n \cdot n!.$$

Daraus können die Taylorpolynome n-ten Grades um $x_0 = 0$ berechnet werden:

$$T_n(x) = \sum_{k=0}^{n} \frac{f^{(k)}(x_0)}{k!} \cdot (x - x_0)^k$$

$$= \sum_{k=0}^{n} \frac{f^{(k)}(0)}{k!} \cdot x^k$$

$$= \sum_{k=0}^{n} \frac{(-1)^k \cdot k!}{k!} \cdot x^k$$

$$= \sum_{k=0}^{n} (-1)^k \cdot x^k$$
$$= 1 - x + x^2 + \ldots + (-1)^n \cdot x^n.$$

Aufgabe 7.4.13

Bestimmen Sie näherungsweise die Nullstellen der Funktion

$$f(x) = 4e^{-x} - 0.1 \cdot x^3 - 4$$

mithilfe des Taylorpolynoms 2. Grades um $x_0 = 0$. Um wieviel weicht $f(x)$ an den gefundenen Nullstellen von 0 höchstens ab?

Lösung:

Die erforderlichen Ableitungen lauten:

$$f(x) = 4e^{-x} - 0.1 \cdot x^3 - 4, \quad f'(x) = -4e^{-x} - 0.3 \cdot x^2,$$
$$f''(x) = 4e^{-x} - 0.6 \cdot x, \quad\quad f'''(x) = -4e^{-x} - 0.6.$$

Für die Funktionswerte an der Stelle 0 gilt:

$f(0) = 0$, $f'(0) = -4$ und $f''(0) = 4$.

Daraus kann das Taylorpolynom 2. Grades um $x_0 = 0$ berechnet werden:

$$\begin{aligned}
T_2(x) &= f(x_0) + f'(x_0)(x - x_0) + \frac{1}{2} \cdot f''(x_0)(x - x_0)^2 \\
&= f(0) + f'(0) \cdot x + \frac{1}{2} \cdot f''(0) \cdot x^2 \\
&= -4x + 2x^2.
\end{aligned}$$

Für die Nullstellen des Taylorpolynoms gilt:

$-4x + 2x^2 = 0 \implies 2x(-2 + x) = 0 \implies x_1 = 0$ und $x_2 = 2$.

Restgliedabschätzung an $x_1 = 0$:

$$|f(x) - T_2(x)| \leq \max_{\eta = 0} \left| \frac{1}{6} \cdot (-4e^{-\eta} - 0.6)(0 - 0)^3 \right| = 0$$

Diese Nullstelle ist exakt berechnet worden.

Restgliedabschätzung an $x_2 = 2$:

$$|f(x) - T_2(x)| \leq \max_{\eta \in (0,2)} \left| \frac{1}{6} \cdot (-4e^{-\eta} - 0.6)(2 - 0)^3 \right| = \frac{4.6}{6} \cdot 8 = 6.133.$$

Die Näherung für diese Nullstelle ist wertlos.

Aufgabe 7.4.14

Bestimmen Sie einen Näherungswert für $\int_0^{0.1} \ln\left(x^2 + 1\right)\, dx$.

Entwickeln Sie dazu die Funktion $f(x) = \ln\left(x^2 + 1\right)$ in ein Taylorpolynom 2. Grades um $x_0 = 0$. Wie groß ist der Fehler, der bei der Näherung höchstens entsteht?

Lösung:

Die erforderlichen Ableitungen lauten:

$$f(x) = \ln\left(x^2 + 1\right), \quad f'(x) = \frac{2x}{x^2 + 1},$$

$$f''(x) = \frac{-2x^2 + 2}{\left(x^2 + 1\right)^2}, \quad f'''(x) = \frac{4x\left(x^2 - 3\right)}{\left(x^2 + 1\right)^3}.$$

Für die Funktionswerte an der Stelle 0 gilt:

$f(0) = 0$, $f'(0) = 0$ und $f''(0) = 2$.

Daraus kann das Taylorpolynome 2. Grades um $x_0 = 0$ berechnet werden:

$$\begin{aligned}
T_2(x) &= f(x_0) + f'(x_0)(x - x_0) + \frac{1}{2} \cdot f''(x_0)(x - x_0)^2 \\
&= f(0) + f'(0) \cdot x + \frac{1}{2} \cdot f''(0) \cdot x^2 \\
&= x^2.
\end{aligned}$$

Die gesuchte Näherung lautet dann:

$$\int_0^{0.1} \ln\left(x^2 + 1\right)\, dx \approx \int_0^{0.1} x^2\, dx = \left[\frac{x^3}{3}\right]_0^{0.1} = \frac{1}{3\,000} \approx 0.0003333.$$

Restgliedabschätzung für das Taylorpolynom:

$$|f(x) - T_2(x)| \leq \max_{\eta \in (0, 0.1)} \left| \frac{1}{6} \cdot \frac{4\eta\left(\eta^2 - 3\right)}{\left(\eta^2 + 1\right)^3} \cdot (0.1 - 0)^3 \right|$$

$$= \frac{1}{6} \cdot \frac{0.4 \cdot (3 - 0.01)}{1.01^3} \cdot 0.1^3 = 0.0001934.$$

Damit ist der Fehler, der bei der Näherung für das Integral entsteht, höchstens gleich $0.0001934 \cdot 0.1 = 0.00001934$.

Aufgabe 7.4.15

Berechnen Sie Näherungswerte für das Integral $\int_1^2 \frac{\sin x}{x}\, dx$ mithilfe der

Sehnen-Trapez-Regel für $N = 2, 3$ und 4. Geben Sie auch die Fehler an, die bei diesen Näherungen höchstens entstehen.

Lösung:

Wegen $f(x) = \frac{\sin x}{x} \Longrightarrow f''(x) = \frac{2 - x^2}{x^3} \cdot \sin x - \frac{2}{x^2} \cdot \cos x$ folgt aufgrund

der Monotonie von f'' und $|f''(1)| = |\sin 1 - 2\cos 1| \approx |0.8414 - 1.0806| < \frac{1}{4}$

für den Fehler:

$$R \le \left| \frac{(b-a)^3}{12N^2} \cdot \max_{\eta \in (a,b)} f''(\eta) \right| = \frac{1}{12N^2} \cdot \frac{1}{4} = \frac{1}{48N^2}.$$

Für $N = 2$ folgt mit $h = \frac{1-0}{2} = \frac{1}{2}$:

$$\int_1^2 \frac{\sin x}{x}\, dx \approx \frac{1}{4} \cdot \left(f(1) + 2f\left(\frac{3}{2}\right) + f(2) \right)$$

$$= \frac{1}{4} \cdot \left(\frac{\sin 1}{1} + 2 \cdot \frac{\sin \frac{3}{2}}{\frac{3}{2}} + \frac{\sin 2}{2} \right) = 0.65652826.$$

Der Fehler ist höchstens $\frac{1}{48 \cdot 2^2} = \frac{1}{192} \approx 0.0052083$.

Für $N = 3$ folgt mit $h = \frac{1-0}{3} = \frac{1}{3}$:

$$\int_0^1 \frac{\sin x}{x}\, dx \approx \frac{1}{6} \cdot \left(f(1) + 2f\left(\frac{4}{3}\right) + 2f\left(\frac{5}{3}\right) + f(2) \right)$$

$$= \frac{1}{6} \cdot \left(\frac{\sin 1}{1} + 2 \cdot \frac{\sin \frac{4}{3}}{\frac{4}{3}} + 2 \cdot \frac{\sin \frac{5}{3}}{\frac{5}{3}} + \frac{\sin 2}{2} \right) = 0.65808602.$$

Der Fehler ist höchstens $\frac{1}{48 \cdot 3^2} = \frac{1}{432} \approx 0.0023148$.

Für $N = 4$ folgt mit $h = \frac{1-0}{4} = \frac{1}{4}$:

$$\int_0^1 \frac{\sin x}{x}\, dx \approx \frac{1}{8} \cdot \left(f(1) + 2f\left(\frac{5}{4}\right) + 2f\left(\frac{6}{4}\right) + 2f\left(\frac{7}{4}\right) + f(2) \right)$$

$$= \frac{1}{8} \cdot \left(\frac{\sin 1}{1} + 2 \cdot \frac{\sin \frac{5}{4}}{\frac{5}{4}} + 2 \cdot \frac{\sin \frac{6}{4}}{\frac{6}{4}} + 2 \cdot \frac{\sin \frac{7}{4}}{\frac{7}{4}} + \frac{\sin 2}{2} \right) = 0.65863047.$$

Der Fehler ist höchstens $\frac{1}{48 \cdot 4^2} = \frac{1}{768} \approx 0.0013021$.

Index

www.ingramcontent.com/pod-product-compliance
Lightning Source LLC
Chambersburg PA
CBHW050657190326
41458CB00008B/2604